JN113337

ご隠居のヒコーキ小噺

飛行機の性能を、背景から理解するために

第2版

末永民樹 著

公益社団法人 日本航空技術協会

はじめに

この本は、日本航空技術協会発行の「航空技術」誌に、2015年6月から2017年5月まで連載された記事に加筆修正を加えて一冊にまとめたものです。

この本は、飛行機に馴染みのない方にも読みやすくするために、物語風に書いてあります。つまり、理論を説明する章を冒頭には置かず、読み進まれるにしたがって徐々に、飛行機の運航時に考えなければならないさまざまな事項とその背景を感覚的に捉えていただけるように工夫してあります。

そのため、飛行機で使用する速度についての解説を例にとりますと、大雑把な考え方だけの紹介、もう少し詳しい紹介、数式を用いた詳細な紹介、と何度かの段階を踏んで解説しています。したがって、飛ばし読みではなく、最初から順を追って読み通していただければ幸いです。

また、物事を明確に記述するためには、どうしても数式の助けを求めなければならない部分もあり、そのような場合は、最小限の範囲で数式を使っています。

ところで、我が国の自動車産業の発展を振り返ってみますと、1950年代に出現した「ホンダ・スーパーカブ」や「富士重工・スバル360」などの普及とともに、ドライバー人口が一気に増加し、これらのユーザーの意見がメーカーにフィードバックされて、性能・品質を向上させたことが、現在の自動車王国の基盤を形成した最大の要因であったものと筆者は考えています。

このアナロジーから考えますと、かつての航空大国を再興するためには、遠回りであるとしても、ジェネアビのパイロット人口を大幅に増加させることが重要かと思われますが、現実には簡単なことではありません。そういった観点から、主に飛行機の運航面に焦点を当てたこの本が、次世代を担う若い方々や、いま活躍されている各分野の技術者の方々に、飛行機の運航を擬似体験していただける手立てとしてお役に立てることを願っています。

末筆になりましたが、この本の執筆にあたって、牧野好和氏と又吉直樹氏をはじめとするJAXAの先生方、川崎重工（株）OBの久保正幸氏と指熊裕史氏、エアラインの現役とOBの皆さま、そして、日本航空技術協会の方々に大変お世話になりました。みなさまに感謝いたします。

末永民樹

第２版の発行にあたって

第２版が発行されるにあたり、読者の皆さまから頂戴いたしました沢山のコメントを反映させていただくとともに、誤記があった箇所、あるいは、表現が不明確であった箇所を修正させていただきました。

改定部分は次のとおりですが、主要な改定部分につきましては、航空技術協会のホームページにも掲載させていただいておりますので、すでに初版本をご購入いただいた方々は、目を通していただければ幸甚です。

なお、今回の改定作業に対して、川崎重工（株）OB の久保正幸氏、JAL OB の斎藤隆氏、桜美林大学 航空・マネジメント学群 教授の伊藤貢司氏の各氏、および、日本航空技術協会の方々から、さまざまなアドバイスをいただきました。紙面を借りて御礼申し上げます。

1. Page なしの「はじめに」：航空技術誌への連載期間にあった誤記を訂正。
2. Page 2-(2)、2-(4)：最大無燃料重量に関する説明の明確化。
3. Page 2-(5)：速度の単位である「ノット（kt）」の補足説明を追加。
4. Page 3-(6)：図 3-5（着陸重量対必要着陸滑走路長）の、図中の説明文の誤記を訂正。
5. Page 5-(7)：トレーリングコーンに関する説明文の誤りを修正。
6. Page 5-(8)：高度計のバロセット値にあった誤記を訂正。
7. Page 5-(10)：高度計の規制の「規制」を「規正」に訂正。
8. Page 7-(11)：ゴブリンエンジン搭載機の誤記を訂正。
9. Page 9-(6)：図 9-4 中のフォントの統一。
10. Page 10-(13)：図 10-11 中の「推力」に単位（lb）を追加。
11. Page 12-(2)：離陸推力をセットするときの操作に関する説明を明確化。
12. Page 14-(8)：V_{EF} の説明に関する参照ページを追加。
13. Page 14-(14)：図 A 中の誤記（引出し線の位置の誤り）を訂正。
14. Page 15-(2) ～ 15-(3)：縦の安定性に関する説明の明確化。
15. Page 15-(5)：頭下げモーメントに関する表現の明確化。
16. Page 15-(6) ～ 15-(7)：空力モーメントの移動に関する説明を訂正。
17. Page 22-(6)：突風軽減係数の記号にあった誤植を訂正。
18. Page 23-(16)：許容最大離陸重量を求める際に使用するクライテリアの誤記の修正（b. 項の離陸フェーズは着陸フェーズの誤り）。
19. Page 24-(7)：誘導抗力に関する説明の明確化。

2022 年 6 月吉日　末 永 民 樹

目　次

1. 飛行計画時の「搭載燃料の算出」

筆者がまだ若かったころ、先輩方に教わって、少しだけ性能を勉強させてもらったことがあります。ご隠居の身分になったいま、現役のときに教わったことを今度は、皆さまにお伝えしなければならない立場になったような気がしています。この稿では、性能の話を軸にしつつ、ヒコーキの諸々のことがらを、思いつくままに紹介していきたいと思っています。浅学ゆえの誤りも多々あろうかとは思いますが、読者のみなさまの刺激になることが少しでもありましたら幸いです。

今回は、ボーイング747-400型機が、成田（NRT）から ニューヨーク（JFK）に向かって飛行する場合を例にとって、飛行機に搭載される燃料の量について紹介させていただきます。また、飛行機の離陸重量と着陸重量には、「最大離陸重量」および「最大着陸重量」と呼ばれる最大値が決められていますが、これらの最大重量が、実際の運航ではどの時点で確認されるのかも紹介させていただきたいと思います。また、これらの最大重量は、「機体構造強度」だけではなく、「性能」によっても影響を受けますが、こういった「性能によって決定される最大重量」についても、順を追って説明させていただきたいと思っています。

なお、本稿では、主に747-400型機を例にとって、飛行機の性能について説明させていただきます。そのような退役した飛行機の性能を勉強しても仕方ないじゃないかと思われるかもしれませんが、そうではありません。旅客機の性能に関する基本的な考え方は、機種に関係なく共通ですので、ある機種で勉強しておけば、その考え方を、あらゆる機種に適用できるからです。ご安心ください。

●飛行計画の概要

出発地から目的地に向かうために、どれだけの燃料を消費するのかを決定するためには、どのルートを飛行するのか、どの高度を取れそうなのか、そのルート上にはどのような風が吹いているのか、といったことが分かっていなければならないことはもちろんです。

また、なんらかの事情によって目的空港に着陸できない場合にはどこにダイバート（行き先変更）するのか、といったことも配慮しておかなければいけません。

こういったダイバートするための燃料を始めとする、何も起きなければ消費しないで済む燃料のことを予備燃料と呼びますが、消費する燃料と予備燃料を算出し、その結果として求められる離陸重量と着陸重量が、定められた最大離陸重量と最大着陸重量を超えないことを確認する作業を「飛行計画」と呼びます。そのため飛行計画では、その第一歩として、まず、消費燃料と予備燃料を算出します。

注：消費する燃料と予備燃料の算出結果と、お客さまの着席位置と貨物の搭載位置から、機体の重心位置を求めることも、飛行計画での重要な作業の一つですが、このような重心位置管理については、別の回で紹介させていただきたいと考えています。

たとえば 747-400 型機が、東京からニューヨークに向かって飛行する場合、代表的には、155 トン程度の燃料を搭載しますが、そのうちの約 140 トンが実際に消費する燃料で、残りの約 15 トンが予備燃料であるといった構成になっています。

この関係が、**図 1 − 1** に示されています。

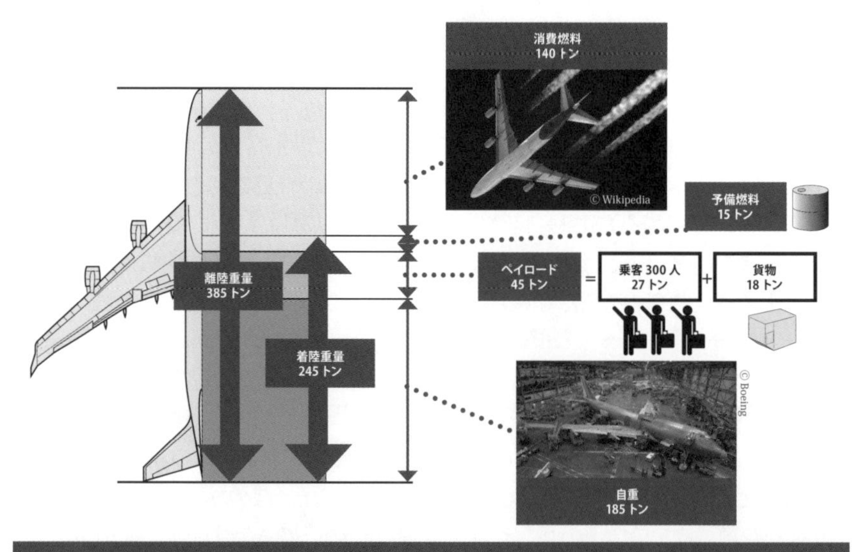

図 1 − 1　機体重量の構成

そのようにして搭載燃料が決まりますと、離陸重量を決定することができます。仮に飛行機の自重が185トンで、ペイロードが45トンであったとしますと、185（自重）＋45（ペイロード）＋155（燃料）の385トンが離陸重量になるといった具合です。

また、この離陸重量から、消費燃料の重量を差し引きますと、目的空港での着陸重量を求めることができます。今の例で言えば、385（離陸重量）－140（消費燃料）の245トンが求める着陸重量であることになります。

なお、ここでの自重には、機体の重量のほかに、乗務員全員分の重量（バッグなどの携行品を含む）、および、お客さまに召し上がっていただく食事や飲み物などの重量が含まれています。ちなみに、ペイロードとは、お客さまの重量（手荷物の重量を含む）と、貨物室に搭載する貨物の重量を加えた重量のことです。

747-400型機は国内線仕様では、550席程度の座席を持っていますが、長距離国際線用の仕様では、長時間を快適に過ごしていただけるように、300席程度となっています。上記の例の場合、お客さま一人当たりの重量を、チェックイン・バゲージの重量を含めて90キロであったと想定しますと、お客さまの重量は、300人×90キロで27トンになりますので、残りの18トン（45－27）が貨物室に搭載できる貨物の重量であるということになります。

ところで、前述のとおり、離陸重量にも着陸重量にもそれぞれの最大値（つまり、「最大離陸重量」と「最大着陸重量」）がありますので、上記の手順で求めた、実際の離陸重量や着陸重量が、それぞれの最大重量を超えないかどうかを出発前に確認しておく必要があります。

このように、飛行計画の作成段階での作業は、「搭載燃料を求める作業」と「離陸時と着陸時の重量がそれぞれの最大重量を超えないことを確認する作業」の二つからなっていますが、今回は、そのうちの「搭載燃料を求める作業」について説明させていただきます。

なお、「最大離陸重量」と「最大着陸重量」がどのようなものであるのかについては、別の回であらためて紹介させていただきたいと思っています。

●消費燃料と予備燃料[1)、2)、3)、4)]

ここではまず、成田からニューヨークへ飛行する場合を例にとって、燃料の搭載量を決定する際に配慮しなければならない要素を考えてみましょう。

出発空港である成田空港（以下 NRT）を出て、目的空港である John F. Kennedy 空港（以下 JFK）へ向うこの便は、最小限でも、NRT から JFK の間の飛行の間に消費する燃料を持っていなければいけません。これを「消費燃料（トリップ·フュエル）」と呼びます。

しかし、JFK が、視程の悪化や降雪などの理由によって一時的に運用できなくなった場合には、あらかじめ決めてある代替空港（オルタネート·エアポート）にダイバートしなければならないため、そのための燃料も持っていなければいけません。このための予備の燃料を「オルタネート·フュエル」と呼びます。（**図 1 − 2** 参照）

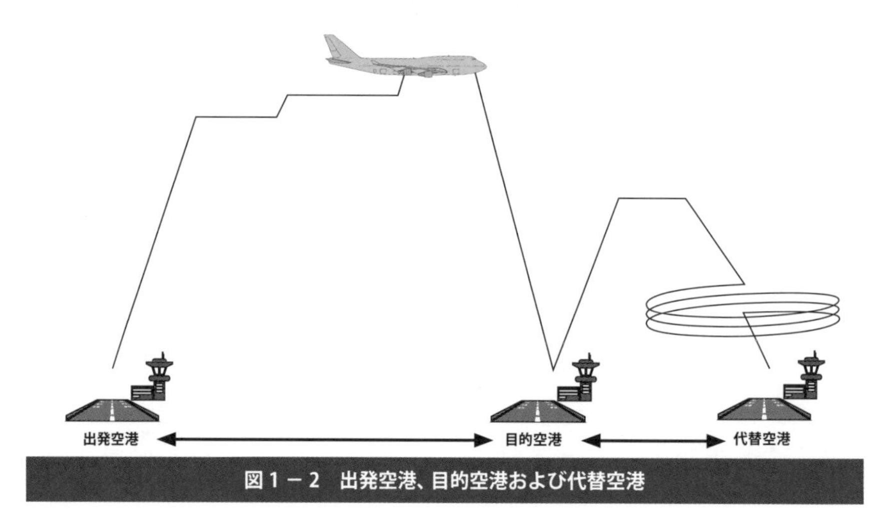

図 1 − 2　出発空港、目的空港および代替空港

ところで、JFK が運用停止になった場合には、この便だけではなく、もともと JFK に向っていた他の便も、この便が考えていた代替空港にダイバートしてくるでしょうから、この便は、代替空港にはすぐには着陸できないことも考えられます。

そうすると、着陸できるまで、空港近くの上空で待機（ホールディング）していなければならないため、そのための燃料も持っていなければいけません。このための予備の燃料を「ホールディング·フュエル」と呼びます。

一方、NRT から JFK に向かう間に消費する燃料は、予報された風向風速の条件の下に、ある高度をある速度で飛行することを前提にして算出されています。しかし、管制上の理由により、飛行計画の前提となった高度や速度とは異なった高度や速度で飛行しなければならなくなるかもしれませんし、また、ルートそのものも変更を求められるかもしれません。風向や風速も、飛行計画の段階で予想したものとは違っているかもしれません。

この種の不確定要素に起因する燃料増を補償するために、上記とは別の予備燃料を搭載します。その予備の燃料を「コンティンジェンシー・フュエル」と呼びます。

これらの関係を図示したものが、**図1－3**です。

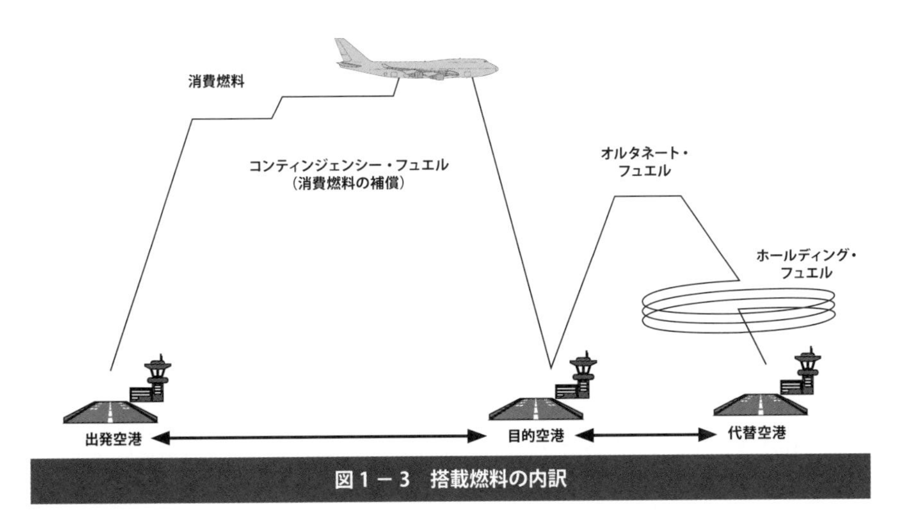

図1－3　搭載燃料の内訳

上記の燃料のうち、オルタネート･フュエル、ホールディング･フュエル、および、コンティンジェンシー･フュエルをまとめて、「予備燃料」と呼びますが、通常の運航では、これらの予備燃料はほとんど消費されないまま目的空港に着陸することになります。

オルタネート･フュエルは、目的空港から代替空港まで飛行するための燃料ですから、その量は、目的空港から代替空港までの距離に依存します。したがって搭載燃料上は、代替空港として目的空港の近くの空港を選んだ方が有利ですが、代替空港と目的空港が近すぎると、ほぼ同じ気象条件となる可能性が高くなるため、リスクも高くなります。

つまり、目的空港の気象状態が悪くダイバートしようとしたが、代替空港の気象状態も悪く降りられなかった、ということになりかねません。したがって、代替空港としては、目的空港から適度に離れた場所の空港を選択しますが、いずれにしても、各空港への到着時に予想される気象状態を正確に予測しておくことが重要です。

ホールディング・フュエルは、高度 1500 フィート（約 450 m）で 30 分間ホールディングするための燃料です。ふつう、ジェット機の燃料消費率は高度が高い方が少なくなりますので、より高い高度でホールディングすれば、それだけ余裕が生じます。

コンティンジェンシー・フュエルは、出発空港から目的空港まで飛行する間に消費する燃料の「5 %」に相当する燃料です。

この燃料は、以前は、「飛行時間の 10 %に相当する時間を飛行できる燃料」となっていましたが、その当時のコンティンジェンシー・フュエルは、巡航の最終段階での軽い機体重量をベースにして算出することになっていました。そのため、飛行距離によって大きく変動するものの、実質的には、消費燃料の 6% とか 8% とかといった量になっていました。その後、ルールが改定されて、現在は、上記のように「消費燃料の 5 %」とするのが世界的な動きになっています。

これらのほかに、気象その他の状況を勘案して、機長とディスパッチャが必要であると判断した場合に搭載する「エクストラ・フュエル」と呼ばれる燃料がありますが、あとで述べますように、長距離を飛行するときには、燃料を余分に搭載しても、かなり目減りしてしまいますので注意が必要です。

●搭載燃料算出の実際

飛行機では、燃料を消費するに伴って、機体重量が刻々と変化します。一方で、エンジンの燃料消費率は、機体重量によって大きく変化します。

たとえば、747-400 型機が NRT から JFK に向かって飛行する場合、離陸後巡航高度に到達したころ、すなわち機体が重い状態での燃料消費率は 1 時間あたり 12.5 トン（15,500 リットル）程度ですが、ニューヨークに到着する直前、すなわち機体が軽くなった時点での燃料消費率は 1 時間あたり 8.5 トン（10,500 リットル）程度まで減少します。

このことは、消費燃料を計算するにあたっては、まず、そのときの機体重量が判明していなければならないことを意味します。そのため、搭載燃料の計算は、**図１－４**のように、代替空港への着陸時から逆算して算出します。

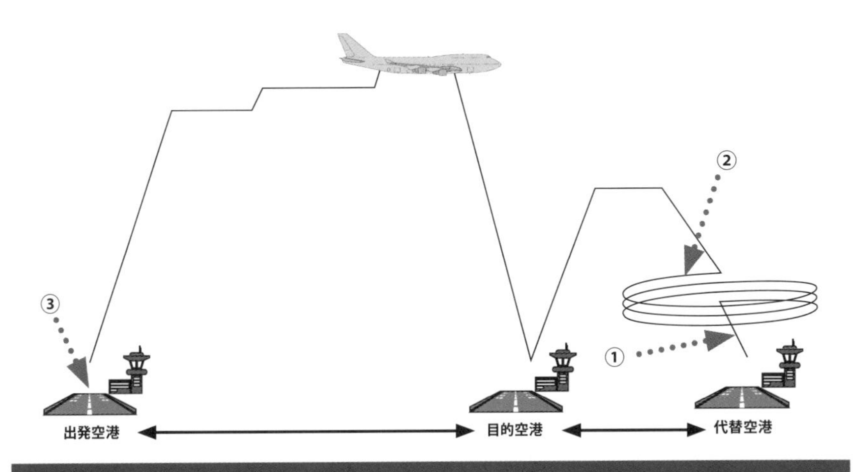

図１－４　搭載燃料の計算手順

すべての予備燃料を使い尽くして、代替空港へ着陸したとすれば、その時点では、残りの燃料はゼロですから、そのときの機体重量は、「機体の自重」プラス「ペイロード」になっています。このようにして機体の重量を確定できますので、その時点での燃料消費率が決定できます。

その結果、ホールディングを抜け出して、代替空港に着陸するまで（**図１－４**の ①）の所要燃料が計算できます。

上記の燃料を、代替空港への着陸重量に加えれば、ホールディングを抜け出す時点での機体重量が決定でき、ひいては、そのときの燃料消費率が決定できますので、ホールディング·フュエルを計算することができます。（**図１－４**の ②）

このようにして、フライト·フェーズを順々にさかのぼって、機体重量を決定するとともに、燃料の必要量を算出していきます。

最終的に離陸重量（**図１－４**の ③）に辿り着きますので、出発空港から目的空港までの消費燃料が求められます。

その消費燃料の 5% に相当する燃料を「仮のコンティンジェンシー·フュエル」と

します。「仮の」とした理由は、このコンティンジェンシー·フュエルを加えることによって、離陸時の機体重量が増加し、ひいては、目的空港までの燃料消費量が増加するため、これまでの計算は改めてやり直す必要があるからです。

つまり、最終的な燃料搭載量を決定するためには、この「仮のコンティンジェンシー·フュエル」を先に求めた離陸重量に加えた上で、今後はフライト·フェーズの順方向に計算を進めて、不足燃料を求め、これをさらに…といった具合にして、計算結果を収束させていく必要があります。

これは、「燃料消費率を求めるためには機体重量が必要である」一方で、「機体重量を求めるためには燃料消費率が必要である」という「アタマがシッポを食べる関係」にあるため、一回の計算だけで燃料搭載量をスパッと求めることができないためです。

このような、搭載燃料の算出や、それに基づく機体重量の計算を、手計算で行なうことは容易ではありません。

さらに近年では、定められたある幅の中で、エアラインが希望するルートを自由に選択することができるといったことが許されているため、飛行時間が最短になるようなルート（MTT、ミニマム·タイム·トラック）などを計算する必要も生じました。

そのためには、計算の上でいくつものルートを飛ばせてみて、その中から最適なルートを選択することが必要になり、人間ワザではとても対応できないという状況になってきました。そのため、この種の計算はコンピュータで実施するようになっています。[5)]

なお、上記から想像できるとおり、燃料を多めに搭載すると、その分、機体重量が増加し燃料消費率も増加します。これは、多めに搭載した燃料を運ぶための燃料が余計に必要になるからです。そのため、たとえば1時間分の「エクストラ·フュエル」を積んでも、その量が最後までそのまま残されているわけではありません。その割合は飛行距離に依存しますが、長距離の飛行になりますと、実際には、6割程度しか残っていないということが起こります。

ひとことで言えば、飛行機の場合、航路上にガソリンスタンドがないことが、こういった苦しさの根本原因であるということになりますが、そういった観点から考えますと、軍用機で行っている空中給油は、理にかなった方法であると言えます。

（つづく）

参考文献

1) 航空法施行規則第153条（http://law.e-gov.go.jp/htmldata/S27/S27F03901000056.html）
2) 運輸省告示319号「不測の事態を考慮して航空機の携行しなければならない燃料の量を定める告示」（http://wwwkt.mlit.go.jp/notice/pdf/200901/00005003.pdf）
3) EASA ルール：Annex to ED Decision 2012/018/R Acceptable Means of Compliance (AMC) and Guidance Material (GM) to Part-CAT (Initial issue, 25 October 2012) の98ページ
（http://easa.europa.eu/system/files/dfu/Annex%20to%20ED%20Decision%202012-018-R.pdf）
4) FAA ルール：FAR §121.645 Fuel Supply: Turbine-engine Powered Airplanes, other than Turbo Propeller: Flag and Supplemental Operations.（http://www.ecfr.gov/cgi-bin/text-idx?SID=a082b618f496f666385beeb88d8bda20&node=se14.3.121_1645&rgn=div8）
5) ボーイング社資料 AERO（QTR_03.09）
（http://www.boeing.com/commercial/aeromagazine/articles/qtr_03_09/article_08_1.html）

2. ペイロード・レンジ・カーブ

前回は、消費燃料と予備燃料について紹介させていただきました。今回は、その応用としての、ペイロード・レンジ・カーブを見ていきたいと思います。

ペイロード・レンジ・カーブとは、ある路線距離を飛行する場合に、どれだけのペイロードを搭載できるかを示したもので、横軸に路線距離を、縦軸には、その路線距離を飛行するときに搭載できるペイロードを示したものです。

したがって、エアラインにとって、その機体が自らの望む路線に投入できるかどうかを判断するための、非常に重要なデータです。

●ペイロード・レンジ・カーブ

図 2－1は、ボーイング社のサイト[1)] から引用した 747-400 型機のペイロード・レンジ・カーブです。しかし、このままでは理解しにくいため、これを単純化したものが、**図 2－2**です。

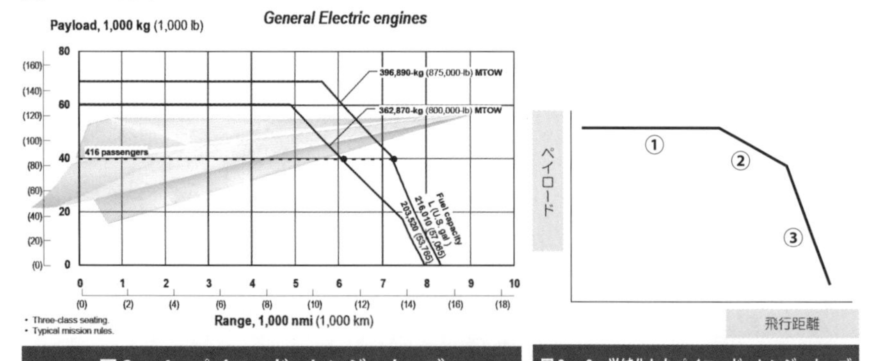

図 2－1　ペイロード・レンジ・カーブ

図 2－2　単純化したペイロード・レンジ・カーブ

まず、短距離を飛行する場合には、**図 2－2** の ① の部分のように、搭載できるペイロードは一定値となります。実は、この部分では、ペイロードは「最大無燃料重量」[2)] によって制限されています。その概要は次のとおりです（以下は一般論です。詳細は、囲み記事をご覧ください）。

・主翼には揚力が発生しているため、その揚力によって「翼を上方に曲げるモーメント」が発生します。当然ながら、揚力（機体の重量に等しい）が大きくなるほど、この曲げモーメントも大きくなります。
・この曲げモーメントは、翼の付け根の部分で最も大きくなりますが、その付け根の構造には、それ以上の曲げモーメントには耐えられないという限界があります。これが、機体の最大重量を決定する要因の一つになります。

・一方で、翼には燃料が入っているため、燃料の重量は、揚力による「翼を上方に曲げるモーメント」を緩和する方向に作用します。
・しかしながら、燃料を使うにつれて、「翼を上方に曲げるモーメント」を緩和する働きが小さくなっていくため、燃料を使い切ったときが、主翼の構造にとっては厳しい条件になります。したがって、燃料がゼロになったときに許容される最大重量を、別途、決めておく必要があります。これが「最大無燃料重量」です。

注：最大離陸重量や最大着陸重量が、機体構造強度だけではなく、性能によっても制限されるのと同じように、実は、最大無燃料重量も性能によって制限を受けることがあります。これについては、機会を見て紹介させていただきたいと思っています。

・極端に短い距離を飛行しようとする場合、搭載燃料も非常に少なくて済み、燃料の重量は無視できる程度になりますが、そういったときに、この制限に引っかかります。

・つまり、極端に短い距離を飛行するとすれば、燃料はほぼゼロですが、このときの機体の重量、すなわち、機体の自重とペイロードを加えた重量は、最大無燃料重量を超えるわけにはいきません。したがって、この最大無燃料重量から機体の自重を差し引いたものが、ペイロードの最大値になります。

注：長い距離を飛行する場合でも、燃料を使い切った段階ではこれと同じ制限を受けることになります。

・この値は当然のことながら一定値であり、また、上記からも明らかなように、**図２－２**の ① の領域では、燃料タンクには十分な余裕があります。

次に、比較的長距離を飛行する場合には、**図２－２**の ② の部分に示されているように、路線距離とともにペイロードが徐々に減少します。実は、この部分では、ペイロードは「最大離陸重量」によって制限されています。

・長距離を飛行するためには、大量の燃料を搭載する必要がありますが、「機体の自重」と「ペイロード」と「燃料の重量」の和である「離陸重量」が、その機体の「最大離陸重量」に達しますと（**図 2 − 2** の ① と ② の交点に該当します）、燃料タンクにはまだ余裕があったとしても、それ以上の燃料を搭載することはできません。

・このような状態で路線距離を延ばそうとしますと、「最大離陸重量」を守るためには、追加搭載が必要な燃料の重量分だけ、ペイロードを減少させなければいけません。そのため、結果的に、路線の長さとともにペイロードが減少していきます。

・路線長がこの領域に入ってきますと、風速の少しの変化などによって、搭載できるペイロードが、かなりの影響を受けますので、その機体の運航は少し面倒なものになってきます。

さらに超長距離を飛行する場合には、**図 2 − 2** の ③ の部分に示されているように、路線距離とともにペイロードが急激に減少します。実は、この部分では、ペイロードは「燃料タンクの容量」によって制限されています。

・超長距離を飛行するためには、非常に多くの燃料が必要ですが、ある距離を飛行するために、燃料タンクいっぱいに燃料を搭載しなければならないような路線距離があったとしましょう。（**図 2 − 2** の ② と ③ の交点に該当します）

・その距離以上に路線が長くなると、燃料を追加しようとしても燃料タンクはすでに満タンですから、その飛行距離をかせぐためには、ペイロードを減少させるしか方法はありません。

・つまり、（本当かどうかは知りませんが）タコが自分の足を食べるのと同様な状態となって、路線距離とともにペイロードが急激に減少します。

・路線長がこの領域に入ってきますと、風速の変化などによってペイロードが大きく変動しますので、その機体の運航は、非常に困難なものになってきます。

ここでは、最大無燃料重量の概念の説明を補足させていただきます。

たとえば、最大無燃料重量が300トンで、機体の自重が200トンであったとしますと、ペイロードの最大値はもちろん100トンです。このペイロードを搭載し、かつ燃料がゼロであったとすれば、この状態で翼が発生すべき揚力は300トンです。その様子を示したものが下の上図です。

その機体に、100トンの燃料を搭載しますと、機体重量は400トンになりますから、翼が発生すべき揚力も400トンです。だとすれば、「100トンの燃料が翼を下向きに引っ張ってくれるのだから、翼の付け根に作用する曲げモーメントの原因になる「力」は差し引き300トンで、上記と同じ状態になって、曲げモーメントは、燃料の搭載量に関係なく一定値となるではないか」と思われるかもしれません。

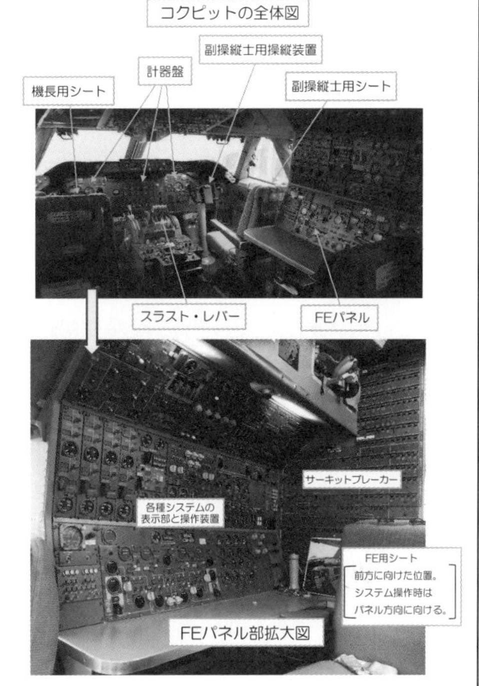

確かに、揚力と燃料重量という上下方向の力の釣り合いだけを考えれば、そのとおりですが、燃料を使用する際には、主翼の外側の方にある燃料を残すようにしますので、そこに残った燃料による「翼を下方に曲げるモーメント」が貢献して、主翼の付け根に作用する「揚力による曲げモーメント」を軽減できることになります。

そのため、どの機種でも燃料の使用手順（フュエル・マネージメント）が厳密に定められています。したがって、実用的には、「燃料を搭載しない段階での機体重量が、最大無燃料重量以下であれば、燃料を定められたとおりに搭載し、定められたとおりに使用する限り、タンク内の燃料が空（カラ）に近くなってきても、主翼の付け根付近に作用する曲げモーメントが、許容される最大値を超えることはない」ことになります。

こういったフュエル・マネージメントは、昔の飛行機では、フライトエンジニア（航空機関士）が担当していましたが、デジタル化が進んだ現代の機体では、そのほとんどが自動化されています。

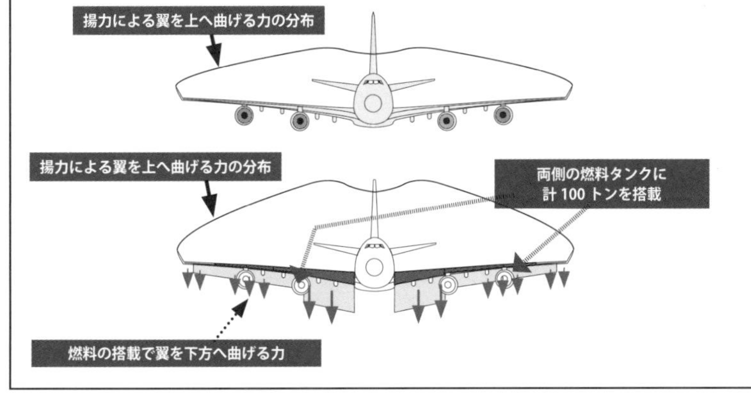

図 2 − 1 の横軸には路線距離が示されていますが、その単位として「nmi」が使用されています（ただし、カッコ内の数字の単位は km です）。この「nmi」は「海里（ノーティカル・マイル）」を意味するもので、1 nmi は、約 1.852 km に相当します。日本の航空業界では、海里のことを nm と表示しますが、ボーイング社は、nm では「ナノメートル（10^{-9} メートル）」と間違える可能性があると考えて、nmi と表示したものと思われます。

「海里」は地球の中心角で 1 分ぶん（1 度の 60 分の 1）に相当する距離です。地球の一周は約 40,000 km ですから、地球の中心角 1 度に相当する距離は、40,000 ÷ 360 で求められます。それをさらに 60 で割りますと、1.851851…という循環小数になりますが、それを丸めた 1.852 km が 1 海里です。ちなみにエアライン業界で「マイル」という時は普通、1.6km の「マイル」ではなく、この「ノーティカル・マイル」を指しています。また、1 時間で 1 海里を進む速さが 1 ノットです。

1 ノットは 1.852 km / hr = 1,852 m / hr ≒ 1,800 m / 3,600 sec ですから、1 ノット（kt）≒ 0.5 m / sec と簡単に変換することができます。

15 世紀半ばに始まった大航海時代を支えた重要な要素技術の一つは天測航法の発達ですが、天測航法では、地球の自転のために、1 時間に 15 度ずつ動いていく天体を基準にして、その天体が 1 時間後に見えるはずの場所から何分ずれているかを測ります。

つまり、10 分ずれていれば、自船が 1 時間に 10 海里ぶんの距離を移動した、つまり、10 ノットの早さで進んできたといったことが分かるという仕組みです（1 時間に 15 度ずつ動くとしましたが、厳密には、地球の公転による影響〔1 時間に 2.5 分ぶん〕も考えなければいけません）

ただし、この方法による距離および速度の測定は、船が赤道付近を航海している場合にだけ適用できるもので、ある緯度をもった海域を航海するときには、三角関数を利用した適切な補正を要することはもちろんです。

いずれにしても、もともとは地球の 4 分の 1 周（赤道から北極）を 10,000 km であると定めた、味もそっけもない「km」とは違って、「nm」はロマンを感じさせる単位だと思います。

このように、飛行機で使われている用語や単位としては、船に由来を持つものが非常に多く用いられています。左舷をポートサイドと呼ぶのもその一つです。船は左舷を港に着岸させるためですが、飛行機はこれに倣（なら）いました。

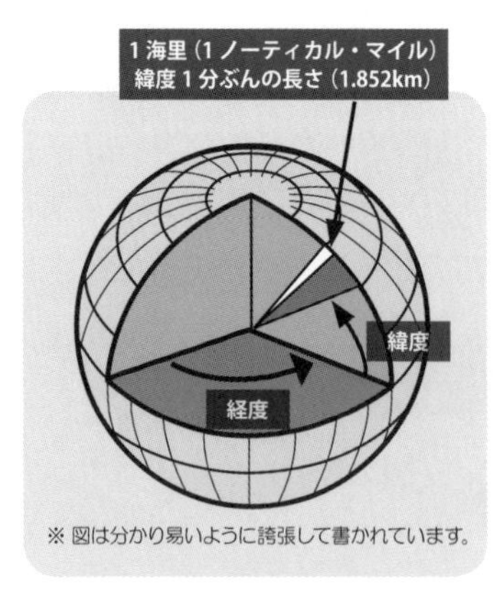

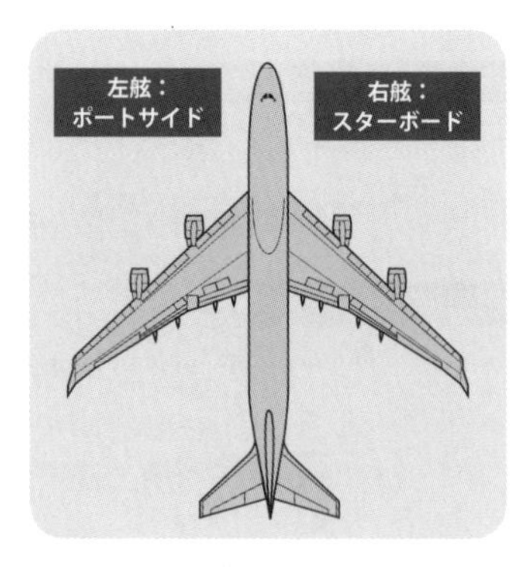

●最大離陸重量とペイロード・レンジ・カーブ

図2－2の ② の部分では、ペイロードは「最大離陸重量」によって制限されていることは先に説明させていただきました。しかし、もともと、超長距離を飛行するために設計された機体を、たとえば国内線に投入する場合には、本来の最大離陸重量を採用する必要はありません。

最大離陸重量を小さくした結果、ペイロード・レンジ・カーブに与える影響を示したものが**図2－3**です。最大離陸重量を小さくするにつれて、当然ながら、航続距離は短くなっていきますが、国内線では、最大離陸重量を相当小さくしても、十分に運航できるであろうことが想像できます。

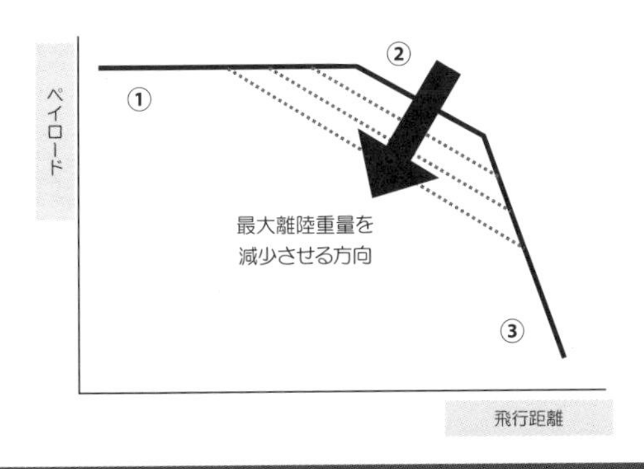

図2－3　最大離陸重量を変更した場合の影響

一方で、着陸料は、「最大離陸重量」と「騒音値」にリンクして決定されますので[3)]、本来の最大離陸重量が400トンであるような機体でも、「この機体の最大離陸重量は300トンです」と申請し認められれば、着陸料を節約することができます。

ちなみに、航空業界では、飛行機の重量を「ポンド」で表示しますので、その路線に応じた最大離陸重量を、思わず「ポンドでキリの良い数字」に決めがちです。しかし、着陸料の算定には「トン」が使用されており、端数は切り上げられますので、最大離陸重量を「ポンド」ではなく、「トン」でキリの良い値に決めておくことが大切です。

●ペイロード・レンジ・カーブが表す機体の特性

さて、ボーイング社のサイトから引用した 747-400 型機のペイロード・レンジ・カーブ（**図 2 − 1**）をもう一度見てみましょう。

この図には、2 本のカーブが描かれており、あたかも 2 つの機種のペイロード・レンジが示されているような感じを与えますが、右側（上側）のカーブは、航続距離を延ばすために最大離陸重量を増加させたバージョンのペイロード・レンジになっています。上記で説明させていただきましたように、最大離陸重量の増加に伴って、**図 2 − 2** の ② の部分が右側に拡大しています。

また、最大離陸重量の増加に伴って、最大無燃料重量も増加させていますので、**図 2 − 2** の ① の部分が上側に拡大しているとともに、燃料搭載量も増加させていますので、**図 2 − 2** の ③ の部分が右側に拡大しています。

図 2 − 1 を見ると、その機体が持つ航続性能を、一目で理解することができます。したがって、この図は、機種選定作業を行う際の最も早い時期に検討されるデータの一つです。この図を見れば、その機体が、そのエアラインの路線に適合できるのかどうかを一目で判断できるからです。

なお、このカーブの左下に「このカーブの算出条件」が記載されていますが、その一つに「Typical Mission Rules」との記載があります。これは、このカーブが、ボーイング社が考えた「代表的な予備燃料の算出基準」に基づいて作成されていますということを意味しています。このボーイング社の基準は、予備燃料に関する各エアラインの考え方を取り入れて一般化したもので、大変に実用性の高い優れたものになっています。

興味のある方は、参考文献 1）の中に記載されている詳細な図をご覧ください。

ただし、代替空港が遠くにしかないなど、特殊な路線では、各エアラインが独自に、この種の計算を行わなければならないケースもあります。このような解析を路線解析（ルート・アナリシス）と呼んでいますが、パソコンの無かった時代には、なかなか手間の掛かる作業だったようです。

また、この図は無風状態で描かれていますので、冬季や春季のジェット気流の強い季節の運航を考えた場合には、しかるべき補正を施さないといけません。昔は、そのような計算もルート・アナリシスの一環として、エアライン自らが実施していましたが、最近は、その種の計算もメーカーが実施してくれるようになりました。

（つづく）

参考文献
1）ボーイング社資料「747-400 Payload Range Capability」の 2.1 項（http://www.boeing.com/assets/pdf/commercial/startup/pdf/747_payload.pdf）
2）ボーイング社資料「747-400 Airplane Characteristics for Airport Planning」2-1 項（http://www.boeing.com/assets/pdf/commercial/airports/acaps/7474sec2.pdf）
3）国土交通大臣が設置し、及び管理する空港の使用料に関する告示　（http://wwwkt.mlit.go.jp/notice/pdf/201403/00006108.pdf）

© Boeing

3. 滑走路長によって制限される最大着陸重量

第1回では、飛行計画について説明させていただきましたが、そこでは、「搭載燃料量を算出した結果として求められた離陸重量と着陸重量が、定められた最大離陸重量と最大着陸重量を超えないことを確認する」という作業があることを紹介させていただきました。今回は、そこで出てきた「最大着陸重量」なる重量はどのようにして決められているのか、について説明させていただきたいと思います。

●着陸重量に対する法的な要求

最大着陸重量は、①「機体構造によって制限される最大重量」と、②「性能によって制限される最大重量」の、いずれか小さい方の重量です。

このうち、「機体構造によって制限される最大重量」は、着陸時に機体各部の構造に作用する「力」に対抗する構造の強度によって制限を受けるもので、代表的には、フラップ、ギア、翼の付け根などの強度が制限的なものとなります。

ちなみに、「機体構造によって制限される最大重量」を決定する際の前提となっている「接地時の沈下率」は10フィート/秒（600 フィート/分）[1),2)] ですが、通常の着陸時の接地時の沈下率が2～4フィート/秒[3)] であることを考えれば、この「10フィート/秒」という要件は、かなり厳しい要件であると考えられなくもありません。

注：参考までに、最大離陸重量を決定する要素の一つである「機体構造によって制限される最大重量」は、その離陸重量のまま、6フィート/秒（360フィート/分）[1),2)] の「接地時の沈下率」で着陸することを想定して決定されています。これは、離陸後、なんらかの異常事態が発生して、直ちに出発空港に引き返し、そのままの重量で着陸せざるを得ないことを考慮して定められているものであると考えられます。

一方、「性能によって制限される最大重量」は、①「滑走路長によって制限される最大重量」と、②「上昇能力によって制限される最大重量」の、いずれか小さい方の値であると決められています。

着陸時の重量になぜ上昇能力が関係するのかと不思議に思われるかもしれませんが、これは、ゴーアラウンドする可能性を意識しているからです。

この「上昇能力によって制限される最大重量」はさらに、①「進入復行時の上昇能力による制限重量」と、②「着陸復行時の上昇能力による制限重量」の、いずれか小さい方の値であると決められています。これらをまとめて表示したものが**図 3 − 1**です。

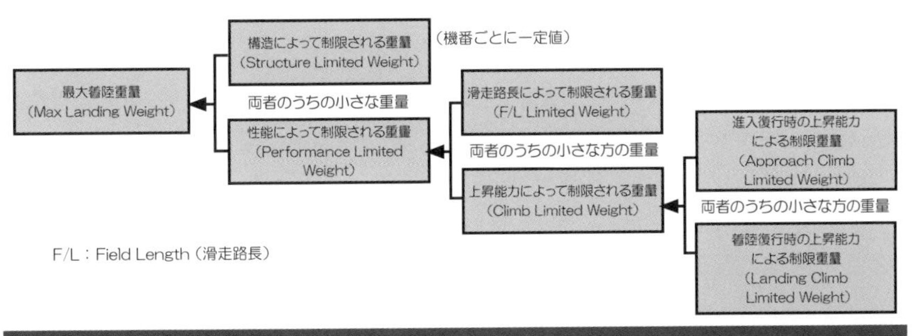

図 3 − 1　最大着陸重量を決定する要素

注：実際の運航の現場では、「構造によって制限される重量」と「性能によって制限される重量」の小さい方の値を「最大着陸重量」と呼ぶことが多いのですが、法的には、「構造によって制限される最大重量」を「最大着陸重量」であると定義していますので、「最大着陸重量」という一つの言葉が二つの意味を持つことになって、混同する可能性もあります。それを避けるために必要な場合には、**図 3-1** の左端に記載された「最大着陸重量」を「許容最大着陸重量（Allowable Max Landing Weight）」と呼びます。
　また、離陸時も同様で、混同を避けるために必要な場合には、「構造によって制限される重量」と「性能によって制限される重量」の小さい方の値を「許容最大離陸重量（Allowable Max Takeoff Weight）」と呼びます。

ここで、「機体構造によって制限される最大重量」は、各機番に対して定められている一定値ですが、「性能によって制限される最大重量」は、気圧高度や外気温などの外的条件によって大きく変化します。

それではまず、この「性能によって制限される最大重量」のうちの「滑走路長によって制限される最大重量」について見ていきましょう。

●滑走路長によって制限される最大重量

「滑走路長によって制限される最大重量」は、飛行計画上の「目的空港」または「代替空港」に着陸する際、それらの空港の滑走路が、着陸に適した長さを持つかどうかを問うものです。

いま、成田からシアトルに向かう場合を例にとりますと、目的空港はシアトルです。また、シアトルの気象状態が悪化して着陸できなくなった場合には、バンクーバーに向かうことにしておいたとすれば、バンクーバーが、この場合の代替空港になります。

このとき、① シアトルの滑走路の長さは、シアトル着陸時の機体重量での「必要着陸滑走路長」よりも長くなければならず、かつ、② バンクーバーの滑走路の長さは、バンクーバー着陸時の機体重量での「必要着陸滑走路長」よりも長くなければならない、というのが、「滑走路長によって制限される最大重量」に関する要件です。

それでは、この「必要着陸滑走路長」はどのように決められているのでしょうか。「必要着陸滑走路長」は、フライト・テストに立脚した計算によって求められた「実際の着陸距離」を 0.6 で割った値です。つまり、「必要着陸滑走路長」は「実際の着陸距離」の 1.67 倍の長さになっています。[4),5),6)]

ここに、「実際の着陸距離」[7),8)] とは、「高度 50 フィート を 1.23 Vs 以上の速度で通過し、完全に停止するまでの距離」であると定められています。これを図示したものが**図 3 − 2** です。ここに、「Vs」は、その機体重量での失速速度です。

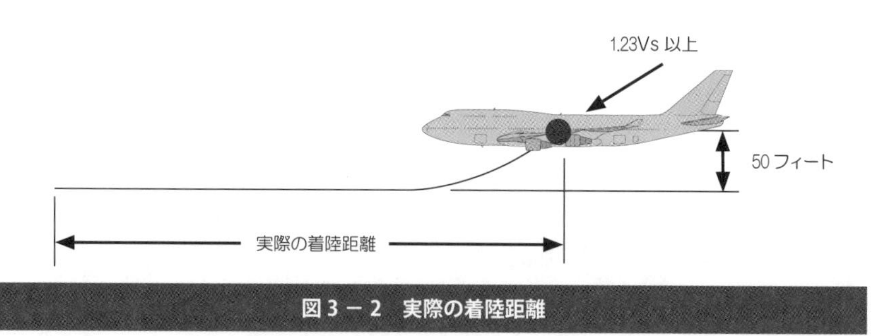

図 3 − 2　実際の着陸距離

実は、着陸進入時の速度のターゲットとする基準の進入速度として、『 V_{REF} 』と呼ばれる速度がありますが、これは、失速速度の 1.23 倍であると決められています。これが、上記の 1.23 Vs の背景です。

注：V_{REF} の $_{REF}$ は Reference の略です。

この「実際の着陸距離」は、乾いた滑走路（ドライ・ランウェイ）での実測値を用いて決定されますが、テストパイロットの「個性」による差を避けるため、フライト・テストは下記の条件で実施されます。

- 引き起こし操作（フレア）は、ほとんど行わない。
- 接地後ただちに、ブレーキを目いっぱい踏みこむ。
- リバース（逆推力）は使用しない。

このように、ハードに着地させ、フル・ブレーキを踏み、リバースを不使用とすることによって、テスト・データの「再現性と信頼性」を確保できますが、一方で、この距離をエアラインが使用することには無理があります。著しく荒い着陸と、ものすごく大きな減速度になるためです。

さらに、実用上は、予期せぬ風の変化などを考慮して、V_{REF} にある速度（たとえば 5 ノットとか 10 ノット）を加えるため、それによる着陸距離の増加分も見込んでおく必要があります。

そのため、日常的に使用する「必要着陸滑走路長」には、「実際の着陸距離」に対して余裕を与えてあります。このファクターが、上述した「1/0.6 ≒ 1.67」です。

また、ジェット旅客機の運用が開始されたあと、湿潤滑走路（ウェット・ランウェイ）におけるオーバーラン事故が多発したため、これの防止策として、ウェット・ランウェイでは、上記の「必要着陸滑走路長」をさらに 1.15 倍することになりました。したがって、「ウェット・ランウェイでの必要着陸滑走路長」は、「ドライ・ランウェイでの実際の着陸距離」の 1.92 倍（1.67 × 1.15）[6),9)] となっています。

このようにして決められている必要着陸滑走路長が実際には、どのような形になっているのかを模式的に描いたものが**図 3 − 8** ですが、以下では、この**図 3 − 8** の各部分がどのような考え方に基づいて作成されているのかを、順に見ていきましょう。

●着陸重量と進入速度 V_{REF} との関係

まず、着陸重量に対する進入速度 V_{REF} を知っておくことが必要ですので、着陸重量と V_{REF} との関係を示しておく必要があります。前述のとおり、V_{REF} ＝1.23 Vs ですが、機体重量の増加とともに、失速速度 Vs も増加しますので、着陸重量と V_{REF} との関係は、**図 3 － 3** のようになります。

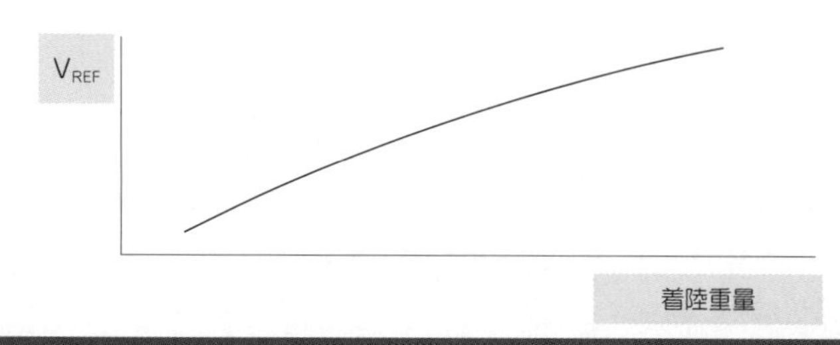

図 3 － 3　着陸重量と V_{REF} との関係

着陸重量と V_{REF} との関係は、このように上に凸の曲線になりますが、その理由は下記のとおりです。

・走っているクルマから手を出した時に感じる空気力からも想像できるとおり、翼（つばさ）に作用する空気力は、空気の密度、速度の 2 乗、および、翼の面積に比例します。

・したがって、空気密度を「ρ」、速度を「V」、翼の面積を「S」としますと、翼が発生する揚力 L は、ρV^2S に比例します。ここで、はじめの 2 項をまとめた上で 2 で割ったもの、つまり $1/2\times \rho V^2$ を「動圧」と呼びます。揚力「L」を求める式で、比例定数を「k」とすれば、L は $L=1/2\times\rho V^2 kS$ によって与えられます。

・この k は揚力係数 C_L と呼ばれるもので、これを使用すれば、$L=1/2\times\rho V^2 C_L S$ です。重量 W の機体が定常飛行しているときは L ＝ W ですので、この式は $W=1/2\times\rho V^2 C_L S$ と書き換えることもできます。

・この揚力係数 C_L は、迎え角 α が増加するとともに増加しますが、ある迎え角を超えると増加が止まり、逆に減少していきます。これが失速と呼ばれる現象で、失速迎え角で、最大の C_L つまり $C_{L\ MAX}$ になります。これを図示したものが、**図 3 － 4** です。

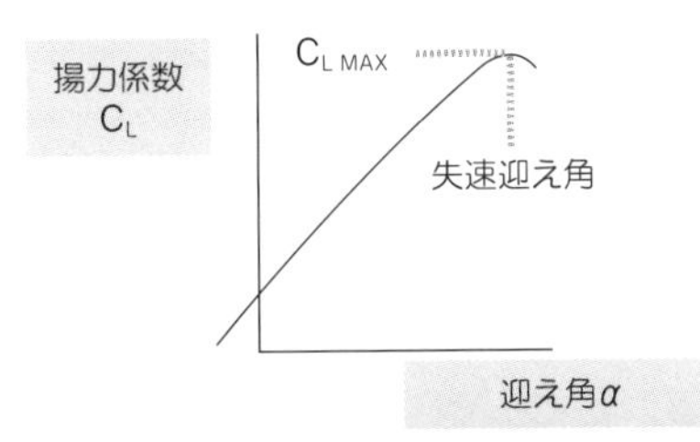

図3－4　失速迎え角と $C_{L\,MAX}$

・したがって、先に作成した $W = 1/2 \times \rho V^2 C_L S$ なる式に、$C_{L\,MAX}$ を代入すれば、失速速度 Vs を求めることができます。つまり、「$W = 1/2 \times \rho Vs^2 C_{L\,MAX} S$」という関係になりますが、この両辺に2を掛けて $\rho C_{L\,MAX} S$ で割ってやれば、$Vs^2 = 2W/(\rho C_{L\,MAX} S)$ つまり $Vs = \sqrt{2W/(\rho C_{L\,MAX} S)}$ となります。

・このように、失速速度 Vs は、機体重量の √ に比例しますので、かりに、機体重量が倍になっても、失速速度 Vs は1.4倍程度にしかなりません。これが、機体重量と V_{REF} との関係が、**図3－3**のように、上に凸の曲線になる理由です。

●着陸重量と必要着陸滑走路長との関係

次はいよいよ、着陸重量と必要着陸滑走路長との関係です。この関係を示したものが**図3－5**です。**図3－5**に示されたカーブは下に凸となっていますが、その理由は下記のとおりです。

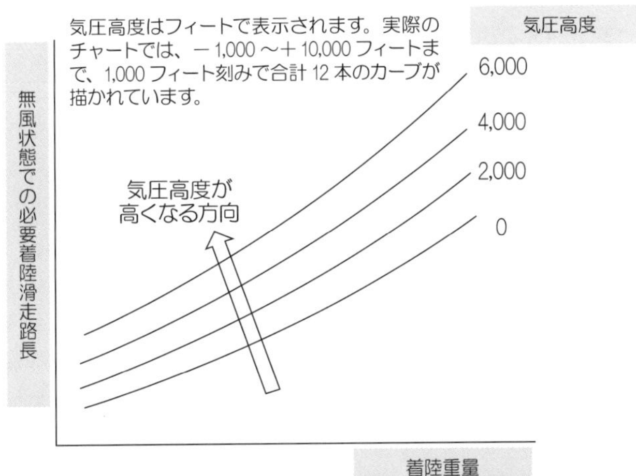

図3－5　着陸重量と必要着陸滑走路長

・着陸後、ブレーキをかけて機体を停止させますが、ブレーキの役割は、機体の運動エネルギーを熱エネルギーに変換して大気に放出するというものですから、機体の運動エネルギーが大きいほど、必要着陸滑走路長は長くなります。

・そして、運動エネルギーは $E = 1/2\ mV^2$（m は質量）で表されますので $E = 1/2 \times W/g \times V^2$ です。ところで、前項で作った式を応用すれば、$V^2 = 2W/(\rho C_L S)$ ですから、これを $E = 1/2 \times W/g \times V^2$ に代入すれば $E = 1/2 \times W/g \times 2W/(\rho C_L S) = W^2/(g \rho C_L S)$ となって、結局、運動エネルギー E は、機体重量の二乗に比例することになり、つまりは、下に凸の放物線状の曲線になります。これが、**図 3 － 5** に示されたカーブが下に凸となる理由です。

また、**図 3 － 5** からは、気圧高度が必要着陸滑走路長に与える影響を読み取ることができます。気圧高度が高くなると、必要着陸滑走路長が一気に長くなりますが、これは、気圧高度の増加とともに、必要な「動圧」を得るための対地速度（グランド·スピード）が大きくなるためです。

先に述べましたように、翼の揚力は「動圧」に比例しますが、動圧は「$1/2 \times \rho V^2$」ですから、高度が高くなって、空気密度 ρ が小さくなるにつれて、所要の「動圧」を得るためには、速度 V を大きくする必要があります。そのため、グランド·スピードも大きくなって、必要着陸滑走路長が長くなるというわけです。

なお、**図 3 － 5** には「実際のチャートでは、－ 1,000 ～ 10,000 フィートまで…」と書いてありますが、このごろの機体では、高度範囲が －2,000 ～ 10,000 フィートとなっているのがふつうです。これは、1989 年 1 月に、1,050 hPa を超える異常に強い高気圧がアラスカを覆い、気圧高度が－ 1,000 フィートを下回って、高度計が正確な高度を指示できなくなると共に、性能チャートも読み取れない領域に入って、飛行機の運航に障害を生じたことがあり、その対応策として採られた措置の一環として、高度計も性能チャートも、—2,000 フィートの気圧高度までカバーするようになったためです。

このように書きますと、これまでさりげなく使っていた「気圧高度」ってなんだという疑問が生じるかと思いますが、これについては、別号で説明させていただきたいと思っています。

●必要着陸滑走路長に対する風速の影響

ご存じのように、飛行機が離着陸する際には、向い風を利用します。これは、向い風がある分だけ、グランド・スピードを小さくでき、したがって、あたかも滑走路の長さが長くなったような運用を行うことができるからです。

たとえば、140ノットで最終進入している機体があったとした場合、無風では、グランド・スピードも140ノットですが、20ノットの向い風があったときには、グランド・スピードは120ノットで済みますので、その分、必要着陸滑走路長は短くて済み、つまりは、滑走路の長さが長くなったような運用を行うことができるわけです。

この様子を示したものが**図3－6**です。この図からも分かりますように、向い風30ノット（＋30ノットと表示）での補正量と追い風10ノット（－10ノットと表示）での補正量がほぼ対象位置にあります。

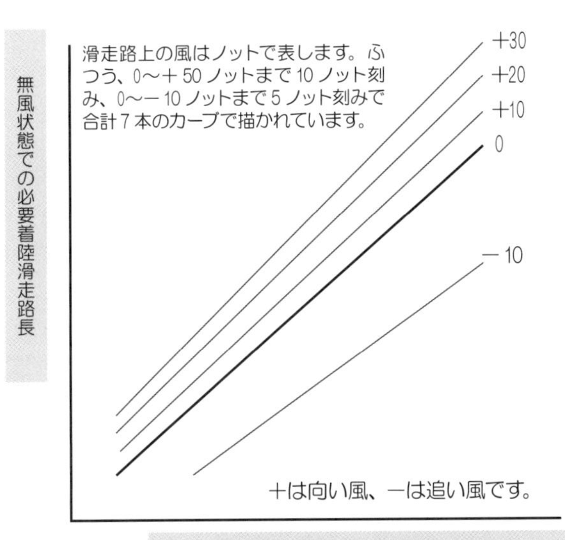

図3－6　必要着陸滑走路長に対する風の影響

これは、性能計算上、向い風についてはその50%を、追い風についてはその150%を使用しなければならないと定められているためで[7),8)]、向い風30ノットは、性能計算上は＋15ノットとなっており、追い風10ノットは、性能計算上は－15ノットとなっているためです。

なお、追い風で着陸することは避けたいところですが、地形や騒音の関係から、優先滑走路が定められている場合など、追い風で着陸せざるを得ないことがあるため、このように、追い風でのデータも記載されています。また、最近の機体では、－15ノットまでのデータを記載することが多くなっています。

●ドライ・ランウェイとウェット・ランウェイの補正

先に述べましたように、ウェット・ランウェイでの必要着陸滑走路長は、ドライ・ランウェイでの必要着陸滑走路長の1.15倍でなければならないと定められています。

そのための計算をチャートの中で実施できるように、**図3－7**のような補正用チャートが設けられており、ガイドラインに沿って読み取ると、1.15倍されるようになっています。

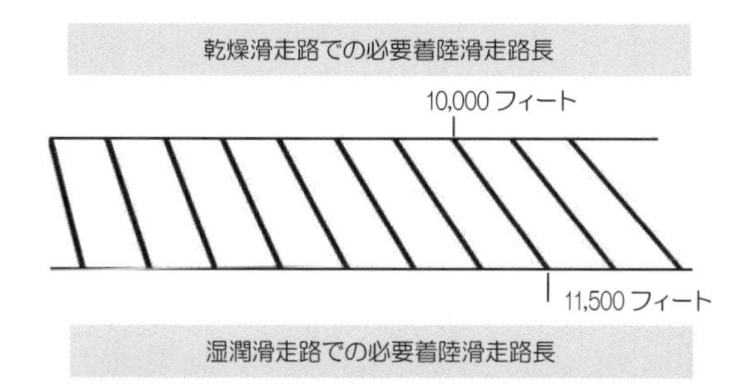

図3－7　乾燥滑走路での必要着陸滑走路長に対する補正

●必要着陸滑走路長を求めるためのチャートの構成

以上をまとめたものが、**図３－８**に示されるチャートで、これが実際に使用されるチャートを模式的に表現したものです。

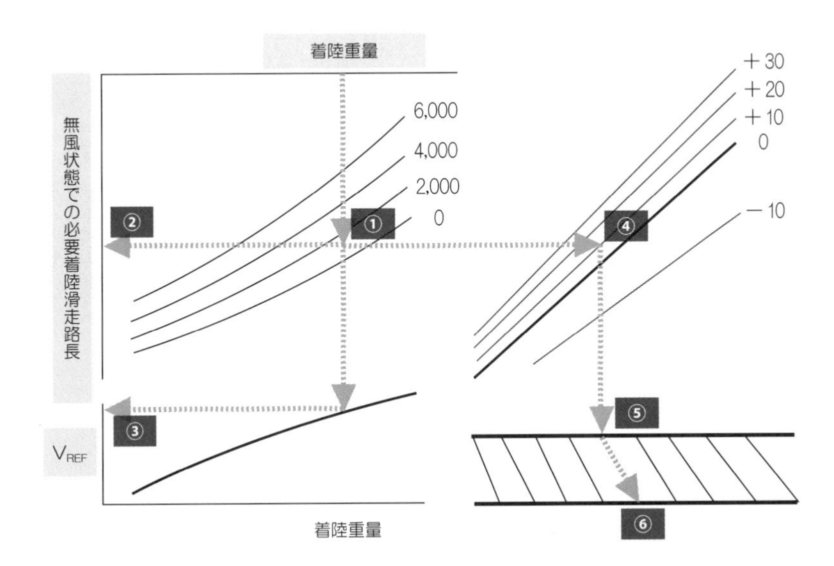

着陸重量から気圧高度①にぶつけて左に折れると、無風かつ乾燥滑走路での必要着陸滑走路長②が求められる。着陸重量から真下に進み、V_{REF} のカーブにぶつけて左に折れると V_{REF} ③が得られる。①を右に折れて滑走路上の風④にぶつけて下に折れると、その風のある状態かつ乾燥滑走路での必要着陸滑走路長⑤が求められる。湿潤滑走路の場合には、ガイドラインに沿って補正を施し、湿潤滑走路での必要着陸滑走路長⑥が求められる。

図３－８　実際のチャートの模式図

このチャートの左上に着陸重量を入れ、点線で示されたガイドラインに沿って読み進みますと、V_{REF} と必要滑走路長を求めることができますし、滑走路長から最大着陸重量を求めるときには、ガイドラインを逆方向に読み取っていけばよいことになります。

ただし、パイロットにとって、実用上は、チャートよりもテーブルにした方が使い勝手が良いという要望もあり、チャートの形からテーブルの形に変換している例も見られます。テーブルにしますと、見やすくはなりますが、情報量が減少してしまうことが悩みのタネです。

次回は、上昇能力によって制限される最大重量について紹介させていただく予定です。ご期待ください。

（つづく）

参考資料

1）耐空性審査要領第Ⅲ部 3-6-2 項
2）FAR §25.473 Landing load conditions and assumptions.(http://www.ecfr.gov/cgi-bin/text-idx?SID=9907df6f70588253e6f087f3d23e1e0c&node=se14.1.25_1473&rgn=div8)
3）日本航空（株）「航空実用事典」291 ページ（http://www.jal.com/ja/jiten/dict/p291.html）
4）耐空性審査要領第Ⅲ部 7-4-4-2g 項
5）FAR §121.195 Airplanes: Turbine engine powered: Landing limitations: Destination airports (http://www.ecfr.gov/cgi-bin/text-idx?SID=9907df6f70588253e6f087f3d23e1e0c&node=se14.3.121_1195&rgn=div8)
6）FAR §121.197 Airplanes: Turbine engine powered: Landing limitations: Alternate airports（http://www.ecfr.gov/cgi-bin/text-idx?SID=9907df6f70588253e6f087f3d23e1e0c&node=se14.3.121_1197&rgn=div8)
7）耐空性審査要領第Ⅲ部 2-3-13 項
8）FAR §25.125 Landing (http://www.ecfr.gov/cgi-bin/text-idx?SID=9907df6f70588253e6f087f3d23e1e0c&node=se14.1.25_1125&rgn=div8)
9）耐空性審査要領第Ⅲ部 7-4-4-2g 項

4. 上昇能力によって制限される最大着陸重量

第3回では、最大着陸重量のうち、滑走路長によって制限される着陸重量について説明させていただきました。今回は、最大着陸重量のうち、上昇能力によって制限される着陸重量について説明させていただきたいと思います。

上昇能力によって制限される着陸重量に対する要件は、**図4－1**のように定められています。これによって、着陸時においても、定められた最小の上昇能力を持つことが求められています。[1),2),3),4)]

注：参考資料2)にはFAR§25.119が呼び出されています。航空業界では長年にわたって、米国連邦航空規則をFAR (Federal Aviation Regulations) と呼んできました。しかし、FARという略語は、ほかの省庁が定めている規則の略語と混同するという理由で、2009年以降、FARに代えて14CFRと呼ぶことになりました。このCFR (Code of Federal Regulations：連邦規則集) は、各種の行政規則を収めたもので、担当省庁ごとに計50のタイトルに分割されています。タイトル14がFAAとNASAに割り当てられており、このタイトル14のことを14CFRと表記します。ただし、本稿では、従来どおりの、呼びなれたFARという表現を使用します。

名称	フラップ	ギア	作動エンジン	エンジン推力	要求される上昇勾配		
					双発機	3発機	4発機
着陸復行時	着陸位置	下げ	全エンジン	離陸推力[注]	3.2％	3.2％	3.2％
進入復行時	進入位置	上げ	1エンジン不作動	離陸推力	2.1％	2.4％	2.7％

注：このエンジン推力は、アイドル状態から加速して、8秒後に得られる推力です。

図4－1　要求される上昇能力

このように、要求される上昇能力は、「上昇勾配」によって表示されています。これは、障害物などを考えた場合、ある距離を飛行する間に、どれだけの高度を稼げるか、ということが重要であるため、上昇率ではなく上昇勾配を使用するという理由によるものです。

さて、**図4－1**をよく見ると不思議なことがたくさんあることに気づきます。たとえば、「着陸復行」を考える時点では全エンジンが作動しているのに、本来それよりも前の段階の話であるはずの「進入復行」の時点で1エンジンが不作動になっているのはなぜかとか、「着陸復行」を考える場合のエンジン出力は「アイドル状態から加速して、8秒後に得られる推力」であるとしている一方で、本来それよりも前の段階の話であるはずの「進入復行」の時点では、（無条件に）離陸推力になっているのはなぜかとか、あるいは、フラップの進入位置と着陸位置とは何だとか、分からないことがいっぱいです。

これらを明確にするため、ゴーアラウンド時のパイロットの操作を考えてみましょう。

●ゴーアラウンド時のパイロット操作

ここでは、進入の最終段階で、フラップは着陸位置、ランディングギアはダウンになっている状態から、ゴーアラウンドするケースを考えてみましょう。

それまで降下してきた機体を上昇させるべく、推力を増加させるためにスラストレバーを進め、抵抗を少なくするためにフラップをゴーアラウンド位置（ふつう、進入フラップと同じ位置です）まで上げ、同時に、機首の引き上げ操作を実施します。この結果、機体は降下から上昇に移りますので、昇降計の針がプラスを示していることを確認してギアアップします。

この操作の間、すべてのエンジンが作動していたと考えますと、ゴーアラウンドを始めたときの飛行機の形態は、「着陸フラップ、ギアダウン、全エンジン作動、離陸推力」となって、**図4－1**でいう「着陸復行時」での形態と一致します。

一方で、上昇に移った直後に、不幸なことに1エンジンが不作動になったとしますと、そのときの形態は、「進入フラップ、ギアアップ、1エンジン不作動、離陸推力」となって、**図4－1**でいう「進入復行時」での形態と一致します。

このように考えれば、「着陸復行時」と「進入復行時」の上昇能力に対する要件は、その時系列的な順序に応じて要求されているものではなく、「着陸形態」と「進入形態」という、それぞれの形態に対して要求される上昇能力であろうということが想像できます。

●上昇能力を算出するためのエンジン推力

ここでは、先に挙げた「着陸復行を考える場合のエンジン出力はアイドル状態から加速して、8 秒後に得られる推力である」のはなぜか、という疑問を考えてみます。

実は、自動車に搭載されているようなレシプロエンジンに比べて、タービンエンジンの加速特性は、非常に劣っています。

それを模式的に表したものが**図 4 − 2** です。タービンエンジンでは、いったんアイドルまで絞ってしまいますと、離陸推力まで加速しようとして、スラストレバーを進めても、エンジンはなかなか吹き上がりません。特に、標高の高い空港では、加速に時間が掛かりますので、性能計算のベースを一律に離陸推力とするわけにはいかず、「着陸復行での上昇勾配を算出する際に使用する推力は 8 秒間で得られる推力」とするといった要件が必要になるわけです。

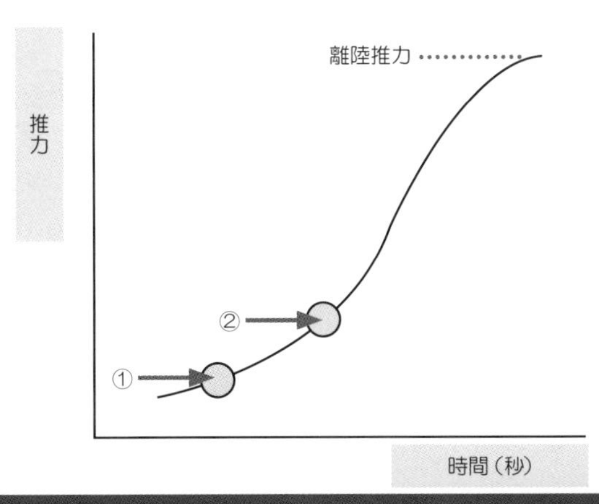

図 4 − 2　タービンエンジンの加速特性

ただし、上項に記したパイロットの操作手順から考えますと、「進入復行」を議論する形態になっている時点では、エンジンが既に離陸推力まで吹き上がっていることは自明です。

なお、**図 4 − 2** の②のようにアイドルを高めに設定しておけば、加速時間を短くできますので、ゴーアラウンドすることがあり得る状態になりますと、アイドルは、②に示したところまで自動的にトリムアップされます。一方で、このようにアイドルを高く設定したままですと、巡航高度からの降下時に降下率を稼げず、高度の処理に苦労しますので、通常の降下時には、①に示したアイドルまで自動的にトリムダウンされます。

①のアイドルを、グランドアイドルとかミニマムアイドルと呼び、②のアイドルを、フライトアイドルとかアプローチアイドルと呼んでいます。つまり、通常の降下中は①のアイドルになっていますが、空港近くまで降りてきますと、②のアイドルまでトリムアップされます。

そのためのシグナルとして、よく使用されるのがフラップ位置です。この場合、着陸進入のためにフラップを出し始めますと（Flap Not Up のシグナルによって）②までトリムアップされます。ちなみに、このトリムアップは、接地後5秒程度は保持されるのがふつうです。接地後のゴーアラウンド時やリバース使用時のエンジンの吹き上がりを確保するためです。

●上昇能力を算出するためのフラップ位置

次は、フラップ位置です。着陸に向けて進入を開始したのち、機速を徐々に減らしていくのに伴って、フラップを一段ずつ下げていきます。失速に対して、十分なマージンを確保し続けるためです。747-400 型機で言いますと、Flaps 1、Flaps 5、Flaps 10、Flaps 20、および、Flaps 25 または Flaps 30（25 と 30 のどちらかを着陸フラップとして利用します）という順序です。

注：「Flap 5」とは呼ばず、「Flaps 5」と呼びますが、これは、フラップレバーの操作によって、主翼の前縁と後縁に装備されたフラップの両者が連動して動くためかと思われます。
ちなみに、たとえば Flaps 20 は、「フラップス・ツー・ゼロ」と呼びます。

これらのフラップ位置のうち、グライドスロープに乗って最終進入のための降下を始める寸前まで使用するのが Flaps 20 で、これが進入フラップに該当します。またこの位置が、フラップのゴーアラウンド位置になっています。

フラップの操作時は、フラップレバーを持ち上げて、「ディテント」から外し、その後はレバーを持ち上げる力を抜いて、次の「ディテント」まで滑らせていきますが、**図4－3** にも示されているように、このゴーアラウンド位置には、簡単には、それ以上、フラップを上げられないようにするための「ゲート」が設けられています。ゴーアラウンド時の忙しい操作の最中に、誤ってフラップを「ゴーアラウンド位置」を超えた位

写真４－１　747-400 型機のフラップ・レバーの位置

置まで上げてしまうことを防止するためです。

　ところで、前の説明で、ゴーアラウンド時は、フラップを着陸位置から進入位置まで上げると書きましたが、機速が不十分なままでフラップを上げてしまっても大丈夫なのでしょうか。

　着陸進入時の速度の基準として V_{REF} と呼ばれるものがあり、これは、失速速度の 1.23 倍であると決められていることは第３回で説明させていただいたとおりです。つまり V_{REF} ＝ 1.23 Vs です。実用上は、予期せぬ風の変化などを考慮して、これにある速度（たとえば５ノットとか 10 ノット）を加えます

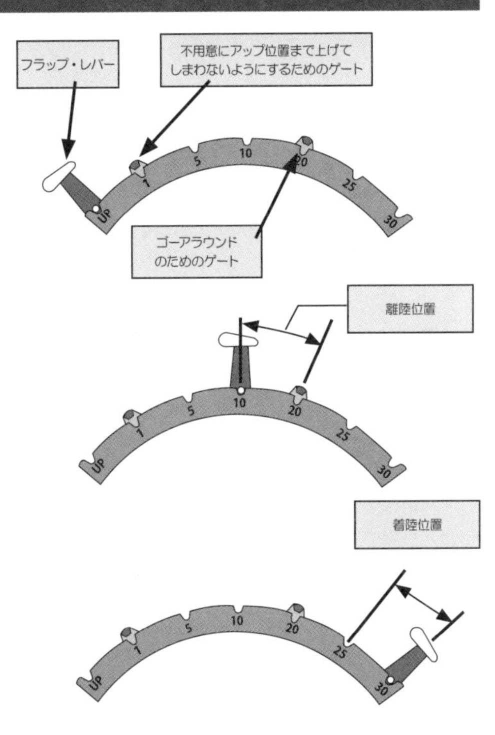

図４－３　747-400 型機のフラップレバーの断面

が、ここでは一応、1.23 Vs で降りてきたとしましょう。
　とつぜん話が変わりますが、離陸時に1エンジンが不作動になって、そのまま離陸を続行する場合に使用する基準の速度を V_2 と呼び、これは普通 1.13 Vs になっています。

　そして、これが重要なのですが、フラップが着陸位置にあるときの失速速度と、進入位置にあるときの失速速度の比は、1.1 を超えてはならないと決められています[3),4)]。計算を簡単にするために、ある着陸重量で、フラップが着陸位置にあるときの失速速度が100ノットであったとしますと、フラップが進入位置にあるときの失速速度は、最大でも110ノットにしかならないということです。

　この数字を使って、フラップが着陸位置にあるときの V_{REF} を算出しますと、123ノット（1.23 × 100）ですし、フラップが進入位置にあるときの V_2 を算出しますと、最大でも124ノット（1.13 × 110）となります。つまり、ほぼ同じ速度になることが分かります。

　このように、フラップを着陸位置にして123ノットで進入の最終段階を飛行している場合、ゴーアラウンドを開始して、機速を増加させないまま、フラップを進入位置まで上げても、それによって失速することはなく、あたかも、フラップを進入位置にセットして離陸していった状態と同じ状態が保てるという仕組みになっています。

　以上のように考えますと、最大着陸重量を決めるクライテリアの一つである「上昇能力による制限」は非常にうまくできているのではないかと思いますが、いかがでしょうか。

●上昇能力の算出方法

ここでは、上昇勾配の算出方法を考えてみましょう。上昇勾配を求める際、厳密な式を立てようとしますと、**図 4 − 4** のように、作用点も作用方向も異なるさまざまな力について、それらの釣合いと、モーメントの釣合いを考えなければいけません。

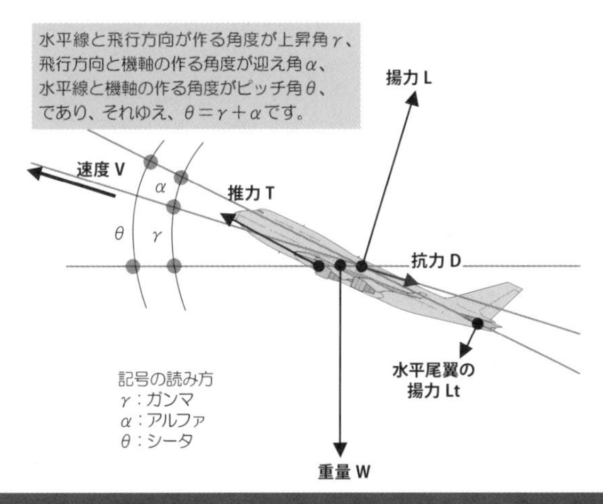

図 4 − 4　上昇勾配を求めるための力の釣合い

シミュレータでは、このような厳密な方法を用いた計算を 1 秒間に 30 回以上繰り返す、といったことを行っていますが、手計算で性能を求める立場から見た場合には、この方法はまったく実用的ではないため、**図 4 − 5** のような簡便法を考えます。

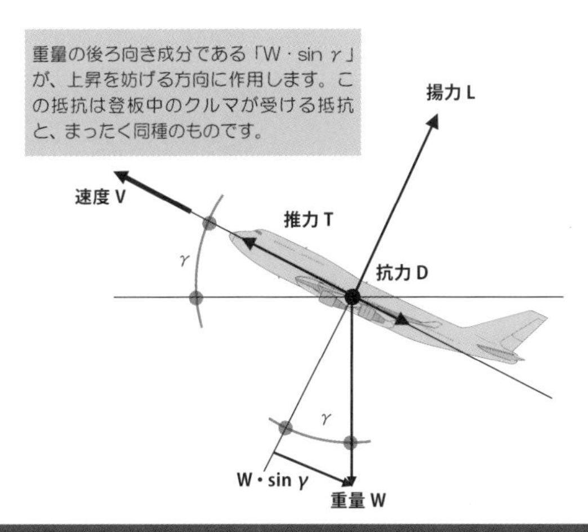

図 4 − 5　簡便法による上昇勾配を求めるための力の釣合い

図 4 − 5 で、飛行方向についての前後方向に作用する力の釣合いを考えれば、前方に引っ張る力が「推力 T」、後方に引っ張る力が「抗力 D」と「重量による抵抗成分 W·sin γ」ですから、

$T = D + W \sin \gamma$

$\therefore T - D = W \sin \gamma$ ‥ ① 式

となります。そして、この両辺を W で割ってやれば、上昇勾配 γ（ガンマ）を与える下式が得られます。

$\dfrac{T - D}{W} = \sin \gamma$ ………… ② 式

したがって、

$\sin \gamma \cong \gamma\,(\%) = \dfrac{T - D}{W}$ ………… ③ 式

この ③ 式で使用した $\sin \gamma \fallingdotseq \gamma$ という近似は、角度が小さいときにしか成立しませんが、旅客機のような「上昇勾配が小さな機体」では、これで十分です。
（詳細については囲み記事を参照してください）

③ 式から、飛行機の上昇性能は「余剰推力 T-D（Excess Thrust）」と「機体重量 W」だけによって決定されることが分かります。

日常的には、角度の単位として「度」を用います。「度（Degree）」は、円の一周を「360度」として定義した単位です。

一方、道路を走っているとき、坂道には「登り勾配（こうばい）5％」などと表示されています。この「勾配（Gradient）5％」の意味は、100 m 進んで 5 m 登るという意味です。

また、三角関数を使用するときには、数学的な取扱いを簡単にするために、「ラジアン」を使用しますが、この「ラジアン、単位は rad」は、円の一周を「2 πラジアン」であるとして定義した単位です。

「ラジアン」はこのように、「2 π rad ＝ 360 度」ですから、「1 rad ＝ 360 度÷ 2 ÷ 3.14 ≒ 57.32 度」です。つまり、図 A のようにして測った角度が 57.32 度になる角度が 1 rad です。

一方の「勾配」は、図 B のような定義になっています。
この図を見ると、角度が小さい場合には、「ラジアン」と「勾配」はほぼ同じ値になるであろうことが想像できます。

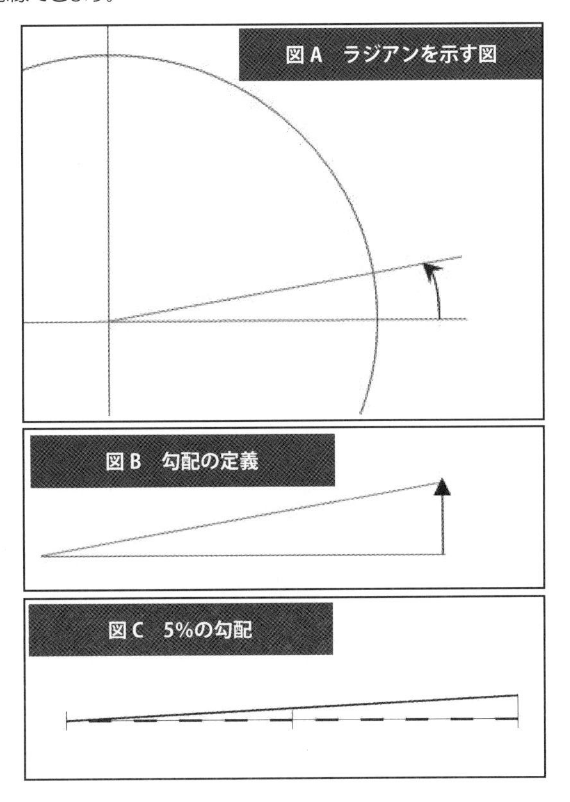

それを実感するために、5 % の勾配（約 3 度です）を厳密に書いてみたものが図 C です。このような小さな角度では、角度を、円周方向に計っても（つまり、ラジアンを求めても）、垂直方向に計っても（つまり、勾配を求めても）、ほぼ同じ結果が得られることは明らかです。

ところで、sin カーブをエクセルに描かせたものが図 D です。また、このうちの、角度が小さい場合に限って sin をプロットしたものが、図 E です。

図 E で、実線が sin θであり、破線が、45 度の線（つまり、sin θ＝θの線）です。これから明らかなように、飛行機の上昇勾配が 0.4 rad 程度まで、つまり 23 度程度までは、sin θ＝θ と考えても、実用的には何ら問題はないことが分かります。これが、上記で「sin γ≒γで近似できる」と述べた理由です。

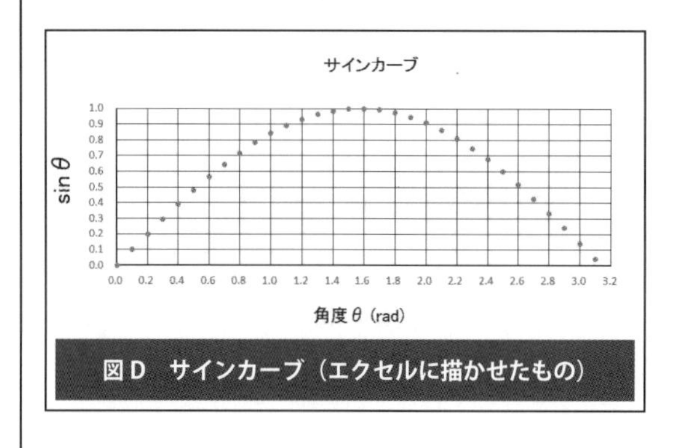

図 D　サインカーブ（エクセルに描かせたもの）

ちなみにアイフォンをお持ちの方は、電卓アプリを起動しておいて、スマホを横に倒しますと、簡易電卓から関数電卓に変身しますので、サインを簡単に計算することができます。

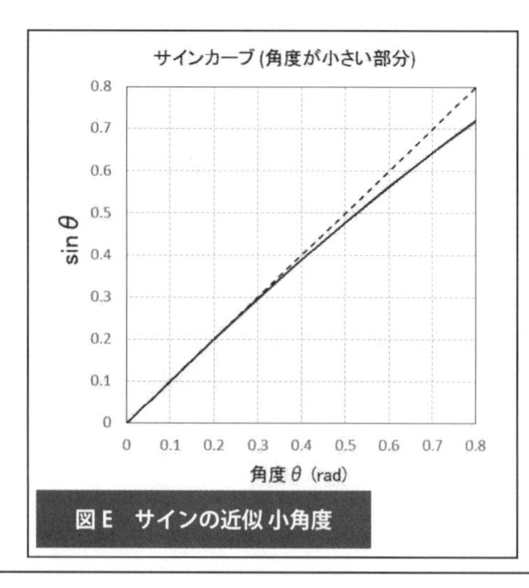

図 E　サインの近似 小角度

それではここで、「余剰推力」の本質を考えてみましょう。**図 4 − 6a** は、4 発機でのエンジン推力と機体の抵抗のバランスを描いたものです。ここでは、フラップとギアを、ある一つの形態に固定した上で、エンジン推力と機体の抵抗のバランスを描いてあります。

左半分は、1 発あたり ① の推力を発揮できるエンジンがすべて作動している状態であり、したがって、全機分の推力は ② になります。機体の抵抗が ③ であったとしますと、② から ③ を差し引いた ④ が余剰推力（T − D）となります。

一方の右半分は、1 エンジンが不作動になった状態です。1 エンジン分の推力が失われますので、全機分の推力は 3/4 に減少します。また、⑤ は不作動になったエンジンによって生じる抵抗、⑥ は、不作動エンジン側に機首がとられないようにラダーを踏み込むことによって生じる、ラダーの抵抗です。これらを差し引くと、余剰推力は ④ まで減少してしまいます。

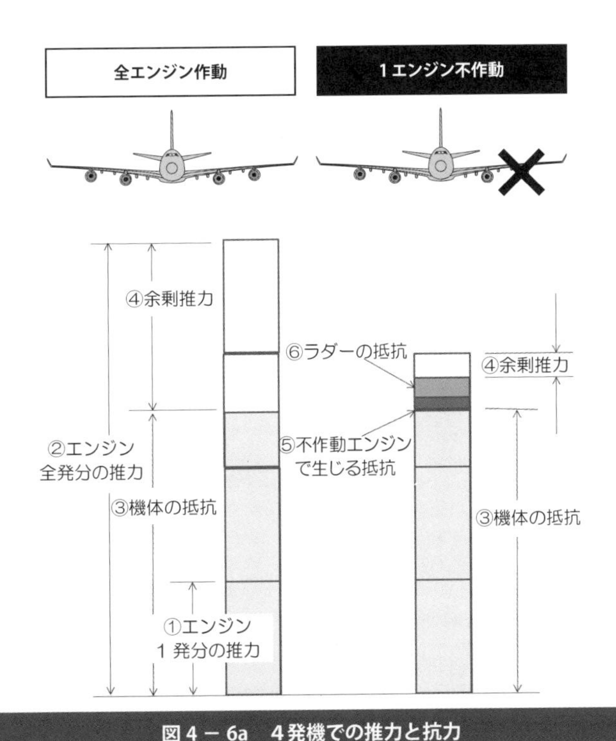

図 4 − 6a　4 発機での推力と抗力

注：この図は、離着陸時のような低速で飛行する場合をイメージして作図したものです。エンジンが不作動になった場合には、ヨー方向のバランスを取るためにラダーを操舵しますが、低速ではラダーの効きが悪くなる分、大きく操舵する結果、抵抗が大きくなります。

エンジン不作動による影響は、このように非常に大きなものになりますので、**図4－1**の「着陸復行時」の上昇能力では、着陸フラップ、ギアダウンによる大きな機体抵抗を全エンジンの推力で補償し、一方の「進入復行時」の上昇能力では、1エンジン不作動による推力の減少を、進入フラップ、ギアアップという機体抵抗の減少によって補償する、という考え方になっているのではないかと考えられます。

同様にして、その様子を、双発機に対して描いたものが**図4－6b**です。

これらの図から分かりますように、1エンジンが不作動になったときの性能劣化の度合いは、4発機でのそれよりも、双発機の方がはるかに激しいことが分かります。

図4－1の最も右側に記載されている、1エンジン不作動時の「要求上昇勾配」が、エンジン装備数によってかなり異なっているのは、こういった事情、および、ある1機

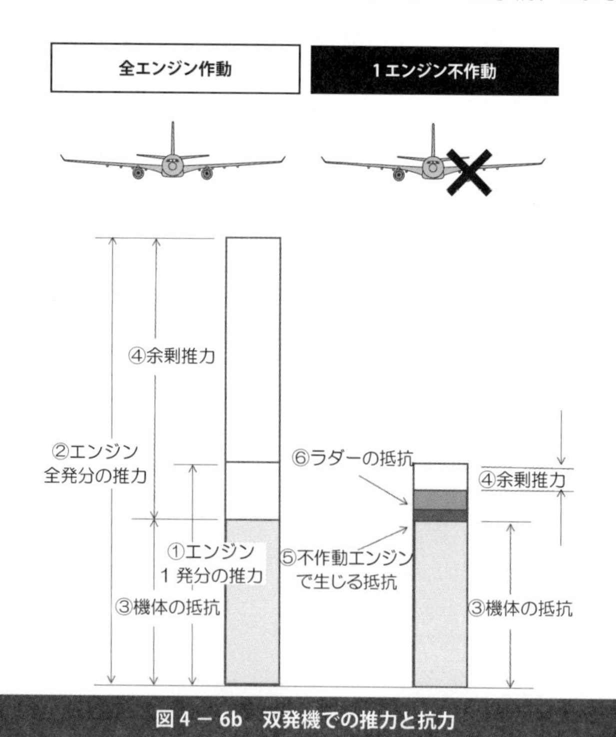

図4－6b　双発機での推力と抗力

に注目した場合に、エンジンが故障する確率は、エンジン装備数が少ないほど小さい、といったことを勘案した結果として決められたものであると思われます。

●上昇能力によって制限される着陸重量を示すチャート

「上昇能力によって制限される着陸重量」のチャートの表示方法にはいくつかの種類がありますが、ここでは、直観的に理解しやすい形をしているチャートの例として、旧ダグラス社の方式を紹介させていただきます。

具体的には、**図4－7**に示されたような形をしていますが、この図から、気圧高度が高くなるにつれて、また、外気温がある程度以上に高くなるにつれて、「上昇能力によって制限される着陸重量」が減少していく様子が見てとれます。

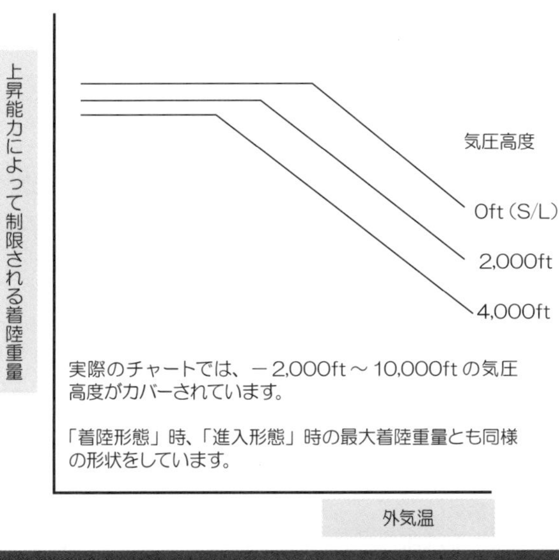

図4－7　上昇能力によって制限される着陸重量

実は、こういった傾向は、エンジン推力が、気圧高度と外気温によって変化する傾向とそっくりな形になっています。つまり、気圧高度と外気温が与えられれば、エンジン推力が決まるのですが、その結果として、余剰推力も決まりますので、「余剰推力」は「エンジン推力」と同じような傾向で変化することになるというわけです。

一方で、前述の ③ 式が示しているように、上昇能力は「機体重量あたりの余剰推力」に依存しますので、機体重量が増加するにつれて上昇能力は低下していきます。しかし、上昇能力には下限（**図4－1**）がありますので、その上昇能力を確保できるギリギリの機体重量を超える重量での着陸は許されません。**図4－7**は、そのような観点から見た最大の着陸重量を示したものであるわけです。

なお、ここでは紙面の都合上、エンジン推力について詳しく立ち入ることはできませんが、それについては稿をあらためて紹介させていただきたいと考えています。ご期待ください。

●最大着陸重量を確認するタイミング

前回と今回で触れてきた最大着陸重量は、出発の段階で確認しなければならないことになっています。つまり、目的空港あるいは代替空港に着陸するときの重量が、前回と今回で説明させていただいた「最大着陸重量」を超えてはならないという縛り方です。

この着陸重量は、離陸時の重量から、目的空港あるいは代替空港に飛行するまでに消費する燃料（とオイル）の重量を差し引いた重量であると決められていますが、これを逆に言えば、離陸重量が大きすぎて、燃料を消費した状態でも、着陸重量が、最大着陸重量を超えてしまう、そのような離陸重量で離陸してはならない、ということになります。[5),6),7)]

こういった出発時の要件のことを「ディスパッチ・リクワイアメント」と呼んでいます。

なお、飛行計画の段階では、離陸したあとに発生するかもしれないシステムの故障は特には想定しないことになっています。つまり、そういった事態が発生した場合の判断はすべて、機長に委ねられています。たとえば巡航中にアンチスキッド・システムの故障が見つかり、着陸距離が延びることが判明した場合でも、その対応に関する判断は機長判断に委ねられています。もちろん、その判断のためのデータは、運航マニュアルに記載されていますし、地上でウォッチしているディスパッチャが無線を通じて機長を支援します。

●燃料放出システム

離陸後、機体またはエンジンに何らかの故障が発生した場合、出発空港に引き返さざるを得ないことがありますが、長距離を飛行するために多量の燃料を搭載していたときには、そのままでは着陸重量が過大になりますので、着陸する前に燃料を放出

写真４－２　燃料放出システムで燃料空中投棄中の様子

して、着陸重量を小さくしてやろうというシステムが、燃料放出システムです。

出発空港に引き返して着陸する際、ゴーアラウンドを実施せざるを得ないことを想定しますと、そのための十分な上昇能力を持っていなければいけません。これが、燃料放出システムを装備しなければならないことの法的な背景になっており、空港に引き返す間に消費する燃料の重量（注）を、離陸重量から差し引いた重量で、上記の「着陸復行時」または「進入復行時」に対して定められた所定の上昇能力を得られないような飛行機には、燃料放出システムを装備しなければならない[8),9)]というのが、法的な要件になっています。

注：厳密には、離陸、進入復行および着陸を含む 15 分間の飛行で消費する燃料です

ただし、このシステムを使用して燃料を放出してから着陸するかどうかも、判断はすべて、機長に委ねられています。機長は、状況が許す限り燃料を放出して、「構造によって制限される最大着陸重量」よりも機体重量を軽くし、あるいは、ゴーアラウンドしなければならなくなる可能性を考えて、十分な上昇勾配が得られるような重量になるまで機体重量を軽くしますが、状況が切迫している場合には最大着陸重量を超えていても着陸せざるを得ません[10)]。こういった判断も機長に委ねられています。

（つづく）

参考資料

1) 耐空性審査要領第Ⅲ部 2-3-10 項 (着陸復行：全発動機運転)
2) FAR § 25.119 Landing climb: All-engines-operating (http://www.ecfr.gov/cgi-bin/text-idx?SID=9d84c17b787c3f44071952dcc5b0eeaf&node=se14.1.25_1119&rgn=div8)
3) 耐空性審査要領第Ⅲ部 2-3-11-4 項 (上昇：1 発動機不作動 (進入復行))
4) FAR § 25.121(d) Climb: One-engine-inoperative (Approach) (http://www.ecfr.gov/cgi-bin/text-idx?SID=9d84c17b787c3f44071952dcc5b0eeaf&node=se14.1.25_1121&rgn=div8
5) 航空法施行規則 164 条の 14 (http://law.e-gov.go.jp/htmldata/S27/S27F03901000056.html)
6) FAR § 121.195 Airplanes: Turbine engine powered: Landing limitations: Destination airports (http://www.ecfr.gov/cgi-bin/text-idx?SID=e5250cdb2d51fd7dddc9233ce2bac927&node=se14.3.121_1195&rgn=div8)
7) FAR § 121.197 Airplanes: Turbine engine powered: Landing limitations: Alternate airports(http://www.ecfr.gov/cgi-bin/text-idx?SID=e5250cdb2d51fd7dddc9233ce2bac927&node=se14.3.121_1197&rgn=div8)
8) 耐空性審査要領第Ⅲ部 5-3-6 項 (燃料放出系統)
9) FAR § 25.1001 Fuel jettisoning system (http://www.ecfr.gov/cgi-bin/text-idx?SID=0f8015c2685622b03eee0fc24aed2f1d&node=se14.1.25_11001&rgn=div8)
10) ボーイング社 AERO QTR_3.07「Overweight Landing? Fuel Jettison? What to Consider」(www.boeing.com/commercial/aeromagazine/articles/qtr_3_07/article_03_3.html)

5. エアデータ（前編）

第４回では、最大着陸重量のうち、上昇能力によって制限される着陸重量について説明させていただきましたが、その中で「離陸推力」なる言葉が出てきました。ついては、今回は、エンジン推力がどのようにして定められているのか、について紹介させていただきたいところです。

しかし、エンジン推力を説明するためには、その前に、「気圧高度」とか「外気温」についての説明をしておかないと議論を進めることができません。エンジン推力について早く紹介したいと気が逸る（はやる）ところですが、今回は、その基本となる「気圧高度」について説明させていただきたいと思います。

●高さと高度

飛行機に乗っているとき、機長からの「ただいま高度 10,700 メートルを順調に飛行中です」といったアナウンスを聞かれることがあるかと思いますが、この高度って何なんでしょうか？

もし、地表面からの本当の高さ（つまり距離）だとすれば、富士山の上空を飛行するときは大変です。富士山のすそ野の上空をものすごい勢いで駆け登って、頂上を通過したあとは、ものすごい勢いで駆け下ることになるからです。つまり、こういった「地表面からの高さ」は、実際の運航で使用する物差としては向いていません。

一方で、飛行機がその中を飛んでいる「大気」の性質を利用して高度を求めることができれば、そういった問題は解決できそうです。「高さ」が高くなるにつれて「外気圧」は低くなりますが、この関係が、**図 5－1**のように、1 対 1 で対応するものであったとすれば、そのときの「外気圧」から「高さ」が求められます。こういった方法で求めた「高さ」を「気圧高度」と呼んでおり、飛行機では、この気圧高度が使用されています。つまり、周辺の大気圧を「高度に変換」した値を、高度計に指示させているわけです。

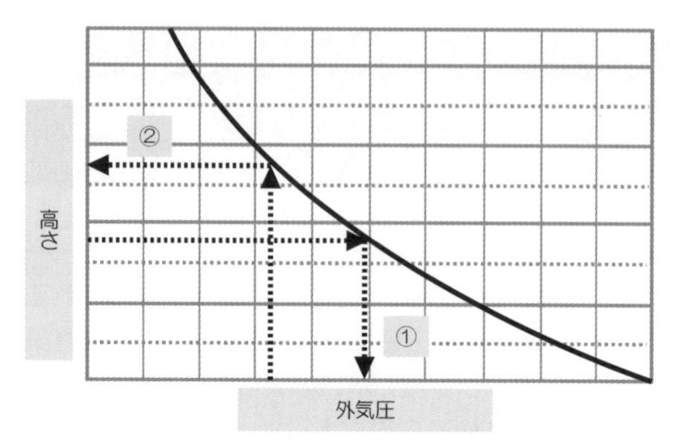

高さと外気圧が1対1で対応しているとすれば
・①により、高さに対する外気圧が求められる。
・②により、外気圧に対する高さが求められる。

図5－1　高さと外気圧

ただし、高気圧が来たり低気圧が来たりすることからも分かりますように、外気圧は刻々と変化しています。したがって、こういった方法によって、高さを高度に変換するためには、ある「基準の大気」を定義しておく必要があります。この基準の大気を「国際標準大気」と呼びます。**図5－2**は、国際標準大気（ISA：International Standard Atmosphere）の一部を抜粋したものです。

高さ		温度	圧力			温度比	気圧比	密度比
フィート	メートル	℃	psi	inHg	hPa	無次元		
0	0	15.0	14.70	29.92	1013.3	1.0000	1.0000	1.0000
5,000	1,524	5.1	12.23	24.90	843.1	0.9657	0.8320	0.8617
10,000	3,048	−4.8	10.11	20.58	696.8	0.9313	0.6877	0.7385
15,000	4,572	−14.7	8.294	16.89	571.8	0.8969	0.5643	0.6292
20,000	6,096	−24.6	6.754	13.75	465.6	0.8625	0.4595	0.5328
25,000	7,620	−34.5	5.454	11.10	376.0	0.8281	0.3711	0.4481
30,000	9,144	−44.4	4.364	8.885	300.9	0.7938	0.2970	0.3741
35,000	10,668	−54.3	3.458	7.041	238.4	0.7594	0.2353	0.3099
40,000	12,192	−56.5	2.720	5.538	187.5	0.7519	0.1851	0.2462
45,000	13,716	−56.5	2.139	4.355	147.5	0.7519	0.1455	0.1936

「psi」は、pound per square inch の略で、1平方インチの面積に1ポンドの力が作用する圧力です。
inHg は、水銀柱の高さをインチで表示したもので、29.92 インチは 760mm（29.92 × 25.4 ＝760）です。

図5－2　国際標準大気（ISA）[1)]

図5－2の右端には、温度比、気圧比および密度比といった3つの値が並んでいますが、これらは、ある高さにおけるそれぞれの値を、標準状態・海面上での値で割って無次元化したものです。たとえば、外気圧について考えますと、標準状態・海

面上では 1013.25 hPa（**図5－2**では1013.3 に丸めてあります）ですが、35,000 フィートでは 238.4 hPa ですので、気圧比は、238.4 ÷ 1013.25 で 0.2353 となっています。（温度比については、いったん絶対温度に変換した上で、このような計算を行います）

このようにして、温度比、気圧比および密度比という、無次元化した 3 つの値を用いて、これらの値が、「高さ」に対してどのように変化するかを描いてみたものが**図5－3**です。

図5－3から分かりますように、気圧比と密度比は、「高さ」と1対1対応になっていますので、これらは、高度を求めるためのパラメータとして使用することができます。ただし、温度比は「高さ」と1対1対応にはなっていないため、高度を求めるためのパラメータとして、温度（外気温）を使用することはできません。

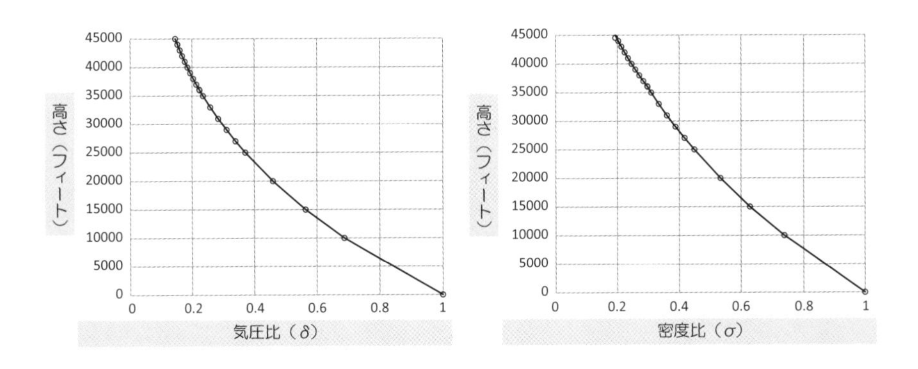

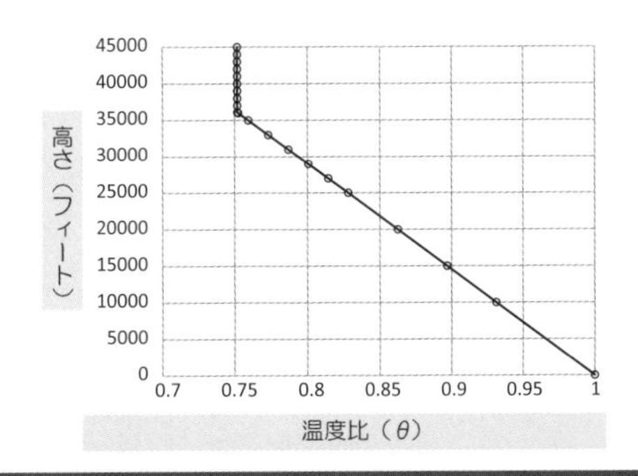

図5－3　国際標準大気での気圧比、密度比、温度比

このうち、圧力（外気圧）を用いたものが前述の「気圧高度」であり、密度を用いて高度を求めるものが「密度高度」です。タービンエンジン装備機の場合には、気圧高度だけが使用されますが、その出力が空気密度にも依存するレシプロエンジン装備機の場合には、密度高度も併用されています。

ところで、**図5－3**を見てみますと、高さが約36,000フィートより高くなると、温度が一定になるとともに、気圧比の曲線も密度比の曲線も、36,000フィート付近で、なんとなく変化の様子が変わっていることに気づきます。実は、この高さは、対流圏と成層圏の境界となっている高さで、対流圏界面（略して圏界面）と呼ばれる場所の高さです。

対流圏と成層圏

外気圧や外気温が、日々刻々変化するのと同様、圏界面の高さも時間とともに変動します。また、場所によっても異なっています。たとえば、赤道付近の低緯度地方では、圏界面は 16 ～ 18 km の高さにあり、極域などの高緯度地方では 6 ～ 8 km 程度の高さにあるといった具合です。

しかし、「国際標準大気」では、なんらかの基準を定めなければならないため、圏界面の高さを 11 km（36,089 フィート）であるものと定めました。したがって、「国際標準大気」の下では、高さ 11 km までが対流圏で、それ以上の高さでは成層圏になります。

対流圏では、地表が太陽光によって暖められるため、お湯を沸かすために、ヤカンや鍋を使って下から加熱しているときと同じようにして、対流を起こします。また、**図 5 － 4** に示されているように、対流圏では、上空に行くほど気温が下がっていきます。

一方、圏界面よりも高い成層圏では基本的に、上空に行くほど気温が上がっています。このため、暖房時の暖かい空気は部屋の上部だけに溜まる、クーラーからの冷えた空気は部屋の下部だけに溜まる、という現象と同様にして、温度ごとの空気の層に分かれます。「成層」圏という名称の由来です。

なお、このように、上空に行くほど温度が上がる場合、あるいは温度の変化がない場合、大気は（絶対的）安定になり、逆に、上空に行くほど温度が下がる場合には、温度勾配が緩やかであれば安定、温度勾配が大きくなれば不安定になります。

温度勾配が大きくなるのは、地表付近の温度だけが高くなった、あるいは、上空だけが冷やされたといった場合です。夏の日差しに暖められて地表付近の気温が上がった場合や、冬の日本海側の上空にシベリア高気圧からの寒気が吹き込んで上空の気温が下がった場合には、温度勾配が大きくなって大気が不安定になるため、積乱雲が発達します。

ちなみに、太陽光によって地表付近の大気が暖められることによって、対流圏内の温度が決定されますが、成層圏では、大気は上から暖められています。この熱源の主役を果たすのは、成層圏に存在するオゾ

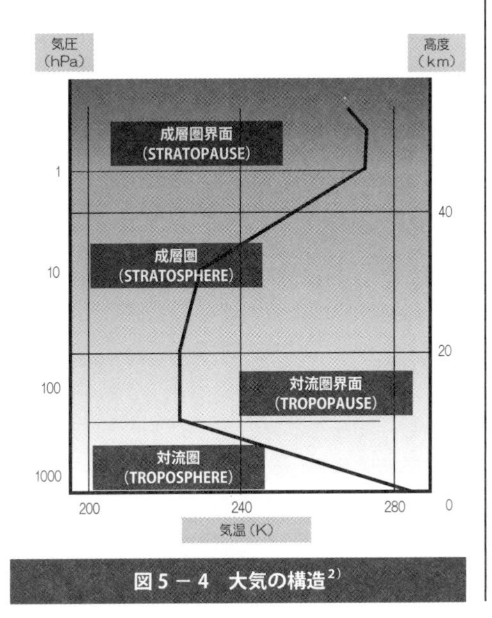

図 5 － 4　大気の構造 [2)]

ンで、成層圏オゾンは、太陽から地球に注ぐ放射のうち、生物にとって有害な紫外線の多くを吸収するとともに、紫外線を吸収することによって成層圏上層を暖める熱源となっています[3]。

対流圏と、（絶対安定である）成層圏は基本的には、圏界面で分離されています。そのため、**図5－5**のように、雄大積乱雲といえども、成層圏には到達できず、圏界面上で横に広がって「かなとこ雲」になるのがふつうです。ただし、ものすごく強力な積乱雲や前線が発生した場合には、これらの作用によって、成層圏の大気と対流圏の大気が混ることも、ときどきあるようです。

図5－5　雄大積乱雲[4]

●外気圧の測定

気圧高度を求めるためには、機体の周りの外気圧を知る必要がありますが、この外気圧は、**図5－6**に示されたような静圧孔（スタティックポート）に作用する気圧を検知することによって測定することができます。

こうやって、いったん外気圧が得られれば、比較的簡単な数式を解くことによって、外気圧を気圧高度に変換することができますが、こういった計算はADC（エアデータ・コンピュータ）の内部で実行されています。

しかし、静圧孔が常に正しい静圧を検知できるわけではありません。静圧孔を翼よりも前方に設置したとしても、主翼の周りの気流の作用によって、**図5－7**のように、翼に向かって吹上げてくる気流の影響を受けて、位置誤差（ポジションエラー）と呼ばれる誤差を生じるからです。

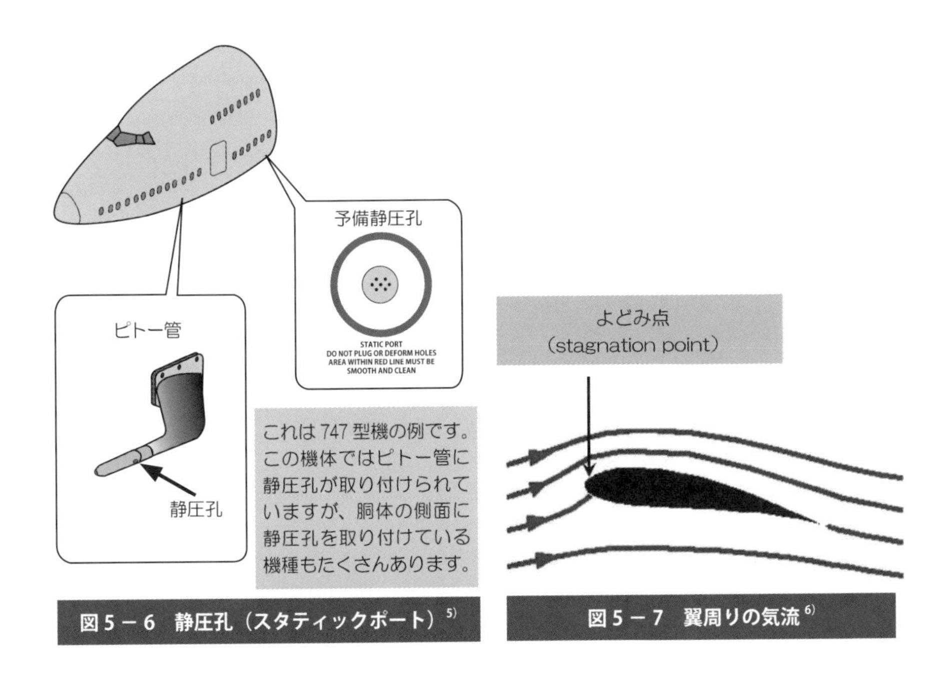

図 5 － 6　静圧孔（スタティックポート） [5)]

図 5 － 7　翼周りの気流 [6)]

新しい飛行機が開発された場合、型式証明を取得するために、膨大な回数のフライトテストが実施されますが、静圧孔で検知する静圧に、この種の誤差がありますと、せっかく得られたフライトテスト結果の解析に支障をきたしますので、型式証明用のテストのごく最初の段階で、静圧孔の較正が実施されます。

このために使用される方法の一つが、トレーリングコーンと呼ばれる装置を用いるものです。ケーブルが巻き付けられた魚釣り用のリールのような装置を、あらかじめ機体後部に設置し、そのケーブルの先端に円錐状の吹き流し（トレーリングコーン）を取付けておきます。離陸後、ケーブルのロックを外しますと、**図 5 － 8** に示されているようにして、気流に流されたトレーリングコーンが、巻きつけられたケーブルを機体後方に引っ張り出してくれます。その結果、ケーブルの途中に取付けられた静圧センサによって、正確な外気圧が測定されるという仕組みです。これで得られた正確な外気圧と、機体の静圧孔で検知した静圧（外気圧）との差を求め、それを補正項として、エアデータ・コンピュータの中に、SSEC（スタティックソース・エラーコレクション）として組み込むという仕掛けです。

図5－8　トレーリングコーン7)

●気圧高度の実際の使用

図5－9は、747型機に装備されていた高度計を示したものですが、左下にバロセット・ノブと呼ばれるノブがあります。これを回すと、高度計の基準となる外気圧を変えることができるのですが、**図5－9**の例では、1013 hPa（つまり 29.92 inHg）にセットされています。

注：(「バロ」は、英語で気圧を意味する「Barometric Pressure」を略した言葉です)。

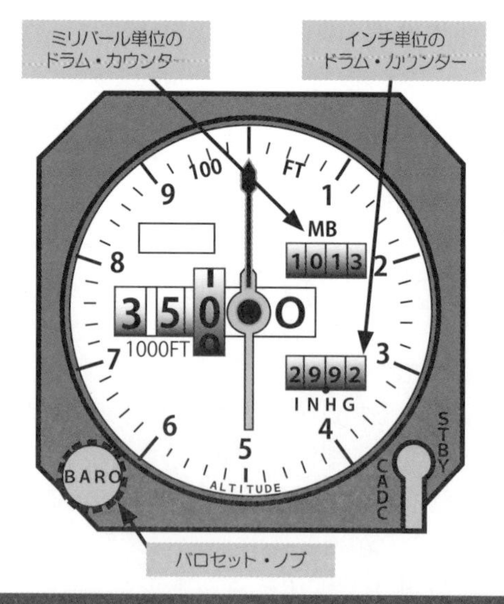

図5－9　高度計とバロセット

この 1013 hPa を一律に用いるセッティングは「QNE セッティング」と呼ばれるもので、ある程度以上の高度を飛行するときに使用されます。このとき高度計は、**図 5 − 2** に示された「高さ」と「外気圧」の関係を用いた「高度」を表示します。たとえば、静圧孔で検知した外気圧が 238.4 hPa（つまり 7.041 in Hg）であったとすれば、高度計は 35,000 フィートを指示するといった具合です。

このように、「QNE セッティング」で水平飛行したとすれば、「外気圧が同じ面」、すなわち等圧面上を飛行しますが、現実には、高気圧域や低気圧域を横切りながら飛行を続けますから、水平飛行中といえども、その気団の特性に応じて、「本当の高さ」は刻々変化していることになります。

そのようにして、「本当の高さ」からずれた高度を飛行して、飛行機同士が衝突する心配はないのかと思われるかもしれませんが、大丈夫です。その空域を飛行中のすべての飛行機が、同じ「高さ」だけずれた高度を飛行しているからです。

一方で、空港近くでは、より現実に近い計器補正を行います。たとえば、空港が設置されている空域を低気圧が覆っていたとしますと、高度計は、「本当の高さ」よりも高い高度を表示しますし、高気圧が覆っていたとすれば低い高度を表示してしまいますので、空港からの高度が不明確になり不都合が生じるからです。そこで、その空港のある空域の気圧を入手して、**図 5 − 9** のバロセット・ノブを回して、高度計が基準とする「高さ」を変えてやります。

その方法の一つが、QFE と呼ばれるもので、空港ごとに、離着陸時の高度計の読みが 0 フィートになるように補正します。この方法は、その空港から離発着する飛行機だけを考えれば望ましい方法であると言えます。しかし、A 空港と B 空港が、ごく近距離に位置していて、かつ空港の標高にかなりの差があった場合を考えますと、A 空港から出発した機体と、B 空港から出発した機体がすれ違うことがあったとすれば、お互いの高度計の基準点が異なっているため、相互の上下間隔を保つことは簡単ではありません。

こういったことが起こらないようにするためのセッティングが QNH と呼ばれるもので、離着陸時の高度計の読みが、その空港の標高になるように高度計を補正します。言い換えれば、その周辺の海面の高さで高度計がゼロを示すような補正です。この方法を用いますと、いくつかの空港が含まれる空域をカバーできますので、QFE で

高度計の規正
高度計には次に示す3つの気圧セッティングが使用されています。
（出所：日本航空技術協会　航空工学講座８「航空計器」 3-4-3　高度計の規正）

(a) QNH セッティング
単に気圧セッティングという場合は QNH のことを指します。QNH 適用区域境界線内の高度 14,000ft 未満（日本の場合）で飛行する場合に用いられます。QNH は滑走路上の航空機の高度計指示値が、「その滑走路の標高（海抜）を示す」セッティングで、指針は飛行中も海面からの高度（真の高度に近い）を示すものです。

(b) QNE セッティング
この方法の目的は、QNH を通報してくれるところがない洋上飛行、または高度 14,000ft 以上の高高度飛行を行う場合に、航空機間の高度差を保持するために使用します。QNE セッティングでは常に気圧セットを「29.92」とし、すべての航空機が標準大気の気圧と高度の関係に基づいて高度を定めることにしています。この高度を「気圧高度」といいます。

(c) QFE セッティング
この方法は「滑走路上で高度計が 0ft」を指示するようにするもので、途中で着陸することなしに同じ飛行場にもどるような狭い範囲の飛行を行う場合に便利な方法ですが、通常の運航では用いられません。

生じるかもしれない運用上の不便さを回避することができます。

現在、多くの国で QNH が使用されていますが、ロシア、中国、モンゴル等では基本的に、QFE が使用されています。また、これらの国では、高度そのものの単位も異なっており、西側世界の「QNH/ フィート」が、上記の国々では、国際線に使用される空域の一部を除いて「QFE/ メートル」となっているため、パイロットは、頭の切り替えに悩まされることになります。

ちなみに、航空業界では昔から、高度の単位として「フィート」を使用してきました。大型旅客機が巡航するような高度域ではふつう、東行便と西行便との間には、最小でも 1,000 フィートの上下間隔が確保されるように管制されていますが、1 フィートは約 30cm ですから、高度差 1,000 フィートといった丸い数字を使用しても、上下間隔をきめ細かくコントロールすることができるというメリットを持っています。

●高度計補正のためのデータの入手

上記のように、多くの国では、「空港近くでは QNH を、それ以外の空域では QNE」を使用しますが、それでは、「自機が空港近くにいるのかどうか」をどのようにして判断するのでしょうか？実は、この判断にも高度が使用されています。具体的には、離陸後上昇して高度 14,000 フィートを通過する時点で、（空港から十分に離れたとみなして）高度計のセットを QNH から QNE に切り替えます。逆に、降下するときには、高度 14,000 フィートを通過する時点で、高度計のセットを QNE から QNH に切り替えます。このような切り替えの高度をトランジション・レベルと呼んでいますが、この高度は、日本の場合には 14,000 フィート、米国の場合には 18,000 フィートとなっています。

ふつう、トランジション・レベル以下の高度では、高度をアルチ（アルチチュード（Altitude）の略）と呼び、トランジション・レベル以上の高度では、高度のことをフライトレベルと呼んでいます。このフライトレベルでは、高度を 100 フィート単位で表示しますので、たとえば高度 31,000 フィートはフライトレベル 310（管制用語では「ツリー・ワン・ゼロ」です）と表現します。

また、高度計を QNH で補正するための気圧は、各空港の最新の、気象情報、空港の状態、および航空保安施設（航法用の無線施設などのことです）などの運用状況を繰り返して放送している ATIS（アティス:オートマティック・ターミナル・インフォメーション・サービス）から入手することができます。

●標高と気圧高度との差

図 5 − 10 は、「空港の標高」を「空港の気圧高度」に変換するための表の一部を抜粋したものです。たとえば、995 hPa の低気圧が来ますと、S/L にある空港（標高が 0 ft の空港）でも、気圧高度は、約 500 ft まで上昇してしまいますので、離着陸時用の性能チャートを使用する際、パイロットは、その空港の気圧高度は 500 ft であるものとしてチャートを読み取らなければならないことになります。

QNH (inHg)	補正値 (ft)	QNH (hPa)
28.60 ～ 28.69	1200	969 ～ 971
28.70 ～ 28.80	1100	972 ～ 975
28.81 ～ 28.90	1000	976 ～ 978
この間省略		
29.34 ～ 29.43	500	994 ～ 996
29.44 ～ 29.54	400	997 ～ 1000
29.55 ～ 29.65	300	1001 ～ 1003
29.66 ～ 29.75	200	1004 ～ 1007
29.76 ～ 29.86	100	1008 ～ 1011
29.87 ～ 29.96	0	1012 ～ 1014
29.97 ～ 30.07	-100	1015 ～ 1018
30.08 ～ 30.18	-200	1019 ～ 1021
この間省略		
30.96 ～ 31.07	-1000	1048 ～ 1052
31.08 ～ 31.18	-1100	1053 ～ 1056
31.19 ～ 31.29	-1200	1057 ～ 1059

空港気圧高度（ft）＝空港標高（ft）＋上記の補正値（ft）

図 5 － 10　標高と気圧高度の関係

一方で、高度計に何の補正も施さなければ、高度計も 500 ft を指示してしまうことはもちろんです。そこで、パイロットは、**図 5 － 9** のバロセット・ノブを回して、QNH 995 hPa をセットします。その結果、高度計が基準とする「高さ」が変更されて、その指示は 0 ft になり、空港の標高と一致するようになります。

同様にして、高気圧が来た場合には、S/L にある空港では、その気圧高度は、マイナスの値になってしまいます。

第 3 回で、「このごろの機体では、高度範囲が －2,000 ～ 10,000 フィートとなっているのがふつうです。これは、1989 年 1 月に、1050 hPa を超える異常に強い高気圧がアラスカを覆い、飛行機の運航に障害を生じたことがあり、その対応策として採られた措置の一環として、－2,000 フィートの気圧高度までカバーするようになったためです。」と紹介させていただきました [8)]。 このときの高気圧の気圧が仮に 1055 hPa（実際にはもっと強力だったようです）であったとしますと、空港の標高を気圧高度に変換する際の補正量は、**図 5 － 10** から －1100 ft ですから、S/L にある空港では、その気圧高度は －1000 ft 以下になります。

ところが、当時使用されていた離着陸時の性能チャートは、－1000 ft までしかカバーしていなかったため、空港の気圧高度が －1000 ft 以下になりますと、性能を確認する方法がないことになります。また、当時の高度計は、それほどの高気圧が存在することを想定しておらず、28.1 ～ 30.99 inHg（946 ～ 1049 hPa）の範囲でしか QNH をセットすることができなかったため[9)、10)]、バロセット・ノブで適応できる QNH の範囲を超えていました。

このように、性能を求めることもできない、高度計に QNH をセットすることもできないという事情によって、飛行機の運航に障害を生じたというのが、上述の背景であるわけです。

（つづく）

参考資料
1)（公社）日本航空技術協会発行 新航空工学講座第 9 巻「ジェットエンジン（運用編）」、2009 年 3 月 31 日、第 2 版、26 ページ
2) 気象庁ホームページ（http://www.jma.go.jp/jma/kishou/know/whitep/1-1-1.html）
3) JAXA ホームページ（ftp://ftp.eorc.jaxa.jp/cdroms/EORC-037/html/japanese/1112.htm）
4) 気象庁ホームページ（http://www.jma.go.jp/jma/kishou/know/tenki_chuui/tenki_chuui_p2.html）
5)（公社）日本航空技術協会発行「空を飛ぶ話」、2014 年 8 月 29 日、第 3 版、93 ページ
6) Pilot's Handbook of Aeronautical Knowledge FAA-H-8083-25A Chapter 3 の 3-7 ページ（http://www.grc.nasa.gov./www/k-12/airplane/incline.html）
7) ボーイング社ホームページ（http://www.boeing.com/Features/2013/10/corp_787-9_first_flight_gallery_10_03_13.html）
8) 1994 年 4 月 12 日付 Federal Register（連邦官報）の Background の部分（http://www.gpo.gov/fdsys/pkg/FR-1994-04-12/html/94-8775.htm）
9) SAE Aeronautical Standard AS392C（Altimeter, Pressure Actuated Sensitive Type）（http://standards.sae.org/as392c/）
10) NBAA「Altimetry : The Q's」（http://www.nbaa.org/events/presentations/get-file.php?file=IOC2014-Session%20One-Altimetry-Tony%20Yerex.pdf）

6. エアデータ（後編）

第5回では、エアデータのうち「気圧高度」について紹介させていただきました。今回は「外気温」について紹介させていただきたいと思います。

●温度について

空気の流れが物体に衝突しますと、運動エネルギーが熱エネルギーに変換されて温度が上昇します。いわゆる「ラム・ライズ」です。このとき、静止している空気の温度（つまり外気温です）を「静温」と表現し、物体に衝突して昇温したあとの温度を「全温」と表現しますと、全温＝静温×（1＋0.2 M^2）なる関係が成立します。ここに、M はマッハ数で、また、各温度は絶対温度で表すものとします。

したがって、たとえば、外気温が－50℃の空域を、マッハ 0.85 で飛行していたとしますと、静温（外気温）は 223.15 K（＝273.15－50）ですから、全温＝223.15×（1＋0.2×0.85×0.85）＝255.40 K ＝－17.75℃ となって、32.25℃（-50℃ と－17.75℃の差）だけ昇温します。

機体の先端部やエンジンが感じている温度は、この「全温」なのですが、上記と同じ条件で、たとえばマッハ 2.5 で飛行する場合の「全温」を計算してみますと、全温＝223.15×（1＋0.2×2.5×2.5）＝502.09 K ＝＋228.94℃ となります。このような温度には、アルミ合金では耐えられないため、こういった機体の主翼前縁などの高温部には、チタン合金やステンレス合金といった材料が使用されます。

ちなみに、航空業界では、外気温を OAT（オーエーティー：アウトサイド・エア・テンプ）、静温を SAT（サット：スタティック・エア・テンプ）、全温を TAT（タット：トータル・エア・テンプ）と呼びますが、それを使えば、上式は TAT＝SAT（1＋0.2 M^2）と簡潔に表現することができます。なお、航空業界では、マッハ数とは呼ばずに、マックと呼ぶのがふつうです。

注：「テンプ」は温度を意味する英語の Temperature（テンパラチュア）を略したものです。

1970 年代初頭の石油ショックの際、凝固点の高いジェット燃料しか入手できなくなったため、外気温が著しく低い空域を飛行すると、燃料がゼリー状に固化し始め、エンジンに燃料を供給できなくなる可能性もあり得るとして危惧されました。そのため、外気温の低い空域を長時間飛行するようなルートを避けるように飛行計画を作成するとともに、万が一、外気温の低い空域に入ってしまった場合には、巡航速度を上げて、TAT を上昇させるという方策が世界的に採られましたが、上記の計算結果を見れば、その方策の有効性を理解できるというものです。

●外気温の測定

上記のように、機体に取付けられたセンサーによって測定できる温度は TAT（全温）であり、OAT（外気温）ではありません。しかし、そのときのマック（マッハ数）が分かれば、温度の関係式である $TAT = SAT (1 + 0.2 M^2)$ の関係から、SAT（静温）、つまり OAT を求めることができます。

ところで、圧力についても、温度と同じような関係があります。静圧（スタティックプレッシャ）が Ps である空域を M というマックで飛行しますと、全圧（トータルプレッシャ）が Pt まで上昇しますが、その関係は、$Pt = Ps (1 + 0.2 M^2)^{3.5}$ という、TAT と SAT との関係と似かよった関係になります。

したがって、ピトー管から得られた Pt と、静圧孔から得られた Ps を用いて、上式からマック（マッハ数）を求めることができます。その結果、$TAT = SAT (1 + 0.2 M^2)$ の中での、TAT と M が既知数となるため、SAT（静温つまり外気温）が求められるわけです。このような演算は、エアデータ・コンピュータによって実施され、その結果が計器に供給されています。

ちなみに、上記の $Pt = Ps (1 + 0.2 M^2)^{3.5}$ という式を見て、オヤッと思われる方が多いかと思います。$Pt = Ps + 1/2\ \rho V^2$（つまり、全圧＝静圧＋動圧）であるというのが、見なれた説明だからです。実は、低速でも高速でも通用する一般式が $Pt = Ps (1 + 0.2 M^2)^{3.5}$ なる関係で、その低速域における近似値が $Pt = Ps + 1/2\ \rho V^2$ なのです。しかし、この辺まで立ち入りますと、紙面が足りなくなりますので、この辺の事情は、別の回で、あらためて説明させていただきたいと思っています。

●テンプ・デビエーション

第5回の**図 5－2**に示されているように、高度ゼロ（海面高度（S/L:シーレベル））では15℃といったように、気圧高度が決まれば、その高度に対応する特定の温度が決まります。これを標準温度（スタンダート・テンプ）と呼びます。ただし、体験からも想像できるとおり、標準大気どおりの外気温となっていることは稀です。

このような場合、実際の外気温が何度であるという表現のほかに、温度が標準温度から何度ずれているかという表現を用いることがあります。たとえば、S/L で外気温が25℃であったとすれば、「S/L、25℃」という表現のほかに、標準温度よりも10℃高いという意味で、外気温を「標準＋10℃」と表現します。この例の場合ですと、高度とまとめて、「S/L、STD＋10℃」と表わします。

このような「標準温度」から何度違っているかという値を「テンプ・デビエーション」と呼び、「＋10℃」や「＋15℃」といった表現をします。直感的にもご理解いただけるかと思いますが、地表での外気温が（標準温度よりも）高い場合には、少々高度が上がっても、その高度での外気温は、（その高度での標準温度よりも）高いのがふつうです。

つまり、逆転層があるなど特別な気象状態にない限り、ある高度での「テンプ・デビエーション」は、その「近辺の高度」でも共通に使用できるであろうことが期待できます。この考えを利用すれば、上昇中に、ある高度での「テンプ・デビエーション」が分かっていれば、その後の高度での外気温を、かなりの確率で予測できることになります。

注：天気予報で、「上空5000m付近に－36度の寒気が流れ込んでいるため・・・」などと解説されることがありますが、それがどの程度の寒さなのか、見当がつきません。しかし、上空5000mでの標準温度が－17.5℃であることを知っていれば、「テンプ・デビエーションは－18.5℃で、S/L換算での実温度では－3.5℃になる。じゃあ、きっと寒くなるぞ」といった見当をつけることができます（もちろん、実際には、地上までそのまま、上空でのテンプ・デビエーションが持ち越されるわけではありませんので、あくまでも見当をつけるという話です）。

次回から2回シリーズで、エンジンおよびエンジンの出力について紹介できるかと思いますが、実は、エンジンの出力は、この「テンプ・デビエーション」に大きく影響されますので、この概念をぜひとも記憶にとどめておいていただきたいと思います。

●ロー・ロー・デインジャ

第５回の「気圧高度の実際の使用」の項で、「空港近くでは QNH を使用する」と紹介させていただきましたが、この補正は、あくまでも、離着陸時に高度計の指示が、「その空港の標高を示す」というものです。

ところが、空気の柱（気柱と言います）は、気温によって伸び縮みしますので、事態が少し複雑になります。外気温が低い場合には、空気密度が大きくなって気柱が縮むため、ある基準面（QNH の場合には、空港の標高）から測った気圧高度が同じでも、外気温が低い場合の高さは、**図６－１**のように低くなってしまいます。

この様子を、標高が S/L にある空港について計算した結果を示したものが**図６－２**です。**図６－２**からも分かりますように、外気温が低い場合には、高度計の指示よりも低い高さを飛行することになりますので、進入中などには、思わぬ危険に遭遇することが起こり得ます。このリスクを、パイロットは「ロー・ロー・デインジャ」と呼んでいます。言うまでもなく、外気温が低く（ローテンプ）、高度が低い（ローアルチ）場合には「気を付けろ」という意味合いです。

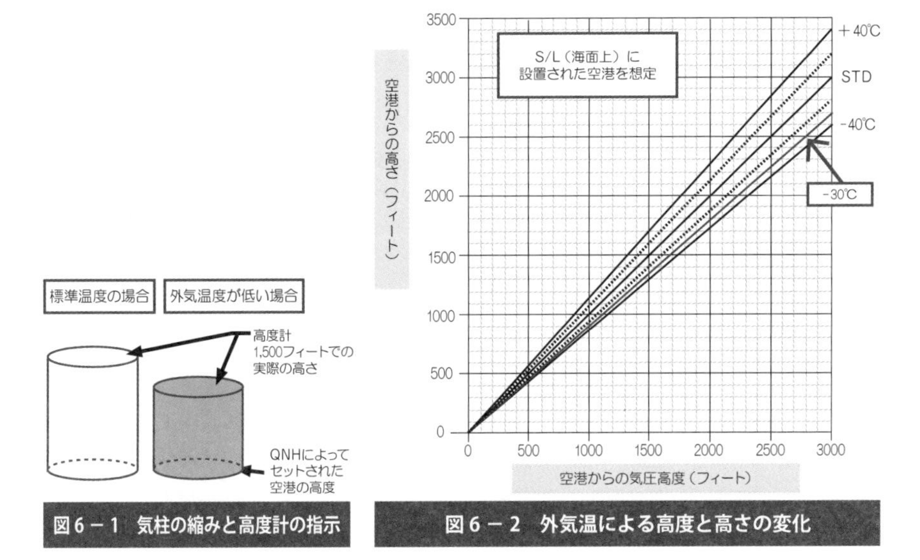

図６－１　気柱の縮みと高度計の指示

図６－２　外気温による高度と高さの変化

ILS（計器着陸装置）を用いて進入する際には、ヘディング（機首の向き）と高度を一定に保ちながら飛行を続け、ローカライザ（横方向の誘導を行う電波）をキャプチャした（会合した）時点で旋回し、トラック（機体の進行方向）を滑走路に向けて、そのまま水平飛行を続け、グライドスロープ（上下方向の誘導を行う電波）をキャプチャした時点で、着陸に向けての降下を開始します。

図6－3のように、グライドスロープをキャプチャするまで水平飛行を行う高度が3,000フィートであり、キャプチャする地点が、標準温度時には、あるDME（距離測定用の電波局）から9 nm（マイル）の地点であるような、標高がS/Lである場所に設置された空港があったとしましょう。

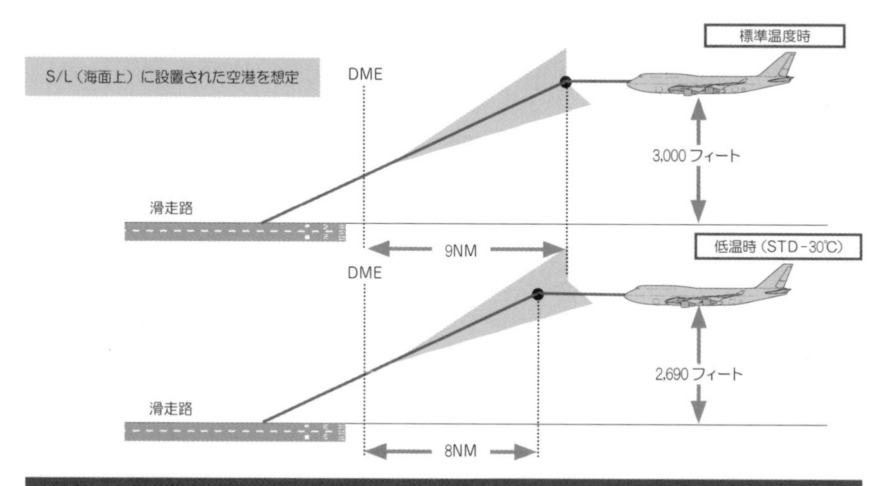

図6－3　低温時のグライド・スロープ・キャプチャー

ある日の外気温が、かりにSTD-30℃（S/Lゆえ、実温度は-15℃です）であったとしますと、高度計は3,000フィートであっても、実際の「高さ」は、**図6－2**から2,690フィートしかありませんので、グライドスロープをキャプチャする地点が、おおよそ1 nmぶんだけ滑走路側に入り込むことになります。

注：グライドスロープはふつう3度の降下角ですが、これは20対1の勾配に相当します。上記では、実際の「高さ」のズレは310（3,000-2,690）フィートですから、グライドスロープをキャプチャする地点は、水平方向には6,200（＝310×20）フィートだけずれることになります。この6,200フィートは1,890 mですから、限りなく1 nmだというのが上記の根拠です。

以上のように、たとえQNHにセットしてあったとしても、外気温が標準温度からず

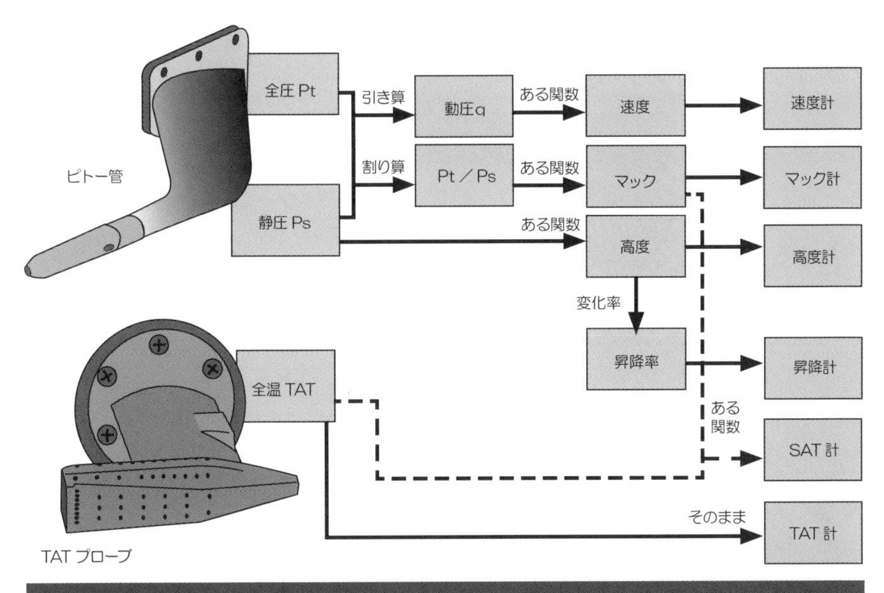

図 6 － 4　エアデータ計算でのインプットとアウトプット

れている場合には、高度と高さが一致しなくなるため、さまざまな注意が必要です。

第 5 回と今回で、エアデータについて紹介させていただきましたが、これらのデータの計算に使用されるインプットと、得られるアウトプット（計器の指示）との関係を、**図 6 － 4** に簡潔にまとめておきました。

なお、実際の運航時には、滑走路への進入中のような低高度になりますと、地表からの実際の高さをパイロットに知らせる必要があるため、電波高度計も使用できるようになっています。

電波高度計はこのような目的のために使用されるため、その指示は、低空（高さ 2,500 フィート以下）だけに限られています。ふつう、電波高度計は、それ以上の高度でも高さを測り続けていますが、高さが 2,500 フィートを超えた時点で、計器上の指示が消えてしまう（トリップすると呼びます）ようになっているのが一般的です。これは、高度がある程度高くなると（つまり、空港から離れた空域に出ると）、地形の凸凹の影響を受けて、電波高度計の指示が大きく振れ、かえって邪魔になるためかと思われます。

（つづく）

7. ジェットエンジンの概要

第5回と第6回では、エンジン出力の基本となる「気圧高度」や「外気温」について説明させていただきました。今回はジェットエンジンの概要を説明させていただき、次回で、いよいよ、ジェットエンジンの出力（推力）がどのようにして定められているのか、について紹介させていただきたいと思います。

●ジェットエンジンの仕組み

図7－1 は、旅客機で多用されている、軸流式の圧縮機を持ったジェットエンジンの仕組みを断面で示したものです。このように、ジェットエンジンは主に、圧縮機（コンプレッサ）、燃焼室（コンバスタまたはコンバスチョン・チャンバ）およびタービンから構成されています。

レシプロエンジンでは、吸気行程、圧縮行程、燃焼行程および排気行程といったように、同じエンジンの中で、いくつかの行程が順々に繰り返されますが、ジェットエンジンの場合には、コンプレッサは圧縮だけ、燃焼室は燃焼だけ、といったように、それぞれに与えられた仕事に専念して、それを連続的に行っています。

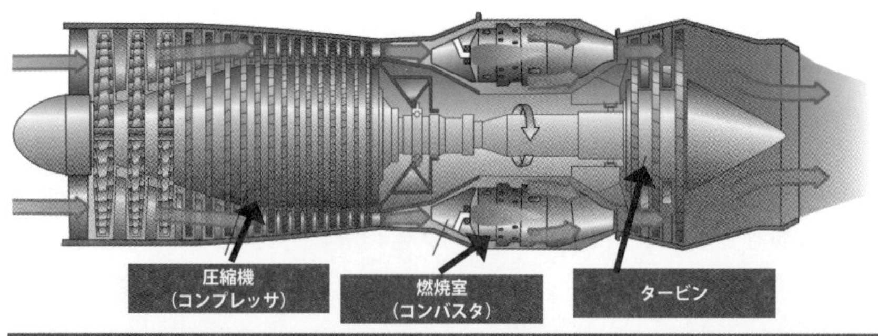

図7－1　ジェットエンジンの仕組み[1)]

コンプレッサは、たとえて言えば、「扇風機」が軸方向に並べられているようなもので、前面から入ってきた空気をエンジンの内部に押し込んでいく役割を持っています。ところが、流路が徐々に狭くなっていくため、エンジンの後方に行くにつれて、圧力が上昇していきます。また、エンジンの後方に行くにつれて、軸方向（前後方向）の速度が遅くなっていくように設計されているため、速度エネルギーが圧力エネルギーに変換されることも、この圧力上昇を助けます。

一方のタービンは、これも比喩的な言い方をすれば、燃料の燃焼によって膨張した空気が吹き付けられて回る「風車（かざぐるま）」のようなものです。そして、このタービンの回転が、コンプレッサを駆動する動力になります。

燃料のエネルギーが、タービンとコンプレッサを駆動するためだけに使い果たされたとすれば、外部に対する仕事を行うことはできないことになりますが、幸いなことに、まだエネルギーが残っていますので、それが排気口から噴出されて推力を生みます。

もう少し立ち入った話をしますと、コンプレッサは、**図 7－2**、**図 7－3** のように、回転する「ロータ」と静止している「ステータ」から構成されています。そして、ロータでは、ディスク（回転するロータの本体となる部分）に「コンプレッサ・ブレード」と呼ばれる「羽根」が植え付けられ、ステータでは、エンジンのケーシングに「ステータ・ベーン」と呼ばれる「羽根」が植え付けられています。

また、「ロータ」の一組（一個の扇風機というイメージです）と「ステータ」の一組を「段（ステージ）」と呼んでいますが、空気の圧力は 1 段通過するごとに、1.2 倍とか 1.25 倍とかに上昇していきます。近年の大傑作エンジンである GE 社の CF6-80C2 を例に取りますと、計 19 段のコンプレッサ（1 段はファン:ファンは後述）によって、圧縮比 30 を実現しています。1 段あたりの圧縮比をγとすれば、$\gamma^{19} = 30$ になりますから、CF6-80C2 での 1 段あたりの圧縮比は約 1.2 になります。（正確には「圧力比」と言いますので、以降では「圧力比」という表現を使用します）。

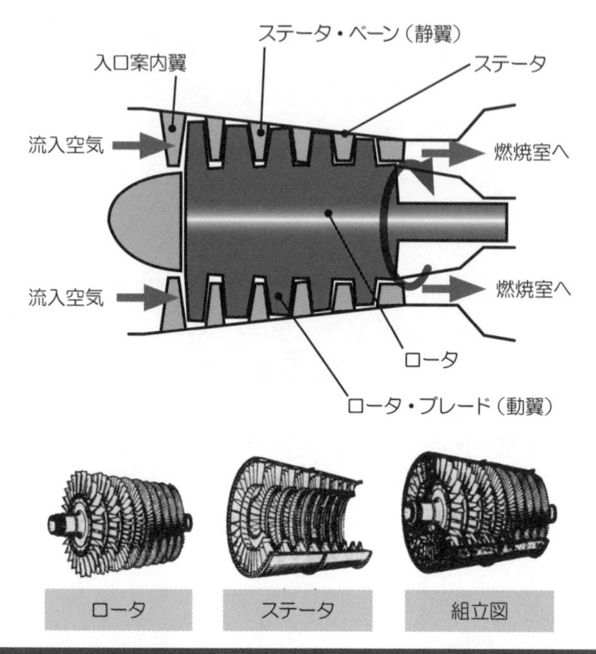

図7－2　コンプレッサのステータおよびロータ [2) 3)]

なお、上述のように、コンプレッサのロータには、「コンプレッサー・ブレード」が、ステータには「ステータ・ベーン」と呼ばれる羽根が植え付けられていますが、タービンでは、これらをそれぞれ、「タービン・ブレード」および「ノズル・ガイド・ベーン」と呼んでいます。

●コンプレッサの苦労

コンプレッサには、「圧力の高い方（コンプレッサの後段側）に向かって空気を送り込む」という自然の摂理に反した役割が課せられています。そのため、エンジンの運転状況によっては、空気を、高圧側に向かって送り込めなくなって、コンプレッサ内の空気を前方に吐き出してしまう、いわゆる「コンプレッサストール（コンプレッサの失速）」を起こすことがあります。（失速のうち、小規模なものを「ストール」と呼び、大規模なものを「サージ」と呼んでいます）

こういったコンプレッサストールの発生を完全に防止するための設計は大変に難し

図７－３　圧縮機のステータとロータの例（CF6 型エンジン、画像は縦置き状態）
（出典：Snecma Annual Report 1989. Page 13）

いのですが、この課題を解決するための方法として、いくつかのものがあります。

まず、最も簡単なものとして、ある段のコンプレッサが苦しくなった場合には、その後段側（下流側）から、空気をエンジン外部に逃がしてしまおうという方法です。これを「サージ・ブリード」と呼びます。「ブリード」は「空気を抜く」という意味ですが、要するに、下流側の空気を外に逃がすことによって圧力を下げて、コンプレッサ内の空気の流れを良くしてやろうというわけです。せっかく圧縮した空気を逃がしてしまうのですから、もったいない話ですが、ストールを避けるには仕方がないという考え方です。

次の方法は、ステータの通路を広げて、コンプレッサ内の空気の流れを良くしてやろうというものです。このために、VSV（バリアブル・ステータ・ベーン）と呼ばれる、ステータの羽根の取付け角を変えられるようにした機構が備えられています。この場合も、ストールは避けられるものの、圧力比は犠牲になります（**図 7 − 4**）。

図 7 − 4　エンジン回転数に応じてステータ・ベーンの取付角度を自動的に変更する バリアブル・ステータ・ベーン（VSV）機構

最後の方法は、非常に大がかりなものです。これは、コンプレッサを低圧側と高圧側に 2 分割するというもので、具体的には、低圧側の回転軸（低速で回転します）の上に、高圧側の回転軸（高速で回転します）を乗せる、という「2 軸化」です。

したがって、この方法を採用したエンジンの回転軸は1本ではなく、1本の軸の上に、高速で回転する別の軸が乗っている、という構造になっています。これに伴ってタービンも、低圧側コンプレッサを駆動する低圧側タービンと、高圧側コンプレッサを駆動する高圧側タービンに分割されています。この様子を断面図で示したものが、**図7－5**です。

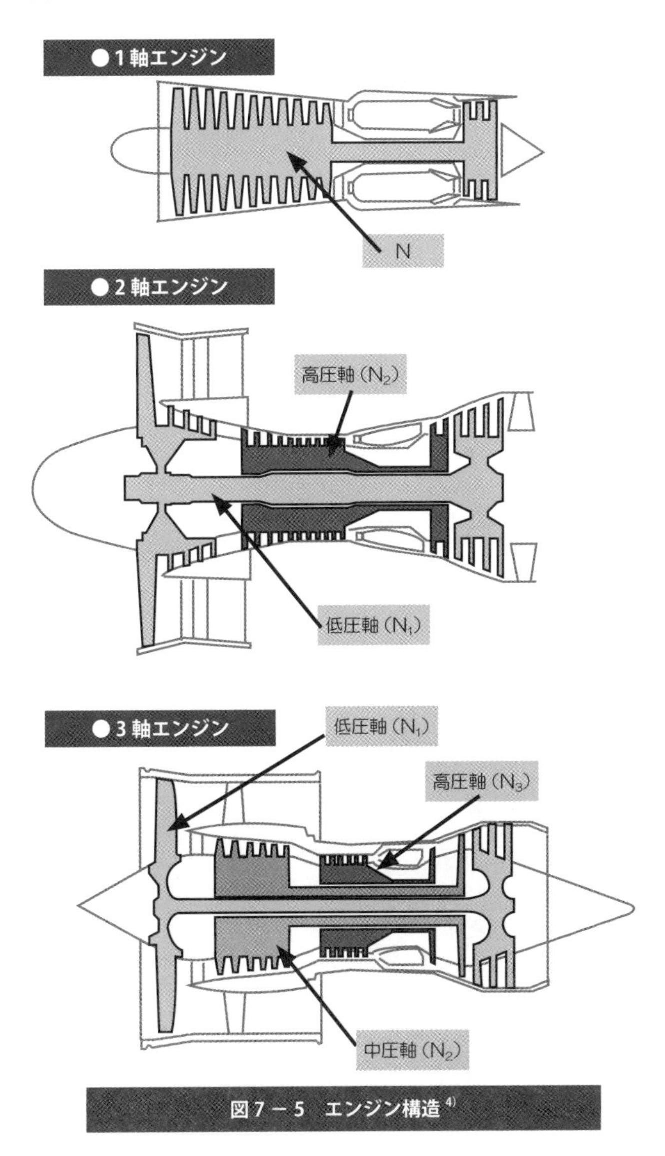

図7－5　エンジン構造[4)]

このようにすると、低圧側の軸と高圧側の軸はそれぞれ、まったく独立した、（それぞれにとって）最適な回転数で回転できるため、コンプレッサ設計時の自由度が大幅に改善されます。この場合、低圧側の軸の回転数を N_1（エヌワン）、高圧側の軸の回転数を N_2（エヌツー）と呼んでいます。ちなみに、CF6-80C2 の場合、N_1 の最大値は 3,854 rpm、N_2 の最大値は 11,050 rpm となっています[5)]。

この考え方をさらに進めたものが、ロールスロイス社のエンジンで採用されている 3 軸エンジンです。この場合、N_1、N_2、N_3（エヌスリー）という 3 種類の回転数があることになりますが、N_1 のタービンはもっぱら、（低回転数で回したい）ファンを駆動するために特化しています（**図 7 － 5**）。

これと同じ考えで、エンジン本体は 2 軸のままにしておいて、N_1 の回転を減速ギアで減速して、ファンだけを低回転で回してやろうという考えで設計されたエンジンが、MRJ に搭載される PW1000 シリーズの「ギアド・ターボファン」です。これは、疑似 3 軸エンジンであると言ってもよいかと思います（**図 7 － 6**）。

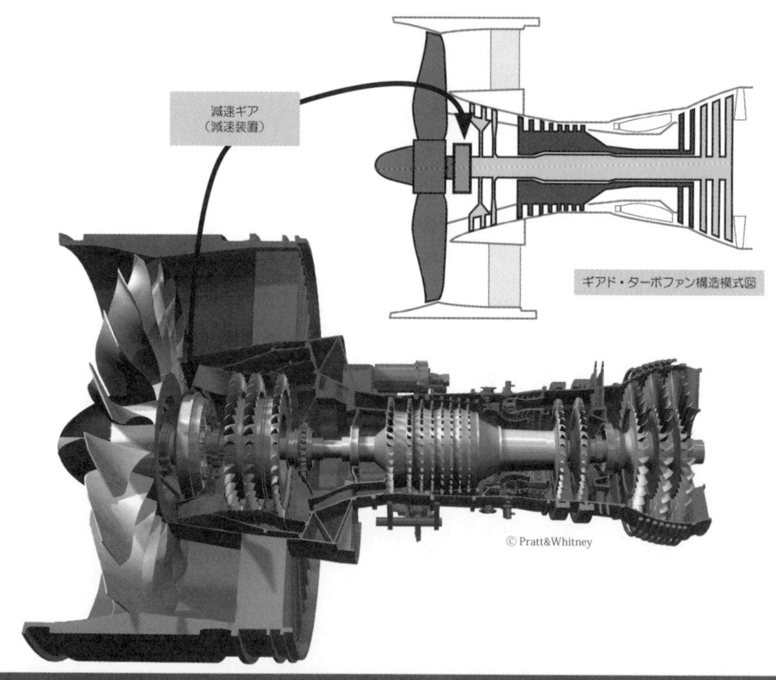

図 7 － 6　ギアド・ターボファン

●推進効率とファン

以上で、ジェットエンジンの基本的な仕組みを説明させていただきましたが、ジェットエンジンの推力は、エンジンから後方に排出される気流による反作用によって発生します。

ところで、ボートを漕ぐときに、サオのような細いオールを使ったとすれば、抵抗が小さい分、勢いよくオールを漕ぐことができる反面、ボートはなかなか進んでくれません。それに比べて、ウチワのようなオールを使ったとすれば、抵抗が大きい分、素早くは漕げませんが、ボートはスイスイと進みます。

このことから、少量の水を勢いよく後方に送るよりも、多量の水をゆっくりと後方に送った方が、効率が良くなるであろうことが推測できます。こういった効率のことを「推進効率」と呼んでいますが、このことはジェットエンジンでも同様で、多量の空気をゆっくりと後方に噴出してやれば、推進効率を高くすることができます。

これを実現するために、最近のジェットエンジンでは、**図７－７**のように、「ファン」と呼ばれる大きな「扇風機」を付けています。この「ファン」で加速された空気の大部分はエンジン本体（コア・エンジン）を通らずに、そのまま後方に排出され、残りの空気が「コア・エンジン」のコンプレッサに入っていきます。つまり、大部分の空気が、「コア・エンジン」をバイパスして、そのまま後方に噴出されます。

図７－７　ターボファン・エンジン[6)]

この、「ファン」を通っただけでバイパスされる空気の量と、「コア·エンジン」に入っていく空気の量の比を「バイパス比」と呼んでいますが、最近のエンジンでのバイパス比は、**図 7 − 8** に示されているように、10 程度にもなっており、推力のほとんどをファンが発生しています。言い換えれば、コア·エンジンは、ファンを駆動するためのものである、と言っても過言ではない状況になっています。

エンジン型式	バイパス比	代表的な装備機
GE CF6-80 シリーズ	5 程度	ボーイング 747-400、ボーイング 767、エアバス A310、エアバス A330
GE GEnx	9 程度	ボーイング 747-8、ボーイング 787
P&W PW1000 シリーズ	9 〜 12 程度	三菱航空機 MRJ、ボンバルディア C シリーズ、エアバス A320neo シリーズ、エンブラエル E2 シリーズ
Rolls-Royce Trent XWB	9 程度	エアバス A350

図 7 − 8　各種エンジンのバイパス比 [7), 8), 9), 10)]

●タービンの苦労

エンジンの性能を決定付ける要素には、前述の「推進効率」のほかに「熱効率」と呼ばれるものがありますが、この効率を改善するためには、圧力比と燃焼温度の両方を上げることが重要です。

そのため、1950 年代後半に第一世代ジェット機（ボーイング 707、ダグラス DC-8）が就航した当時のジェットエンジンでは、圧力比が 10 強、「タービン入口の温度」が 900℃程度であったものが、最近のエンジンでは、圧力比は 50 程度、「タービン入口温度」は 1600℃ 程度まで上がってきています [8)、11)、12)、13)]。

ところで、金属を持続的に引っ張りますと、ふつうには破断に至らないような応力レベルでも、徐々に塑性変形が進む「クリープ」と呼ばれる現象を呈しますが、この現象は高温で特に顕著になります。タービンは高速で回転しているため、タービン·ブレードには遠心力による引張力が作用していますし、燃焼室から出たばかりの高温の空気が当たってきますので、タービン·ブレードは、まさに、このクリープに耐える必要があります。

そのため、タービン·ブレードの材料は、精密鋳造合金から一方向凝固合金を経て、単結晶合金へと発展してきましたが、それでも、1600℃ 程度というタービン入口温度に耐えることはできません。そのため、**図7－9**のように、タービン・ブレードの内部に冷却用空気を通して母材を冷却する、あるいは、タービン・ブレード外部の表面に沿って冷却用空気をフィルム状に流す、などの冷却が行われるとともに、遮熱コーティング（TBC：サーマル・バリア・コーティング）が施されています。こういった冷却は、タービンのベーンでも、同様に行われていますが、それらのために、コンプレッサで作った高圧空気が消費されています。

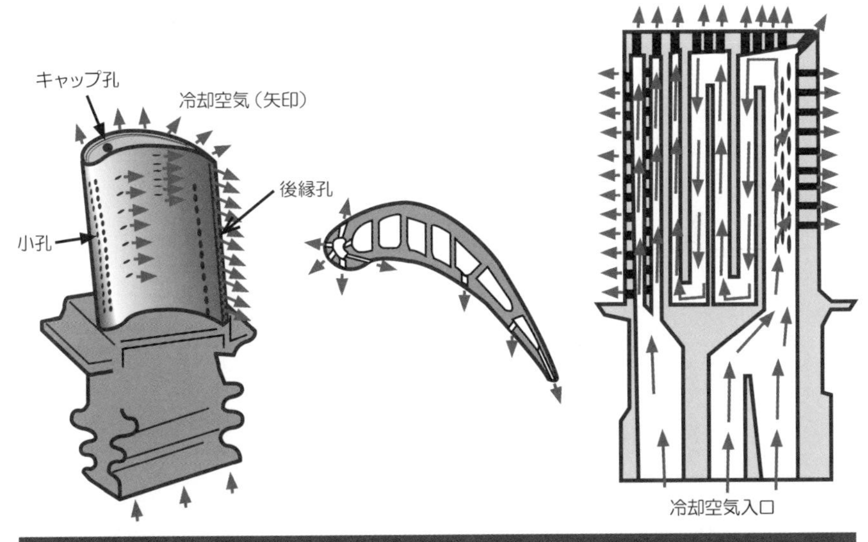

図7－9　タービン・ブレードの内部 [14)]

このような理由によって、「タービン入口温度」には上限が設けられていますが、これが、ジェットエンジンの運用を制限する要素の最も重要なものとなります。

●ジェットエンジンの種類

これまで、なにげなく「ジェットエンジン」という用語を使ってきましたが、実は、この用語は正確ではありません。これまでの説明で述べてきたエンジンは、厳密には「タービンエンジン」と呼ばれるエンジンの範疇に入るものです。このタービンエンジンの中に、いくつかの種類がありますので、順を追って紹介していきましょう。

航空の世界でタービンエンジンが実用化されたのは、第二次世界大戦中のことですが、そのときのエンジンは**図7－1**に示されているような形式で、これを「ターボジェット・エンジン」と呼びます。ただし、当時の設計・製造技術では、**図7－1**のような軸流コンプレッサを製作することには困難があったため、一部のエンジンを除いて、**図7－10**のような「遠心コンプレッサ」が主流を占めていました。遠心コンプレッサは、当時のレシプロエンジンで実用化されていたスーパーチャージャの技術の延長線上にあったためです。（**図7－10**に示されたエンジンは、初期の戦闘機や練習機に搭載されていた「ゴブリン」です）

図7－10　遠心コンプレッサ（「ゴブリン」エンジンの例）[15]

ところで英国では、タービンエンジンを装備した旅客機を、戦後の国際航空輸送のために就航させるべく、大戦中から計画を進めていました。しかし、当時の「ターボジェット・エンジン」では燃費が悪すぎて、ペイロードもレンジも稼げないため、タービンエンジンによってプロペラを駆動して、推進効率の改善を目指すという「ターボプロップ・エンジン」が考案されました。もちろん、タービンエンジンの高回転数を、プロペラが必要とする低回転数にマッチさせるために、減速ギアが用いられていました。

このエンジンを搭載して1948年に初飛行した「バイカウント」は、タービンエンジンゆえの静粛性と高速性によって民衆の心をつかみ、ヒット作になりました。わが国では全日空が導入しましたので、懐かしい気持ちになる方も多いのではないかと思います。その後、わが国で製造されたYS-11も、この「バイカウント」に搭載されていた「ロールスロイス・ダート」の発展型を搭載しています。

一方で、1950年代末になって、ボーイング707やダグラスDC-8といった、いわゆる第一世代のジェット機が就航しますが、いずれも「ターボジェット・エンジン」であったため、十分な航続性能を得られないことに悩まされていました。しかし、1960年代始めに、ファンを装備した「ターボファン・エンジン」である「ロールスロイス・コンウェイ」が登場し（**図7－11**）、航続性能を一気に向上させました。それ以降、「ターボファン・エンジン」の全盛時代が訪れることになります。

図7－11 「コンウェイ」ターボファン・エンジン
（出典：Wikipedia）

これらと並行して、信頼性に優れるタービンエンジンを、ヘリコプターにも搭載できないかという開発も推進され、これが「ターボシャフト・エンジン」として実用化されます。「ターボシャフト・エンジン」では、コア・エンジンのタービンのすぐ後方に、「フリータービン」と呼ばれるタービンを設置しています。このタービンは、コンプレッサを駆動するという役割から開放され（それゆえ「フリータービン」です）、吸収したエネルギーのすべてを、減速ギアを介して、ヘリコプターのロータ駆動に使用します（**図7－12、13**）。

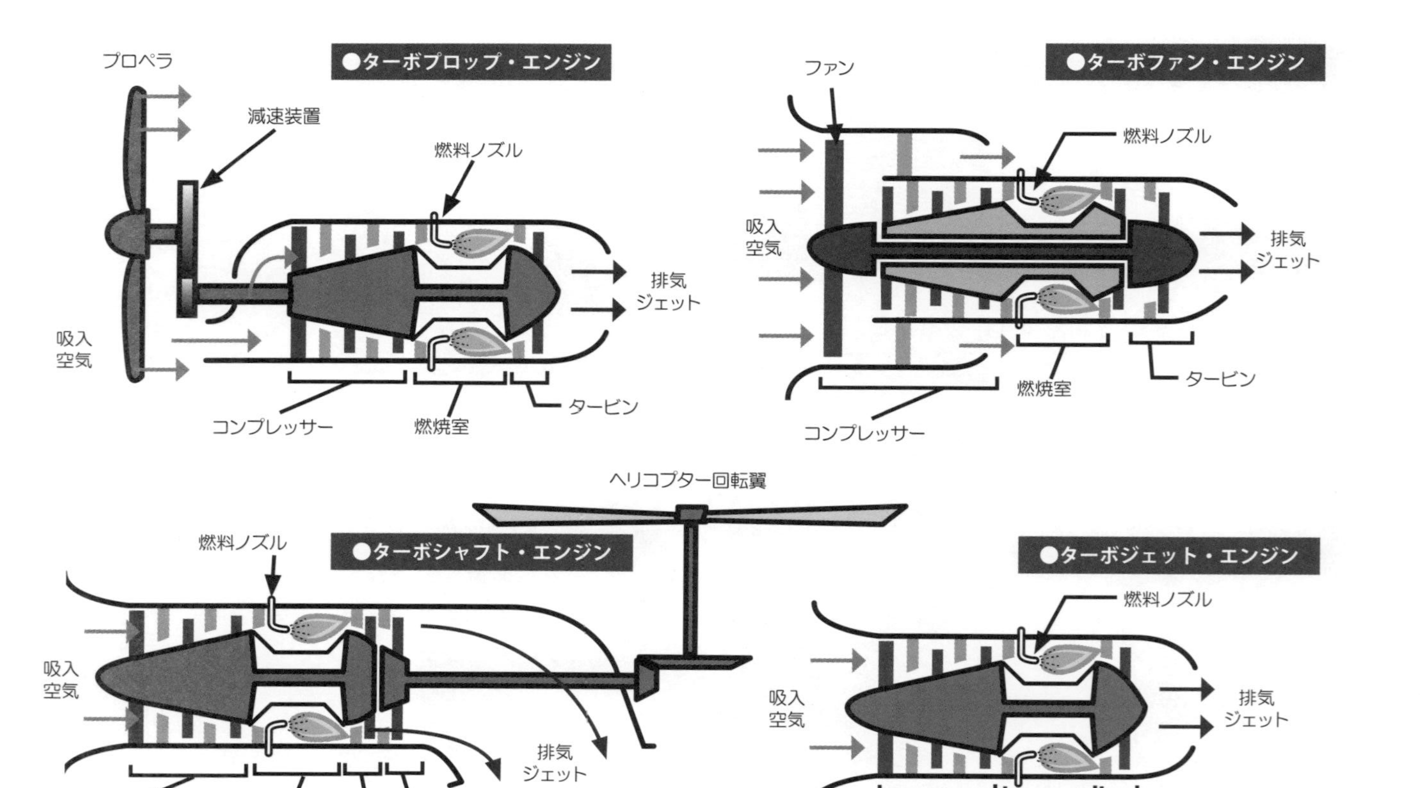

図7－12　ジェットエンジンの形式[17]

航空機の種類	エンジンの種類	
飛行機	レシプロ・エンジン（プロペラあり）	----
	タービン・エンジン	ターボジェット・エンジン
		ターボプロップ・エンジン（プロペラあり）
		ターボファン・エンジン
ヘリコプター	レシプロ・エンジン	----
	タービン・エンジン	ターボシャフト・エンジン

図 7 − 13　タービンエンジンの種類と航空機との組み合わせ

以上で準備ができましたので、次回は、タービンエンジンの定格推力と推力のセット方法について、紹介させていただきたいと思っています。

（つづく）

参考資料

1）ウィキペディア Jet engine（http://en.wikipedia.org/wiki/Jet_engine）
2）（公社）日本航空技術協会発行「ザ・ジェット・エンジン」の 23 ページ
3）日本航空広報部発行「航空実用事典」の 図 1-6-19（http://www.jal.com/ja/jiten/dict/g_page/g231_1.html）
4）日本航空広報部発行「航空実用事典」の図 1-6-21（http://www.jal.com/ja/jiten/dict/g_page/g232.html）
5）CF6-80C2 Type Certificate Data Sheet TCDS NUMBER E13NE Revision 25（http://rgl.faa.gov/Regulatory_and_Guidance_Library/rgMakeModel.nsf/0/780B87F7F3E5C3A886257B9B00492A41?OpenDocument）
6）日本航空広報部発行「航空実用事典」の図 1-6-5（http://www.jal.com/ja/jiten/dict/g_page/g222_1.html）
7）GE 社資料 CF6-80C2 high-bypass turbofan engines（http://www.geaviation.com/engines/docs/military/datasheet-CF6-80C2.pdf）
8）GE 社資料 The GEnx Engine（http://www.geaviation.com/engines/commercial/genx/）
9）Pratt and Whitney 社資料 PurePower Engine Family Specs Chart（http://www.pw.utc.com/Content/PurePowerPW1000G_Engine/pdf/B-1-1_PurePowerEngineFamily_SpecsChart.pdf）
10）Rolls-Royce 社資料 Trent XWB infographic（http://www.rolls-royce.com/civil/products/largeaircraft/trent_xwb/trent_xwb_infographic/index.jsp）
11）ウィキペディア Pratt & Whitney J75（http://en.wikipedia.org/wiki/Pratt_%26_Whitney_J75）
12）ウィキペディア Pratt & Whitney JT3D（http://en.wikipedia.org/wiki/Pratt_%26_Whitney_JT3D）
13）電気製鋼 第 83 巻 1 号 2012 年 35 ページ「技術解説 航空機エンジン用耐熱合金の最近の動向」の Fig 3（http://www.daido.co.jp/about/rd/journal/83_1/06_technicalreview.pdf）

14）日本航空広報部発行「航空実用事典」の図 1-6-31（http://www.jal.com/ja/jiten/dict/g_page/g239_1.html)
15）ウィキペディア de Havilland Goblin
(http://en.wikipedia.org/wiki/De_Havilland_Goblin)
16）日本航空広報部発行「航空実用事典」の図 1-6-4
(http://www.jal.com/ja/jiten/dict/g_page/g221.html)

8. タービンエンジンの出力（推力）

第７回では、タービンエンジンの概要を説明させていただきました。今回は、タービンエンジンの出力（推力）がどのようにして定められているのか、について紹介させていただきたいと思います。

●タービンエンジンでの推力のセット

ここでは、現代の大型旅客機に搭載されているターボファン・エンジンに焦点をあてて、タービンエンジンの定格推力について紹介させていただきたいと思います。

実は、機体に取付けられたタービンエンジンの推力を直接測定することはできません。したがって、エンジンの運転状態を表す指示を読み取って、エンジンの推力を推測するしか方法がありません。この種の指示をエンジン・パラメータと呼んでいますが、推力をセットするために使用するパラメータには、① 推力の増減に対して、そのパラメータが直線的に変化してほしい、また、② 推力の増減に対して、そのパラメータの増減もある程度の大きさを持っていてほしい、と要求したくなるところです。この様子を示したものが、**図８－１**です。

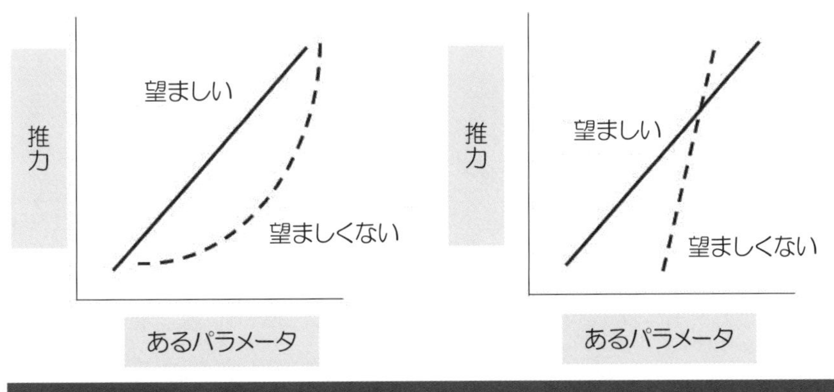

図８－１　推力のセットに使用するエンジンパラメータ

こういった要求に応えられるパラメータが、EPR（エンジン・プレッシャ・レシオ、イーパーと呼んでいます）と N_1（エヌワン）です。EPR は、エンジン出口での全圧を、入り口での全圧で割ったもので、エンジン前後の圧力の比ですから、推力と非常に良い相関を持つであろうことが想像できます。また、N_1 は、低圧軸の回転数（低圧コンプレッサと低圧タービンの回転数で、もちろんファンの回転数と同じです）で、これも、推力と比較的良い相関を持つことが期待できます。

伝統的に、ロールスロイス社とプラット・アンド・ホイットニー社は EPR を採用してきており、GE 社は N_1 を採用してきました。EPR は、推力と非常に良い相関を持つであろうことが期待できる反面、測定の相手が空気ですので、飛行状態によっては、指示値が不正確になるかもしれないという弱みを持っています。一方の N_1 は電気的に計測できますので、非常に正確な指示を行うことができる反面、（あとで紹介いたしますように）推力との相関に外気温が絡んでくるという弱みを持っています。

以下では、話を簡単にするために、パラメータとして、EPR を用いることを前提にして、エンジン・コントロールの説明をさせていただきたいと思います。

●エンジンの定格推力

パイロットは、飛行機を操縦するにあたって、昇降舵、補助翼などの「操縦翼」を操舵するとともに、エンジン推力もコントロールしていますが、エンジンには、それ以上の推力は出せないという限界があります。このような、エンジンが発揮できる最大の推力を「定格推力」と呼びますが、この定格推力には、いくつかのレベルがあります。最も大きなものが「離陸推力」で、以下、「最大連続推力」、「最大上昇推力」、「最大巡航推力」と続きます。

ただし、近年のエンジンでは、「最大上昇推力」として「最大連続推力」を使用することが多くなっていますので、これを勘案しますと、定格は、大きい方から、「離陸推力」、「最大連続推力 / 最大上昇推力」、「最大巡航推力」と並ぶことになります。離陸推力を 100 としますと、「最大連続推力 / 最大上昇推力」が 90 程度、「最大巡航推力」が 80 程度といった推力レベルになっています。

注：離陸推力は、5 分間に限って使用が許される推力です。ただし、山岳地帯にある空港に頻繁に寄港するエアラインなどでは、1 エンジン故障時の離陸後の「障害物越え」の能力を確保するために、10 分間の使用を許すオプションを購入することがあります。この、離陸後の「障害物越え」に関する能力については、機会をあらためて紹介させていただきたいと思っています。

それらの中で、最大の推力である「離陸推力」を発揮させるためには、多量の燃料を燃やしますので、当然、「タービン入口温度（以下、TIT：タービン・インレット・テンプ）」は最も高くなりますが、第７回で述べましたように、タービンには、許容される最大の TIT があります。ところで、外気温が低いときには、相当な量の燃料を燃やしても、TIT の限界には到達しませんが、外気温が高いときには、比較的少量の燃料を燃やしただけで、TIT の限界に到達してしまいます。つまり、低温時には最大推力は大きくなり、高温時には最大推力が小さくなります。

この様子を示したものが**図８－２**です。**図８－２**では、横軸に「TAT（全温）」が示されていますが、これは、第６回で述べましたように、エンジンが感じている外気の温度は TAT（全温）であるからです。また、縦軸には「推力」が示されていますが、前述のように、EPR は推力と１対１の関係にあるため、「推力または EPR」と表示してあります。

このようにして、離陸時に使用する「離陸推力を発揮させるための EPR（TO EPR と呼びます）」が求められますが、実は低温時には、この推力では大きすぎて、いくつかの問題が生じます。

その一つは、低温時には EPR ひいては圧力比が大きくなりすぎて、エンジン内の圧力が高くなりすぎることです。具体的に問題になる場所は、高圧コンプレッサの出口や燃焼室の圧力です。二つ目の理由は、低温時には推力が大きくなりすぎて、離陸時の加速度が猛烈に大きくなって、お客さまの快適性を損なうことです。三つ目の理由は、推力が大きくなりすぎることに伴って、最小操縦速度が大きくなり、必要滑走路長をかえって長くしてしまうことがあり得るというものです。

これらのうち、三つ目の理由については、少し詳しい説明が必要ですので、機会をあらためて、説明させていただきたいと思っています。

以上のような理由から、低温時の推力を一定値に抑えるという方法が用いられます。この様子を示したものが**図８－３**です。この場合、外気温の高い領域では、TIT の最大の能力を使用するため、温度とともに推力が低下していきますが，一方で、外気温の低い領域では、推力を一定値に抑えるため、TIT には余裕が生じます。

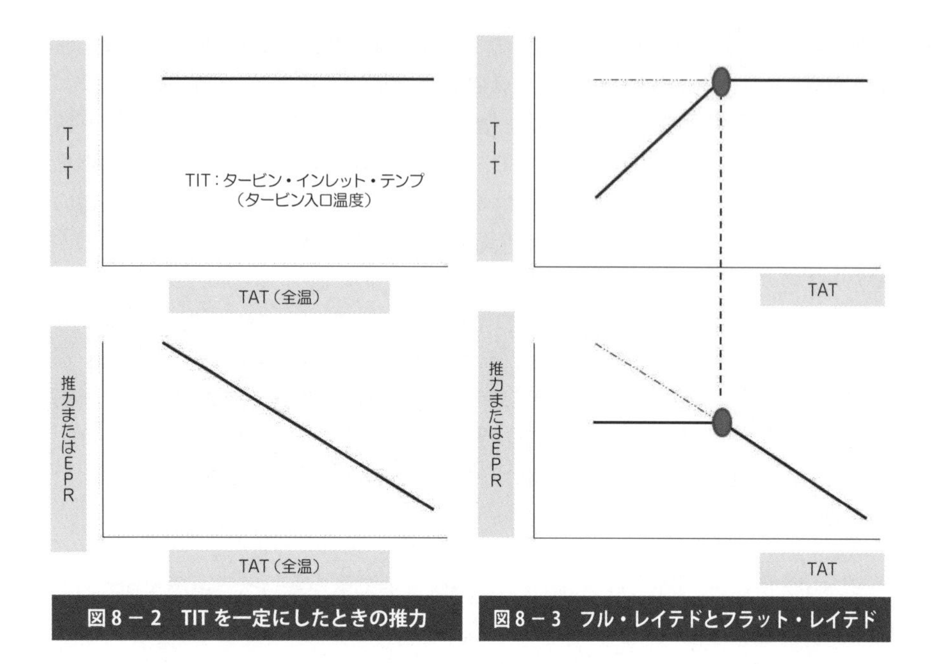

図8－2　TITを一定にしたときの推力　**図8－3　フル・レイテドとフラット・レイテド**

「外気温の高い領域」では、TIT の最大限度で運用することから、この領域での推力を「フル・レイテド」と呼び、「外気温の低い領域」では、EPR ひいては推力を一定にすることから、この領域での推力を「フラット・レイテド」と呼んでいます。なお、「フル・レイテド」の部分を「テンプ・リミット」、「フラット・レイテド」の部分を「プレッシャ・リミット」と呼ぶこともあります。

注：「フル・レイテド」と「フラット・レイテド」とは呼ばずに、「フル・レイティング」と「フラット・レイティング」と呼ぶこともあります。一方で、離陸推力を減少させて運用する場合の「ディレイティング」に対して、正規の最大推力で運用するときの推力を「フルレイティング」と呼びます。したがって、「フル・レイティング」と「フラット・レイティング」という呼び方をしますと、「フル・レイティング」という言葉が二種類の意味を持ってしまい、混乱しますので、本稿では、「フル・レイテド」と「フラット・レイテド」という呼び方に統一することにいたします。なお、「ディレイティング」については、別の回で紹介させていただきたいと考えています。

さて、**図8－3**のようにして決定された「TO EPR」を用いた場合、気圧高度が高くなったときには、推力はどのように変化するでしょうか。気圧高度が高くなりますと、空気密度が小さくなりますので、同じ EPR でも推力は小さくなっていきます。その様子を示したものが**図8－4**です。

一方で、気圧高度の増加に伴う空気密度の低下は、翼（つばさ）の揚力そのものも小さくします。つまり、気圧高度が高くなった場合に機体全体が受ける影響としては、自身の揚力も小さくなり、その上にエンジン推力も小さくなるという二重苦に曝されることになって、離陸性能が大きく低下します。

こういった問題を解決するために、気圧高度の増加に伴って、**図 8 − 5** のように、フラット・レイテドの領域での EPR を増加させていきます。

注：**図 8 − 5** の下半分に示されたエンジン推力の傾向は、第 4 回の**図 4 − 7** に示されている「上昇能力によって制限される着陸重量」の変化の傾向と一致していることにご注目ください。

この場合、**図 8 − 5** からもお分かりのように、フラット・レイテドからフル・レイテドに切り替わる温度（業界では「ブレーク・テンプ」と呼んでいます）は、気圧高度の増加とともに減少していきます。したがって、読者の皆さまは、「そんなことをすると、気圧高度が高くなったときには、フラット・レイテドの領域での EPR を使用できるチャンスが大幅に減ってしまい、機体の離陸性能のリカバリーには役立たないのではないか」と思われるかもしれません。

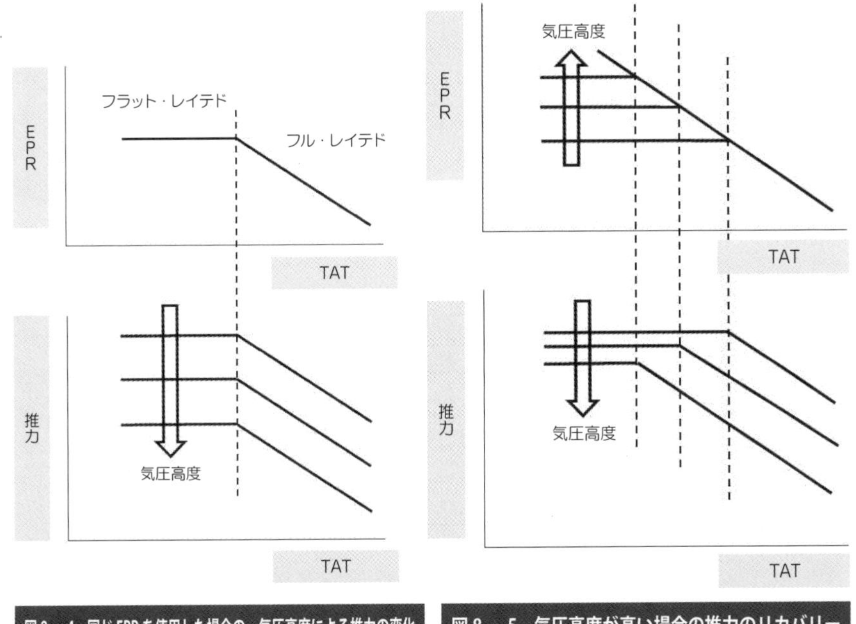

図 8 − 4　同じ EPR を使用した場合の、気圧高度による推力の変化

図 8 − 5　気圧高度が高い場合の推力のリカバリー

しかし、第5～6回でご紹介させていただきましたように、気圧高度が高くなると、標準温度も下がっていきます。したがって、その気圧高度での標準温度に対する「テンプ・デビエーション」が同じ値になるように、「ブレーク・テンプ」を決めておけば、実用上の問題は生じないことになります。具体的には、離陸推力では、一般的に「STD＋15℃」でブレークさせるようになっています。

図8－6に示された「TO EPR」の実際のチャートから読み取った、「各気圧高度でのブレーク・テンプ」と「標準温度」、および、「ブレーク・テンプでのテンプ・デビエーション」をまとめたものが**図8－7**ですが、この図から、「TO EPR」は確かに「STD＋15℃」でブレークしていることがご理解いただけるかと思います。

注：インフライトで使用する推力であるMCT（マックス・コンティニュアス・スラスト：最大連続推力）やMCR（マックス・クルーズ・スラスト：最大巡航推力）では、「STD＋10℃」でブレークするようにしてあるのがふつうです。フライト中は、「STD＋10℃」で大部分のコンディションをカバーできるからです。それに対して、離陸推力が「STD＋15℃」でブレークするようにしてあるのは、滑走路からの照り返しなどによる気温上昇を考慮したものと思われます。

ちなみに、**図8－6**の横軸には、TATではなく、OAT（外気温）と記載されています。**図8－2**～**図8－5**までは、温度として一貫してTATを用いていたのに、**図8－6**ではなぜ、いきなりOATになるのだ、と不思議に思われるかもしれません。

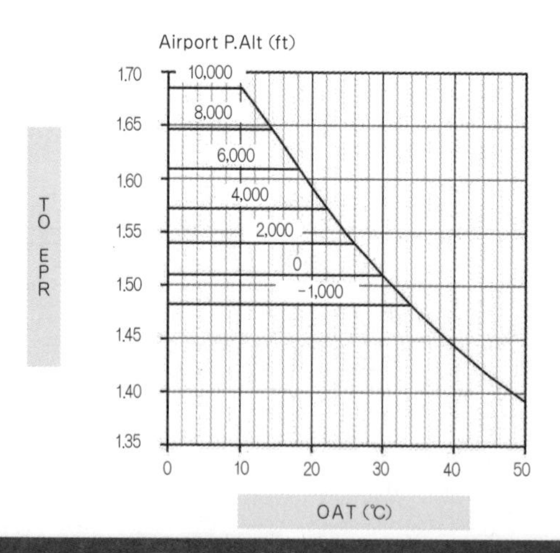

図8－6　離陸EPRの具体例

気圧高度（ft）	標準温度	ブレーク・テンプ（℃）	ブレーク・テンプでのテンプ・デビエーション（℃）
-1,000	17.0	34.0	17.0
0（S/L）	15.0	30.0	15.0
2,000	11.0	26.0	15.0
4,000	7.1	22.1	15.0
6,000	3.1	18.1	15.0
8,000	-0.8	14.2	15.0
10,000	-4.8	10.2	15.0

図 8 − 7　TO EPR の Break Temp での Temp Deviation

先にも述べましたように、エンジンが感じる温度は、あくまでも TAT なのですが、実は、離陸時に限っては、TAT ではなく OAT に書き換えることができるのです。離陸時の EPR はふつう「40 〜 80 ノット」でセットしなければならないことになっていますが、代表的には「60 ノットでセットせよ」ということです。ところで、この 60 ノットは、限りなくマック 0.1 ですので、TAT ＝ SAT（$1 + 0.2 M^2$）なる関係から、TAT をただちに OAT に変換できるからです。
（海面上での標準気温である 15℃では、音速は約 660 ノットです）

これに対して、飛行中に使用する定格推力である「最大連続推力」や「最大巡航推力」では、このような簡単な変換ができませんので、温度としては無条件に TAT を使用することになります。

また、離陸推力を N_1 でセットする場合、その値は概ね、**図 8 − 8** のように変化します。N_1 を用いる場合にはこのように、「フラット・レイテド」の領域でも TO N_1 が変化していますが、これは、N_1 そのものが外気温の影響を受けるためです。

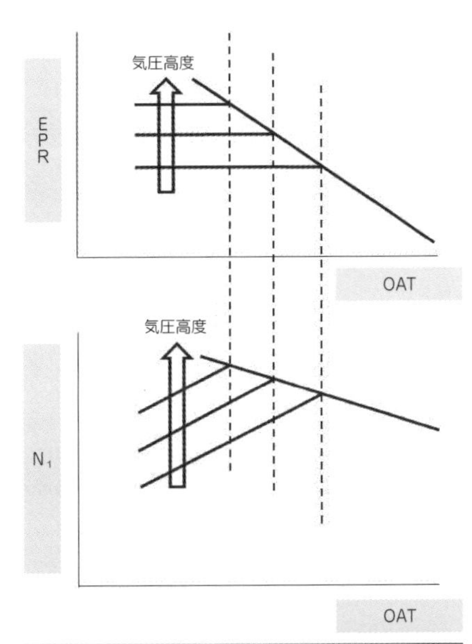

図 8 − 8　N_1 で表示した場合の離陸推力

●機速による EPR の減少と、飛行中の離陸推力

上記で、「TO EPR はふつう「40 〜 80 ノット」でセットしなければならないことになっていますが、代表的には「60 ノットでセットせよ」ということです」と述べまし

たが、これはどういうことなのでしょうか。実は、40～80ノットでEPRをセットしたのちは、スラストレバーを操作してはならないのですが、その結果、速度の増加とともに、EPRおよび推力が減少していきます。これらをそれぞれ、「イーパーラップス」および「スラストラップス」と呼びます。

その様子を図示したものが、**図8－9**ですが、離陸性能はすべて、こういった「速度とともにエンジン推力が減少していく」ことを前提にして算出されています。かりに、40～80ノットでEPRをセットしたのちも、徐々にスラストレバーを進めてEPRを一定値に保ったとしますと、推力は**図8－10**の二点鎖線のように変化しますが、この操作は、エンジンをオーバーブースト（定格を超える推力になること）させることになるため、そのような操作は禁止されています。このため、TO EPRのセットをオートスロットル・システムに実施させる場合、オートスロットル・システムは、80ノットでスラストレバーの動きを止めるようになっています。

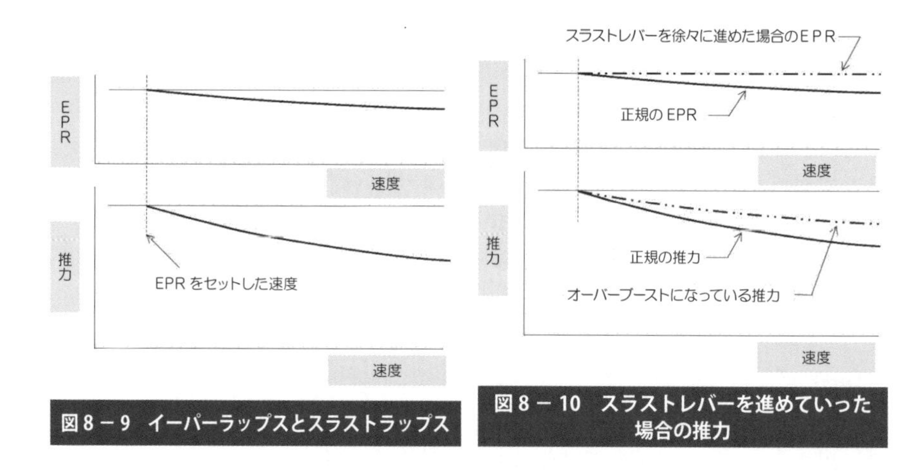

図8－9　イーパーラップスとスラストラップス

図8－10　スラストレバーを進めていった場合の推力

ところで、**図8－10**から想像できますように、EPRのセットが遅れれば遅れるほどオーバーブーストになりますし、早すぎればアンダーブースト（正規の推力に達しないこと）になります。たとえば、強い向い風の中を離陸するときに、TO EPRのセットをオートスロットル・システムに実施させますと、オートスロットルが正規のEPRをセットできる前に（対気速度が）80ノットに達してしまい、オートスロットル・システムが動きを止めてしまうため、十分なEPRが得られないまま離陸してしまうということが起こり得ます。したがって、向い風が強い場合には、パイロットが積極的にスラストレバーを進めて、オートスロットル・システムをアシストしてやる必要があります。

また、第4回で、進入復行時や着陸復行時の上昇勾配について説明させていただいた際、ゴーアラウンド時には離陸推力が得られるように「スラストレバーを進める」と書きましたが、**図8－9**、**図8－10** から想像いただけるとおり、飛行速度がある場合の、離陸推力を発揮させるための EPR は、通常の、40～80ノットでセットする TO EPR よりも少し小さめの値になっています。

このため、飛行中に離陸推力を発揮させるための EPR を「インフライト・テイクオフ・イーパー（Inflight Takeoff EPR）または、ゴーアラウンド・イーパー（GA EPR）」と呼んで、通常のTO EPRとは区別しています。

●「最大連続推力」や「最大巡航推力」のための EPR

これまでの議論から想像できるかと思いますが、「MCT（マックス・コンティニュアス・スラスト：最大連続推力）」や「MCR（マックス・クルーズ・スラスト：最大巡航推力）」といったインフライトでの定格推力をセットするための EPR は、「気圧高度」と「TAT（全温）」だけではなく、「速度（マック）」を含めた、3つのパラメータによって決定されます。

図8－11 は、その一例として、MCT EPR を模式的に示したものです。

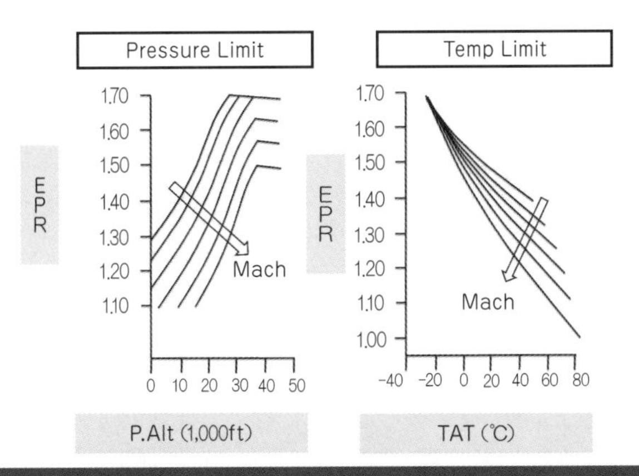

図8－11　最大連続推力をセットするための EPR

この図の左半分に、「気圧高度」と「マック」を入れて「プレッシャ・リミット」（**図8－4**でのフラット・レイテドに相当します）を求めて、その値をメモしておき、右半分に、「TAT」と「マック」を入れて「テンプ・リミット」（**図8－4**でのフル・レイテドに相当します）を求めてメモしておきます。そして、これらの小さい方の値を「MCT EPR」として、それを参照しながらスラストレバーを調整します。

ただし、この図をそのまま読み取ろうとしますと手間がかかるため、昔は、この図の内容を円盤型の計算尺に移植して、その計算尺を用いて所定の MCT EPR を求めるという方法が用いられていました。

上昇中に使用する「最大上昇推力（MCL：マックス・クライム・スラスト）」は、ほとんどのエンジンで MCT に等しいため、昔の3マン機（機長、副操縦士に加えて、フライトエンジニアが乗務していた機体）では、フライトエンジニアは上昇中、円盤型の計算尺を使用しつつ、「気圧高度」と「マック」から「プレッシャ・リミット」を求め、同時に、「TAT」と「マック」から「テンプ・リミット」を求めて、それらの小さい方の値をガムテープに記入して、パイロット用パネルのエンジン計器の上側に貼り付けて、「MCL EPR」の、パイロット用の参照値としていました。

しかし、もともと国際線用に設計された機体が国内線に投入されますと、機体重量が軽いぶん、上昇率が非常に大きくなるため、この円盤型計算尺も役に立ちません。なぜなら、せっかく、「気圧高度」と「マック」から「プレッシャ・リミット」を求めても、あっと言う間に、もっと高い高度に到達してしまうため、その前に読み取った値は使いものにならなくなるからです。

これを解決するために、それまで TAT 計が取付けられていた場所に、TAT 計に替えて、**図8－12** に示されているような TAT/EPRL（タット・イーパーエル）と呼ばれる計器が新たに装備されました。この計器は、TAT のほかに、パイロットが選んだ定格（TO、MCT、MCR など）に対応する EPR リミット（EPRL）を表示するもので、乗員のワークロードの軽減に貢献しました。

（N_1 で制御するエンジンを装備した機体には、TAT/N1L（タット・エヌワンエル）と呼ばれる計器が装備され、TAT に加えて、パイロットが選んだ定格に対応する N_1 リミット が表示されます）

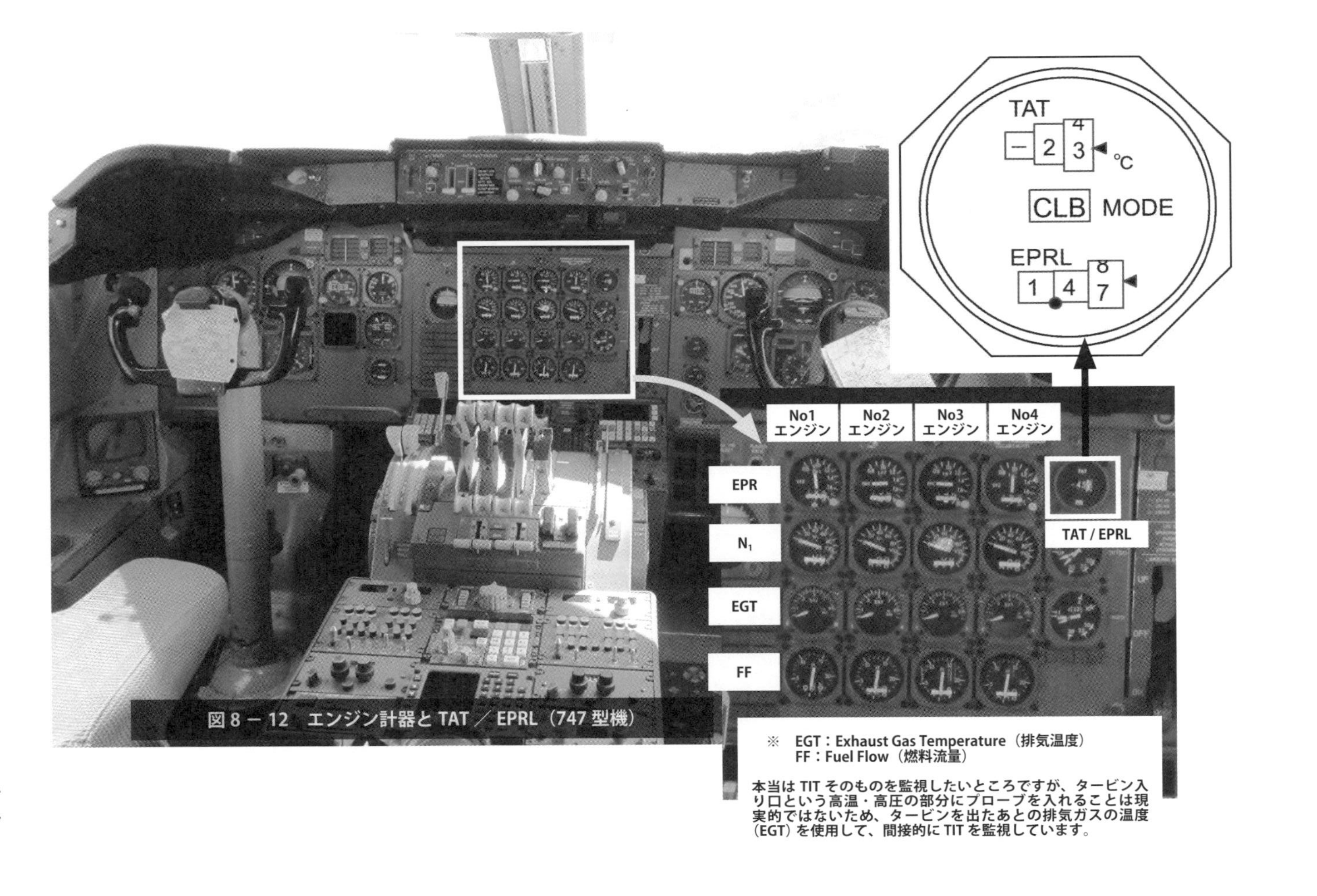

図 8 － 12　エンジン計器と TAT ／ EPRL（747 型機）

その後、767型機や747-400型機などのデジタル機の登場によって、こういったリミットを始め、FMS（フライト・マネージメント・システム）が、機速や高度を維持するために、エンジン推力をコントロールするためのターゲットとして使用するEPRやN_1なども、いとも簡単に表示できるようになりました。

前回と今回で、タービンエンジンの概要と、その出力（推力）についての説明が終わりました。これで準備が整いましたので、次回はいよいよ、離陸時の性能に対して要求される事項について紹介させていただきたいと思います。ご期待ください。

（つづく）

9. 離陸（1）

第７回と第８回で、タービンエンジンの概要と、その出力（推力）についての説明が終わりました。これで準備が整いましたので、今回はいよいよ、離陸時の性能に対して要求される事項について紹介させていただきたいと思います。

●離陸重量に対する法的な要求

第３回では、最大着陸重量がどのようにして決定されているのかについて紹介させていただきましたが、こういった考え方の全体的な構成は、最大離陸重量に対しても同様なものとなっています。ただし、最大離陸重量を決定するための性能要件には、特有の要求も少なからずありますので、ここでは、「離陸重量に対する法的要件」について、順を追って紹介させていただきたいと思います。

最大着陸重量と同様、最大離陸重量も、① 機体構造によって制限される最大重量と、② 性能によって制限される最大重量の、いずれか小さい方の重量です。

注：明確化のために必要な場合、この重量を「許容最大離陸重量」と呼ぶことがあることは、3 －(2) ページの注で述べたとおりです。

このうち、「機体構造によって制限される最大重量」は、離陸時に機体各部の構造に作用する「力」に対抗する構造の強度によって制限を受けるもので、最大着陸重量のときと同様、代表的には、フラップ、ギヤ、翼の付け根などの強度が制限的なものとなります。

ちなみに、「機体構造によって制限される最大離陸重量」を決定する際の前提となっている「接地時の沈下率」は６フィート / 秒（360 フィート / 分）[1),2)] ですが、これは、離陸後、なんらかの異常事態が発生して、直ちに出発空港に引き返し、そのままの重量で着陸せざるを得ないことを想定して定められているものであると考えられます。

注：第３回で紹介させていただきましたように、最大着陸重量を決定する要素の一つである「機体構造によって制限される最大重量」は、10 フィート / 秒（600 フィート / 分）[1),2)] の「接地時の沈下率」で着陸することを想定して決定されています。

一方、「性能によって制限される最大離陸重量」は基本的に、第3回で紹介させていただいた最大着陸重量と同様に、①「滑走路長によって制限される最大重量」と、②「上昇能力によって制限される最大重量」の、いずれか小さい方の値であると決められていますが、これら以外の要件も付加されています。

今回はまず、このうちの ② の「上昇能力によって制限される最大重量」について紹介させていただきたいと思います。

●離陸時に求められる上昇能力の特徴

離陸後の上昇能力を考える場合の一つの特徴は、離陸滑走の途中で1エンジンが不作動になることを前提にしていることです。第4回で紹介させていただきましたように、1エンジン不作動時の飛行機の上昇能力は、全エンジン作動時のそれに比べて著しく低下します。このため、「1エンジン不作動時」の飛行経路と、ふつうの「全エンジン作動時」の離陸時の飛行経路を比較しますと、大ざっぱには、**図9－1**のような差が生じます。

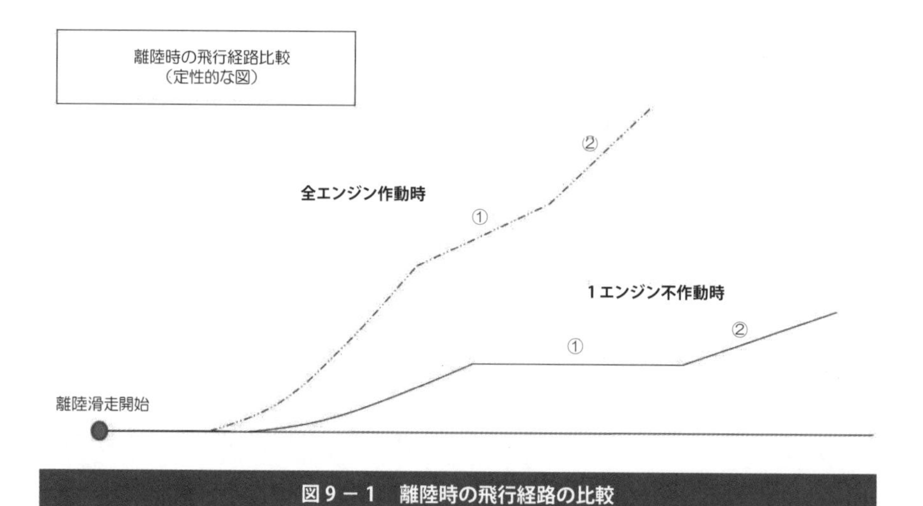

図9－1　離陸時の飛行経路の比較

図9－1の「全エンジン作動時」では、① のところで、上昇角が少し浅くなっていますが、これは、フラップを上げるための加速を行っているためです。

フラップは、離着陸のためには必須のものですが、空気抵抗が大きくなるため、巡航時には、むしろ邪魔になりますので、離陸後は速やかにフラップを上げてしまいところです。しかしながら、機速が不十分なままフラップを上げますと失速してしまいますので、少し加速して少しフラップを上げる、という操作を繰り返して、フラップを完全に上げるという操作を行います。

たとえば、747-400 型機を例に取りますと、Flaps 10 で離陸した場合には、20 ノット加速して Flaps 5 まで上げ、さらに20 ノット加速して Flaps 1 に、さらに 20 ノット加速して Flaps UP にして、クリーン・コンフィグレーション（Clean Configuration）にする、といった手順を踏むことになります。

一方、「1 エンジン不作動時」での ① の部分では、飛行経路が水平になっていますが、これは、「1 エンジン不作動」の状態では、上昇能力（すなわち加速能力です）が大幅に低下してしまい、フラップを上げるために「加速しつつ上昇する」といった贅沢は許されなくなるためです。つまり、この間は、加速に専念するために水平飛行を続けます。

しかし、このような情緒的な説明では、この状況を明確に理解することが困難ですので、数式を使って、この辺の事情を補足させていただきましょう。機体が（重量あたりの）余剰推力（T-D)/W を持っている場合の上昇能力（上昇角）は、第 4 回で紹介させていただきましたように下式 ① で表されます。一方で、（重量あたりの）余剰推力（T-D)/W を持っている場合の加速能力を示したものが**図 9－2** です。つまり、上昇せずに水平飛行を維持して加速に専念しているときの加速度 α は、下式 ② になります。また、③ 式は、これらを合体させて一般化したものです。

$$\gamma = \frac{T - D}{W} \cdots ①$$

$$\frac{T - D}{W} = \frac{\alpha}{g} \cdots ②$$

$$\frac{T - D}{W} = \gamma + \frac{\alpha}{g} \cdots ③$$

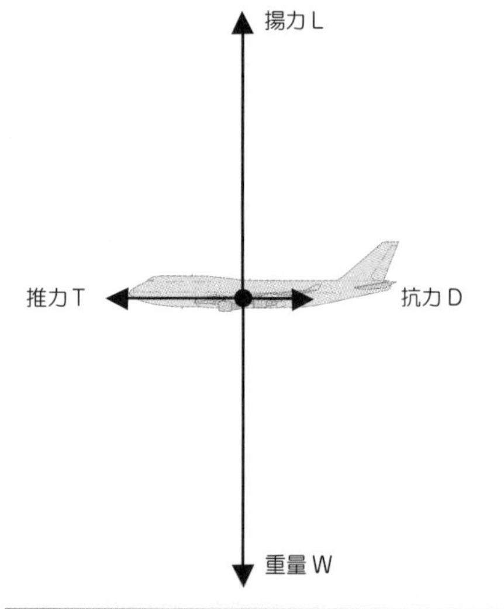

上下方向には、揚力 L と重量 W が釣り合っている。

前後方向には、余剰推力（T − D）があり、
これが加速のために原動力になる。

この余剰推力（T − D）を、ニュートンの第二法則
（F ＝m α）に代入すると、

T − D ＝ m αゆえ、T − D ＝（W/g）×α
この両辺を W で割って、（T − D）/W ＝α /g

図 9 − 2　余剰推力によって生じる加速度

この ③ 式は、機体が（重量あたりの）余剰推力（T-D)/W を持っている場合に「上昇しつつ加速する」場合の、上昇勾配と加速度の配分を決定付ける式であり、その特殊な例として、等速で上昇に専念する場合には ① 式から求められる上昇勾配が、また、水平飛行を維持して加速に専念する場合には ② 式から求められる加速度が得られる、ということを示しています。

第 4 回の**図 4 − 6a** と**図 4 − 6b** で紹介させていただきましたように、全エンジン作動時と 1 エンジン不作動時では、上昇能力に歴然とした差が生じますが、これは、1 エンジン不作動時には、機体が持つ（重量あたりの）余剰推力（T-D)/W が著しく低下するためです。その結果、1 エンジン不作動時の場合、一般的には、「フラップを上げるために、加速しつつ上昇する、といった贅沢は許されなくなる」ことが、③ 式

からご理解いただけるかと思います。

●離陸経路のセグメント（区分）化[3),4)]

離陸滑走の途中で1エンジンが不作動になったことを前提にした上で、「離陸の開始点」から「離陸の終了点」までの離陸時の経路のことを、ルール上では「離陸経路」と呼んでいます。この場合の「離陸の終了点」はふつう、高度1500フィートに達した地点のことです。

この（1エンジン不作動時での）「離陸経路」を、性能計算の便宜上、**図9－3**のように、第一区分、第二区分、第三区分、最終区分という4つの区分（セグメント）に分割します。第一区分（ファーストセグメント）は、リフトオフ（浮揚）してから、ギヤが完全に上がるまでの区間です。第二区分（セカンドセグメント）は、ギヤが完全に上がってから、加速を始めるためにレベルオフする高度までの区間です。第三区分（サードセグメント）は、加速してフラップを上げるための区間です。最終区分（ファイナルセグメント）は、フラップが完全に上がった状態で、離陸フェーズの終了点まで上昇を続行する区間です。

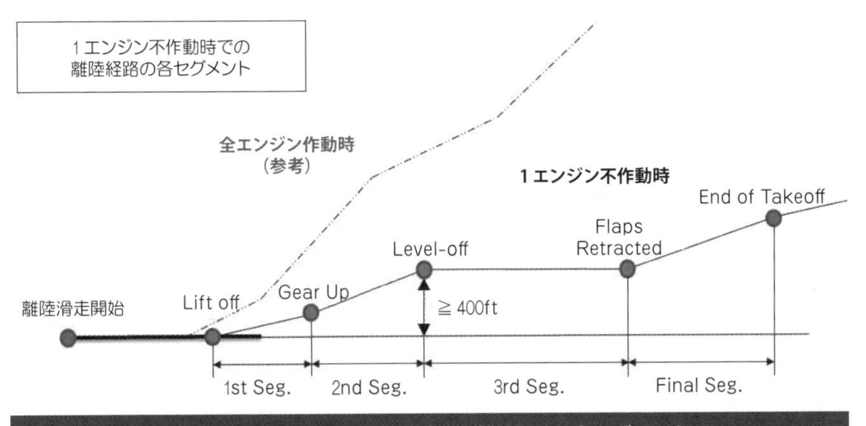

図9－3　1エンジン不作動時での離陸経路の各セグメント

なお、ルールによって、高度400フィートに達するまでは「ギア上げ操作とプロペラのフェザリング操作」以外の操作をしてはならない[5),6)]ことになっていますので、レベルオフする高度は400フィート以上の高度になります。

これらの各区間には、最低限必要とされる上昇能力が定められていますが、これらをまとめたものが**図9－4**です。

要求上昇能力 / セグメント	コンフィグレーション（形態）			要求上昇勾配（%）		
	Gear	Flaps	エンジン推力	双発機	3 発機	4 発機
1st Segment [7),8)]	下げ	離陸位置	離陸推力	正	0.3	0.5
2nd Segment [9),10)]	上げ	離陸位置	離陸推力	2.4	2.7	3.0
Final Segment [11),12)]	上げ	上げ	最大連続推力	1.2	1.5	1.7

図 9 － 4　各セグメントで求められる上昇勾配（1）

ふつうの飛行機では、離陸重量が「ファーストセグメント」での上昇能力によって制限されることはありませんので、離陸重量は、「セカンドセグメント」か「ファイナルセグメント」での上昇能力によって制限されます。

ところで、これら「セカンドセグメント」と「ファイナルセグメント」の上昇能力が規定されている「離陸経路上の位置」ですが、「セカンドセグメント」については Gear が完全に上がった瞬間の地点、「ファイナルセグメント」については、離陸経路が終了する地点であるとされています。そのため、離陸時に必要とされる上昇能力は、**図 9 － 3** で、「Gear Up」および「End of Takeoff」と記された 2 か所だけでしか定められていないことになります。

それでは具合が悪いため、ルールでは、① 離陸経路上の任意の地点で、上昇勾配がプラスであること、および、② 離陸経路上で高度 400 フィートを超える全域に対して、所定の上昇能力を得られること、を要求しています [13),14)]。

この「所定の上昇勾配」についての具体的な要求値は、「ファイナルセグメント」に対する値と同じです。この要求値は、高度 400 フィートを超える全域に対して適用されますので、「セカンドセグメント」の領域の多くの部分、「サードセグメント」の全域、および「ファイナルセグメント」の全域がカバーされます。

すなわち、前述のとおり、高度 400 フィート以下では、「ギア上げ操作とプロペラのフェザリング操作」以外の操作はできないことから、「サードセグメント」という「フラップを上げるための加速区間」は、高度 400 フィート以上になりますので、「サードセグメント」以降では無条件に、この上昇能力が求められるわけです。

こういった事情を考慮して、その要求値を「3rd Segment」の行として追加したものが、**図 9 － 5** です。

●サードセグメントでの上昇能力の意味

このように書きますと、読者の皆さまは、「サードセグメントではもともと、加速のために水平飛行しているのだから上昇勾配はゼロではないか」と思われるかもしれません。しかし、先に紹介させていただいた ①〜③式から分かりますように、「加速できる」ということは、とりもなおさず「上昇できる」ということですから、サードセグメントでの「加速度」を、いったん「上昇勾配」に換算した上で、その値が、**図 9 − 5** の「3rd Segment」の行に記載された「上昇勾配」を満足すれば良いのだ、という意味であることがご理解いただけるかと思います。

要求上昇能力／セグメント	コンフィグレーション（形態）			要求上昇勾配（%）		
	Gear	Flaps	エンジン推力	双発機	3 発機	4 発機
1st Segment [7),8)]	下げ	離陸位置	離陸推力	正	0.3	0.5
2nd Segment [9),10)]	上げ	離陸位置	離陸推力	2.4	2.7	3.0
3rd Segment [13),14)]	上げ	離陸位置→上げ	離陸推力	1.2	1.5	1.7
Final Segment [11),12)]	上げ	上げ	最大連続推力	1.2	1.5	1.7

図 9 − 5　各セグメントで求められる上昇勾配（2）

●離陸推力使用の時間制限とレベルオフする高度

1 エンジン不作動時の「フラップを上げるための加速」は、大推力を発揮できる離陸推力を用いて完了してしまいたいところです。そのようにしてフラップが上がってしまいますと、抵抗が著しく減少しますので、MCT（最大連続推力）でも相当な上昇能力を稼げそうだからです。

その辺の事情を明確にするために、ここでは、第 4 回で紹介させていただいたのと同様にして、「余剰推力」を比較してみましょう。**図 9 − 6** は、4 発機を例にとって、エンジン推力と機体の抵抗のバランスを描いたものです。

最も左の図は、1 発あたり ① の離陸推力を発揮できるエンジンがすべて作動している状態であり、したがって、全機分の推力は ② になります。機体の抵抗が ③ であったとしますと、② から ③ を差し引いた ④ が余剰推力（T − D）となります。

注：冒頭で説明させていただきましたように、上昇能力によって制限される離陸重量は 1 エンジン不作動をベースにしていますので、この図は、上昇能力が離陸重量に与える影響とは無関係で、単なる参考として描いたものです。

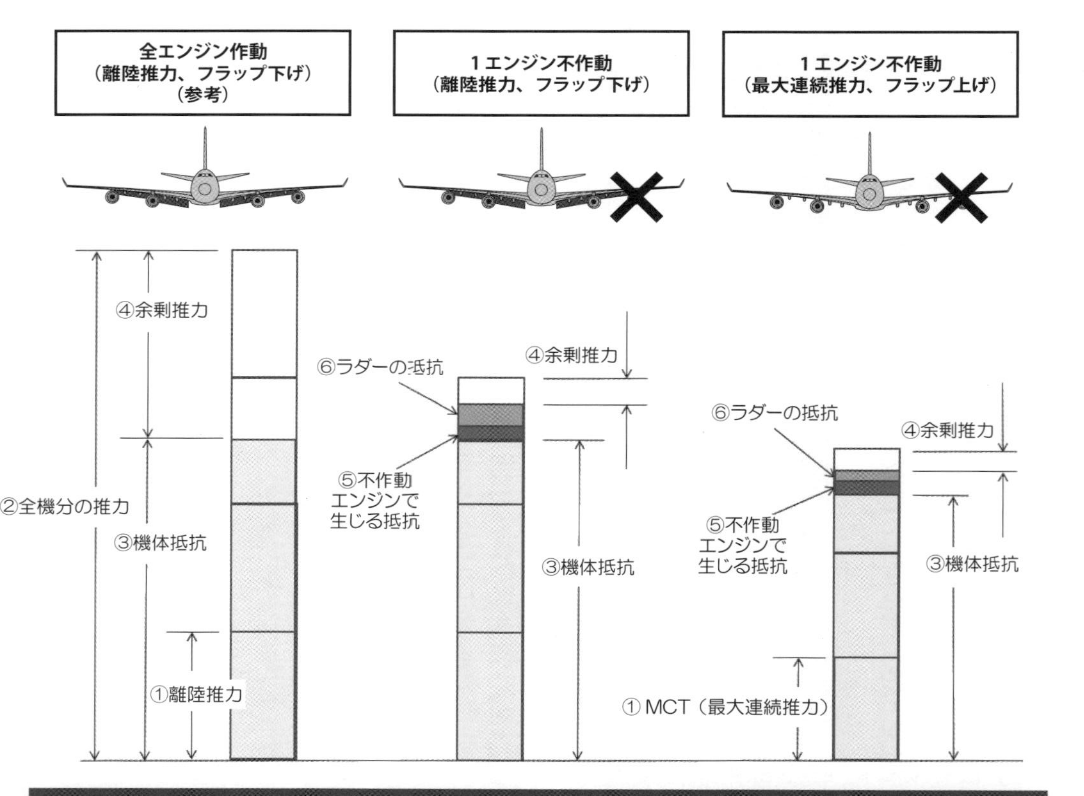

図９－６　離陸時の余剰推力の比較

中央の図は、上記の状態で１エンジンが不作動になった場合です。１エンジン分の推力が失われますので、全機分の推力は 3/4 に減少します。また、⑤ は不作動になったエンジンによって生じる抵抗、⑥ は、不作動エンジン側に機首がとられないようにラダーを踏み込むことによって生じる、ラダーの抵抗です。これらを差し引くと、余剰推力は ④ まで減少してしまいます。これが、セカンドセグメントでの余剰推力を表しています。

最も右の図は、エンジンの推力を MCT（最大連続推力）まで絞ったときの状態を表しています。エンジン推力は ① のレベルまで下がりますが、フラップが上がったことによって、抵抗が ③ のレベルまで減少するため、結局 ④ の余剰推力が得られ、したがって、ある程度の上昇能力を期待できることが分かります。これが、ファイナルセグメントでの余剰推力を表しています。

このように、フラップが下がっている状態（抵抗の大きな状態）で十分な上昇能力を得るためには離陸推力が必要ですが、フラップがいったん上がってしまえば、エンジンを MCT まで絞っても相当な上昇能力を確保することができます。

ところで、離陸推力の使用時間にはふつう、５分間という制限が設けられています。ということは、たとえば山岳などの障害物を越えるために、**図９－３**に記載された「レベルオフ」高度を高く設定して離陸した場合には、フラップ上げ操作を、５分間という離陸推力の使用時間制限内に完了できなくなることが起こり得ます。したがって、このような場合には、フラップ上げ操作の一部を MCT で実施しなければならないことになります。

つまり、フラップ上げを５分間で完了しようとすれば、「レベルオフ」する高度に、ある最大値が存在することになります。逆に、これより低い高度でレベルオフすれば、（離陸推力の使用時間制限である）５分間のあいだにフラップ上げを完了できるという高度です。

これを「マックス・レベルオフ・アルチ」と呼んでいますが、この高度は言うまでもなく、（重量あたりの）余剰推力によって大きく変化します。離陸重量が上昇能力によって制限されるような重い重量で離陸する場合、この高度は、800 ～ 1,000 フィート程度の高度になります。一方で、国内線のように非常に軽い重量では、3,000 フィートを優に超える高度になります。

したがって、ちょうど5分間でフラップ上げを終了できるような高度でレベルオフしたいとすれば、その時の離陸重量に対応する重量ごとの、（つまり、（重量あたりの）余剰推力ごとの）「マックス・レベルオフ・アルチ」を読み取ってそれを用いればよいことになりますが、そのような手順を踏もうとしますと、運航が煩雑になりますので、実用上は、最悪のケースを考えた「レベルオフ高度」（つまり、800～1,000フィート程度）を一律に適用するのがふつうです。

注：離陸重量が軽い場合、特に、国内線運航時や訓練飛行時には、1エンジン不作動時といえども、（重量あたりの）余剰推力に大きな余裕がありますので、相当な上昇角（ひいては上昇率）で上昇します。そのため、この一律の「レベルオフ高度」でレベルオフさせるためには、かなり手前から機首を押さえていく必要があるなど、操縦テクニック上は多少の困難を伴うことがあります。これは、運航手順を簡略化したことに対する「ツケ」であると言えるかもしれません。

上昇能力によって制限される最大重量の特殊な例
（キャリーオーバー時の注意点）

ここでは一つの例として、747型機の前縁フラップのアクチュエータをキャリーオーバー（修理を持ち越すことです）するケースを考えてみましょう。

747型機では、前縁フラップはニューマティック・エア（空気圧）によって駆動されますが、これが不作動になってしまった場合には、そのバックアップとして、電気モーターで駆動されるようになっています。

その作動時間なのですが、ニューマティック・エアによる駆動の場合には、前縁フラップは数秒で上がってしまうのに対して、電気モーターで駆動する場合には、前縁フラップが上がるまでに数十秒を要します。これは、電気モーターによる駆動は、あくまでもバックアップであるため、軽量化のためにモーターの能力を抑えているためであるかと思われます。

そのため、ニューマティック・エアによる前縁フラップの駆動が不作動になって、これをキャリーオーバーして出発するような場合、動きが遅くなるぶん、前縁フラップだけが取り残されてしまいます。つまり、このような場合には、通常の運航では、フラップ上げ操作が5分以内で完了できるような状況であっても、フラップ上げを、5分間では完了できず、その一部をMCTで実施せざるを得ないことになります。

その結果、**図9－5**に示された「サードセグメント（本来は離陸推力で加速している領域です）」での上昇能力が十分ではなくなってしまいますので、それをリカバーするために、（重量あたりの）余剰推力を確保すべく、離陸重量をかなり大幅に減らさなければならない、といったことが起こります。

こういったことは、ニューマティック・エアで作動させるアクチュエータの故障が支店で見つかり、運航基地までキャリーオーバーする場合などに起こりますが、この事例のように、思わぬユニットが、機体の性能に影響を及ぼす可能性があるため、機能を持ったユニットをキャリーオーバーする場合には、パイロットを交えた慎重な検討が必要になります。

●離陸の終了地点（End of Takeoff）

離陸の終了地点はふつう、1,500 フィートの高度に達した地点です。しかし、山岳などの障害物を越えるために、レベルオフ高度をたとえば 2,000 フィートに設定して離陸したケースでは、高度 1,500 フィートの時点では、フラップは離陸位置のままですから、離陸が終了したとは言えません。

そのため、ルールでは[15),16)]、高度が 1,500 フィートに達したか、フラップ上げを完全に完了してエンルート上昇に移行できるようになったか、そのいずれか高い方の高度に達したときを End of Takeoff とする、といったように定められています。

注：山岳地帯にある空港を頻繁に利用するエアラインでは、障害物越えの要件が大変に厳しい制約になりますので、「離陸推力を 10 分間使用できる」というオプションを購入することがあります。

●上昇能力によって制限される離陸重量を示すチャート

「上昇能力によって制限される離陸重量」のチャートの表示方法にはいくつかの種類がありますが、第 4 回の**図 4 － 7** で紹介させていただいたのと同様、ここでも、直観的に理解しやすい形をしているチャートの例として、旧ダグラス社の方式を紹介させていただきます。

具体的には、**図 9 － 7a** と**図 9 － 7b** に示されたような形をしていますが、これらの図から、気圧高度が高くなるにつれて、また、外気温がある程度以上に高くなるにつれて、「上昇能力によって制限される離陸重量」が減少していく様子が見てとれます。

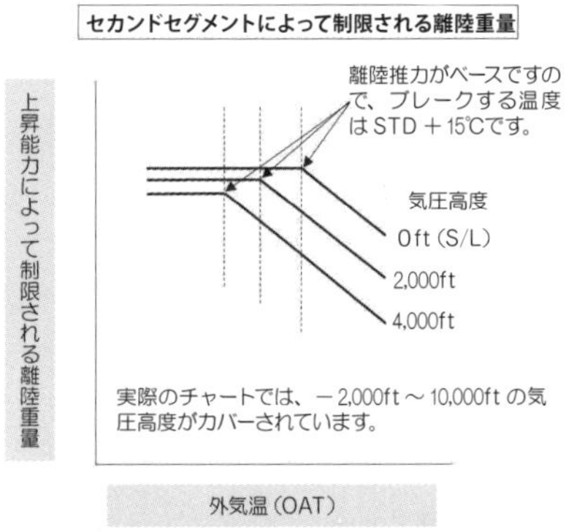

図 9 － 7a　セカンドセグメントによって制限される離陸重量

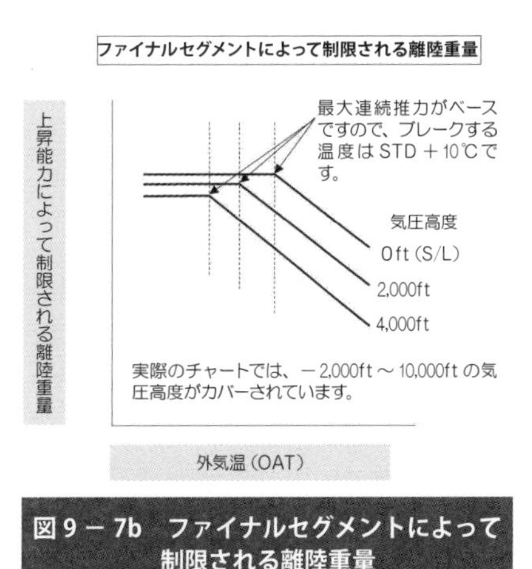

図 9 － 7b　ファイナルセグメントによって制限される離陸重量

この傾向は、エンジン推力が、気圧高度と外気温によって変化する傾向、すなわち、第8回の**図 8 − 5** の下半分に示されたエンジン推力の傾向とそっくりな形になっています。つまり、気圧高度と外気温が与えられれば、エンジン推力が決まり、その結果、「上昇能力によって制限される離陸重量」を支配する余剰推力が決まりますので、「上昇能力によって制限される離陸重量」は、「エンジン推力」の変化の傾向と同じような傾向で変化するというわけです。

一方で、前述の ① 式が示しているように、上昇能力は「機体重量あたりの余剰推力」に依存しますので、「余剰推力」が同じでも、機体重量が増加するにつれて上昇能力は低下していきます。しかし、上昇能力には下限（**図 9 − 5**）がありますので、その上昇能力を確保できるギリギリの機体重量を超える機体重量での離陸は許されません。したがって、**図 9 − 7a** と**図 9 − 7b** は、**図 9 − 5** に示された上昇能力を確保できる最大の離陸重量が示されているチャートであると理解していただければ良いことになります。

なお、セカンドセグメントでは離陸推力を用いていますので、「セカンドセグメントによって制限される離陸重量」は、各高度での標準温度よりも 15℃高い温度（STD ＋15℃）で折れ曲がります。一方で、ファイナルセグメントでは MCT（最大連続推力）を用いますので、「ファイナルセグメントによって制限される離陸重量」は、各高度での標準温度よりも 10℃高い温度（STD ＋ 10℃）で折れ曲がります。この辺の詳細は、第 8 回の**図 8 − 7** あたりの解説のところをご参照ください。

●障害物が存在する場合の離陸飛行経路

冒頭で、離陸重量に対しては、着陸重量とは異なった要件が付加されていると紹介させていただきましたが、ここでは、その一例として、離陸飛行経路の下に障害物がある場合の要件を紹介させていただきます。

ここで、「離陸飛行経路（テイクオフ・フライト・パス）」とは、「離陸経路（テイクオフ・パス）」のうちの、高度 35 フィートに到達した地点から離陸の終了点（ふつう 1500 フィート）までの区間のことで、つまりは、「離陸経路」から、離陸距離の部分を除いた部分です。

そして、離陸飛行経路の下に、山や鉄塔などがある場合には、十分なクリアランスを保ちながら、それらを飛び越えていかなければならないことはもちろんです。そのため、離陸重量を決定する際には、こういった「障害物越え」も考慮されますが、そのために使用される仮想の離陸飛行経路を「ネット・テイクオフ・フライト・パス（以下、ネット・パス）」と呼びます。

この「ネット・パス」は、1エンジン不作動時の実際の離陸飛行経路（これを、「グロス・テイクオフ・フライト・パス（以下、グロス・パス）」と呼びます）から所定の上昇勾配を差し引いて得られるパスで、これらの関係を図示したものが**図 9 − 8** です。

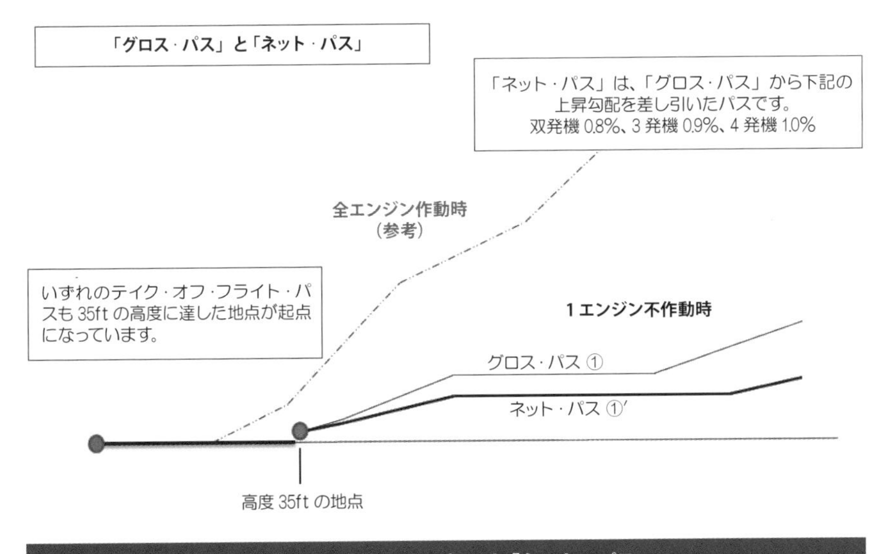

図 9 − 8　「グロス・パス」と「ネット・パス」

ここで、サードセグメントは加速のための区間で、この間の（グロス・パスの）上昇勾配はもともとゼロです。したがって、この間のネット・パスはマイナスの勾配を持つのではないかと思われるかもしれませんが、そうではありません。

先に紹介させていただいた ①〜③式から分かりますように、「加速できる」ということは、「上昇できる」ということですから、サードセグメントでの「加速度」を、いったん「上昇勾配」に換算し、それから所定の上昇勾配を差し引いた上で、その値を再度、加速度に変換するわけです。したがって、結果的に、サードセグメントの長さは、**図 9 − 8** の ①（グロス）から ①′（ネット）まで伸びることになります。

「障害物越え」を考慮した離陸重量を決定する際には、このようにして求めた「ネット・パス」で、すべての障害物を、高さ方向に 35 フィートの余裕をもって飛び越えなければならないことになっています。[17)]

と書きますと、簡単なように思われるかもしれませんが、こうやって離陸重量の最大値を決めるための手順は少しやっかいです。その理由をご理解いただけるように、ここでは、そのための手順を簡単に紹介させていただきたいと思います。

まず、「ネット・パス」の始点である高度 35 フィートの地点は、実は、離陸滑走中に1エンジンが不作動になって離陸を続けるときの離陸距離の終点です（この辺は、近いうちにご説明できるかと思います）。

ということは、離陸重量が分かっていない限り、この「高度 35 フィートの地点」が分かりません。ひいては、「高度 35 フィートの地点」から「障害物」までの距離も分かりません。したがって、どの程度の上昇勾配で上昇すれば、その「障害物」を越えられるのかも分からないことになります。

ということで、第一次近似として、「高度 35 フィートの地点」が「滑走路の末端であった」と想定して、「障害物」を越えるための「ネット・パス」に対応する離陸重量を求めます。これを示したものが**図 9 − 9** の「ケース A」です。

しかし、このようにして求めた「離陸重量」に対応する「1 エンジン不作動時の離陸距離」はふつう、滑走路の長さよりも短くなりますので、「高度 35 フィートの地点」から「障害物」までの距離は、「ケース A」で想定した距離よりも長くなります。その結果、「ケース A」を想定して求めた重量で得られる「ネット・パス」では、「障害物」を越える時点での垂直間隔が大きくなりすぎ、もったいないことになります。この様子を示したものが**図 9 − 9** の「ケース B」です。

言い換えれば、「ケース A」を想定して求めた重量よりも大きな離陸重量を取れることになります。しかし、そのようにして離陸重量を増加させますと、必要離陸滑走路長が延びて、「高度 35 フィートの地点」が障害物に近づくため、必要な上昇勾配は大きくなりますし、一方で、離陸重量の増加によって、得られる上昇勾配は小さくなります。

したがって、その辺のトレードオフも考えながら、最終的に、「障害物」を越える時点での垂直間隔がちょうど 35 フィートになるような重量にたどり着くまでには、何度かの収束計算が必要になります。そういったプロセスを経て、最終結果にたどり着いた状態を示したものが、**図 9 − 9** の「ケース C」です。

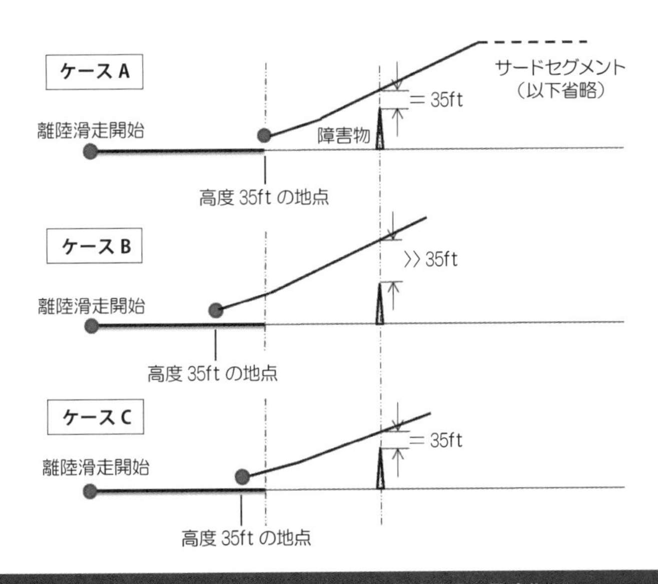

図 9 − 9　障害物越えのための離陸重量の最適化

ただし実際には、上記のようなトレードオフを、図式解法で実施できるような手法が開発されていますので、何度も収束計算を行う必要はありません。

ちなみに、こういった「障害物越え」の要件は、離陸時にだけ適用されるもので、着陸時のゴーアラウンドの際には考慮しないことになっています。

離陸時には、上記の「35 フィート地点」（つまり 1 エンジン不作動時の滑走路長の末端）のような「基準の位置」を決められるのに対して、着陸進入時のゴーアラウンドでは、ゴーアラウンドを開始する「基準の位置と高度」を決めることができないため、飛行経路の計算そのものができないこと、および、通常の着陸時には重量が十分に軽いため、「障害物」を越えるための重量制限を負わせる必要性が希薄である、といったことがその理由になっているのではないかと思われます。

今回は、離陸時に求められる上昇能力と、それによって制限される離陸重量について紹介させていただきました。次のテーマは、必要離陸滑走路長になるわけですが、次回は、その準備として、離陸時の上昇能力や離陸滑走路長に影響を与える各種のパラメータについて紹介させていただきたいと考えています。ご期待ください。

（つづく）

1) 耐空性審査要領第Ⅲ部 3-6-2-1 項
2) FAR §25.473 Landing Load Conditions and Assumptions.
(http://www.ecfr.gov/cgi-bin/text-idx?SID=e21f375456e0192fccda9f21861eb35c&node=se14.1.25_1473&rgn=div8)
3) 耐空性審査要領第Ⅲ部 2-3-6-4 項
4) FAR 25.111 (d) Takeoff Path.
(http://www.ecfr.gov/cgi-bin/text-idx?SID=648d9dfd86531cb1b5a57428d7af0ff0&node=se14.1.25_1111&rgn=div8)
5) 耐空性審査要領第Ⅲ部 2-3-6-3d 項
6) FAR 25.111 (c) (4) Takeoff Path.
(URL は 4) に同じ)
7) 耐空性審査要領第Ⅲ部 2-3-11-1 項
8) FAR 25.121 (a) Climb: One-engine-inoperative.
(http://www.ecfr.gov/cgi-bin/text-idx?SID=28760d267c5ee14d0fbe6de98f0f1028&node=se14.1.25_1121&rgn=div8)
9) 耐空性審査要領第Ⅲ部 2-3-11-2 項
10) FAR 25.121 (b) (URL は 8) に同じ)
11) 耐空性審査要領第Ⅲ部 2-3-11-3 項
12) FAR 25.121 (c) (URL は 8) に同じ)
13) 耐空性審査要領第Ⅲ部 2-3-6-3c 項
14) FAR 25.111 (c) (3) (URL は 4) に同じ)
15) 耐空性審査要領第Ⅲ部 2-3-6-1 項
16) FAR §25.111 (a) (URL は 4) に同じ)
17) FAR §121.189 Airplanes: Turbine Engine Powered: Takeoff Limitations.
(http://www.ecfr.gov/cgi-bin/text-idx?SID=cd6fdbe932f73165daf9170b53243e00&mc=true&node=se14.3.121_1189&rgn=div8)

10. 離陸（2）

第9回では、離陸時に求められる上昇能力について紹介させていただきました。ついては、今回は離陸時の滑走路長について紹介させていただきたいところです。しかし、離陸時の上昇能力についても滑走路長についても、外気温や気圧高度以外の多くのパラメータが性能に影響を与えます。これらのパラメータの多くは、離陸時の上昇能力にも滑走路長にも共通するものですので、その種のご説明をさせていただくのは、今回が良いチャンスであると考えました。話はだんだんと込み入ってきますが、しばらく我慢していただければ幸いです。

●離陸性能に影響を与えるパラメータ

上昇能力と滑走路長を含めた「離陸性能」は、実は、気圧高度、外気温、ギヤ、フラップ、ブリード、レーティング、風向風速、滑走路勾配といったパラメータによって変化します。これらのうち、「気圧高度」と「外気温」が上昇能力に及ぼす影響については、これまでにも紹介させていただきました。

そこで今回は、残りの、ギヤ、フラップ、ブリード、レーティング、風向風速、滑走路勾配といったパラメータによる影響について見ていきたいと思います。しかし、馴染みの薄い言葉も出てきますので、これらについて、順を追って説明させていただきたいと思います。

●上昇能力によって制限される離陸重量に影響を与えるパラメータ

第9回でも紹介させていただきましたように、機体の上昇能力や加速能力は、①～③ 式を介して、機体が持つ（重量あたりの）余剰推力、すなわち（T-D)/W に支配されます。

$$\frac{T-D}{W}=\gamma \quad \cdots ①$$

$$\frac{T-D}{W}=\frac{\alpha}{g} \cdots ②$$

①と②を組み合わせて $\frac{T-D}{W}=\gamma+\frac{\alpha}{g} \cdots ③$

これらの式から明らかなように、抵抗や推力が変化しますと、機体の上昇能力や加速能力に影響が及ぶことになります。このうち、抵抗を増加させるものの代表例が、ギヤとフラップですので、ここではまず、それらの影響を見てみましょう。

●抵抗を増加させるもの（ギヤとフラップ）

ギヤは、離着陸のためには必須のものですが、その抵抗が著しく大きいという特徴を持っています。たとえば、クリーン・コンフィグレーション（フラップもギヤも上がっている形態）から、ギヤだけを下げて、フラップ・アップ、ギヤダウンの形態にしますと、抵抗はほぼ倍になるのが一般的です。つまり、ギヤの抵抗は機体全体の抵抗と同じレベルにあると言えます。この特徴を利用して、緊急降下時にはギヤを下げて降下率を稼ぐという手法が使用されることもあるぐらいです。

一方で、離陸時に、フラップが離陸位置まで出ている状態では、フラップによってもともとの抵抗が大きくなっている分、ギヤによる抵抗増加は、クリーン・コンフィグレーションからギヤダウンしたときほどは顕著ではありませんが、離陸後、昇降計がプラスを示した時点で、直ちにギヤ上げ操作が実施されます。ギアによる抵抗を減らすためです。

図10－1は、第9回で**図9－4**として掲載した表の一部分を抜粋したものですが、ギヤ下げ形態に対する上昇勾配の要求値と、ギヤ上げ形態に対する要求値とを比べていただけますと、ギヤの抵抗の大きさを実感していただけるかと思います。

要求上昇能力 / セグメント	コンフィグレーション（形態）			要求上昇勾配（%）		
	Gear	Flaps	エンジン推力	双発機	3 発機	4 発機
1st Segment	下げ	離陸位置	離陸推力	正	0.3	0.5
2nd Segment	上げ	離陸位置	離陸推力	2.4	2.7	3.0

図 10 － 1　各セグメントで求められる上昇勾配（一部）

次はフラップです。離陸フラップとして、ふつう2種類以上のフラップ角が用意されていますが、747-400型機を例にとれば、Flaps10とFlaps20が離陸フラップになっています。

離陸滑走路長だけに注目すれば、揚力係数がより大きくなるFlaps20の方が、離陸速度を小さくでき、したがって、滑走路長を短くすることができます。つまり、同じ滑走路から離陸する場合を考えれば、Flaps10よりもFlaps20の方がより大きな離陸重量を取ることができます。

それなら、いつもFlaps20で離陸すれば良いではないかと思われるかもしれませんが、そうではありません。その理由は次のとおりです。

抵抗は、Flaps10よりもFlaps20の方が大きいため、Flaps10に比べて、Flaps20の方が余剰推力が減少します。その結果、「セカンドセグメントによって制限される離陸重量」は、Flaps20使用時の値の方が、Flaps10使用時の値よりも小さくなってしまいます。

そのため、**図10－2**（これは第9回の**図9－7a**を再掲したものです）に示されるような「セカンドセグメントによって制限される離陸重量」は、Flaps10用と、Flaps20用の2枚のチャートからなっていますが、Flaps20に対する離陸重量は、Flaps10に対する離陸重量よりも小さな値になります。

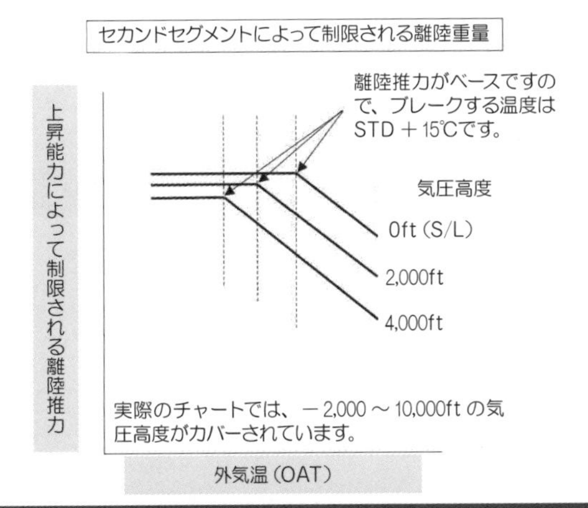

図10－2　セカンドセグメントによって制限される離陸重量（第9回の図9－7aを再掲したもの）

いま、Flaps20 で離陸することを前提にした場合、離陸重量を増やしていって、ある離陸重量が、Flaps20 の「セカンドセグメントによって制限される離陸重量」によって制限を受ける重量に達しますと、滑走路長には余裕があったとしても、それ以上の離陸重量は取れません。

しかし、Flaps10 を使用すれば、抵抗が小さい分、「セカンドセグメントによって制限される離陸重量」が大きくなりますので、離陸重量を増やすことができます。もちろん、必要な滑走路長は伸びますが、滑走路長に余裕があれば、Flaps10 の使用によって、離陸重量を増加させられるということになります。

ただし、重量がもっと大きくなって、Flaps10 での「セカンドセグメントによって制限される離陸重量」によって制限を受ける重量になりますと、それ以上の重量では、滑走路の長さに関わらず、Flaps20 でも Flaps10 でも離陸できなくなります。その様子を示したものが**図 10 － 3** です。

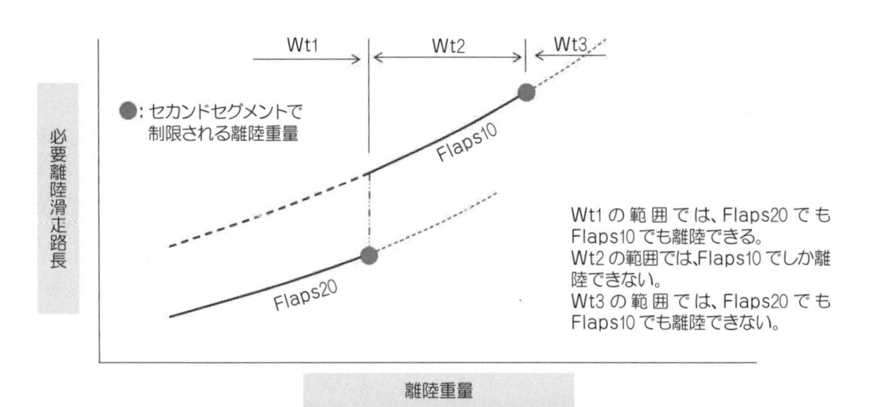

図 10 － 3　離陸フラップと必要滑走路長と上昇能力による制限

注：実際の運航では、離陸後の上昇能力に優れ、かつ、フラップ・クリーンナップ（フラップを上げてしまうこと）をより早く完了できる Flaps10 を優先的に使用します。したがって、Flaps20 が使用されるのは、Flaps10 では滑走路長に余裕がないときなどに限られています。

図 10 − 3 には、二つの離陸フラップがある場合の、最大離陸重量の変化が示されていますが、この図を利用して、ある長さの滑走路で取り得る最大離陸重量を考えてみましょう。

図 A で、滑走路の長さが「RWY 1」であった場合、取り得る最大離陸重量は「WT 1」です。この離陸条件では、滑走路の長さが「RWY 2」まで延長されても、取り得る最大離陸重量は「WT 1」のままです。つまり、滑走路の長さを延長しても意味がなかったことになります。

そこで、離陸フラップとして「Flaps 15」を追加したとしましょう。この場合には、**図 B** のようにして、取り得る最大離陸重量を「WT 2」まで増加させられるようになります。

このように離陸フラップの数を増やすほど、離陸重量が「無駄に」制約されることはなくなります。離陸フラップの数を増やすことはシステムの複雑さを招き、ひいては機体重量の増加を招くことになりますが、いかなる長さの滑走路においても、最適な重量で運航できるようにするためには有効な方法です。

このような手法は、短い滑走路しか持たないローカル路線に就航する機種に対して適用されるのが一般的で、たとえば、737-800 型機には、Flaps 1、Flaps 5、Flaps 10、Flaps 15、Flaps 25 の、5 つの Flap Setting が準備されています。

この考え方をさらに押し進めたものが、DC-10 型機や MD-11 型機で採用されているオプティマム・フラップで、これらの機種では、Flaps 5 〜 Flaps 25 までの間で、1 度刻みで離陸フラップをセットできるようになっています。

DC-10 型機は当初、アメリカン航空の要求によって開発が開始されましたが、ラガーディア空港の（狭い）スポットに入るようにという仕様によって、主翼のスパンが制限され、結果的に翼面積も制限されたことに伴う離陸性能の損失をリカバーするために、このようなフラップ・システムが採用されたものかと思われます。

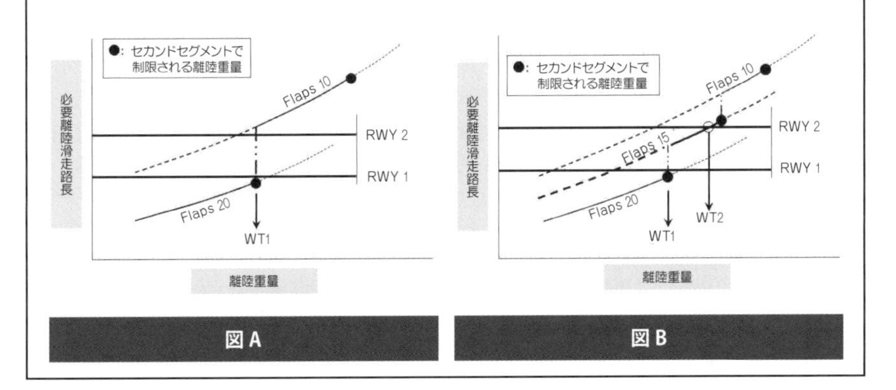

図 A　　**図 B**

●推力を減少させるもの（ブリードエア）

次は、①～③式の中で、推力を変化させるものです。前回までに触れてきましたように、エンジン推力に大きな影響を与えるパラメータは、外気温と気圧高度であることは言うまでもありませんが、そのほかに、エンジン・コンプレッサーからの高圧空気を抽気する、いわゆるブリードエアを多量に使用するシステムもエンジン推力に影響を与えます。具体的には、エアコン・システムとアンチアイス・システムです。

エアコン・システムは多量のブリードエアを使用しますので、エアコンパックを作動させながら離陸するケース（パックオン・テイクオフ）と、エアコンパックを作動させずに離陸するケース（パックオフ・テイクオフ）では、「上昇能力によって制限される離陸重量」でも「滑走路長によって制限される離陸重量」でも、かなりの差が生じます。

そのため、「上昇能力によって制限される離陸重量」を示すチャートでも「滑走路長によって制限される離陸重量」を示すチャートでも、「パックオン」と「パックオフ」の二種類のチャートを準備する必要があります。ただし、煩雑さを避けるため、「パックオン」用のチャートだけを準備して、「パックオフ」に対しては「最大重量の補正値（重量が増加する方向）」を与える、といった簡便法も用いられています。

ちなみに、747 型機が導入されたころは、エンジン推力に余裕がなく、特に外気温の高い場合（つまり、フルレイテドの場合）には、十分な離陸推力が得られなかったため、比較的頻繁にパックオフ・テイクオフが行われていましたが、その後のエンジン推力の増強によって、現在では、ほとんどの離陸がパックオンで行われるようになっています。

一方のアンチアイス・システムによる離陸重量の補正ですが、この補正量をどのように決めるかは、機種によって考え方が多少異なっています。

アンチアイスのためにブリード・エアを抽気しますと推力が低下することは当然です。したがって、推力の大幅な低下を防止するためには、スラスト・レバーを少し進めて、エンジン圧力比（EPR）を維持する必要がありますが、それに伴って、TIT（タービン入口温度）が上昇します。

しかし、アンチアイスのためのブリードを使用するのは、低温時だけですから、もともと TIT には余裕があります。したがって、アンチアイスのためにブリード·エアを使用しつつ、EPR を維持しても大した問題は生じないとも言えます。TIT は多少上がりますが、そのリミットには達しないからです。この様子を示したものが、**図 10 − 4** の左図です。

ただし、このように EPR を維持したとしても、推力は若干減少します。これは、エンジン内の空気流量が減少するためかと思われます。

注：これまで何度か、「EPR は推力と 1 対 1 対応の関係にある」と述べてきましたが、これは、あくまでも、ブリードの条件が同じであるという前提での話です。つまり、上記のように、エアコンやアンチアンスのためにブリードエアを抽出しますと、EPR と推力の関係が崩れるわけです。ただし、たとえばエアコンのためにブリードを使っている という同一の条件のもとでは、EPR と推力の関係は維持されます。

一方で、律儀に TIT を維持しようとしますと、EPR を若干下げなければいけません。その場合には推力がさらに低下します。この様子を示したものが、**図**

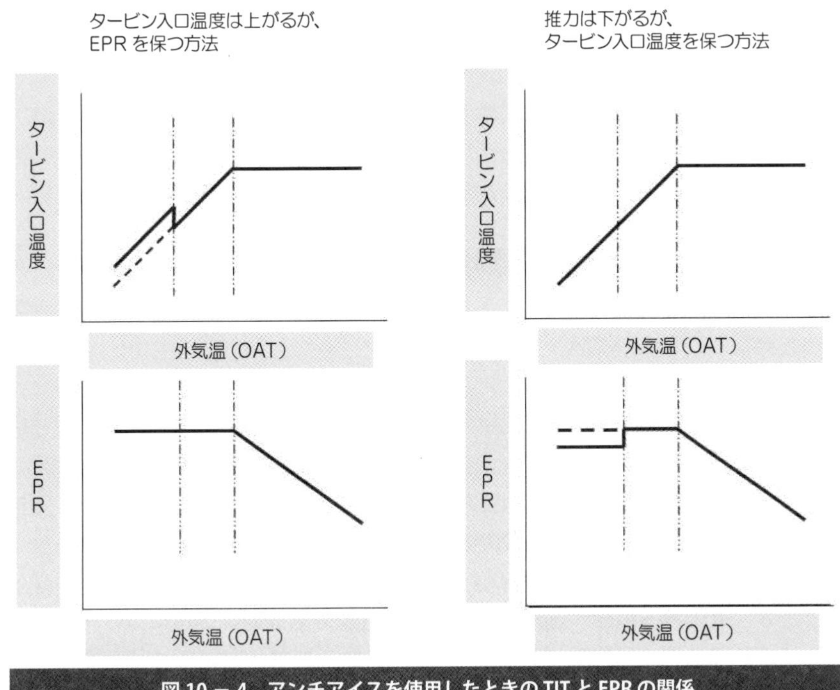

図 10 − 4 アンチアイスを使用したときの TIT と EPR の関係

10 － 4 の右図です。

昔は、ある機種では、**図 10 － 4** の左図の方式が使用され、別のある機種では、**図 10 － 4** の右図の方式が使用されていました。

図からお分かりのように、前者の場合、アンチアイスを作動させたとき、若干の性能補正は必要（上記参照）ですが、EPR の補正は不要です。一方で、後者の場合には、EPR と性能の両者に対する 補正が必要になります。つまり、後者の方式では、パイロットやディスパッチャーの作業量が少し増加することになります。

注：以上の議論は、エンジン入り口の防氷を行なうエンジン・アンチアイスに対する議論です。主翼前縁の防氷を行なうウィング・アンチアイスは、リフトオフした後に作動を開始しますので、TO EPR のセットはすでに完了しています。したがって、すでにセットされた推力から、ブリードが取られることになりますので、性能補正が必ず伴います。

注：最近は、エンジン・アンチアイスを作動させても、性能補正が無いか、あってもごく僅か、という機種が増えてきています。これは多分、FADEC（フェーデック：フル・オーソリティ・デジタル・エンジン・コントロール）が、エンジン・アンチアイス の作動に伴う推力減を補うために、EPR 指示値の変化が目だたない程度の範囲内で、燃料流量を増加させているのではないかと想像していますが、FADEC の制御則を入手できない立場のご隠居としての推測にすぎません。

ちなみにエアコン・システムの使用は、外気温とは無関係ですので、前述のパックオンかパックオフかによる補正は無条件に、EPR と離陸性能の両者に適用しなければならないことになります。

次はいよいよレーティング（エンジン定格）の話です。

●ディレイティング（減格）の発想

第 8 回で紹介させていただきましたように、各エンジン定格の中で最も大きな推力を発揮するものが離陸推力です。

そのため、TIT（タービン入口温度）は、離陸推力を使用しているときに最も高くなりますが、TIT は、エンジンの寿命、ひいてはエンジンの信頼性に大きな影響を与えますので、できれば離陸推力を減少させることによって TIT を少しでも低くして、信頼性の向上や整備費の削減に役立てたいところです。

一方で、近距離国際線や国内線のように、離陸重量が軽い場合には、一律の値として定められた、（定格）離陸推力を使用しなくても、問題なく離陸するできることも明らかです。

そういった背景があって、「エンジンの離陸推力を、定格推力よりも減少させて離陸する」という発想が生まれました。このように、離陸推力を減少させて運航することを、総称してディレイティング（減格：Derating）と呼んでいます。この推力を示す適切な言葉がありませんので、この稿では、かりに「低減離陸推力」と呼んでおきましょう。

図 10 － 5 は、そのような低減離陸推力を使用して離陸した場合の、整備材料費に対する効果を、定性的に描いたものです。この図から、低減離陸推力の効果は、短距離路線での効きの方が長距離路線での効きよりも大きいことが分かりますが、これは、そのフライトで運転されるエンジンの総時間に対する「離陸推力の使用時間」の割合は、短距離路線での方が大きくなるためです。

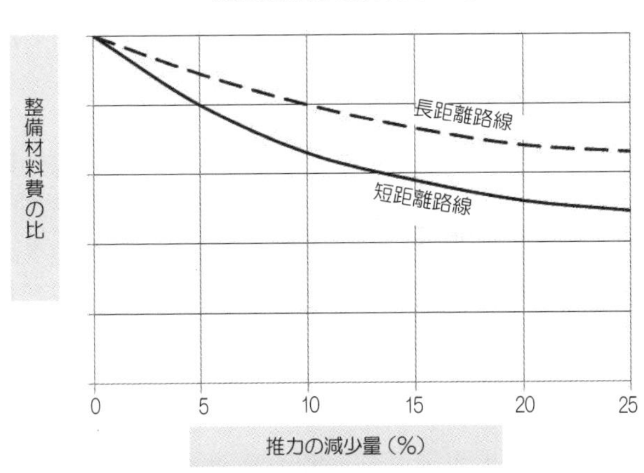

図 10 － 5　離陸推力を減少させた場合の整備材料費への効果

また、低減離陸推力の効果は、「最初の数パーセント」の推力減少量で顕著であることも示されています。つまり、推力の減少量がある程度の値以上になりますと、ディレイティングによる効果が徐々に飽和してくるということになります。

ところで、このような低減離陸推力を使用するための方法には、大きく分けて二つのものがあります。導入時期的に、より早く実用化されたものが「アシュームド・テンプ」を用いた「リデュースト・スラスト」であり、もう一方は、そのあとを追った「ディレイテド・スラスト」です。以下では、これらの概要を紹介していきたいと思います。

注:「アシュームド・テンプ」の語源である「Assumed Temperature」の Assumed の発音は、語感的には、「アスームド」に近いとも思うのですが、業界では「アシュームド」と言い慣わしています。

●「アシュームド・テンプ」による「リデュースト・スラスト」

図 10 － 6 は、第 8 回の**図 8 － 3** を再掲したもので、TIT と EPR との関係を示したものです。ただし、ここでは離陸推力を議論するため、横軸には TAT（全温）ではなく OAT（外気温）を使用しています。ところで、これまで述べてきましたように、EPR は、推力を表わすパラメータであると考えても大きな誤りはありませんので、**図 10 － 6** の下図の縦軸である「EPR」は「推力」と読み替えても良いことになります。

そして重要なことは、この推力が、上昇能力や滑走路長によって制限される最大離陸重量を算出する際のベースになっていることです。

さて、エンジン寿命を延ばし、ひいては、エンジンの信頼性を向上させようとして、**図 10 － 7** の破線のような EPR を使用したとします。この EPR を使用するときには、もともと準備されていた正規の性能チャートを使用するわけにはいきません。なぜなら、正規の性能チャートに、気圧高度と外気温を入れて、最大

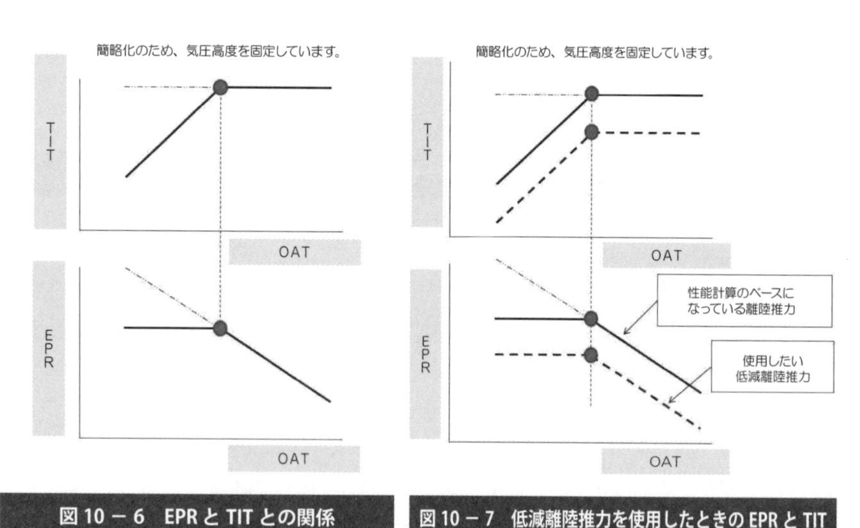

図 10 － 6　EPR と TIT との関係

図 10 － 7　低減離陸推力を使用したときの EPR と TIT

離陸重量を求めたとしましても、得られる性能は、その気圧高度と外気温に対応する「正規の定格離陸推力」に基づいた性能にすぎないからです。

そこで、**図 10 − 8** のようにして、実際の外気温を「仮想の外気温」に変換します。そして、その「仮想の外気温」を用いて、正規の性能チャートを読み取ったとしますと、そこで得られる性能は、その「仮想の外気温」に対応する「正規の定格離陸推力」に基づいた性能になっていることが期待されます。

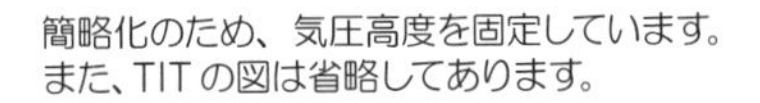

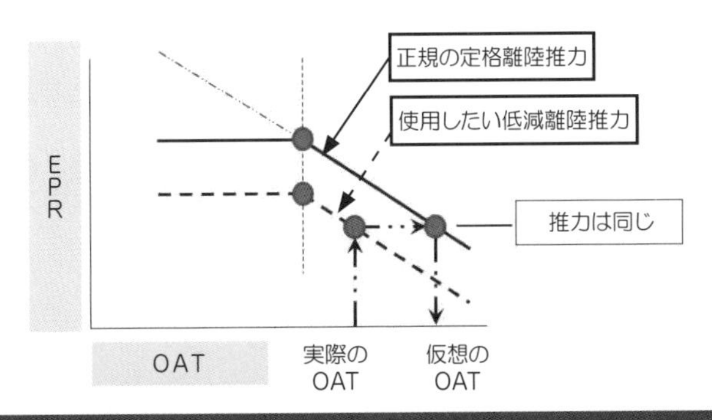

図 10 − 8　外気温とアシュームド・テンプ

なぜなら、図から明らかなように、「実際の外気温における、低減された離陸推力」と「仮想の外気温における、定格の離陸推力」の大きさは同じだからです。

したがって、正規の性能チャートに、気圧高度と「仮想の外気温」を入れて、最大離陸重量を求めたとしますと、その重量は、その気圧高度と実際の外気温において、「低減離陸推力」を使用したときに得られる、その性能を与えることになります。

以上で述べてきた「仮想の外気温」のことを「アシュームド・テンプ」と呼び、これを用いる「低減離陸推力による離陸」を「アシュームド・テンプ・メソッド」と呼びます。

なお、「アシュームド・テンプ・メソッド」には、フラットレイテドの範囲内では、実際の外気温が変化しても、「アシュームド・テンプ」は一定値になるという特徴があります。この様子を示したものが**図 10 － 9** で、外気温が T_1 のときでも T_2 のときでも、アシュームド・テンプ T_{ASS} は一定の温度になります。

この特徴を生かした特別な例が、「コンスタント・イーパー」と呼ばれるもので、**図 10 － 10** のように、一定の EPR を使用します。この例で言えば、外気温が T_{ASS} に達するまでは、同じ EPR を使用でき、性能も、T_{ASS} における性能を一律に使用できるというメリットがあるため、一日に何度も離着陸を繰り返す「訓練飛行」実施時に重宝されます。

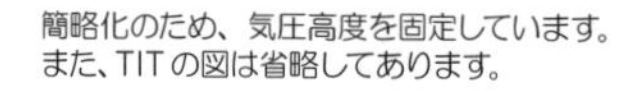

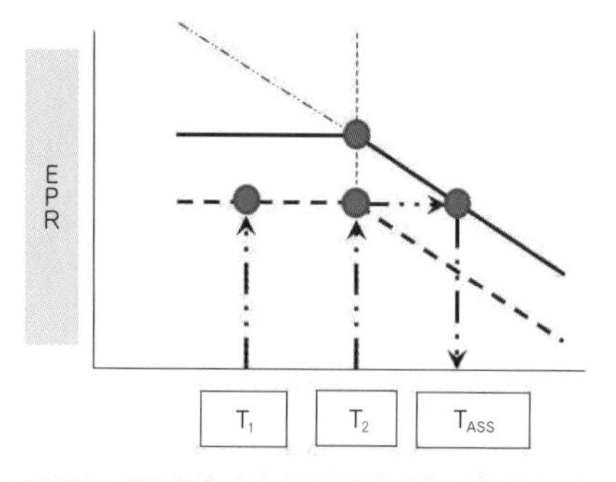

図 10 － 9　アシュームド・テンプの特徴

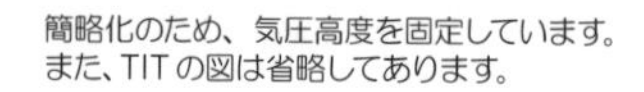

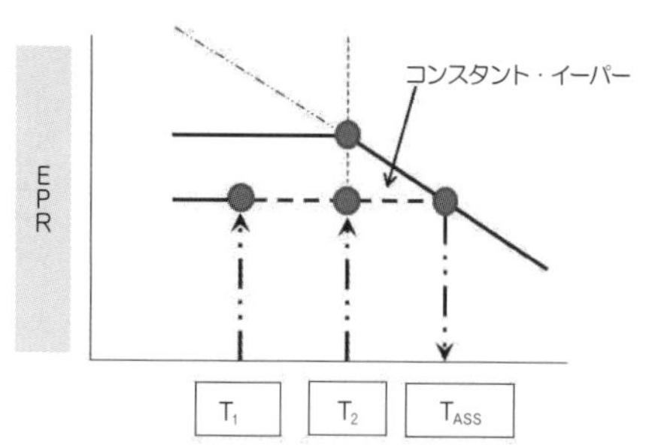

図 10 － 10　コンスタント・イーパー

このように、「アシュームド・テンプ・メソッド」には、推力の低減量を任意に選ぶことができるというメリットがあります。ただし、世の中のことには、メリットもあればデメリットもあるという例に洩れず、「アシュームド・テンプ・メソッド」にも、それ相応の短所もあります。そういったデメリットについては、「必要離陸滑走路長によって制限される離陸重量」の稿で紹介させていただきたいと思っています。

●「ディレイテド・スラスト」の発想

747 型機には、プラット・アンド・ホイットニー（P&W）社製、GE 社製、ロールスロイス社製の 3 種類のエンジンが搭載されました。これらのエンジンはすべて、時とともに推力を増強させてきましたが、P&W 社製のエンジンである JT9D を例にとれば、ごく初期の JT9D-3A 以降、徐々に離陸推力を増強させ、最終的には、JT9D-7R4G2 まで発展しました。

図 10 － 11 は、JT9D のうちの代表的なシリーズについて、推力増強の歴史をまとめたものです。これらの推力はいずれも、S/L、STD、機速ゼロの状態での推力です。また、「Wet」は「水噴射」を行った場合の推力で、「Dry」は通常の運転時での推力です。

なお、これらの推力は、空気が理想的な流線に沿って流入してくるように、**図 10 － 12** のような空気取入口（ベルマウス・インレットと呼んでいます）を取付けた状態で発揮できる推力（これを、アイディアル・スラストと呼びます）であり、実際のエンジン・ナセルを装備した実機で得られる推力（インストールド・スラストと呼びます）より多少大きな値になっていますが、各シリーズのエンジン推力を相対比較するには、これで十分です。

シリーズ名注1)		**-3A**	**-7**	**-7A**	**-7F**	**-7Q**	**-7R4G2**
推力 (lb)	**Dry**	43,500	45,500	46,150	46,750	51,100	54,750
	Wet	45,000	47,000	47,670	48,650	---	---

注 1）この図では、代表的なシリーズに限って記載しています。

図 10 － 11　747 型機に搭載された P&W 社製 JT9D エンジンの離陸推力の変遷 1)

ところで、**図 10 － 11** からも想像できますように、エンジン推力が増強されていくにつれて、-3A、-7、-7A、-7F、-7Q、-7R4G2 といった各シリーズのエンジンを装備した機体のそれぞれに対して、747 型機の離陸性能が作成されてきました。

ということは、-7R4G2 を装備した機体に対して、「この EPR をセットすれば、-3A の推力を発揮できます」といった EPR を、飛行規程に記載しておけば、その EPR をセットする運用を行うことを前提に、離陸用の性能チャートは（すでに存在している）-3A 用のチャートをそのまま使用できることになります。つまり、20.5 %（43,500/54,750 ＝ 0.795）分だけ、離陸推力を減少させることができます。

具体的には、飛行規程には、-7R4G2 が -3A の推力を発揮できるようにするための EPR チャートと、（すでに存在している）-3A 用の離陸性能チャートの一式を、追加飛行規程として記載しておけば十分であることになります。

図 10 − 12　ベルマウス・インレット（矢印の部分）

航空業界では、「力」の単位としてポンド（lb）を使用しますが、どうもピンとこないという方もいらっしゃるかと思いますので、ここでは、lb から、kg での近似値を求める方法を紹介させていただきましょう。

1 lb は 0.4536 kg ですので、lb から kg に換算するためには、0.4536 を掛ければ良いわけですが、この計算は少し面倒です。そこで、近似計算のために、1 lb ≒ 0.45 kg であると簡略化しますと、F lb ＝ F × 0.45 kg になります。しかし、これでも面倒ですので、少し変形すれば、F lb ＝ F ×（0.5 − 0.05）kg になります。

つまり、F lb の F を 2 で割って、その答えから、1 割を引くと、kg での近似値を得ることができます。これを用いれば、推力 60,000 lb は約 27 トンであるといった具合に、素早く見当を付けることができます。

まったく同様にして、-7R4G2 装備機では -7F Wet のレベルまで減格できるようになっています。この場合は、11.1 %（48,650/54,750 ＝ 0.889）分だけ、離陸推力を減少させることができることになります。

そして、-7R4G2 装備機の TAT/EPRL（TAT/EPRL については第 8 回を参照してください）では、フルレーティングのスイッチを押すと 7R4G2 の正規の推力を、レーティングⅠのスイッチを押すと -7F Wet の推力を、レーティングⅡのスイッチを押すと -3A の推力を発揮できるような TO EPR を算出してくれるようになっています。

つまり、概念的には、-7R4G2 装備機の TAT/EPRL で、レーティングⅡのスイッチを押すことによって、「エンジンが、-7R4G2 から瞬間的に -3A に換装された機体」を運航すると考えた運航が実施できる、ということになります。

●「前身となるエンジンが無い場合のディレイテド・スラスト」

エンジン推力が年とともに増強されていった機種に対しては、上記で紹介させていただいた概念を用いることができますが、一方で、たとえば 747-400 型機が就航した時点では、各社のエンジンともに、推力の増強は完了していたため、「かつて、747-400 型機にも、より小推力のエンジンが搭載されていた」という歴史がありません。

つまり、747-400 型機には、「より小推力のエンジンを使用したときの離陸性能」というものがないことになりますから、上記のような概念を用いたディレイティングを行うことはできません。

しかし、GE 社製の CF6-80C2 を装備した 747-400 型機を例にとって考えてみますと、「昔、CF6-80C2 の推力の 95 % しか発揮できないエンジンがありましたよね。その推力に対応する 747-400 型機の離陸性能はこれでしたよね」という、「仮想の推力」と、それに対応する「仮想の性能」を作成して、その「推力と性能」をセットにして使用することを承認してもらえれば、離陸推力を自由自在に減格できることになります。

これが、現時点で多用されている方法で、本来の定格推力を発揮するための「フルレーティング」に加えて、「定格推力 -5 %」、「定格推力 -15 %」、「定格推力 -25 %」などといった、任意のディレイテド・スラストを準備できることになります。

そして、FMS CDU（フライト・マネージメント・システムのコントロール・ディスプレイ・ユニット）の操作によって、それぞれのレーティングに対応する TO EPR あるいは TO N_1 を EICAS（アイキャス：エンジン・インディケーティング・アンド・クルー・アラーテング・システム）上に表示させられるようになっています。

ちなみに、FMS CDU 上で選択することができるエンジン・レーティングは通常、3 個に限定されていますので、国際線仕様機の場合にはたとえば、「フルレーティング」、「フル -5 %」、および「フル -15 %」を選べるようにしておき、国内線仕様機の場合にはたとえば、「フルレーティング」、「フル -15 %」、および「フ

ル -25 %」を選べるようにしておいて、それぞれに「Full」、「Rating Ⅰ」、および「Rating Ⅱ」という名称を与えておく、といった方法が採られます。

次の課題は、このような推力を利用する場合の、性能チャート上の表示をどのようにするかということですが、この場合、変数は推力の大きさだけですので、「セカンドセグメントによって制限される離陸重量」を例にとれば、**図 10 − 13** のような簡潔な形のチャートにすることができます。

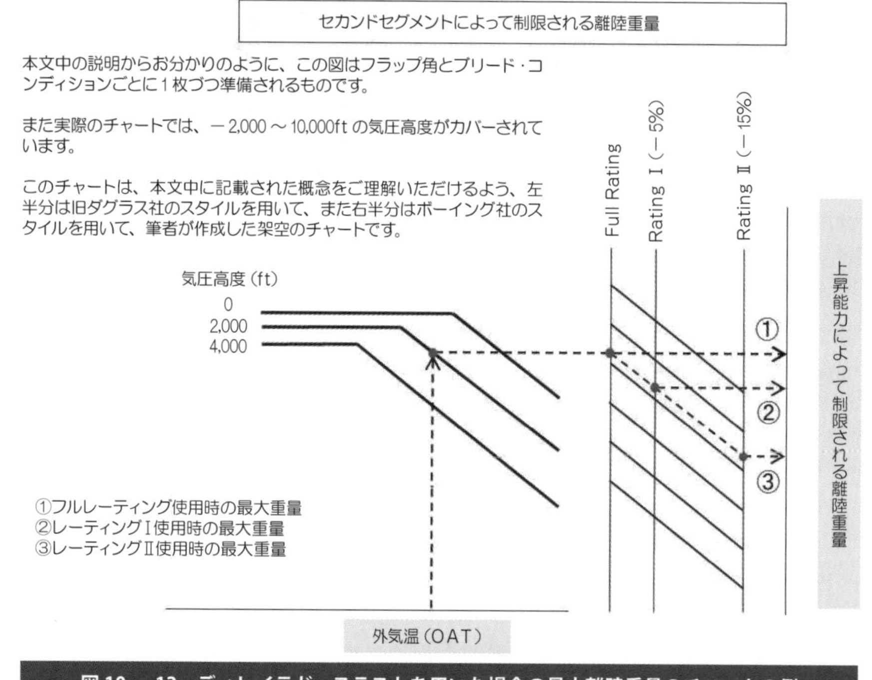

図 10 − 13　ディレイテド・スラストを用いた場合の最大離陸重量のチャートの例

このようにしておけば、「この重量での離陸は、レーティングⅡでは無理だから、レーティングⅠで行こう」といったような決心を、簡単なチャートワークだけで行うことができますので、非常に使い勝手の良いチャートにすることができます。

ひるがえって、離陸フラップの影響を考えてみますと、たとえば「セカンドセグメントによって制限される離陸重量」を示すチャートは、Flaps 10 と Flaps

20 で別々に作成されています。これは、Flaps 10 と Flaps 20 では、揚力係数にしても抗力係数にしてもまったく異なっており、また離陸速度もまったく異なっているために、完全に別のチャートを準備せざるを得ないわけですが、それに比べて、**図 10 － 13** は大変にスマートな形になっていることがお分かりいただけるかと思います。

●風向風速、滑走路勾配

着陸時と同様に、離陸時にも向い風を利用します。この場合の性能計算のためには、着陸時と同様に、向い風については、タワーからの報告風の 50 ％を、追い風については、タワーからの報告風の 150 ％を使用して計算することになっています。

ちなみに、必要滑走路長や、第 9 回で紹介させていただいた「障害物越えのためのネット・フライトパス」は風向風速の影響を受けますので、風向風速による補正が必要です。一方で、セカンドセグメントやファイナルセグメントでの「上昇能力」によって制限される離陸重量は、風向風速には無関係です。なぜなら、これらの重量制限は、上昇する能力（ひいては加速する能力）が、法的要件によって定められた最小値を満足するか否かだけを評価して、離陸の可否を判断するものであるからです。

次の滑走路勾配ですが、これは、滑走路が上り坂になっているのか下り坂になっているのかという意味です。下り坂は加速には有利ですが減速には不利ですし、上り坂はその逆の効果を持っていますので、一般的には、下り坂の方が有利になります。また、ふつうの機体では、± 2 ％までの滑走路勾配を許容しています。

この辺の詳細につきましては、「滑走路長によって制限される離陸重量」の稿で紹介させていただきたいと考えています。

前回と今回で、離陸時の「上昇能力によって制限される重量」を始めとする、離陸重量に影響を与える各種のパラメータによる影響についての紹介を終了いたしましたので、次回はいよいよ「滑走路長によって制限される離陸重量」の説明を始めさせていただきたいと思います。ご期待ください。

（つづく）

参考文献

1）747 型機 TC データシート（http://rgl.faa.gov/Regulatory_and_Guidance_Library/rgMakeModel.nsf/0/2e237e7e9861bf3b86257d23006acdcb/$FILE/A20WE_Rev_55.pdf）

11. 離陸（3）

今回は、いよいよ離陸時の必要滑走路長（T/O F/L：Required Takeoff Field Length）についてのご紹介です。必要離陸滑走路長は、離陸重量（T/O Wt：Takeoff Weight）を始めとするいくつかのパラメータによって変化するため、どのパラメータが変化すると、必要離陸滑走路長がどのように変化するのか、といったことを一つ一つ解きほぐしていく必要があります。そのため、少し読みづらい部分もあるかもしれませんが、しばらく我慢していただければ幸いです。

今回は、まずは、実際のチャートに慣れていただくために、直感的に理解しやすいチャートの例として、旧ダグラス社が採用していた方式を紹介したいと思います。具体的には、**図 11－1** に示されているようなチャートです。

まず、チャートに慣れていただくために、読み方を簡単に紹介しましょう。

離陸重量から必要離陸滑走路長を求める場合。

1. 外気温（OAT）を入れ、上に進む（**図 11－1 の①**）。
2. 空港の気圧高度（P.Alt）にぶつけて、交点を作る（**図 11－1 の②**）。
3. 右に進んで、離陸重量との交点を作る（**図 11－1 の③**）。
4. 風による滑走路長への影響を補正するため、現在の風速にぶつける（**図 11－1 の④**）。
5. ガイドラインに沿って REF LINE まで進む（**図 11－1 の⑤**）。
6. 滑走路勾配による滑走路長への影響を補正するため、実際の滑走路勾配にぶつける（**図 11－1 の⑥**）。
7. ガイドラインに沿って REF LINE まで進み、そのまま下に進む。得られた値が、必要離陸滑走路長である（**図 11－1 の⑦**）。

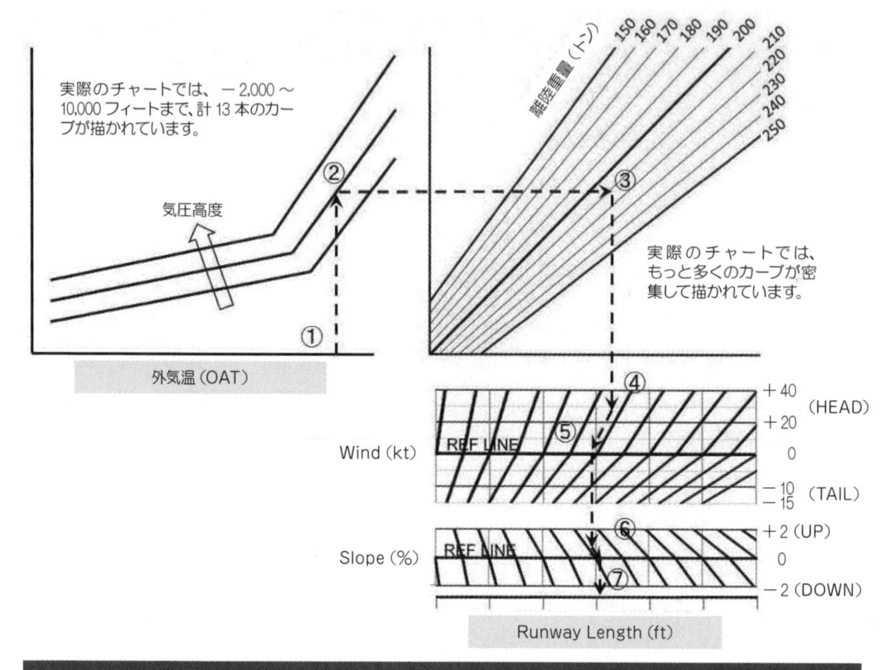

図 11 － 1　実際のチャートの模式図

滑走路長によって決定される最大離陸重量を求める場合。

1. 外気温（OAT）を入れ、上に進む（**図 11 － 1 の①**）。
2. 空港の気圧高度（P.Alt）にぶつけて、交点を作る（**図 11 － 1 の②**）。交点から右に進み、ここで待つ。
3. 滑走路長を入れ、REF LINE まで進んで交点を作る（**図 11 － 1 の⑦**）。
4. ガイドラインに沿って進んで、実際の滑走路勾配との交点を作る（**図 11 － 1 の⑥**）。
5. そのまま上に進んで、REF LINE との交点を作る（**図 11 － 1 の⑤**）。
6. ガイドラインに沿って進んで、実際の風速との交点を作る（**図 11 － 1 の④**）。
7. そのまま上に進んで、ステップ 2 で待機していた直線との交点を作る（**図 11 － 1 の③**）。
8. それに対応する離陸重量を読み取る。この値が、最大離陸重量である。

いかがだったでしょうか。初めての方は、この読み取りに数分掛かったと思いますが、慣れてくると、ごく短い時間で答えを出せるかと思います。

それでは、この「必要離陸滑走路長を求めるチャート」がどのような構造になっているのか、チャートの読み方に沿って、順々に紹介させていただきたいと思います。

●離陸重量を固定した場合の必要離陸滑走路長

最初に、離陸重量と気圧高度（P.Alt）を固定した上で、外気温（OAT）が変化した場合の、必要離陸滑走路長の変化を考えてみましょう。

図 11 − 2 は、その様子を模式的に描いてみたものです。第 8 回で紹介させていただきましたように、ある気圧高度だけに注目しますと、エンジンの離陸推力は、**図 11 − 2** の上半分のように変化します。その結果、重量を固定した場合の必要離陸滑走路長は、下半分の破線で示されたような傾向で変化すると想像されるのではないかと思います。

ところが、実際のチャートである**図 11 − 1** では、**図 11 − 2** の下半分の実線のように変化しています。

この様子を、外気温が低い、いわゆるフラット・レイテドの範囲で考えてみましょう。この温度範囲では、推力は一定値ですが、外気温が低くなるにつれて、必要離陸滑走路長が短くなっていきます。これは、外気温が低くなるにつれて、同じ動圧を得るために必要なグランド・スピードが小さくて済むために、推力は一定値でも、必要離陸滑走路長が短くなるという理由によるものです。

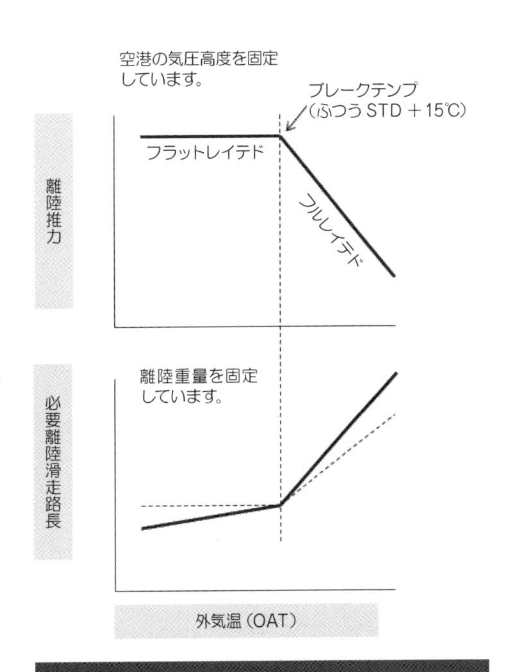

図 11 − 2　外気温を変化させた場合の滑走路長

つまり、気圧高度を固定しているため、外気圧は一定値ですが、「気体の圧力は、絶対温度と密度の積に比例する」という「状態方程式（学校で習ったボイルシャールの法則です）」に従って、外気温の低下とともに空気密度ρが大きくなるため、外気温の低下とともに、同じ動圧（$1/2 \times \rho V^2$）を得るために必要なグランド・スピードは小さくて済むというわけです。

ちなみに、外気温が上昇した場合には、上記と逆に、必要滑走路長は思ったより長くなりますが、この状況は、**図 11 − 2** のフル・レイテドの部分での、破線と実線との関係に現れています。

なお、**図 11 − 2** では、離陸重量と気圧高度を固定したほかに、実は、エンジンのレーティング、ブリードの使用状況、離陸フラップ、風速、および滑走路勾配も固定してあります。

次に、このような条件を固定したまま、気圧高度を変化させた場合の影響を見てみましょう。これも、第 8 回で紹介させていただきましたように、気圧高度が高くなるにつれて、離陸推力は**図 11 − 3** の上半分のように変化します。

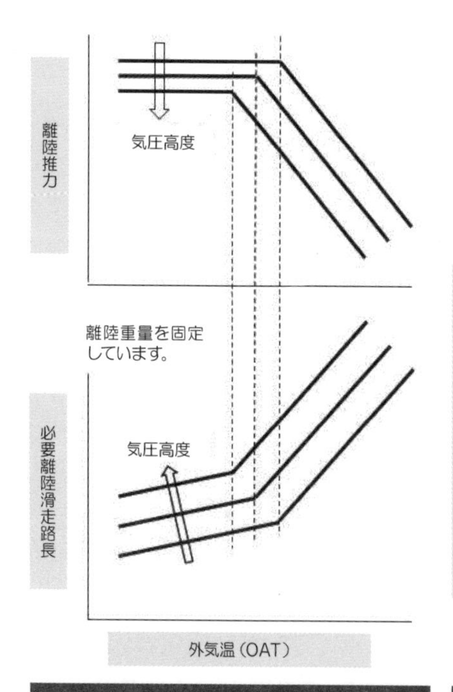

図 11 − 3　気圧高度を変化させた場合の滑走路長

そのため、離陸重量が一定である場合の必要離陸滑走路長は、**図 11 − 3** の下半分のように変化します。気圧高度が高くなると、空気密度が小さくなって、同じ動圧を得るために必要なグラ

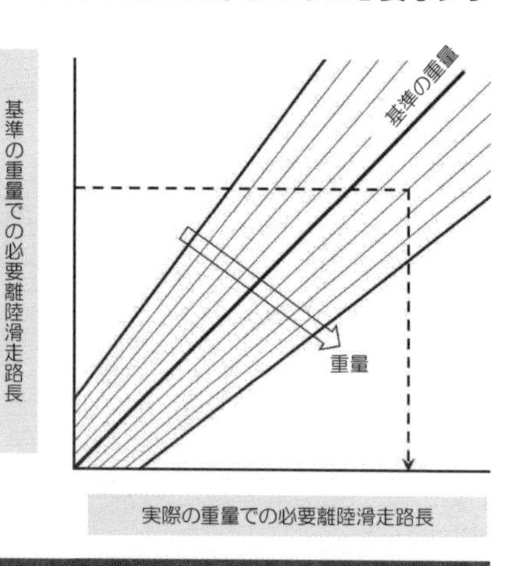

図 11 − 4　離陸重量の変化させた場合の滑走路長

ンド・スピードが増加する上に、離陸推力が減少するため、必要離陸滑走路長の増加は、思ったよりも大きなものになります。この様子が、**図 11 − 1** の左半分に示されています。

それでは次に、離陸重量を変化させた場合の影響を考えてみましょう。この様子を模式的に描いてみたものが、**図 11 − 4** です。

図 11 − 4 の縦軸には、**図 11 − 3** に示された必要離陸滑走路長の算出ベースとなった離陸重量、すなわち「基準の重量」(これを「リファレンス・ウェイト (Reference Weight)」と呼んでいます) での必要離陸滑走路長が示されています。つまり、**図 11 − 4** の縦軸は、**図 11 − 3** の縦軸そのものだということになります。

一方で、**図 11 − 4** の横軸には、実際の離陸重量での必要離陸滑走路長が示されています。直感からもお分かりかと思いますが、離陸重量が大きくなりますと必要離陸滑走路長が長くなり、逆に、離陸重量が小さくなりますと必要離陸滑走路長が短くなります。したがって、実際の重量が「リファレンス・ウェイト」と異なる場合は、**図 11 − 4** の破線で示されたような補正を行って、「実際の重量」に対する必要離陸滑走路長に変換します。ちなみに、「基準の重量」に対応するカーブは 45° の直線になりますが、これについての説明は不要かと思います。

●風と滑走路勾配による影響

これまで、なにげなく滑走路長という言葉を使ってきましたが、離陸性能を考える際の、「性能の観点から見た滑走路の長さ」は「実際の滑走路の長さ」と同じなのでしょうか。

ご存知のように、飛行機はふつう、向い風に向かって離陸していきますが、向い風があるということは、飛行機が揚力を発生するために必要な動圧を得るためのグランド・スピードは、より小さくて済むことを意味しています。したがって、同じ滑走路から離陸する場合でも、向い風が強いほど、より大きな離陸重量がとれることになります。

同様に、滑走路が下り勾配を持っていますと、加速が良くなる分だけ、一般的には、より大きな離陸重量がとれるようになります。

このような効果を考えますと、実際の滑走路の長さに適切な補正を施して、その滑走路の長さは、「性能的にはどの程度の長さ」に相当するのか、といった等価の長さを求めておく必要があります。

ふつう、この長さのことを「コレクテド・ランウェイ・レングス（Corrected Runway Length）」と呼んでいますが、平たく言えば、その滑走路の長さは、「滑走路に勾配がなく、かつ無風状態」に換算したときには、どれだけの長さに相当するのかという長さを示しています。

この様子を示したものが**図 11 − 5** ですが、第 3 回でも紹介させていただきましたように、性能計算では、向い風についてはその 50%を、追い風についてはその 150%を使用しなければならないと定められています。つまり、向い風 30 ノットは、性能計算上は＋ 15 ノットであり、追い風 10 ノットは、性能計算上は− 15 ノットです。そのため、向い風 30 ノットでの補正量と追い風 10 ノットでの補正量はほぼ対象位置にあります。

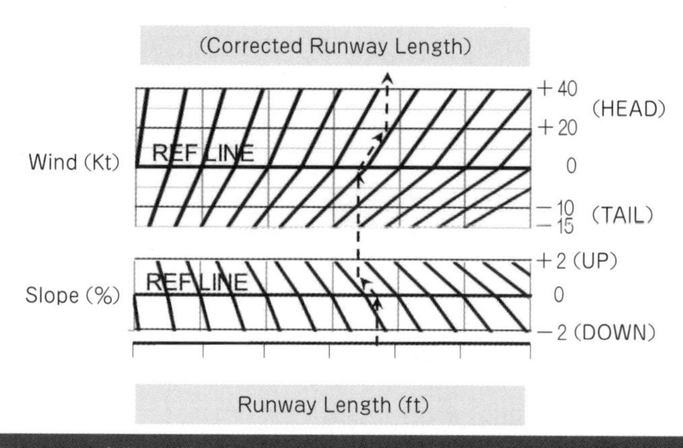

図 11 − 5　実際の滑走路の長さとコレクテッド・ランウェイ・レングスとの関係

つまり、これまでの**図 11 − 2**〜**図 11 − 4** で紹介してきましたチャートの軸に書かれていた「必要離陸滑走路長」は、コレクテド・ランウェイ・レングスと表記した方がよいことになります。それが、**図 11 − 5** の上部に示されています。

振り返って、**図 11 − 1** は、実際に使用されるチャートを模式的に描いてみたものですが、ここまで紹介させていただいたことが盛り込まれています。

●必要離陸滑走路長用のチャートの数について

図 11 － 1には、外気温、気圧高度、離陸重量、風速、滑走路勾配といったパラメータが、離陸時の滑走路長に及ぼす影響が示されていますが、エンジン・レーティングやブリードの使用状況、あるいはフラップによる影響は記載されていません。

ということは、この**図 11 － 1**と同じような図が、下記の組合せに対しても準備されていなければならないことになります。

フラップ	浅いフラップ、深いフラップ
レーティング	フル・レーティング、 レーティングⅠ、 レーティングⅡ
エアコン / アンチアイス	ON/OFF、ON/ON、 OFF/OFF、OFF/ON

組合せの数を求めることはしませんが、何枚ものチャートが必要になることが想像いただけるかと思います。ただし実際には、チャートの枚数を、多くても数枚程度で済ませるために数々の工夫がなされています。その一例として、たとえばブリードの使用に対する補正量を与えるために、（滑走路長によって制限される）最大離陸重量を一律に一定重量だけ減少させるなどといった簡便法が使用されています。

●離陸重量補正用のサブチャートの作図について

図 11 － 4は、ある基準の重量で算出されたコレクテド・ランウェイ・レングスを、任意の重量で必要となるコレクテド・ランウェイ・レングスに変換するためのサブチャートでした。ここでは、そのようなサブチャートがどのようにして作成されるのかを考えてみましょう。

いま仮に、基準の離陸重量（レファレンス・ウェイト）が200トンであったとしましょう。その上で、たとえば、S/L（高度ゼロ）、15℃ の状態で、離陸重量が 200 トンの場合と 250 トンの場合でのコレクテド・ランウェイ・レングスを計算して、グラフ上にプロットすれば、**図 11 － 6a** のような結果が得られるであろうことは容易に想像できることです。

このような計算を、各種の条件で行って、それらの結果をプロットすれば、**図 11 － 6b** のような結果になることが期待できます。たとえば、離陸重量が 200 トンの場合と250トンの場合の計算を、High P.Alt、High OAT で行いますと、その相関関係は、グラフの右上の方にプロットされるでしょうし、Low P.Alt、Low OAT で行いますと、その相関関係は、グラフの左下の方にプロットされるに違いないからです。

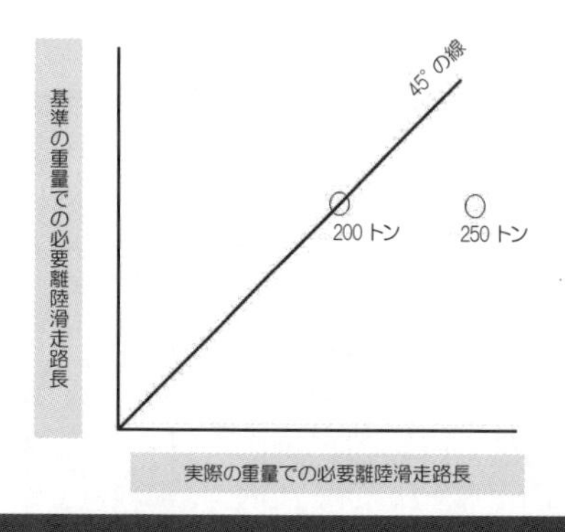

図 11 ― 6a　基準の重量と実際の重量での滑走路長の関係①

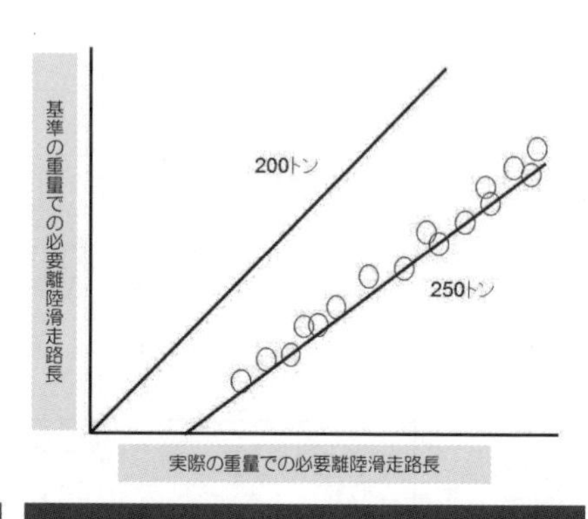

図 11 ― 6b　基準の重量と実際の重量での滑走路長の関係②

しかし、こういった相関関係には、かなりのバラツキが生じます。そこで、これらのすべての点を含む包絡線を、**図 11 ― 6b** のカーブのように引いてやりますと、これが、離陸重量250トンの場合のコレクテド・ランウェイ・レングスを表すカーブであると決めることができます。同様にして、いろいろな離陸重量に対して、相関関係を

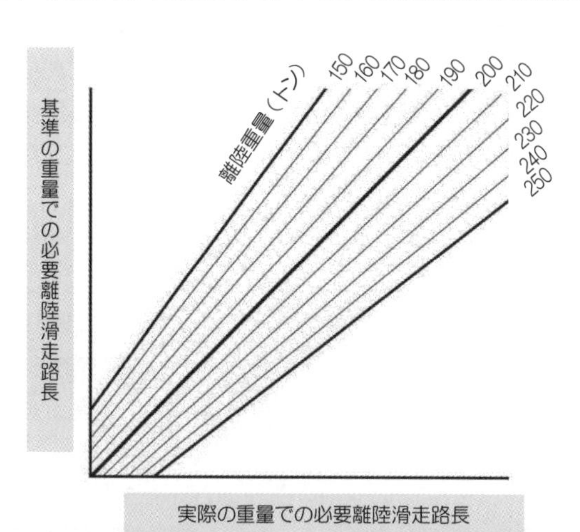

図 11 ― 7　基準の重量と実際の重量での滑走路長の関係③

作ってやれば、最終的に、**図 11 − 7** のようなサブチャートが完成することになりますが、これが、**図 11 − 1** の右半分になる絵です。

ところで、このような作図を行いますと、**図 11 − 6b** のようにして、必然的に、ある程度の安全マージンが含まれてしまいます。性能チャートでは、このような方法を用いてサブチャートを作成するため、一つのサブチャートを通るたびに、安全マージンが加わっていくことになりますが、出発点となるチャートである**図 11 − 3** の段階では、正確な性能が表示されています。

●風による補正を行うためのサブチャートの作図について

図 11 − 5 は、実際の滑走路の長さをコレクテド・ランウェイ・レングスに変換するサブチャートでしたが、実は、このチャートも、上記と同様な方法によって作成されています。

いま、風による補正用のサブチャートを、**図 11 − 4** のようなスタイルで作図したとします。具体的には、第 3 回の**図 3 − 6** のようなスタイルですが、これを再掲したものが**図 11 − 8a** です。この**図 11 − 8a** の中に、実際の滑走路長が 10,000 フィートであることを示す縦線を引いてみましょう。その状態を示したものが**図 11 − 8b** です。ただし、**図 11 − 8b** は、必要着陸滑走路長ではなく、必要離陸滑走路長に対する風

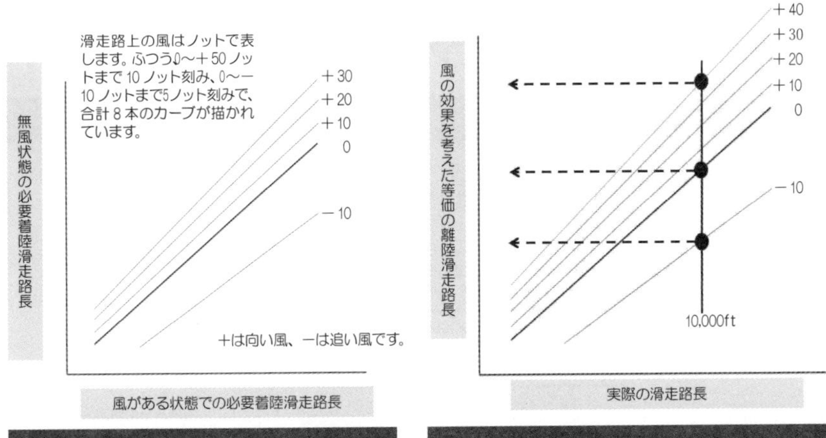

図 11 − 8a　第 3 回の図 3 − 6 を再掲したもの（必要着陸滑走路長に対する風の影響）

図 11 − 8b　必要離陸滑走路長に対する風の影響

の影響を描いたものであることは言うまでもありません。

この、**図 11 − 8b** に示されている「10,000 ft」と記載された縦線と、いくつかの向い風と追い風の線が作る交点を求めて、これらの値をプロットして、線でつなぎます（**図 11 − 9a** です）と、**図 11 − 5** に示されているような「魚の骨」形のサブチャートのうちの一本のカーブが完成します。こういった操作を、10,000 フィート以外の各種の滑走路長に対して実施しますと、最終的に、**図 11 − 9b** のような「魚の骨」が完成します。これが**図 11 − 5** の作図方法です。

したがって、**図 11 − 8b** と**図 11 − 9b** とは、形状こそ異なりますが、本質的には、まったく同じ図であることになります。ただし、**図 11 − 9b** の形態の方がスペースを節約できますので、ほかのサブチャートに大きな面積を取られてしまうようなチャート（たとえば**図 11 − 1** です）では、**図 11 − 9b** のような形のチャートが多用されます。

なお、**図 11 − 9b** では、無風であることを表す太線に「REF LINE」と表示されていますが、このサブチャートを順方向（実際の滑走路の長さをコレクテド・ランウェイ・レングスに変換する方向）に読み取るときには、まず、この REF LINE にぶつけなさい、という線であることを意味しています。

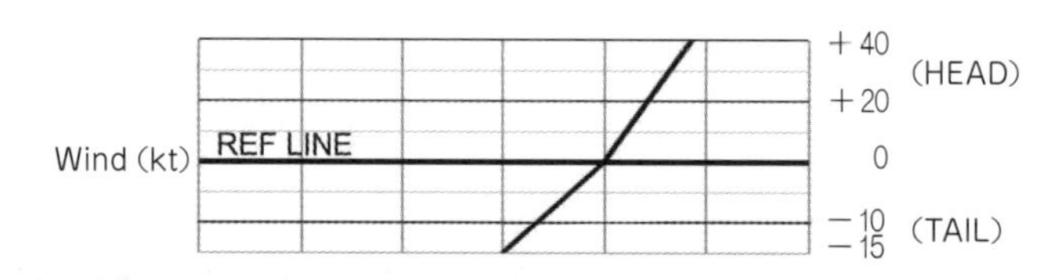

図 11 − 9a　風に対する補正のためのサブチャート①

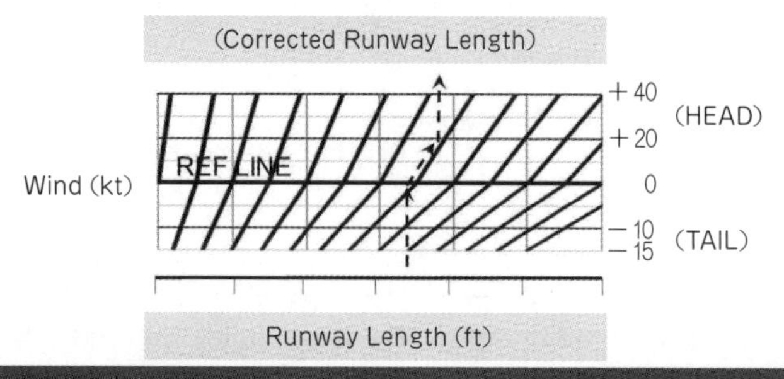

図 11 − 9b　風に対する補正のためのサブチャート②

また、Slope（滑走路勾配）に対する補正用のサブチャートもまったく同様にして作成することができます。

第10回で、エンジンの定格推力を減格して使用する方法を紹介させていただきましたが、その中で、ディレイテド・スラストとリデュースト・スラストという言葉が出てきました。ここでは、離陸推力を減格した場合の、必要離陸滑走路長の変化を考えてみることにしましょう。

いま、**図A**の上半分に示されているような減格を行ったとしますと、そのときの必要離陸滑走路長は、**図A**の下半分の実線のように増加します。これが、ディレイテド・スラストによって減格した場合の、必要離陸滑走路長の変化です。

一方、アシュームド・テンプ・メソッドを利用したリデュースト・スラストによって減格した場合の必要離陸滑走路長を描いてみたものが**図B**です。

第10回で紹介させていただきましたように、アシュームド・テンプ・メソッドでは、**図B**の①のように、OAT（外気温）から上に進み、使用する減格推力にぶつけたのち右に進んで、定格推力との交点を作り、②に示されるアシュームド・テンプ（T_{ASS}）を求めます。そして、その温度で「定格推力での必要離陸滑走路長③」を読みとり、それを、実際のOATにおける必要離陸滑走路長とします。

その様子を示すために、得られた③の滑走路長を左に伸ばして、OAT①との交点を作ったものが、図の④です。この④を通っているカーブが、リデュースト・スラストによって減格した場合の必要離陸滑走路長を表すわけですが、このように、まったく同じレベルまで推力を減格した場合でも、リデュースト・スラストによって減格した場合の方が、必要離陸滑走路長は長くなってしまいます。

これは、推力レベルは同じでも、性能計算のベースとなっているOATが、実際よりも高いOAT（つまりT_{ASS}）となっているために生じるロスのためです。

また、これも第10回で紹介させていただきましたように、OATがフラット・レイテドの部分にあるときには、OATにかかわらず、T_{ASS}は一定値になります。このため、OATがいくら低くなっても、空気密度の増加による滑走路長の短縮というメリットを享受することができず、必要離陸滑走路長は一定値になってしまいます。

以上を一言でまとめますと、アシュームド・テンプ・メソッドを使用すれば、いかなる減格量であっても任意にセットできるというメリットがある反面、それによって求められる必要離陸滑走路長には、必然的に、かなり大きなマージンが乗ってしまう、というデメリットがあることになります。

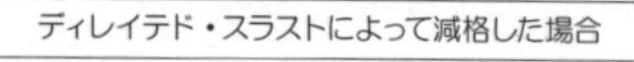

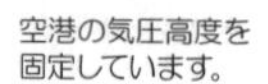

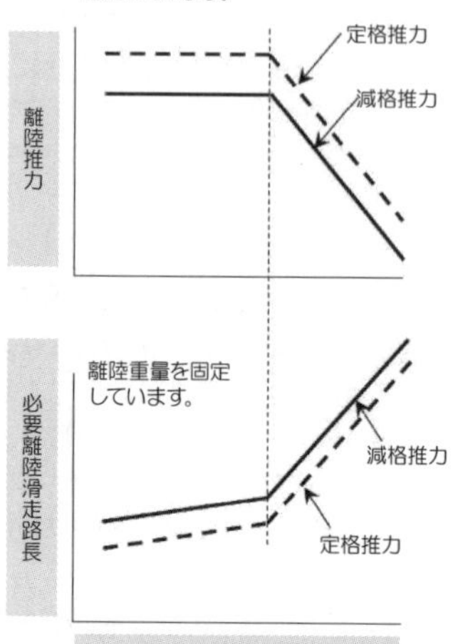

図 A

アシュームド・テンプによって減格した場合
（リデュースト・スラスト）

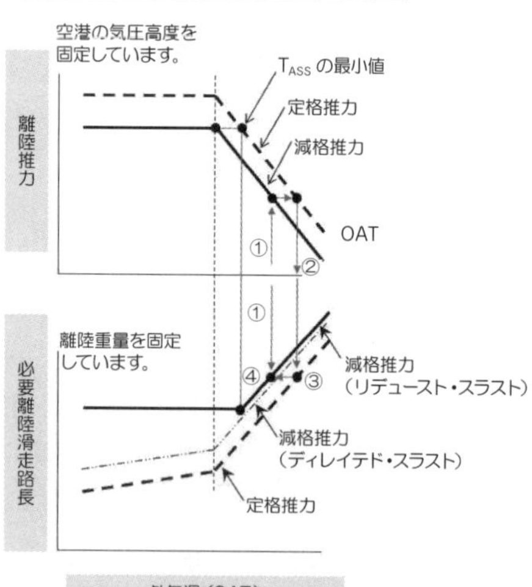

図 B

●旧ダグラス方式の強みと弱み

以上で、旧ダグラス社のチャートを見てきましたが、どのようなモノでもそうであるように、このチャートにも、強みと弱みがあります。

強みから紹介しますと、**図 11 − 1** の左半分から見てお分かりのように、フラット・レイテドとフル・レイテドでの離陸推力の違いが離陸性能に与える影響を、極めて明瞭に表示できることで、日常的にこのチャートを読み取らなければならないパイロットやディスパッチャは、これによって、離陸推力というものの本質を感覚的に身に付けられることになります。

一方で、**図 11 − 1** の右半分（つまり**図 11 − 4** の部分）には、実際のチャートでは、正確な読み取りができるようにするために、猛烈な数のカーブが密集して書き込まれています。本稿では、複雑になりすぎることを避けるため、カーブの本数を少なくして説明していますが、実際のチャートを読み取るときには、プラスティックの物差しを当てないと、どの線がどの重量に対応する線なのかが分からなくなってしまいます。

こういったチャートをディスパッチルームで確認しているときは、大した苦労はしないのですが、タクシングの途中で風向きが変わり、離陸滑走路が変更された場合などには、このチャートを、コクピットの中で読み直す必要があります。時間に余裕がない上に、振動している狭い場所での作業になりますので、この作業は大変にやっかいです。

そのような事情から、読み取りやすく分解能の高いチャートを作成することが望まれますが、これを実現したチャートの例として、ボーイング社が使用している方法を紹介しましょう。

●ボーイング社が使用している必要離陸滑走路長の例

図 11 − 10 は、ボーイング社が使用している必要離陸滑走路長のチャートを、模式的に示したものです。

チャートの読み取り方法については、これまでの説明から自明でしょうから、あえて繰り返しませんが、図中に、「（滑走路長によって制限される）最大離陸重量」を求める際の手順を番号で示しておきましたので、興味のある方は、これを追ってみてください。

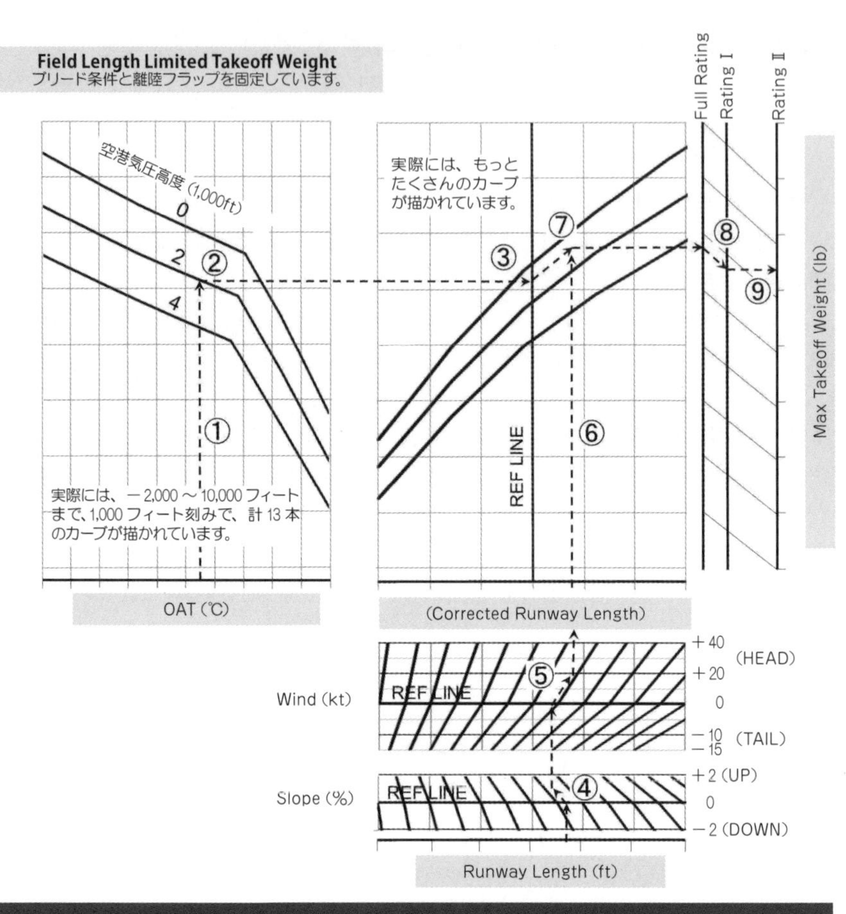

図 11 － 10　ボーイング社方式のチャート

また、この手順の一部を変えますと、ある離陸重量に対する必要離陸滑走路長を求めることができますが、これについても、これまでの説明から自明でしょうから、繰り返しません。

ちなみに、中央上部のサブチャートに記入されている Reference Line から想像できるかと思いますが、ボーイング社の方式では、左上部の基本チャートは、「ある基準のコレクテド・ランウェイ・レングス」における最大離陸重量を、外気温と気圧高度に対してプロットしたものになっています。

この結果、左上部の基本チャートは、フラット・レイテドの部分でも適度な傾きを持ちますので、読み取り時の分解能が高くなっています。また、「基準のコレクテド・ランウェイ・レングス」とは異なるコレクテド・ランウェイ・レングスでの最大離陸重量を求めるときにも、中央上部のサブチャートからお分かりいただけますように、誤差の少ない読み取りができるようになっています。そういった観点から、このチャートは理想的な形を具現化したものであるということができます。

なお、このチャートを作成する際に使用される「基準のコレクテド・ランウェイ・レングス」は、長距離用の機体では、たとえば 10,000 ft、短距離用の機体では、たとえば 8,000 ft にしてあるなど、きめ細かい配慮がなされています。これはもちろん、「基準のコレクテド・ランウェイ・レングス」とは異なるコレクテド・ランウェイ・レングスでの最大離陸重量を求める際の、チャートワークでの読み取り誤差を最小限に抑えるためです。

今回は、離陸重量、外気温および空港の気圧高度が、必要離陸滑走路長に及ぼす影響を主体にしつつ、ブリードの使用を始めとするその他のパラメータの影響についても少しだけ触れてみました。

しかし、実は、必要離陸滑走路長に及ぼすパラメータには、もう一つ重要なものがあります。それは、離陸決定速度（V_1）の選び方なのですが、次回は、その辺について簡単に紹介させていただきたいと思っています。ご期待ください。

（つづく）

12. 離陸（4）

前回は、必要離陸滑走路長が、どのようなパラメータによって変化するのか、ということを紹介させていただきましたが、今回は、もう一つのパラメータである「V_1」による影響を考えてみたいと思います。今回も、なかなかやっかいなテーマになりますが、しばらく我慢していただければ幸いです。

● V_1 と、必要離陸滑走路長に対する要件

必要離陸滑走路長が「V_1」によって影響を受ける理由は、必要離陸滑走路長が、①全エンジン作動での離陸距離、②離陸途中で 1エンジンが故障したときの離陸距離（加速継続距離）、③離陸途中で 1エンジンが故障し離陸を中断した場合の加速停止距離、という3つの距離のうち、最も長い距離であると規定されていることに起因しています。

そのため、ここではまず、離陸時のパイロットの操作と、必要離陸滑走路長に関する法的要件を紹介させていただき、そのあと、次回で、離陸速度と呼ばれる速度を紹介させていただきたいと思います。

●離陸滑走路長のベースとなっている離陸時の操作（All Engine）

ここでは、離陸滑走路長の決め方のベースを理解していただきやすくするため、「旅客機の離陸操作」を、性能に関係する部分だけに絞って、簡潔に紹介しておきたいと思います。（以下しばらくは、全エンジン作動時の離陸操作です）。

二人のパイロットは、タワーから、離陸許可（テイクオフ・クリアランス）を受領したことを相互に確認します。

それを受けて、機長は、「テイクオフ」と呼称しつつ、ブレーキを踏み込んだまま、スラスト・レバーを進め、EPR 1.1（N_1 では 70 %）程度までエンジンを加速させ、全エンジンが均一に加速していることを確認したのち、スラスト・レバーを、離陸推力が得られる位置まで、スムーズかつ速やかに進めるとともに、ブレーキを徐々にリリースします。

注：第 4 回で紹介させていただきましたように、タービンエンジンでは、アイドルから離陸推力までの加速に時間を要します。そのため、全エンジンをアイドルから離陸推力まで一気に加速させようとしますと、それぞれのエンジンが固有に持っている加速特性の差によって、加速の過渡期で、各エンジンの推力に差が生じる可能性があります。このような差が左右のエンジン間で生じますと、機体の方向維持に苦労しますので、いったん、離陸推力に近い推力が得られるところまでエンジンを加速させておいて、その後、一気に離陸推力まで加速するようにしています。
ちなみに、上記の「EPR 1.1（N_1 では 70 %）程度までエンジンを加速させ」での EPR や N_1 の値は、機種（装備されているエンジン）によって異なっています。

機体が加速する間、機長は、左手でホイール（操縦輪）を握り、右手でスラスト・レバーを握っています。また、この間、ラダーペダルによって滑走路のセンターラインを維持しています。

注：機速が小さい間は、ラダーに発生する空気力が小さいため、ラダーだけによってセンターラインを維持することは困難ですが、エア・グランド・リレーがグランドにあるときには、ラダーペダルによって、ノーズギア・ステアリングが作動してくれますので、センターラインの維持が楽になります。

機速が 80 ノットに達したとき、副操縦士は「エイティ」と呼称します。この呼称を受けて、機長は、自らの速度計も 80 ノットを示していることを確認します。これによって、機体が順調に加速していることをポジティブに確認することができます。

注：第 8 回で紹介させていただきましたように、この 80 ノットは、TO EPR あるいは TO N_1 がセットされていることの最終確認を行う機会にもなります。

機速が「ヴィワン（V_1）、離陸決定速度」に達したとき、副操縦士は「ヴィワン」と呼称します。この呼称を受けて、機長は、速度計が V_1 を示していることを確認するとともに、右手をスラスト・レバーからホイールに持ち替えます。

注：機長はそれまで、ホイールを左手だけで握り、右手はスラスト・レバーを握っていました。これは、V_1 までにエンジンが故障した場合は離陸を中断しますので、スラスト・レバーを直ちに絞れるように準備していたためです。しかし、V_1 以降は、エンジンが故障しても離陸を続行しますので、次にくる「引き起こし操作」に備えて、ホイールを両手で持ちます。

機速が「ヴィアール（V_R）、ローテーション速度」に達したとき、副操縦士は「ローテイト」と呼称します。この呼称を受けて、機長は、速度計が V_R を示していることを確認するとともに、ホイールを引いて、機体をゆっくりと引き起こします。この操作によって迎え角が作られて、機体がリフトオフ（浮揚）します。

機体がリフトオフし、昇降計の指示が「プラス」側に動いたとき、副操縦士は「ポジティブ」と呼称します。機長は、昇降計の指示が「プラス」側に動いたこと確認して、「ギアラップ」と呼称し、これを受けて、副操縦士がギアレバーをアップ位置に動かします。

注：機種によっては、静圧孔の取付け場所の影響を受けて、機体がリフトオフする瞬間に、マイナスの昇降率を指示することがあります。したがって、「プラス」側に動いたことを積極的に確認する必要があります。

機速が「ヴィツゥ（V_2）、安全離陸速度」に達したとき、副操縦士は「ヴィツゥ」と呼称します。以降、機長は、機速が「V_2 ＋ 10 ノット（機種によっては V_2 ＋ 15 ノット）」を維持して上昇を続けるようなピッチ角を維持します。

以上が、全エンジン作動時の離陸時の操作ですが、旅客機の場合には、離陸中に 1 エンジンが不作動になることを考えなければならないことになっています。以下は、その「1 エンジン不作動時」の操作です。

●離陸滑走路長のベースとなった離陸時の操作（1 Engine Inop）

離陸中に1エンジンが不作動になった場合には、そのまま離陸を続けるケースと、離陸を中断して停止操作を行うケース、の二つのケースが想定されています。

これらのどちらの操作を行うかを判断するための速度が V_1（離陸決定速度）であり、V_1 より高速側でエンジンが故障した場合には離陸を続行し、V_1 より低速側でエンジンが故障した場合には離陸を中断します。

注：厳密には、エンジンは V_{EF} (Critical Engine Failure Speed：臨界エンジン故障速度) で故障したものとして、パイロットがエンジン故障を認識して、離陸を続けるか中断するかを決定するときの速度が V_1 です。したがって、パイロットが判断を下すまでに要する時間ぶんだけ、V_{EF} 以降も加速を続けた結果として到達するであろう速度が V_1 である、ということになります。

まず、V_1 以降にエンジンが故障して、そのまま離陸を続行するケースを考えますと、機長は、V_1 以降は、それまで右手を添えていたスラストレバーから手を離し、両手でホイールを持って、引き続く「引き起こし操作（ローテーション）」に備えます。

ちなみに、All Engine のときの上昇速度は、V_2 ＋10 kt とか V_2 ＋15 kt でしたが、1エンジンが不作動になったケースでは、上昇速度として V_2 を使用します。

一方、V_1 以前にエンジンが故障して、離陸を中断するケースを考えますと、速やかに離陸中断のための操作を行わなければならないため、それまで右手で握っていたスラストレバーを直ちに絞ります。具体的な操作としては、スラストレバーを直ちに絞り、（ブレーキの効きを確保するために、メインギアにかかる鉛直荷重を増加させるべく）スポイラを上げて翼の揚力を減殺するとともに、フルブレーキを踏む、という手順になります。

注：ラダーペダルは、それを全体的に踏み込むとラダーが操舵され、その先端部を踏むとブレーキが作動するようになっています。したがって、離陸を中断する場合には、フルブレーキの確保のために、両方のラダーペダルの先端部を思い切り踏み込みながら、進行方向のコントロールのために、右か左のラダーペダル全体を微妙に操舵する、という高度な技術が要求されます。このため、フルブレーキを踏み続けることは非常に難しく、「十分な制動性能を発揮させられない」ということが昔から指摘されていました。こういった課題を解決し、パイロットが、進行方向のコントロールに専念できるよう、最近の機体では、離陸滑走中にパイロットがスラストレバーを絞ると、オートスポイラが自動的に、スポイラを上げ、オートブレーキが自動的に、ブレーキ・システムに最大限の油圧を供給する、といったシステムを装備しています。

注：このように、離陸を中断する場合には、最大限のブレーキを踏みますが、タイヤがロックして、摩擦係数がかえって低下してしまうことを防止するため、ブレーキそのものには、アンチスキッド・システムによって調圧された油圧が供給されます。1960年代に実用化されたこのアンチスキッド・システムは、いまでは、アンチロック・システムとして自動車にも装備されています。

●必要離陸滑走路長

以上のように、旅客機の場合には、離陸時の1エンジン不作動を考えなければならないため、必要離陸滑走路長（T/O F/L: Takeoff Field Length）は、下記の各距離のうち、最も長いものでなければならないと定められています[1)]。

① 全エンジン作動離陸距離：離陸滑走を開始した地点から、（全エンジンが作動したまま）加速を続け、リフトオフしたのち高度35フィートに達した地点までの距離の、1.15倍に相当する距離[2),3)]（以下では、これを All Eng T/O Dist

と表記します)。

② 加速継続距離：離陸滑走の途中で1エンジンが不作動となり、そのまま離陸を続け、リフトオフしたのち高度35フィートに達した地点までの、離陸滑走を開始した地点からの距離。[4)、5)](以下では、これをAcc/Go Dist (Accelerate/Go Distance) と表記します)。

③ 加速停止距離：離陸滑走の途中で1エンジンが不作動となり、停止操作を行い、完全に停止した地点までの、離陸滑走を開始した地点からの距離[6)、7)] (以下では、これをAcc/Stop Dist (Accelerate/Stop Distance) と表記します)。

図12－1は、これらの関係を図示したものです。

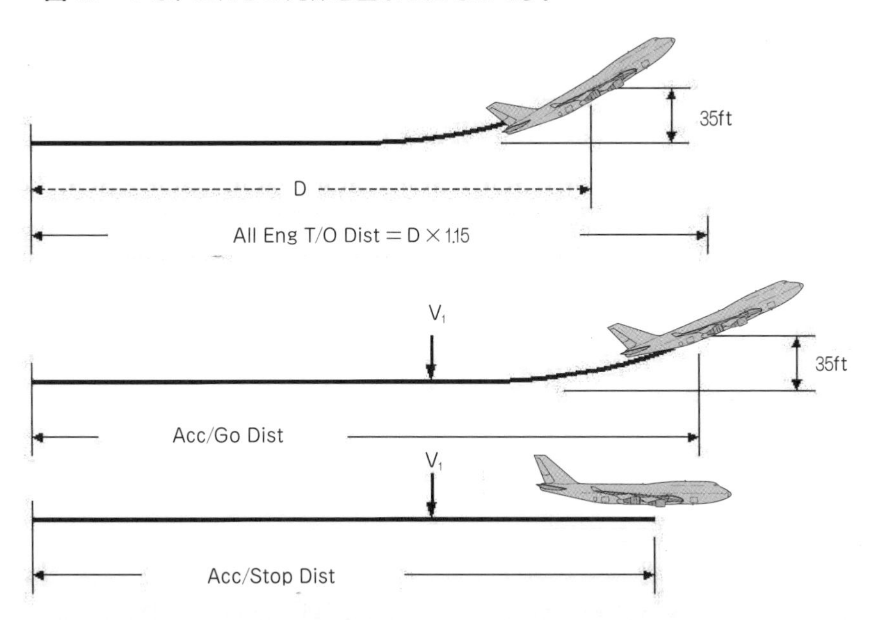

図12－1　必要離陸滑走路長を決定するための要素

● V_1と必要離陸滑走路長

前回で紹介させていただきました「離陸性能に影響を与えるパラメータ」、すなわち、離陸重量、離陸フラップ、空港の気圧高度、外気温、エンジンのレーティング、ブリードの使用状況、滑走路上の風速、および滑走路の勾配をすべて固定した上で、**図 12 − 1** に示された各距離が、V_1 によって、どのように変化するのかを考えてみましょう。

すべての条件を固定しているため、まず、（エンジン故障を考えない）All Eng T/O Dist は、V_1 とは無関係に、一定値です。

次に Acc/Stop Dist を考えますと、V_1 を大きくするにつれて、その距離が急速に長くなっていきます。たとえば、V_1 を 60 kt とした場合、（全エンジン作動で）60 kt まで加速するための距離は短く、（V_1 である）60 kt から停止するための距離も短いため、Acc/Stop Dist は非常に短くて済みます。一方で、V_1 を、たとえば 140 kt とした場合には、（全エンジン作動で）140 kt まで加速するための距離は相応に長くなり、140 kt から停止するための距離は非常に長くなるため、Acc/Stop Dist は大変に長くなるからです。

次は Acc/Go Dist ですが、この距離は、V_1 を大きくするにつれて、短くなっていきます。たとえば、V_1 を 60 kt とした場合、（全エンジン作動で）60 kt まで加速するための距離は短くて済みますが、（V_1 である）60 kt 以降、1 エンジンが故障したまま、リフトオフまで加速し続けるには長い距離を要しますので、Acc/Go Dist は相当長くなります。一方で、V_1 を、たとえば 140 kt とした場合には、（全エンジン作動で）140 kt まで加速するための距離は相応に長くなりますが、ここでエンジンが故障しても、ローテーション速度が迫っているため、比較的短時間のうちにリフトオフすることができ、結果的に、Acc/Go Dist は短くて済みます。

こういった関係を、4 発機について模式的に示したものが、**図 12 − 2a** です。ところで、前記のように、必要離陸滑走路長は法的要件によって、All Eng T/O Dist、Acc/Stop Dist および Acc/Go Dist のうちの最も長いものであると定められていますので、V_1 の選び方によって、必要離陸滑走路長が変化します。この様子を示したものが**図 12 − 2b** で、この図の太線で描かれた長さが、必要離陸滑走路長であるということになります。

そうすると、「前回、苦労して読み取った必要離陸滑走路長のチャートって、ナンだったんだ」と思われるかもしれません。実は、前回紹介させていただきました必要離陸滑走路長は、**図 12 − 2b** に示された「All Eng T/O Dist」なのです。

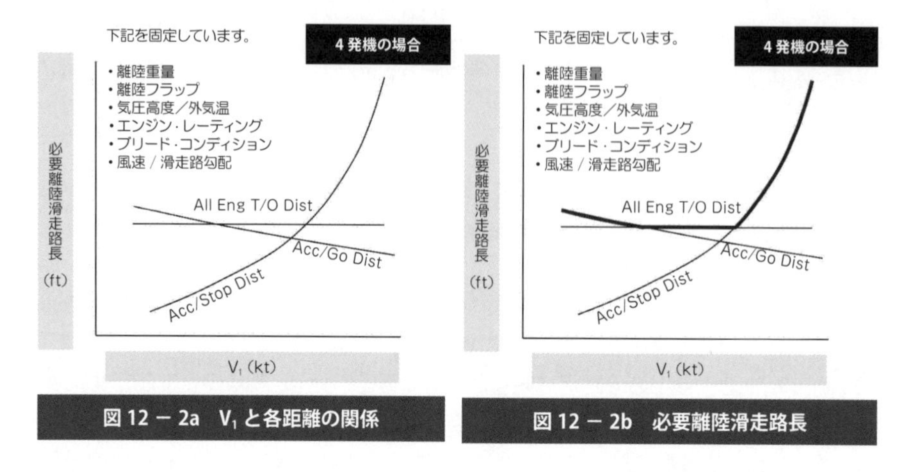

図 12 － 2a　V_1 と各距離の関係

図 12 － 2b　必要離陸滑走路長

つまり、前回の話は、この「All Eng T/O Dist」が、離陸重量や気圧高度あるいは外気温などによって、どのように変化するのか、という話であったわけです。

それじゃあ、**図 12 － 2b** の太線で描かれた長さが、必要離陸滑走路長であると説明したことと矛盾するではないか、と思われるかもしれません。実は、V_1 はふつう、**図 12 － 3** の①～③の範囲内で選ばれますので、必要離陸滑走路長は「All Eng T/O Dist」によって一義的に決定されるというわけです。

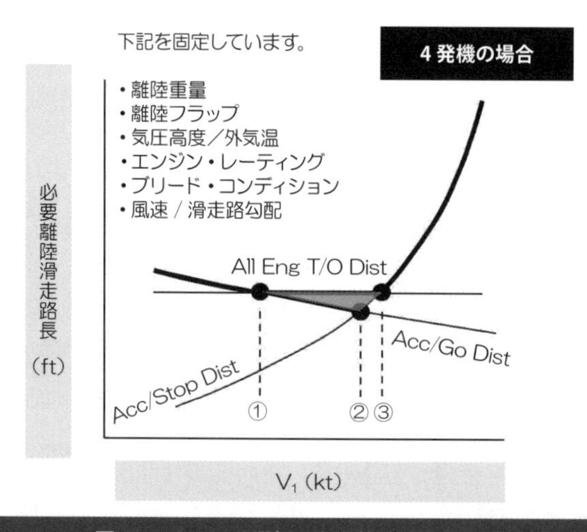

図 12 － 3　V_1 の選択と必要離陸滑走路長

この**図 12 － 3** の①～③の範囲内で選ばれる V_1 の中でも、②に対応する V_1 を選んだ場合には、Acc/Stop Dist と Acc/Go Dist が等しくなりますが、これら 2 つの距離がバランスする、という意味合いで、②の V_1 を「バランスト V_1（Balanced V_1）V_{1B}」と呼んでいます。

注）**図 12 － 2a**、**図 12 － 2b** と**図 12 － 3** には、「4 発機の場合」という注記がありますが、このように、4 発機の場合には、ある範囲に収まる V_1 を選択すれば、必要離陸滑走路長は「All Eng T/O Dist」だけによって決定されますので、そのときの必要離陸滑走路長を読み取る（逆に、ある長さを持つ滑走路から離陸する場合の最大離陸重量を求める）ことは比較的容易です。

しかし、3 発機や双発機になりますと、All Eng T/O Dist、Acc/Stop Dist および Acc/Go Dist の関係が、**図 12 － 4** のように変化し、V_1 の変化に伴って、必要離陸滑走路長も変化してしまいますので、4 発機のように、「All Eng T/O Dist」のチャートだけで、必要離陸滑走路長を決めることができなくなり、性能チャートの作成はちょっとやっかいなことになります。ただし、その辺の事情を紹介させていただこうとしますと、紙面が足りませんので、ここでは説明を省略させていただきます。

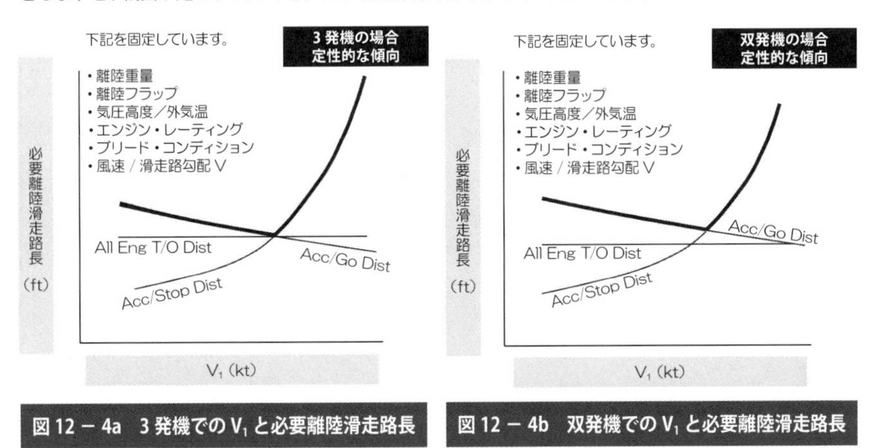

図 12 － 4a　3 発機での V_1 と必要離陸滑走路長

図 12 － 4b　双発機での V_1 と必要離陸滑走路長

注）そのため、以降の説明で紹介させていただくことは、すべて、4 発機に対する性能です。

図 12 － 4b のように、双発機の場合には、必要離陸滑走路長は Acc/Go Dist と Acc/Stop Dist によって決定されますが、このうち、V_1 が V_{1B} であるときの必要離陸滑走路長をバランスト・フィールド・レングス（F/L_B、釣合い滑走路長）と呼んでいます。**図 A** に、この様子が示されています。

ところで、一般的に、滑走路の長さには余裕があるのがふつうですので、双発機といえども、**図 B** に示されているように、V_1 に選択範囲が生まれます。つまり、4 発機の場合と同じように運用できることになります。

ただし、離陸重量が滑走路長によって制限される場合には、**図 C** に示されているように、V_1 は V_{1B} 以外には選べなくなります。

一方で、4 発機で滑走路に余裕のあるときには、**図 D** に示されているように、V_1 の選択範囲はさらに広がります。

実際の運航では、**図 B** や**図 D** の状態になることが多く、たとえば、羽田空港から国内線機が離陸する場合は、V_1 として、法的要件での最小値である V_{MCG} と、最大値である V_R のあいだで自由に選択できる、といった状態になります。

ただし、そのような選択をできるようにするためには特別のチャートが必要になり、運用が複雑になりますので、マニュアルでは、V_1 に選択の幅を持たせず、ある離陸条件下では、ある一つの V_1 を使用するようにしています。
注：V_{MCG} や V_R の詳細についても、マニュアルに記載されている離陸速度についても、次回で紹介させていただく予定です。

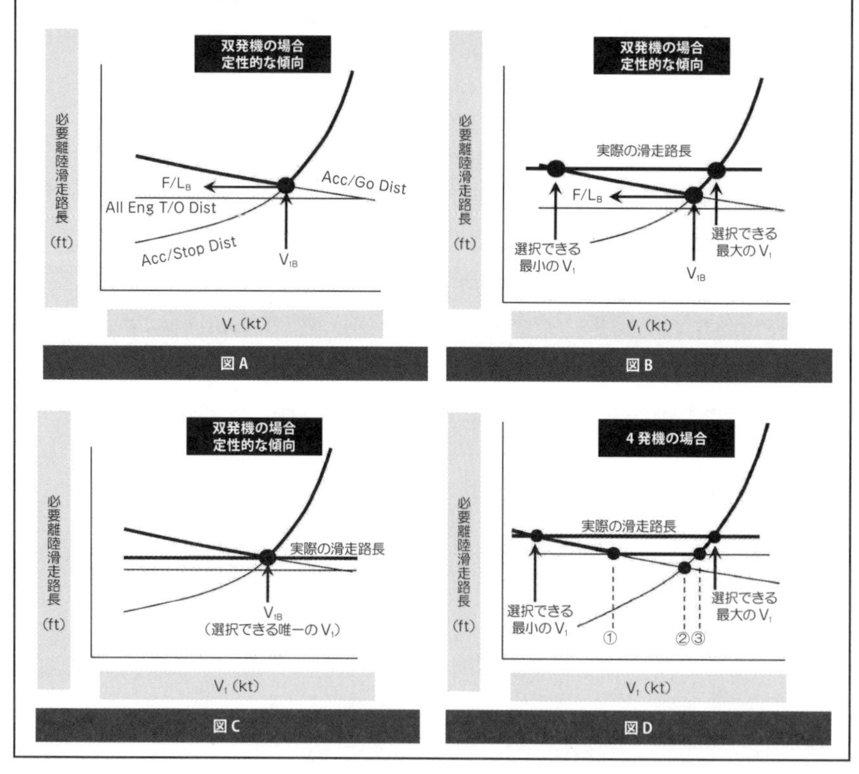

これまでに出てきた、V_1、V_R および V_2 をまとめて「離陸速度：Takeoff Speed」と呼びますが、今回の V_1 の説明で紹介させていただきましたように、離陸速度と必要離陸滑走路長とは切っても切れない関係にありますので、離陸速度と必要離陸滑走路長の話を別々に説明することはできません。つまり、必要離陸滑走路長の説明を完結させるためには、どうしても離陸速度の説明を避けて通るわけにはいかない、という関係になっています。

というわけで、次回は、離陸速度について、紹介させていただくことにしたいと思います。

（つづく）

参考文献

1) FAR 121.189（c）Airplanes: Turbine engine powered: Takeoff limitations.
（http://www.ecfr.gov/cgi-bin/text-idx?SID=edad2bfce40ca4238a088d79694ef3b0&mc=true&node=se14.3.121_1189&rgn=div8）
2) 耐空性審査要領第Ⅲ部 2-3-7-1b
3) 25.113（a）（2）
（http://www.ecfr.gov/cgi-bin/text-idx?SID=fb84345fad40d57d84778a4945e068c4&mc=true&node=se14.1.25_1113&rgn=div8）
4) 耐空性審査要領第Ⅲ部 2-3-7-1a
5) 25.113（a）（1）Takeoff Distance and Takeoff Run.
（URL は 3）に同じ）
6) 耐空性審査要領第Ⅲ部 2-3-5 項
7) FAR 25.109 Accelerate-stop Distance.
（http://www.ecfr.gov/cgi-bin/text-idx?SID=fb84345fad40d57d84778a4945e068c4&mc=true&node=se14.1.25_1109&rgn=div8）

13. 離陸（5）

前回は、V_1 と必要離陸滑走路長との関係を簡単に紹介させていただき、その関連で、必要離陸滑走路長と離陸速度とは表裏一体の関係にある、ということにも触れさせていただきました。そこで今回は、必要離陸滑走路長の理解には避けて通れない「離陸速度」について紹介させていただきたいと思います。今回も、なかなかやっかいなテーマになりますが、しばらく我慢していただければ幸いです。

●離陸速度について

離陸速度（Takeoff Speed）には、V_1 と V_R と V_2 がありますが、馴染みのない方もいらっしゃるかと思いますので、ここではまず、離陸速度というものが、マニュアルにはどのような形で記載されているのかを、ご覧いただきましょう。

注：このように、離陸速度には、V ナントカという名称が与えられているため、離陸速度を総称して V-Speed と呼ぶことがあります。

図 13 − 1 は、例として、ボーイング 747 型機の離陸速度の一部を抜粋したものです。表の左下部に「FLAPS 10」と書かれていますが、これは、この部分は、Flaps 10 に対する離陸速度であることを示しています。実は、このすぐ下に「FLAPS 20」と記載された欄が続くのですが、スペースを節約するために、ここでは、Flaps 10 に対する離陸速度だけを示してあります。同様に、離陸重量についても、その多くを省略してあります。

この表から、たとえば、気圧高度（P.Alt）が 100 ft、外気温（OAT）が 20℃、離陸重量が 800,000 lb であった場合には、Flaps 10 での V_1、V_R、V_2 はそれぞれ、159 kt、172 kt、183 kt、であることが読み取れます。

P.Alt (1,000 ft)		OAT (Outside Air Temperature) °C							
3〜4						-54〜27		28〜32	
2〜3				-54〜27		28〜31		32〜36	
1〜2				-54〜31		32〜35		36〜40	
0〜1		-54〜32		33〜35		36〜39		40〜43	
-1〜0		-54〜35		36〜39		40〜43		44〜47	
Wt (1,000 lb)		V1 VR V2	Att	V1 VR V2	Att	V1 VR V2	Att	V1 VR V2	Att
FLAPS 10	820	162 175 186	13	163 176 186	12	164 177 186	12	165 178 186	12
	800	159 172 183	13	160 173 183	13	161 174 183	12	162 175 183	12
	780	157 169 180	13	158 170 180	13	159 171 180	13	159 172 180	12
	この間、省略								
	660	136 147 162	16	131 141 155	15	139 150 162	15	140 151 162	14
	640	131 143 159	16	133 144 159	16	135 146 159	15	137 148 159	15
	620	131 139 157	16	130 140 156	16	132 142 156	15	133 143 156	15
	600	131 135 155	17	130 134 152	16	128 138 151	16	129 139 153	15
	580	131 131 153	17	130 130 150	17	127 135 151	16	126 136 150	16
	560	131 131 151	17	130 130 149	17	127 131 149	17	125 132 148	16
	540	131 131 151	17	130 130 149	17	127 128 147	17	125 129 146	17
	520	131 131 151	17	130 130 149	17	127 127 146	17	125 126 144	17

図 13 － 1　離陸速度の一例　（日本航空技術協会発行の航空力学 II の 133 ページ）

パイロットは、読み取った V_1 と V_R を、速度計の外周に取付けられたバグ（目印、**図 13 － 2** 参照）を手動でスライドさせてセットします。「ヴィワン」や「ローテイト」などといった呼称を、間違いなく実施できるようにするためです。なお、V_2 はふつう、速度計の内部にあるバグにその値をセットします。具体的には、オートスロットルによる速度コントロールの基準値をセットするためのノブを回してセットします。

注：FMS（フライト・マネージメント・システム）を装備した機体では、パイロットが、CDU（コントロール・ディスプレイ・ユニット）に入力した機体重量やフラップなどの条件に応じた、V_1、V_R および V_2 を、FMS が計算し、それらを CDU に提示してきますので、パイロットがそれらを確認してやれば、それらの速度が、PFD（プライマリー・フライト・ディスプレイ）のスピード・テープ（速度計に該当するもの）上に表示されます（**図 13-3 参照**）。

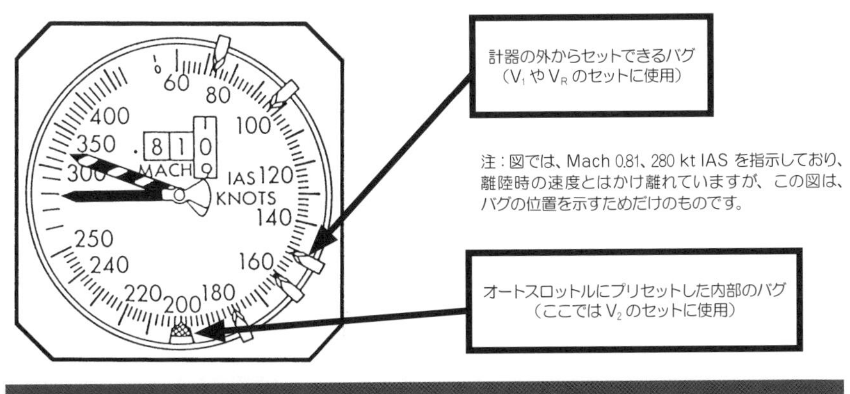

図 13 － 2　速度計器上のバグ

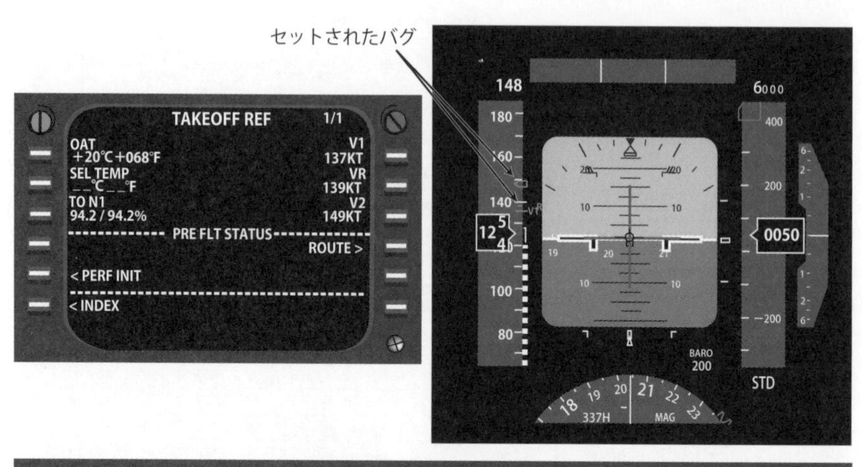

図 13 − 3　CDU 上に表示される V_1、V_R、V_2 と、PFD の Speed Tape 上にセットさせるバグ

ところで、上記の読み取り手順の中で気付かれたと思いますが、**図 13 − 1** の上部には、P. Alt と OAT によって区分される何個かの列があります。よくご覧になっていただきますと、低温部では OAT の幅が広く、高温部では OAT の幅が非常に狭くなっています。この理由は、もうお馴染みになっているに違いない、エンジン推力の「フラット・レイテド」と「フル・レイテド」に対応する「エンジン推力の変化傾向」を、OAT を用いて数字化したものだからです。

この、P.Alt と OAT によって区分される「列」は、右側に行くほど、エンジン推力が小さくなる方向であることは言うまでもないかと思いますが、図からもお分かりのように、同じ離陸重量でも、右側に行くほど、V_1 と V_R がわずかに増加していきます。

その理由は、エンジン推力が減少するにつれて V_1 が増加するためですが、ここら辺の事情は、次回ご紹介させていただきたいと思っています。

また、V_1、V_R、V_2 の右側に、Att（Attitude〔姿勢〕の略）と記された値が並んでいますが、これは、リフトオフ後、機速のコントールを行うための目標とするピッチ角（ターゲット・ピッチ）です。この図の例では、1 エンジン故障時の離陸上昇中に、Att 欄に示されたピッチ角を維持すれば、限りなく V_2 に近い機速が得られるであろうというピッチ角（上昇角＋迎え角です）が示されています。

注：最近は、全エンジン作動時のターゲット・ピッチも記載してあるのがふつうです。

注：ジェット旅客機には、ピッチ角を決めてやると、（機体の特性として自動的に）それに対応する機速に

近づいていくという性質がありますので、速度だけを追従するという操縦は行わず、ピッチ角を確立してそれを維持しつつ、速度を微調整するために適宜、ピッチ角を微調整するという操縦方法が用いられます。

ちなみに、上記の様子を確認するために、かつて筆者が行った計算結果を**図 13 − 4** に示しておきますが、この図から、ピッチ角と機速の間には、大変に好都合な関係があることがお分かりいただけるかと思います。

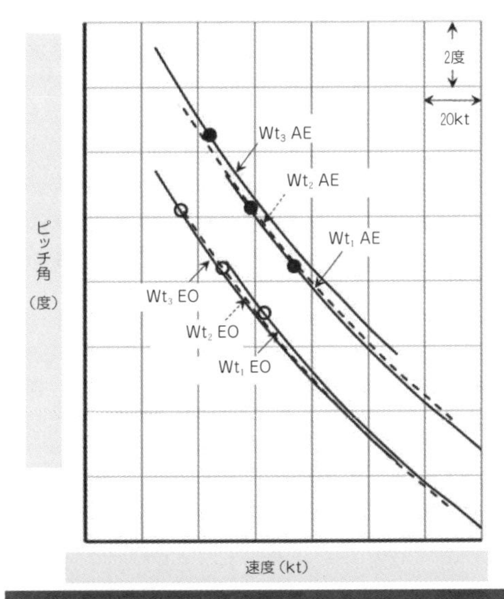

図の中で「Wt_1 AE」と記入してあるカーブは、機体重量が Wt_1 で、全エンジンが作動している（AE：All Engine）状態を示しています。

また、「Wt_1 EO」と記入してあるカーブは、機体重量が Wt_1 で、1 エンジンが不作動になっている（EO：Eng Out）状態を示しています。

AE でも EO でも、ピッチ角 2 度の変化が、おおむね 20 kt の変化に対応していますので、ピッチ角を正確にコントロールすることによって、機速をかなり正確にコントロールできることが分かります。

なお、○は、各離陸重量に対する EO 時の上昇速度（V_2）を、●は、AE 時の上昇速度（V_2 ＋ 10 kt）を示しています。

図 13 − 4　離陸上昇中の、機速とピッチ角との関係

●離陸速度について（V_R）

さて、いよいよ、離陸速度に関する法的要件のご紹介です。ここでは手始めに、V_R に対する要件について紹介させていただきます。

V_R には、下記の 7 つの要件が課せられています。

① V_R は V_1 以上の速度であること [1)、2)]。

これを逆に言いますと、V_1 は V_R の後になってはならないことになります。つまり、ローテーションを始めた後に、離陸を中断するようなことがあってはならない、という要件であるわけで、きわめて当たり前のことです。

② V_R は 1.05 V_{MCA} 以上の速度であること [3)、4)]。

飛行中に 1 エンジンが故障した場合に、飛行機のコントロールを確保できる最小

の速度を V_{MCA}（Minimum Control Speed in the Air：空中での最小操縦速度）[5)、6)] と呼びます。直感からもお分かりかと思いますが、機速が十分にあれば、1エンジンが故障してもラダー（方向舵）によって機首方位を保つことができますが、機速が小さいときには、フル・ラダーを踏んでも機首方位を保てませんので、そのままでは事故になってしまいます。V_{MCA} は、この「機首方位を保てるために必要なギリギリの最小速度」なのですが、この V_{MCA} に対して 1.05 のファクターを掛けることによって、離陸時に1エンジンが故障しても、所定の操縦性を確保できるようにしようというのが、この要件です。

③ V_R で引き起こしを開始し、リフトオフしたのち、35 ft までに V_2 が得られること[7)、8)]。

これは、必要離陸滑走路長の中で V_2（安全離陸速度）が得られていなければならないという要件で、これによって、必要離陸滑走路長の中で V_2 に到達できることになります。

④ V_{LOF}（リフトオフ速度）は、V_{MU} に対して余裕を持つこと[9)、10)]。

離陸中に飛行機が浮揚できる最小の速度を V_{MU}（Minimum Unstick Speed）と呼びます。Unstick とは、「米語」の Liftoff に対応する「英語」です。性能計算や風洞試験によって、あらかじめ予測されているこの値は、飛行試験によって確認されますが、この試験では、離陸滑走開始後の早い時点で、エレベータ（昇降舵）をいっぱいに引き、滑走路に Tail をこすり付けながら加速していきます。その飛行試験中に「ポコッ」と浮いた瞬間の速度が V_{MU} です（**図 13 − 5 参照**。ユーチューブで動画を見ることができます）。

図 13 − 5　ボーイング 777 型機の V_{MU} 試験

この試験では、推力の上向き成分が揚力を助けますので、全エンジン作動時と1エンジン不作動時で、V_{MU} は違った値になります。そして、全エンジン作動時の V_{MU} を1.1倍して、これを、全エンジン作動時の V_{LOF} とし、1エンジン不作動時の V_{MU} を1.05倍して、これを、1エンジン不作動時の V_{LOF} とします。

そして V_R は、V_R でローテーションを開始したときに得られる V_{LOF} が、1.10 $V_{MU\,(AE)}$ や1.05 $V_{MU\,(EO)}$ を下回ることがないような値に決定されます。これによって、「V_{LOF} は、V_{MU} に対して余裕を持つものであること」なる要件が満足されます。

⑤ V_R の選択に関する要件 [11)、12)]。

これは、上記①～④の要件を満足することを証明するにあたって使用する V_R は、全エンジン作動時でも1エンジン不作動時でも同一のものでなければならない、という要件で、実運航を考えた場合には、ごく当たり前の要件です。

⑥ ローテーションを早めに開始した場合の離陸距離 [13)、14)]。

上記のような要件を勘案した結果、気圧高度、外気温、フラップ、機体重量などの組み合わせに対して、一つだけの V_R が決定されますが、それに対して、もう一つの要件があります。それは、1エンジン不作動での離陸では、通常よりも5 kt早めに、(つまり、V_R − 5 kt で) ローテーションを始めても、そのときの離陸距離は、1 エンジン故障時の通常の離陸距離を超えないことを実証しなければならないというものです。(これも、ユーチューブで動画を見ることができます)

⑦ 逸脱操作をカバーするための要件 [15)、16)]。

この要件は、運用中に発生するかもしれない逸脱操作を考慮したもので、全エンジン作動の離陸で、V_R-10 kt からローテーションを始めても、特別な操縦スキルを要することなく離陸できること、および、そのときの離陸距離は、通常の全エンジン作動時の離陸距離から、著しくは増加しないこと、が求められています。

ちなみに、FAA が発行するアドバイリー・サーキュラー (AC) の AC25-7C (Flight Test Guide for Certification of Transport Category Airplanes) [17] では、その10.b.(9) 項で、上記の「著しくは増加しないこと」の判定基準として「通常の離陸距離の101%を超えない」ことであるという指針を与えています。

注：実は、この条項では、もう一つの逸脱操作が想定されています。それは、ホリゾンタル・スタイビラ

イザ（以下、スタブ）のミストリムに関するものです。具体的には、フル・ノーズ・ダウンにトリムすべきところを、フル・ノーズ・アップにミストリムしても、逆に、フル・ノーズ・アップにトリムすべきところを、フル・ノーズ・ダウンにミストリムしても、特別な操縦スキルを要することなく離陸できること、および、そのときの離陸距離は、通常の全エンジン作動時の離陸距離から、著しくは増加しないこと、を求めています。

たとえば、フル・ノーズ・ダウンにトリムすべきところを、フル・ノーズ・アップにミストリムしてしまったとすれば、離陸滑走中、コントロール・コラムを押さえつけていないと機首が上がってしまいますから、コラムを押さえつけたままで滑走を続け、ローテーション時は、押さえつけていた「力」をわずかに抜いて機首を引き起こす、といった操舵が必要になります。

しかし、スタブによる操縦力はエレベータ（昇降舵）のそれに比べて著しく大きく、さらに、最近の機体のスタブの作動範囲は非常に広いため、その作動範囲の全域にわたって、ミストリムに対する要件を満足させることは不可能です。

そこで、「離陸時に使用される常用範囲」だけを対象にして、この範囲内でのミストリムに対する要件を満足するようにしています。この範囲を「グリーン・バンド」と呼びますが、離陸推力をセットする時点で、スタブが「グリーン・バンド」を外れた位置にセットされていますと、テイクオフ・ウォーニングを作動させて、離陸開始を阻止します。このように、テイクオフ・ウォーニングと併用することによって、「グリーン・バンド」の端と端でのミストリムという条件で、上記の要件を満足できることを証明すればよい、という仕組みになっています。（グリーン・バンドの一例を、**図 13 − 6** に示してあります）

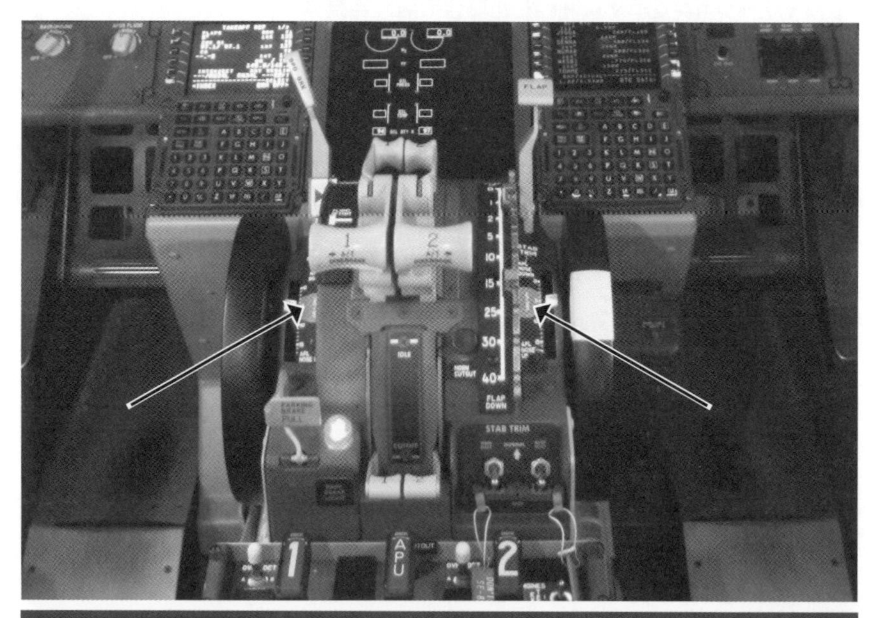

図 13 − 6　グリーンバンド（矢印）

● V_{MCA}

ここでは、V_{MCA} について、もう少し詳しく紹介させていただきます。そのために、飛行中に No 1 エンジンが故障した場合を考えてみましょう。

このまま放置しますと、機首が左に振られるとともに、（その動きによって、右翼にあたる気流が相対的に強くなるため）右翼の揚力が大きくなって、左にロールしてしまいます。これでは堕ちてしまいますから、右のラダー・ペダルを踏み込んで、機首を元に戻す操舵を行います。

この操舵の結果、垂直尾翼には、図のように左向きの揚力が発生して、この揚力が、エンジンの非対称推力によるヨーイング・モーメントを打ち消してくれます。

ところで、この左向きの揚力そのものを打ち消すための「力」は、どこにも存在していません。ということは、このままでは、機体は左方向に横滑りしてしまい、その結果、機体には、左から風があたります。これは、垂直尾翼に右向きの揚力を発生させる方向ですので、せっかく踏み込んだ右ラダーの効きが低下します。

つまり、パイロットは、右ラダーによって、瞬間的には機体をコントロールできますが、そのあとは機体をコントロールできないことになります。

このような事態を避けるため、パイロットは機体を右にバンクさせます。この結果、揚力の右方向への分力が、機体を右方向に引っ張ってくれて、前記の「左方向への横滑り」を防いでくれます。つまり、ラダーおよび垂直尾翼が、思ったとおりの働きをしてくれることになります。

このように、No 1 エンジンが故障した場合には、右にバンクさせると、機体のコントロールができるようになりますが、これを一般化すると、「エンジンが故障した場合には、生きているエンジンに寄っ掛かれ」ということになります。

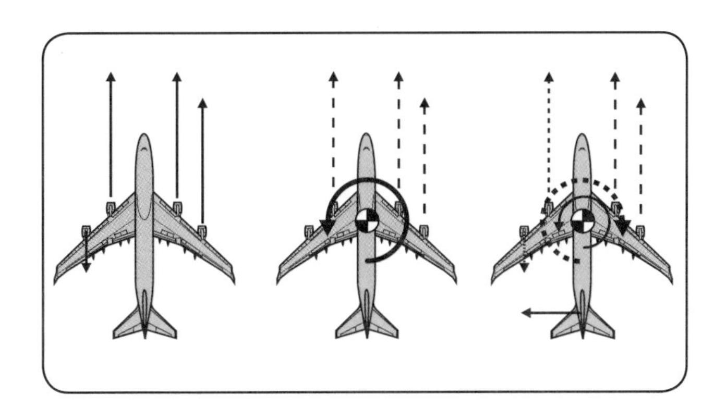

機体の形状によっても差はありますが、ふつう、バンクを 1 度深くするごとに、V_{MCA} を 5 ～ 6 kt 程度小さくすることができます。したがって、操縦が困難になった場合には、バンク角を深くしていけばよいことになりますが、バンクをあまりにも深くしますと、垂直尾翼に作用する横向きの揚力が大きくなりすぎるため、垂直尾翼の強度が不足する可能性があります。

そこで、法的要件では、V_{MCA} は、5 度 Bank の範囲内で、機体をコントロールすることができる最小の速度である、と規定しています。 ところで、V_{MCA} はふつう、110 kt とか 120 kt 程度の値ですので、その飛行試験は、ものすごく軽い機体重量で実施する必要があります。機体重量が重いと、V_{MCA} まで減速しようとしても、その前に失速してしまうからです。

また、飛行試験結果の解析を容易にするため、水平飛行で試験を行う必要がありますが、軽い機体重量かつ離陸推力での試験ですので、ピッチ角（水平飛行ですから、迎え角でもあります）を下げますと、機体はたちまち加速してしまいますから、著しく大きなピッチ角をとって、いわば、エンジン推力によって機体を吊っているような状態で、試験が行われます。

前述のアドバイザリー・サーキュラー AC25-7C によりますと、ピッチ角（水平飛行ですから、迎え角です）は 20 度を超えることがあるとのことですが、このように、大きな迎え角で飛行している状態で、いきなり外側エンジンを切られてしまうわけですから、非常に緊張する試験になるだろうと思われます。

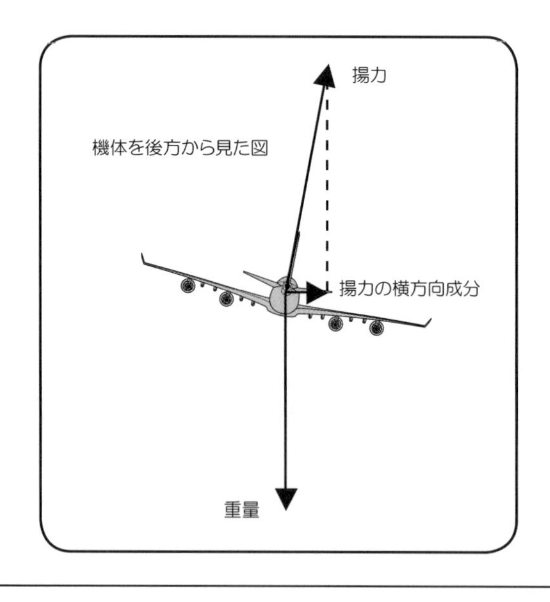

このように、V_R に対しては、非常に多くの要件が課せられていますが、その理由は、ジェット旅客機が出現した当時、それまでのレシプロ機（当然、プロペラ機です）の離陸操作に慣れていたパイロットがジェット機の離陸特性の違いに対応できず、離陸時に、アクシデントやインシデントが多発したことから教訓を得て、V_R に対する要件を厳しく規定したためかと考えられます。

具体的には、それまでのレシプロ機では、それほど明確なローテーション操作を行わなくても機体はリフトオフしてくれたのですが、ジェット機では積極的にローテーション操作を行って、所定の迎え角を作ってやらないとリフトオフしてくれないという差です。

こういった離陸特性の差が生じる主な原因は、プロペラ機では、プロペラ後流のために、主翼周りの気流が加速されるため、機速は小さくても、主翼には大きな揚力が発生するのに対して、ジェット機ではその種の効果はないことにあります。またそのほかにも、プロペラ機の推力は、（高速域でのそれに比べて）低速域では非常に大きく、ジェット機の推力は、（高速域でのそれに比べて）低速域でもそれほど大きくはないという事情もあります。

このような背景を前提にして、ジェット旅客機導入当初のパイロットの気持ちを想像しますと、滑走路末端が迫ってくる中で、早くリフトオフしてしまいたいあまり、V_R に到達する前に思わずローテーション操作を始めてしまった、という気持ちはよく分かるような気がしますし、ひいては、前記の V_R-5 kt あるいは V_R-10 kt からのローテーションに関する要件が設定された理由も理解できるような気がします。

米国の FAR（Federal Aviation Regulations: 連邦航空規則）の前身は、1930年代に制定された CAR（Civil Air Regulations）ですが、このうちの「CAR 4b」が大型機に対する耐空性基準を定めていました。しかし、古い時代のものですから、ジェット旅客機に対応していないことは当然のことです。

1950 年代後半になって、ジェット旅客機が出現したのに伴い、CAR 4b を補足するための Special Regulation（SR）として SR-422（1957 年 8 月 27 日発効）が制定され、ジェット旅客機に対する耐空性基準としては、「CAR 4b ＋ SR-422」という組合せを使用することになりました。SR-422 はその後、ごく短期間のうちに、SR-422A、SR-422B と改定され、最終的な形である「CAR 4b ＋ SR-422B」が、現在の FAR Part 25（我が国の耐空性審査要領第Ⅲ部）の基盤になっています。

注：これらの SR は、前述の AC25-7C のアペンディックスに収められています。

そういった流れの中で、SR-422B（1959年7月9日発効）で、上記のような「V_R に対する要件」が完成形として制定されました。

ボーイング 707 型機の型式証明取得が 1958 年 9 月 18 日、ダグラス DC-8 型機の型式証明取得が 1959 年 8 月 31 日ですから、まだ全容のはっきりしないジェット機の離陸特性に関わる要件を、米国当局が、航空機メーカーやエアラインと協力しながら、ごく短期間のうちにまとめ上げていった過程では、想像を絶する努力を要したものと思われます。敬服するばかりですが、この間に米国航空界が手に入れた、プロジェクト推進に係わるノウハウは、大変に貴重だったのではないかと思われます。

ちなみに、707 型機の型式証明取得時期は、SR-422B の発効前ですので、その型式証明の審査には、SR-422B の最終ドラフトが使用されたものと思われます。[18)]

●離陸速度について（V_2）

ようやく V_2 にたどり着きました。V_R に対する要件を我慢強く読んでくださった皆さまにとって、V_2 は比較的単純かと思いますが、その要件を列挙してみましょう。

① V_2 は 1.13 V_S 以上の速度であること[19)、20)]。

この要件は、V_2 が失速速度 V_S に対して所定の余裕を持っていることを求めるもので、第4回で紹介させていただきました、着陸時の V_{REF} が 1.23 V_S 以上であることに対応するものです。なお、V_2 は 1.13 V_S であるとか、V_{REF} は 1.23 V_S であるとか、いずれも半端な数字になっていますが、その辺の理由は、機会を見て紹介させていただきたいと思います。

② V_2 は 1.10 V_{MCA} 以上の速度であること[21)、22)]。

この要件は、V_R に対する要件の②に対応するものです。

③ V_2 は、V_R で引き起こしを開始しリフトオフしたのち、35 ft までに得られること[23)、24)]。

この要件は、V_R に対する要件の③を裏返したものです。

V_2 に対する要件は、以上の3つですが、ふつうの機体では、V_2 は 1.13 V_S になっています。

実は、上昇勾配を最も大きくできる速度（最大上昇角速度）は、一般的には V_2 ＋ 25 kt 程度であり、上昇率を最も大きくできる速度（最良上昇率速度）は、一般的には V_2 ＋70 kt 程度です。その様子を、**図 13 － 7** と**図 13 － 8** に示してあります。

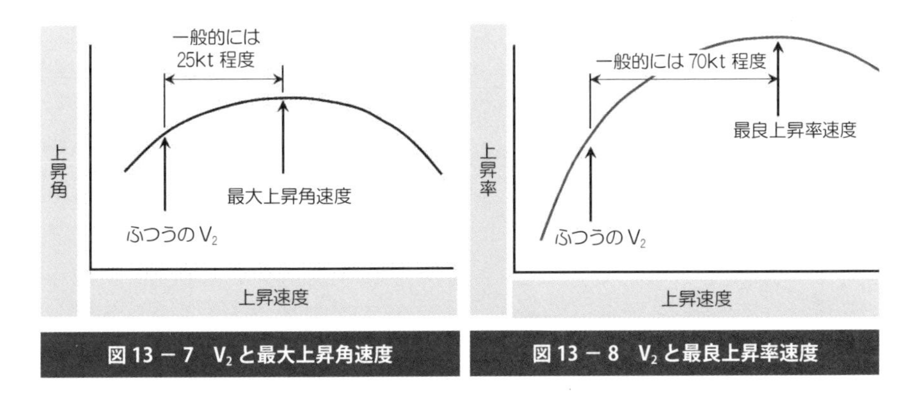

図 13 － 7　V_2 と最大上昇角速度

図 13 － 8　V_2 と最良上昇率速度

つまり、リフトオフ後の上昇を考えた場合、V_2 は最適な速度ではありませんが、上昇能力を向上させるために V_2 を大きくしますと、必要離陸滑走路長が長くなりますので、それを避けるため、法的要件が許す中で最小の速度に設定しているわけです。

また第 9 回の「障害物が存在する場合の離陸飛行経路」のところで、「ネット・テイクオフ・フライト・パス（以下、ネット・パス）」について紹介させていただきました。これは、1 エンジンが故障した場合の、V_2 上昇での実際のフライト・パス（グロス・パス）から、定められた勾配を差し引いて得られるパスのことで、この「ネット・パス」によって、すべての障害物を所定の高度差でクリアできなければならない、というものでした。

図 13 － 7 から、V_2 以上の速度（たとえば V_2 ＋ 25 kt）で上昇すれば、より大きな上昇勾配を稼ぐことができ、したがって、1 エンジン故障時の「ネット・パス」を高くすることができ、ひいては、離陸重量をより大きくできるような気がします。

しかし、そのような操作を行いますと、加速する区間が必要になるぶん、パスの一部はかえって低くなってしまいます。その様子を示したものが**図 13 － 9** です。こういったことを考えて、結局、1 エンジン故障時には、V_2 で上昇を続けることにしています。また、これとまったく同様の理由によって、全エンジン作動時は V_2 ＋ 10 kt（機種によっては V_2 ＋ 15 kt）で上昇を続けるようにしています。

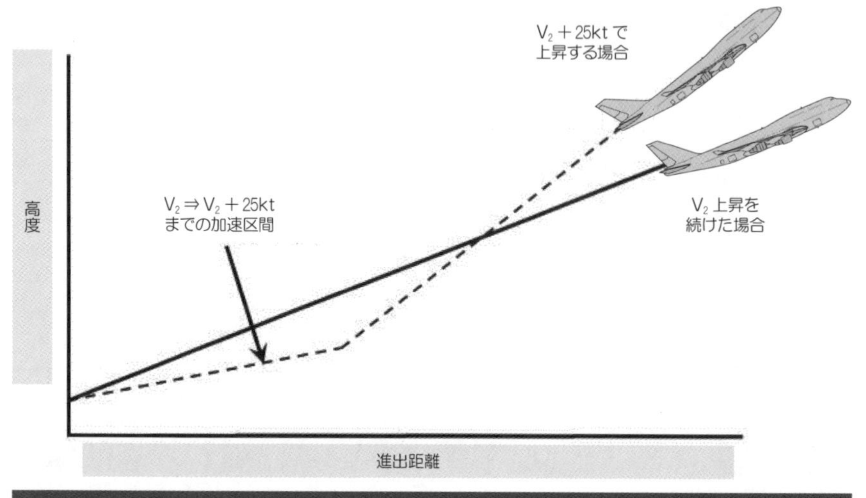

図 13 － 9　V_2 上昇と、V_2 ＋ 25 kt 上昇での上昇経路の差

ただし、いま紹介させていただいたことは、あくまでも、離陸飛行経路の下に障害物があるということを前提にした議論です。障害物がまったく存在しない経路を飛行するとすれば、たとえば、V_2 ＋ 25 kt で気持ちよく上昇しても構わないわけです。

注：V_2 で上昇しているときの上昇率はそれほど大きくはありませんが、V_2 ＋ 25 kt で上昇しますと、上昇率はかなり大きくなります。上昇率は、「上昇角×速度」ですから、V_2 ＋ 25 kt で上昇しますと、上昇角が大きくなる上に速度が大きくなるために、それらの掛け算である上昇率は相当に大きくなるわけです。一方で、ご存知のように、上昇に関して、民間機に装備されている計器は昇降計だけで、上昇角を示す計器はありません。

ということは、V_2 ではなく V_2 ＋ 25 kt で上昇すれば、上昇に関してパイロットに与えられた唯一の計器である「昇降計」の針を撥ね上げて上昇できることになります。これが、上記の「気持ちよく上昇して…」の意味合いです

そういったことを考慮して、747-400 型機などの FCC（フライト・コントロール・コンピュータ、昔の機体のオート・パイロット・コンピュータに相当）では、全エンジン作動での離陸直後の FD（フライト・ディレクタ）は、V_2 ＋ 10 kt が得られるようなピッチ角を指示しますが、故意に機速を増加させ続けますと、それまでの「V_2 ＋ 10 kt を維持」するためのコマンドから「V_2 ＋ 25 kt を維持」するためのコマンドに変化します。なかなか賢くできていると思います。

以上で、離陸速度に対する法的要件についてのご紹介は終了いたしました。次回は、少し遡って、V_1 について、もう少し立ち入ったお話をさせていただきたいと思います。ややこしい話が続きますが、離陸についてのお話はもう少しで終りますので、いましばらく我慢していただけますようお願いいたします。

（つづく）

参考文献

1) FAR 25.107 (e) (1) (i) Takeoff Speeds.
(http://www.ecfr.gov/cgi-bin/text-idx?SID=166d9d1d6796894cec6799343ecf4275&mc=true&node=se14.1.25_1107&rgn=div8)
2) 耐空性審査要領第Ⅲ部 2-3-4-5 a (a) 項
3) FAR 25.107 (e) (1) (ii) (URL については 1) に同じ)
4) 耐空性審査要領第Ⅲ部 2-3-4-5 a (b) 項
5) FAR 25.149 (b) Minimum control speed.
(http://www.ecfr.gov/cgi-bin/text-idx?SID=166d9d1d6796894cec6799343ecf4275&mc=true&node=se14.1.25_1149&rgn=div8)
6) 耐空性審査要領第Ⅲ部 2-4-4-2 項
7) FAR 25.107 (e) (1) (iii) (URL については 1) に同じ)
8) 耐空性審査要領第Ⅲ部 2-3-4-5 a (c) 項
9) FAR 25.107 (e) (1) (iv) (URL については 1) に同じ)
10) 耐空性審査要領第Ⅲ部 2-3-4-5 a (d) 項
11) FAR 25.107 (e) (2) (URL については 1) に同じ)
12) 耐空性審査要領第Ⅲ部 2-3-4-5 b 項
13) FAR 25.107 (e) (3) (URL については 1) に同じ)
14) 耐空性審査要領第Ⅲ部 2-3-4-5 c 項
15) FAR 25.107 (e) (4) (URL については 1) に同じ)
16) 耐空性審査要領第Ⅲ部 2-3-4-5 d 項
17) AC25-7C Flight Test Guide for Certification of Transport Category Airplanes.
(http://www.faa.gov/documentLibrary/media/Advisory_Circular/AC%2025-7C%20.pdf)
18) 707 型機 TC データシートの 15 ページ目
(http://rgl.faa.gov/Regulatory_and_Guidance_Library/rgMakeModel.nsf/0/8b6ebaa7513ba29a852567240060420c/$FILE/4a21.PDF)
19) FAR 25.107 (b) (1) (URL については 1) に同じ)
20) 耐空性審査要領第Ⅲ部 2-3-4-2 a 項
21) FAR 25.107 (b) (3) (URL については 1) に同じ)
22) 耐空性審査要領第Ⅲ部 2-3-4-2 c 項
23) FAR 25.107 (c) (2) (URL については 1) に同じ)
24) 耐空性審査要領第Ⅲ部 2-3-4-3 b 項

14. 離陸（6）

第 12 回では、V_1 と必要離陸滑走路長との関係を紹介させていただき、第 13 回では、それとの関連で、離陸速度について紹介させていただきました。今回は、少し遡って、V_1 の議論を、もう少し掘り下げてみたいと思います。今回も、なかなかやっかいなテーマになりますが、しばらく我慢していただければ幸いです。

●離陸重量と V_1 と必要離陸滑走路長

第 12 回では、必要離陸滑走路長は、All Eng T/O Dist、Acc/Stop Dist および Acc/Go Dist のうちの最も長い距離であること、および、4 発機では、V_1 を、**図 14 − 1**（第 12 回の**図 12 − 3** を再掲したものです）の①～③の範囲内で選ぶことによって、必要離陸滑走路長は、All Eng T/O Dist だけによって決定される、ということを紹介させていただきました。

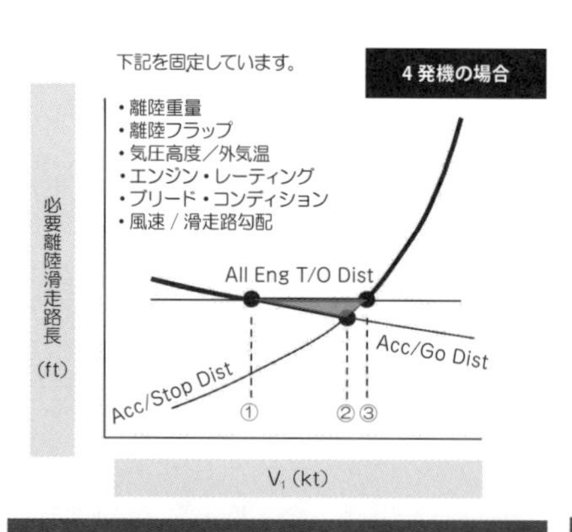

図 14 − 1　V_1 の選択と必要離陸滑走路長
第 12 回の図 12 − 3 を再掲したものです。

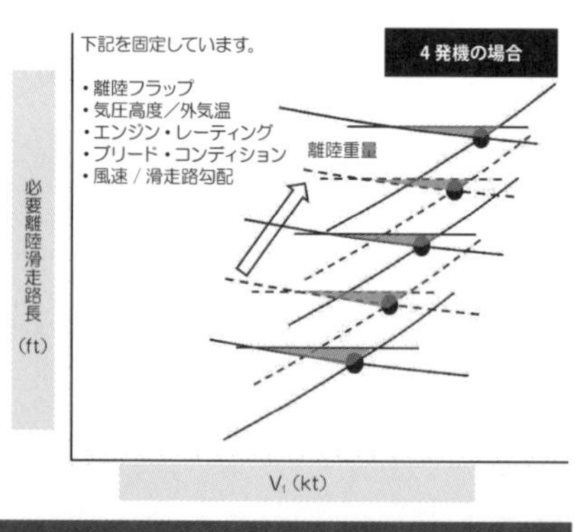

図 14 − 2　離陸重量と V_1 と必要離陸滑走路長

しかし、離陸時の条件によっては、V_1 を、**図 14 − 1** の①〜③の範囲内で選ぶことができないケースがあります。ここでは、どのような場合に、そういったことが起こるのか、そのときには、必要離陸滑走路長をどのように決めるのか、といったお話を紹介させていただきたいと思います。

それでは、その話の準備のためにまず、離陸重量と V_1 と必要離陸滑走路長の、相互の関係を見ておきましょう。

図 14 − 1 には、All Eng T/O Dist、Acc/Stop Dist および Acc/Go Dist の関係が示されていますが、離陸重量を増加させたとき、これらの距離はどのように変わるのでしょうか。これを模式的に示したものが**図 14 − 2** です。

この図から、離陸重量が増加するにつれて、必要離陸滑走路長（このケースでは All Eng T/O Dist です）が長くなる、という当たり前のことと、離陸重量の増加とともに V_1 も増加することが分かります。

図 14 − 2 をご覧になって、離陸重量が増加したときの Acc/Go Dist の伸び方に対して、Acc/Stop Dist の伸び方が小さいのはなぜかと思われる方がいらっしゃるかもしれませんが、その理由は次のとおりです。

離陸重量が増加しますと、当然のことながら、加速が悪くなります。そのため、Acc/Go Dist については、V_1 までの加速距離も、V_1 以降の加速距離も伸びて、重量の増加とともに、Acc/Go Dist が大幅に伸びます。一方で、「停止させるための距離」に対する離陸重量の影響はほとんどありません。そのため、Acc/Stop Dist については、おおまかに言ってしまえば、V_1 までの加速部分の距離しか伸びないことになり、つまりは、その一部（V_1 までの加速部分）しか伸びないことになります。

この「停止させるための距離に対する離陸重量の影響はほとんどない」理由を、**図 14 − 3** を用いて考えてみましょう。

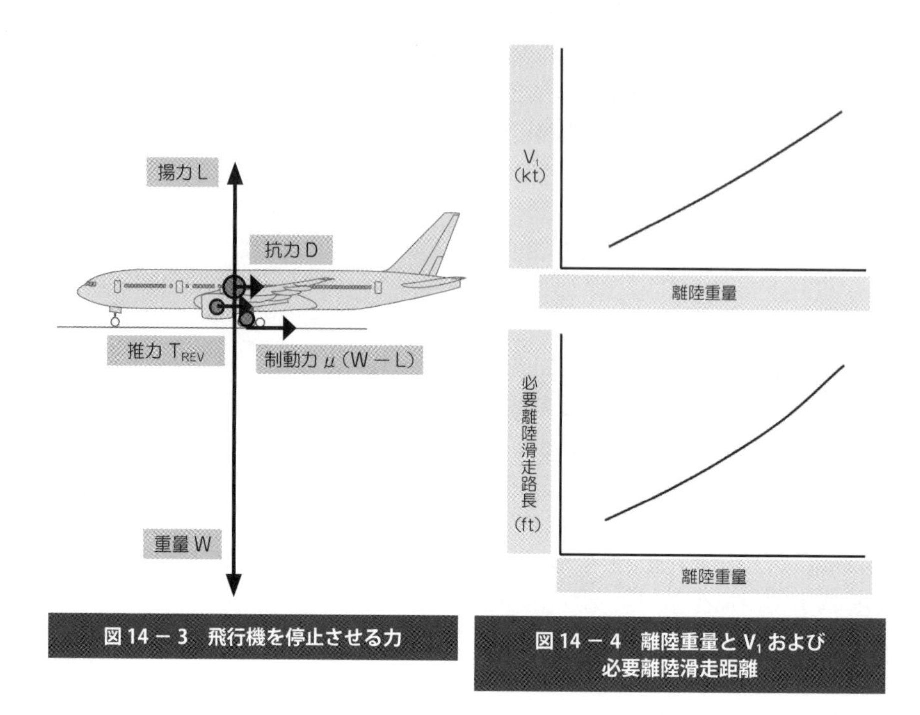

図 14 − 3　飛行機を停止させる力

図 14 − 4　離陸重量と V_1 および必要離陸滑走距離

機体を減速させるための力のうち主輪のブレーキによるものは、「主輪に下向きにかかる力」に「摩擦係数μ」を掛けたものですが、この「下向きにかかる力」は、「機体重量 W から揚力 L を引いた値、つまり（W − L）」です。しかし、離陸滑走時の機体姿勢では、揚力 L は、機体重量 W に対して非常に小さいため、（W − L）は W であると近似することができます。したがって、主輪のブレーキによる制動力は μ W で近似することができます。

注：ジェット旅客機が地上を滑走しているときの姿勢では、非常に小さい揚力係数しか発揮できません。そのため、ジェット旅客機では、V_R で機首上げ操作を行って、所定の迎え角を作ってやらないとリフトオフすることができません。

次に、抗力 D ですが、D は、揚力 L よりも一桁小さい値ですので、これも無視することができます。さらに、逆推力である T_{REV} ですが、必要離陸滑走路長の算出時には、逆推力は使用しないことになっていますので、これも無視することができます。

したがって、結局、減速のための力として残るのはμ W だけになりますが、これを、ニュートンの第 2 法則に代入しますと、減速度をαとして、F ＝ m α ＝（W/g）×

$\alpha = \mu W$ ですから、結局、$\alpha = \mu g$ となって、減速度αは、基本的には離陸重量と無関係であることになります。

以上はもちろん、ブレーキの能力が充分に大きいという前提での議論です。つまり、クルマに譬(たと)えれば、10 トンダンプに軽自動車用のブレーキを取付けたような状態ではない、つまり、ブレーキが先に音を上げる状態ではないことを前提にしている議論です。

ということで、**図 14 − 2** をご納得いただけたとしますと、次に、**図 14 − 2** を用いて、「離陸重量」対「V_1」、および、「離陸重量」対「必要離陸滑走路長」の関係をプロットしてみましょう。

この関係を描いたものが**図 14 − 4** ですが、**図 14 − 4** では、「V_1」として、**図 14 − 2** での ② に対応する V_1（つまり、バランスト V_1）が、また、必要離陸滑走路長として、**図 14 − 2** での ② の V_1 に対応する「必要離陸滑走路長」、つまり「All Eng T/O Dist」がプロットしてあります。

注：このように、離陸重量が大きくなって加速が悪くなりますと、V_1 が増加しますが、エンジン推力が小さくなった場合にも加速が悪くなりますので、そのときにも、V_1 が増加します。第 13 回の**図 13 − 1**（**図 14 − 5** として再掲しました）に示されている V_1 が、OAT（外気温）の増加、あるいは P.Alt（気圧高度）の増加とともに、つまり推力の低下とともに、大きくなっていく理由は、これによるものです。

ちなみに、**図 14 − 5** では V_1 と同時に V_R も大きくなっていく様子が示されていますが、これは、V_1 の増加に引きずられて V_R も増加するためです。

P.Alt (1,000 ft)		OAT (Outside Air Temperature) °C							
3～4						-54～27		28～32	
2～3				-54～27		28～31		32～36	
1～2				-54～31		32～35		36～40	
0～1		-54～32		33～35		36～39		40～43	
-1～0		-54～35		36～39		40～43		44～47	
Wt (1,000 lb)		V_1 V_R V_2	Att	V_1 V_R V_2	Att	V_1 V_R V_2	Att	V_1 V_R V_2	Att
FLAPS 10	820	162 175 186	13	163 176 186	12	164 177 186	12	165 178 186	12
	800	159 172 183	13	160 173 183	13	161 174 183	12	162 175 183	12
	780	157 169 180	13	158 170 180	13	159 171 180	13	159 172 180	12
	この間、省略								
	660	136 147 162	16	131 141 155	15	139 150 162	15	140 151 162	14
	640	131 143 159	16	133 144 159	16	135 146 159	15	137 148 159	15
	620	131 139 157	16	130 140 156	16	132 142 156	15	133 143 156	15
	600	131 135 155	17	130 134 152	16	128 138 151	16	129 139 153	15
	580	131 131 153	17	130 130 150	17	127 135 151	16	126 136 150	16
	560	131 131 151	17	130 130 149	17	127 131 149	17	125 132 148	16
	540	131 131 151	17	130 130 149	17	127 128 147	17	125 129 146	17
	520	131 131 151	17	130 130 149	17	127 127 146	17	125 126 144	17

図 14 － 5　離陸速度の一例　（第 13 回の図 13 － 1 を再掲したものです）

● V_1 の最大値としての V_{MBE}

ブレーキの役割は、機体の運動エネルギーを熱エネルギーに変換して、それを大気に放出する、というものです。そのため、離陸重量が大きくなるにつれて、つまり、機体の運動エネルギーが大きくなるにつれて、ブレーキが、その運動エネルギーを吸収しきれず、結果的に、制動力を発揮できなくなってしまうということが起こり得ます。

その限界を確立するため、ブレーキが吸収できる最大のエネルギーを、試験によってあらかじめ確認しておきます。その試験によって確立された最大エネルギーが E_{MAX} であったとしますと、運動エネルギーを表す式である $E = 1/2\ mV^2$ に、E_{MAX} を代入して、$E_{MAX} = 1/2\ mV^2 = 1/2 \times (W/g) \times V^2$ となりますが、この式によって求められる速度 V は、「その速度を超える速度から、離陸を中止すると、止まり切れなくなる」ことを意味しています。

図 14 − 6　A350-900 型の離陸中断試験で、運動エネルギーを吸収して加熱したブレーキの様子

その速度を V_{MBE}（Maximum Brake Energy Speed）と呼びますが、V_1 は、この速度を超えるわけにはいきません。もし、V_1 が V_{MBE} を超えていたとすれば、V_1 からの離陸中止が保証されなくなるからです。したがって、$V_1 \leqq V_{MBE}$ でなければいけません。

ところで、上述の式を書き換えますと、$E_{MAX} = 1/2 \times (W/g) \times V_{MBE}^2$ ですから、この両辺に 2g を掛けて、両辺を W で割ってやりますと、$(2g \times E_{MAX}) \div W = V_{MBE}^2$ となって、結局、V_{MBE} は、$(2g \times E_{MAX}) / W$ の平方根で与えられることになります。

この式から明らかなように、離陸重量を減らせば V_{MBE} が増加します。したがって、ある離陸重量では、V_1 が V_{MBE} を超えるようなケースがあった場合、離陸重量を減らしてやれば、その分 V_1 が小さくなるとともに、V_{MBE} が大きくなりますので、それらがバランスするような、つまり $V_1 = V_{MBE}$ となるような重量を求められることになります。つまり、その重量で離陸できるようになります。

ちなみに、日常運航では、離陸に先立つ着陸時に行ったブレーキングのために、引き続く離陸時には、ブレーキの温度がすでに上昇しています。このため、V_{MBE} が、コールドブレーキに基づいて決定されていたとすれば、不都合が生じかねません。

これを防ぐため、FAA のアドバイザリー・サーキュラー AC25-7C [1)] の 11.c.(2)(a) 項では、ブレーキが吸収できる最大エネルギーを実証するための試験では、その前に、全エンジン作動でのタクシングで、少なくとも3法定マイル（4.8キロ）を走行し、その間に3回のフルストップを含めておかなければならない、という指針を与えています。

これに加えて最近の機体では、出発の可否をパイロットが直接判断できるようにするための、ブレーキ温度を示す表示が備えられているのがふつうです。

また、実際の運航時には、巡航中にブレーキが冷却されますが、短距離機の場合には、短時間で離着陸を繰り返すため、ブレーキが冷えるための時間が不足します。そのため、短距離機では、巡航中のブレーキの冷却を促進するために、ギア・ドアを取付けないケースが多く見受けられます。つまり、ギア・ドアを取付けないことによる空気抵抗の増加と、ギア・ドアを取付けたことによるブレーキ冷却効果の減少を天秤にかけて設計した結果であるということが言えるかと思います。

図14－7　ギア・ドアのない機体の例

● V_1 の最小値としての V_{MCG}

図14－4には、離陸重量の増加とともに、V_1 も必要離陸滑走路長も増加するという結果が示されています。逆に、離陸重量が小さくなると V_1 も小さくなりますが、実は、この V_1 には V_{MCG}（地上における最小操縦速度、Minimum Control Speed on the Ground）と呼ばれる下限値があります。

この V_{MCG} は、第13回で紹介させていただきました V_{MCA} の地上版です。ただし、V_{MCA} のときのように垂直尾翼に発生する横方向の力をバランスさせるために、生きているエンジン側にバンクする、というわけにはいきません。地上では、この横方向の動きはタイヤが食い止めてくれますが、過渡的な応答として、機体は横方向にズレていきます。そのため、法的要件では、横方向に最大 30 フィートまではズレても良いとしています [2)、3)]。

ちなみに、現実の運航では、地上滑走中は、ラダーペダルの操舵によって、ノーズギア・ステアリングが作動してくれますので、これが、エンジン故障によって発生する「ヨーイング・モーメント」に対抗するためのコントロールを助けてくれます。そのため現実には、V_{MCG} は V_{MCA} よりも小さな値になります。

しかし、法的要件には、V_{MCG} とは、ラダーに作用する空気力だけで、エンジン故障による「ヨーイング・モーメント」に対抗できる最小の速度である、と決められていますので、型式証明取得時の V_{MCG} Test 時には、一風変わった方法が用いられます。

一つは、ノーズギア・ステアリングを事前に切り離した状態でテストする方法、もう一つは、離陸滑走開始直後から、ノーズギアを数 10 センチ浮かせてテストする方法です。後者の場合、機速の増加とともに、コラム（Control Column）を引く力を緩めていかなければならず、相当な操縦スキルを要するものと思われます。

このような理由で、V_{MCG} よりも大きな速度でエンジンが故障した場合には、（ラダーによって機首方位を維持したまま）離陸を続けることができます。一方で、V_{MCG} よりも小さい速度でエンジンが故障した場合に、離陸を継続しようとしますと、ラダーをいっぱいに踏み込んでも、機体をコントロールすることができず危険です。

したがって、離陸を継続する場合を考えますと、$V_1 \geqq V_{MCG}$ でなければならないことは明らかです。このことは法的要件にも定められており、つまりは、**図 14 − 4** に示された V_1 には、V_{MCG} という下限値があることになります。この様子を示したものが **図 14 − 8** です。

注：厳密には、$V_{EF} \geqq V_{MCG}$ でなければならない、が正確な表現です。（V_{EF}：12 −（3）ページを参照）

注：**図 14 − 5** で、離陸速度にハッチングが掛けられている部分が、V_1 が V_{MCG} によって制限されている領域です。

V_{MCG} は代表的には、120 kt ～ 130 kt 程度の値（ただし、S/L、STD での値です）となっていますが、もちろん、垂直尾翼とラダーの面積が大きな飛行機では V_{MCG} は小さくなり、垂直尾翼とラダーの面積が小さな飛行機では V_{MCG} は大きくなります。また、離陸推力が大きくなるほど、V_{MCG} は大きくなります。

● V_1 が V_{MCG} によって制限される場合の必要離陸滑走路長

図 14 − 8 には、離陸重量が小さくなるにつれて、V_1 も小さくなり、ある重量以下の重量では、V_1 が V_{MCG} によって制限を受ける様子が示されています。その重量を仮に W_{MC} と名付けておきましょう。

離陸重量が W_{MC} よりも大きい場合には、V_1 として、ふつうの V_1（Balanced V_1 に近い V_1）が使えますから、必要離陸滑走路長は、All Eng T/O Dist によって決定されることになりますが、離陸重量が W_{MC} よりも小さい場合の必要離陸滑走路長は、どのようになるのでしょうか。

この様子を考えるために、**図 14 − 2** と同様の図の上に、V_1 が V_{MCG} によって制限される場合の必要離陸滑走路長の変化の様子を重ねてみたものが**図 14 − 9** です。

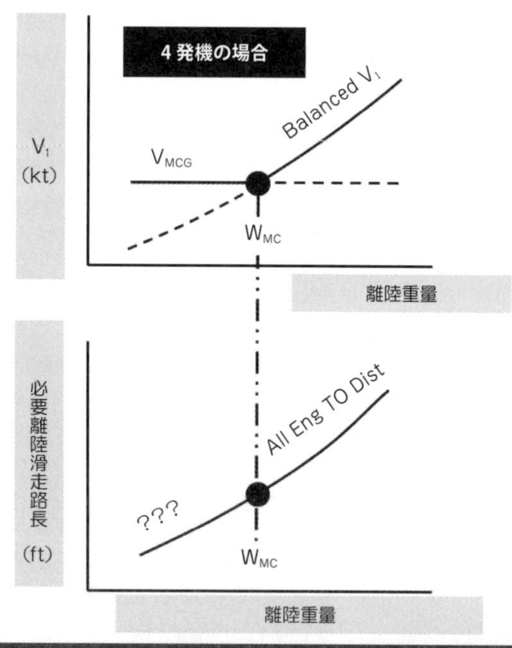

図 14 − 8　V_1 と V_{MCG} との関係

この図から、W_{MC} 以上の離陸重量では、離陸重量が減少するにつれて、必要離陸滑走路長（All Eng T/O Dist です）が「トントントン」と短くなっていくのに対して、離陸重量が W_{MC} 以下になりますと、必要離陸滑走路長（Acc/Stop Dist です）は思ったほどには短くならないことが分かります。

この様子を、**図 14 － 8** と同様にして描いてみたものが**図 14 － 10** です。この図に示されているように、離陸重量が W_{MC} より大きい領域では、必要離陸滑走路長は All Eng T/O Dist によって決まりますが、離陸重量が W_{MC} より小さくなりますと、必要離陸滑走路長は Acc/Stop Dist によって決まります。

一方で、4 発機では、これまで紹介してきましたように、必要離陸滑走路長は、All Eng T/O Dist だけによって決まる、というのが基本ですから、マニュアルには、Acc/Stop Dist は記載されていません。つまり、**図 14 － 10** で、離陸重量が W_{MC} 以下になった場合の必要離陸滑走路長（Acc/Stop Dist です）は、マニュアルからは求められないことになります。

これを解決するために、離陸重量が W_{MC} である場合の必要離陸滑走路長（All Eng T/O Dist です）を、あらかじめ、各種の離陸条件で求めておき、そのうちの最

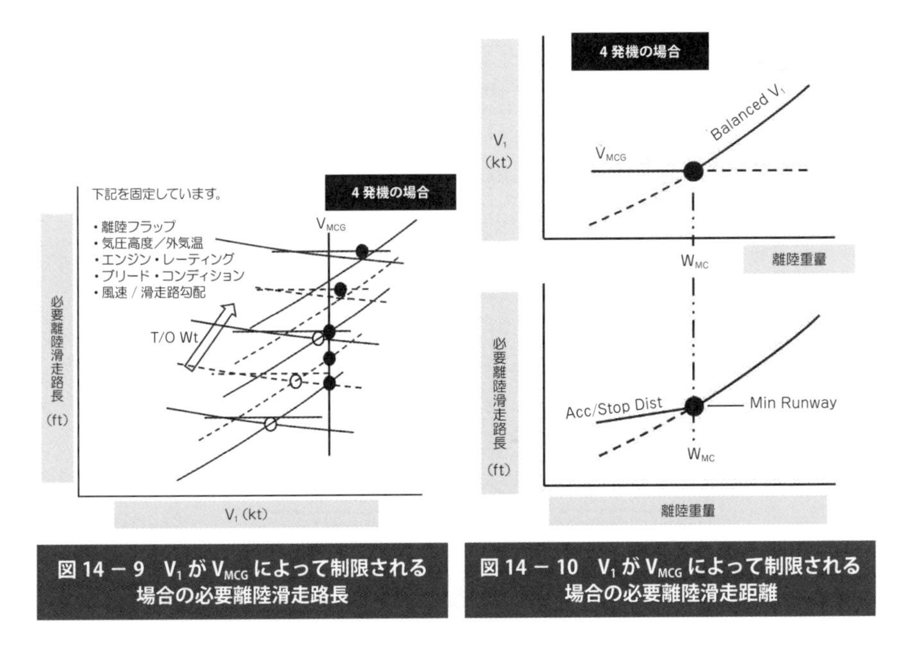

図 14 － 9　V_1 が V_{MCG} によって制限される場合の必要離陸滑走路長

図 14 － 10　V_1 が V_{MCG} によって制限される場合の必要離陸滑走距離

も長い滑走路長を「Minimum Runway」と定義して、（離陸重量がどんなに軽くても）、「Minimum Runway」より短い滑走路からの離陸は禁止する、という手法が採られます。

以上が、V_1 と V_{MCG} との関係に関する一般論ですが、それでは次に、機体の諸寸法はそのままで、エンジン推力だけが増強された場合の影響を考えてみましょう。

その様子を示したものが**図 14 − 11** です。エンジン推力が大きくなった結果、V_1 は小さくなり、一方の V_{MCG} は大きくなりますので、W_{MC} が大きくなります。エンジン推力が大きくなったおかげで、必要離陸滑走路長（All Eng T/O Dist です）は短くなりますが、W_{MC} が増加した分、Minimum Runway はかえって長くなってしまう、といったことが起こり得ます。

このことは、たとえば航続距離を延ばそうとして、離陸重量を増加させるべく、機

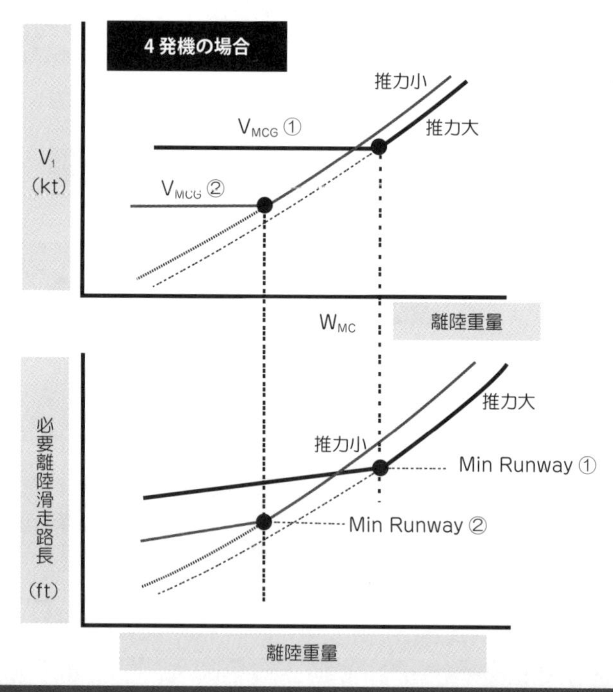

図 14 − 11　離陸推力を大きくした場合の Min Runway の変化

体とのバランスを崩すような大推力のエンジンを搭載すると、最小限必要な滑走路長を増加させ、かえって、運航に支障を来すことがあり得ることを示しています。

●機体のバランス

ひるがえって、V_{MCG} が大きくなってしまう原因の一つは、エンジン推力に比べて、垂直尾翼と方向舵の面積が小さすぎることにあります。

また、直感からもお分かりいただけるかと思いますが、同じエンジンでも、その取付け位置が外側にあるほど、V_{MCG} が大きくなってしまいます。逆に、内側に取付けますと、V_{MCG} は小さくできますが、反面、客室内の騒音が大きくなる、あるいは、主翼の強度上は不利になるなどのデメリットもあります。

図 14 − 12　一〇〇式司偵（出所：wikipedia）

つまり、すべての製品がそうであるように、ある一面から考えればメリットになることも、ほかの観点から見ればデメリットになることが多々あるわけです。そういった事情から、飛行機の場合も、妥協の産物として設計が決定されていくわけですが、バランスが良く性能の良い機体は、不思議と美しい形をしています。

旧日本軍機の中で、海軍の「彩雲」と並んで最優速を誇った、陸軍の「一〇〇式司偵（一〇〇式司令部偵察機），**図 14 − 12**」の設計を担当された 久保富夫技師は、日頃から「奇麗だな、と思うようなものでなければ良い飛行機にならない」とおっしゃっていたそうですが、まさに至言かと思います。

いまや、ネットで飛行機の三面図や飛行中の姿を見ることができますので、読者の皆さまも、いろいろな機体の画像を見慣れることによって、普段から審美眼を養われることをお薦めしたいと思います。その場合、推力だけで無理やり飛ぶような今どきの戦闘機ではなく、推力の貧弱さを補うために、美しいデザインとすることによって空気抵抗の低減に腐心した、1950 年代～ 1960 年代の戦闘機の画像をご覧になるのが良いかと思います。

第 11 回の囲み記事で、エンジンの定格推力を減格して使用するときに、ディレイテド・スラストとリデュースト・スラストを使用する場合のメリットとデメリットを紹介させていただきました。ここでは、Minimum Runway という見地から、リデュースト・スラストの特徴を考えてみましょう。

図 A の上半分は、**図 14 － 10** の上半分の上に、リデュースト・スラスト使用時の V_1 を重ねたものです。推力が減少しているため、定格推力時に比べて、V_1 が、V_1 ① から V_1 ② まで増加します。この部分は、**図 14 － 11** と同様です。

一方の V_{MCG} ですが、推力が減少した分、V_{MCG} は、実際には V_{MCG} ②のレベルまで減少するのですが、ルール[4)]によって、リデュースト・スラスト使用時には、V_{MCG} は、定格推力での値を使用しなければならないことになっているため、V_{MCG} としては V_{MCG} ① を使用せざるを得ません。

その結果、ディレイテド・スラスト使用時でのそれと比較した場合、W_{MC} が大幅に増加しますので、Minimum Runway は、ディレイテド・スラストでの Minimum Runway ② から、リデュースト・スラストでの Minimum Runway ③ まで大幅に増加してしまいます。図からもお分かりのように、減格したにも関わらず、定格推力での Minimum Runway ① よりも長くなってしまいます。

ちなみに、**図 A** の下半分の図で、ディレイテド・スラストを使用した場合の滑走路長である F/L ② に対して、リデュースト・スラストを使用した場合の滑走路長である F/L ③ がわずかに長くなっている理由は、第 11 回の囲み記事で紹介させていただいたように、リデュースト・スラストを使用するときには、減格した推力レベルは同じでも、性能計算のベースとなっている OAT が、実際よりも高い OAT（つまり、アシュームド・テンプ）となっているために生じるロスのためです。

第 11 回の囲み記事で紹介させていただいたメリット・デメリットを含めて、一言でまとめますと、アシュームド・テンプ・メソッドを使用すれば、いかなる減格量であっても任意にセットできるというメリットがある反面、それによって求められる必要離陸滑走路長には、必然的にマージンが乗ってしまう、また、実態どおりの V_{MCG} を使用できないため、

Minimum Runway も長くなってしまう、ということになります。

ちなみに、減格したにも関わらず、定格推力に対応する V_{MCG} を用いなければならないという縛りは、逆に考えれば、いざという時には、定格推力まで推力をアドバンスしても良い、ということですから、離陸中にエンジンが故障した場合を考えれば、パイロットに気持ちの余裕を持たせられると考えることもできます。もちろん、ディレイテド·スラストを使用する場合には、そのような操作は許されないことは言うまでもないことです。

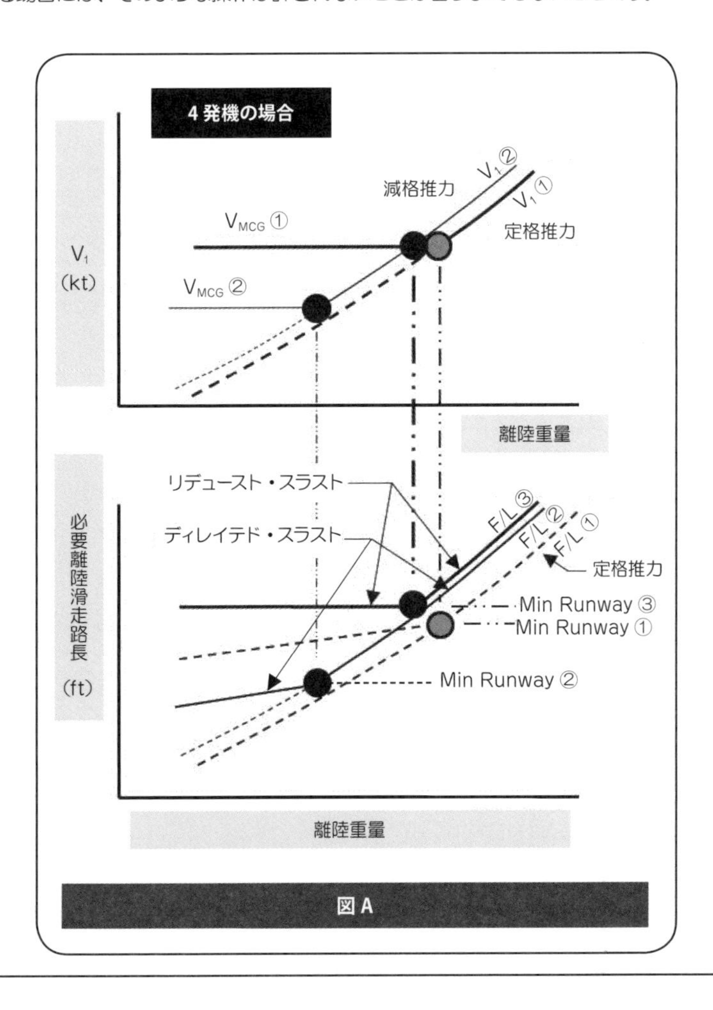

図 A

第９回から始めて、長々と紹介させていただきました離陸性能は、実は、滑走路が乾燥している状態（Dry Runway）でのお話です。本来であれば、湿潤滑走路（Wet Runway）や雪氷滑走路での離陸性能についても紹介させていただきたいところですが、読者の皆さまは、第９回～今回の記事に付き合うのに疲れ切っていらっしゃるかと思いますので、次回からは、新しいテーマに取り掛かりたいと思っています。

次回は、手始めに、重量重心位置管理に焦点を合わせたお話をさせていただきます。ご期待ください。

（つづく）

参考文献
1）AC25-7C Flight Test Guide for Certification of Transport Category Airplanes.
（http://www.faa.gov/documentLibrary/media/Advisory_Circular/AC%2025-7C%20.pdf）
2）FAR 25.149（e）Minimum control speed.
（http://www.ecfr.gov/cgi-bin/text-idx?SID=166d9d1d6796894cec6799343ecf4275&mc=true&node=se14.1.25_1149&rgn=div8）
3）耐空性審査要領第Ⅲ部 2-4-4-5 項
4）AC25-13 Reduced and Derated, Takeoff Thrust（Power）Procedures.
（http://www.faa.gov/documentLibrary/media/Advisory_Circular/AC25-13.pdf）

15. 重量重心位置管理

前回まで、第 3 回～第 4 回では「最大着陸重量」について、そして、第 9 回～第 14 回では「最大離陸重量」について紹介させていただきました。

ところで、第 1 回で飛行計画について紹介させていただいた際、飛行計画作成時には、機体の重量が「最大着陸重量」と「最大離陸重量」を上回らないことを確認するとととともに、重心位置も確認しておかなければならないことを紹介させていただきました。

そこで今回は、その重心位置を確認することの意味と、重心位置を求めるための手順について紹介させていただきたいと思います。

●飛行機の重心位置と安定性

皆さまの中には、子供のころ、紙ヒコーキや模型ヒコーキで遊んだ方がたくさんいらっしゃるかと思います。最初はなかなかうまく飛んでくれませんが、重心の位置によって、飛び方の様子がさまざまに変化するといった経験を通して、重心の位置が後ろすぎると、ヒコーキのピッチ方向（機首の上げ下げの方向）の安定性、すなわち「縦の安定性」が悪くなることを体感されたかと思います。

このことは、実際の飛行機でもまったく同じで、重心位置が後方にいくほど、縦の安定性が悪くなっていきます。逆に、重心位置が前方にいくほど、縦の安定性が良くなっていきますが、あまりにも前すぎますと、安定性が良くなりすぎて、操縦性を悪化させてしまいます。具体的には、たとえば離陸時や着陸時の引き起こし時に、エレベータ（昇降舵）による操縦力が足りなくなるなどといったことが起こります。

このように、安定性と操縦性とは、相反する関係にありますが、お互いに切っても切れない関係にありますので、これらの特性をまとめて「安定操縦性、スタビリティ・アンド・コントロール（Stability and Control）」と呼んでいます。

このように、飛行機の重心は、安定操縦性に大きな影響を及ぼしますので、重心位置には、**図 15 − 1** に示されるような「前方限界（FWD Limit)、図の①」と「後方限界（AFT Limit)、図の②」が定められています（このほかの限界については、のちほど紹介させていただきますので、ご安心ください)。

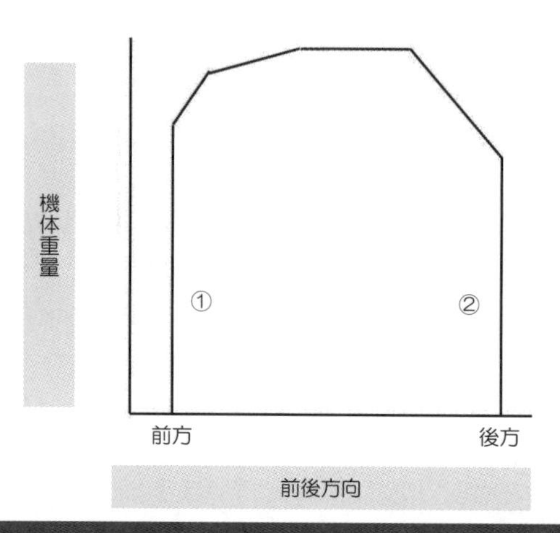

図 15 − 1　重心位置の前方限界と後方限界

●縦の安定性

「縦の安定性」を決定付けるそもそもの原因は、主翼に作用する「揚力の作用点（これを、風圧中心と呼んでいます)」と、機体重量の作用点である「重心位置」との前後方向の位置関係にあります。

図 15 − 2 は、主翼と水平尾翼だけに注目して、縦の安定性を定性的に検討するために描いた図です。左側の図には、重心が風圧中心より前方にある場合の初期の釣合い状態を、また、右側の図には、重心が風圧中心より後方にある場合の初期の釣合い状態を描いてあります。この状態で、パイロットが機首上げ操作を行ったとしましょう。

具体的には、「安定した水平飛行の状態」から、コラム（操縦桿）を引き、すぐにコラムを元の位置に戻したときの、飛行機の反応を考えてみようというわけです。この機首上げ操作によって迎え角が増加します。

左図の状態では、主翼の揚力が増加することによって頭下げになり、また、水平尾翼の下向きの揚力が減少することによって、初期状態よりは頭下げになりますので、これら 2 つの作用によって、絶対的に頭下げになります。

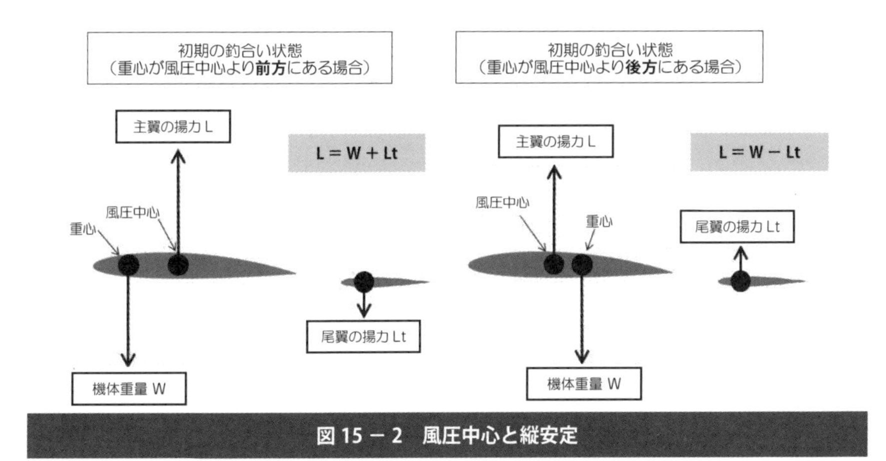

図 15 − 2　風圧中心と縦安定

そのため、パイロットが力を緩めれば、飛行機は元の状態（トリム状態）に戻ってしまう傾向を持ちます。

このように、何らかの擾乱（「じょうらん」と読みます。突風による影響なども含みます）を受けた場合に、機体が自らの特性によって元の状態に戻ろうとする性質を、静安定性が「正」であると呼びます。いまの例では、「縦の静安定性が正である」わけです。

ところで、**図 15 − 2** の右図の状態では、水平尾翼の上向きの揚力が増加することによって頭下げになる一方で、主翼の揚力が増加することによって頭上げになりますので、これらのバランス次第で、安定にも不安定にもなり得ます。もし、主翼の揚力の増加による頭上げモーメントの方が大きかったとすれば、この機体は自身で機首を上げ続けますので、縦の静安定性は「負」になります。

このようにして、重心位置が後方に行けば行くほど、主翼の揚力の増加による頭上げモーメントが大きくなりますので、縦の静安定性が減少していきます。ということは、風圧中心よりもある程度後方に、縦の静安定性が中立になるような重心位置があるだろうということが想像できます。

縦の静安定性が「負」になりますと、飛行機の状態は元には戻らないため、擾乱の影響がどんどん拡大してしまって、使い物にならなくなってしまいます。そのため、飛行機は、縦の静安定性が正になる範囲でしか運航できません。

注：ここでは静安定性について説明しましたが、飛行機が擾乱を受けた場合、その結果としての機体の応答は、経過時間とともに変化していくのがふつうです。その一例が、15 − (14) ページの図 D に示されていますが、このように、擾乱を受けた結果としての機体の運動が、「時間的に収束していくのか、発散するのか、あるいは中立なのか」といったことを議論する安定性のことを「動安定性」と呼んでいます。

●空力中心

このようにして、「縦の安定性」を議論するために使用する「風圧中心」は、困ったことに、主翼の迎え角（ひいては揚力係数）によって変化してしまいます。つまり、安定操縦性を担当する技術者が、空力を担当する技術者に「この翼の風圧中心は、どこにあるの?」と聞きに行っても、空力の担当者としては、「迎え角によって違いますから、それを表したデータを見てください」と冷たい回答しかできなくなってしまいます。この様子を示したものが**図 15 − 3** です。

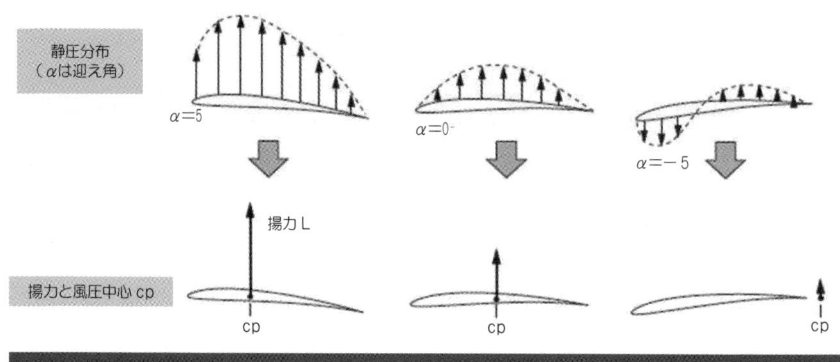

図 15 − 3　翼周りの静圧分布と風圧中心[1)]

図 15 − 3 の上部の 3 つの図には、翼（つばさ）の上下面に掛かっている静圧の分布が、迎え角ごとに、模式的に示されています。そして、これらの静圧を足し算した（積分した）結果としての揚力が、下部の 3 つの図に示されています。

ふつう、風圧中心を「Center of Pressure (cp)」と呼びますが、下部の3つの図にも示されていますように、揚力が大きいときには cp は前方にあり、揚力が小さいときには cp は後方にあります。

ということは、翼の比較的前の部分に「仮想の点」を考えれば、この点周りの機首下げモーメントが一定になるような点があるような気がします。そして、もし、そういう点があれば、ある一定（現実には、「ほぼ一定」ということです）の頭下げモーメントを加えておくことを前提に、揚力の作用点を、その仮想の点に移すことができます。

その様子を、棒に作用する「力」と、その力によって生じる棒の動きにたとえたものが、**図 15 − 4** です。

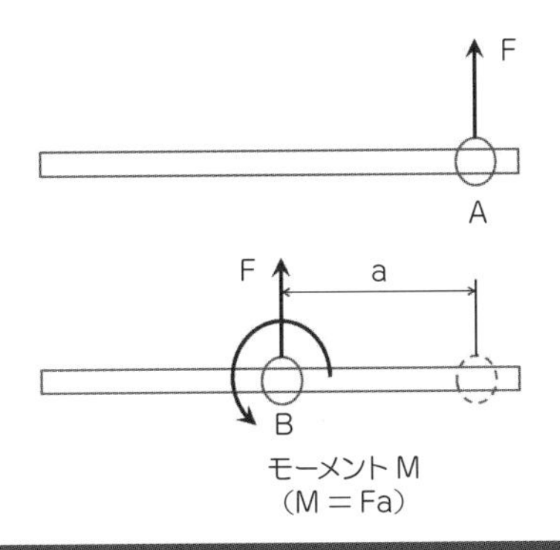

図 15 － 4　力の作用点の移動

図 15 － 4 の上半分のように、A 点に F という力が掛かっていたとしますと、その棒は、反時計方向に回転しながら、全体的に上に動いていきます。一方で、**図 15 － 4** の下半分のように、B 点に、F という力と M というモーメントが作用している場合にも、その棒は、反時計方向に回転しながら、全体的に上に動いていきます。したがって、もし、このモーメント M が、「上向きの力 F」×「A 点から B 点の距離」であったとすれば、上半分に示された棒の動きと、下半分に示された棒の動きはまったく同じになります。つまり、力学的に同値になります。

これとのアナロジーで考えますと、主翼のどこかに、「揚力が作る頭下げモーメントが一定になるような仮想の点」があったとすれば、揚力の作用点を、その仮想の点に移すことができるわけです。

この仮想の点を「空力中心、Aerodynamic Center（ac）」と呼びますが、この考え方を取り入れますと、揚力は、（常に同じ位置にある）空力中心に作用する、ただし、空力中心にはいつも、ある一定の頭下げモーメント（厳密には、モーメント係数です）が働いているものとする、と単純化することができます。**図 15 － 5** には、こういった変換の様子が示されています。ちなみに、ふつうの翼型（翼の断面形のことです）では、空力中心は、前縁から、翼弦（前縁から後縁までの長さです）の 25 ％ 程度のところに位置しています。

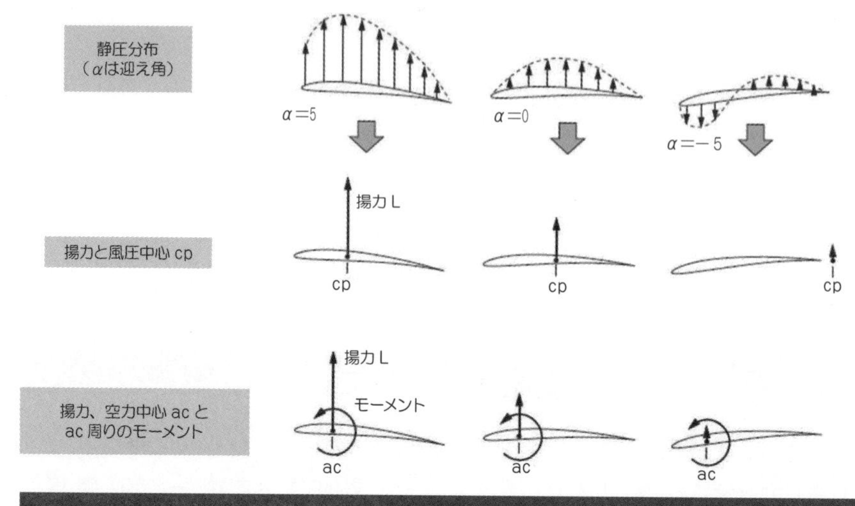

図 15 － 5　翼周りの静圧分布、風圧中心、および空力中心 [1)]

なお、**図 15 － 4** では、A 点に働く力 F を、B 点に移動させる際、モーメント M を付け加えましたが、この「モーメント M」はもちろん、回転方向の運動だけにしか寄与しないもので、いわゆる「偶力のモーメント」と同じ性質を持っています。

それゆえ、このモーメント M は、剛体内の任意の場所に移動することができます。この様子を説明したものが**図 15 － 6** です。

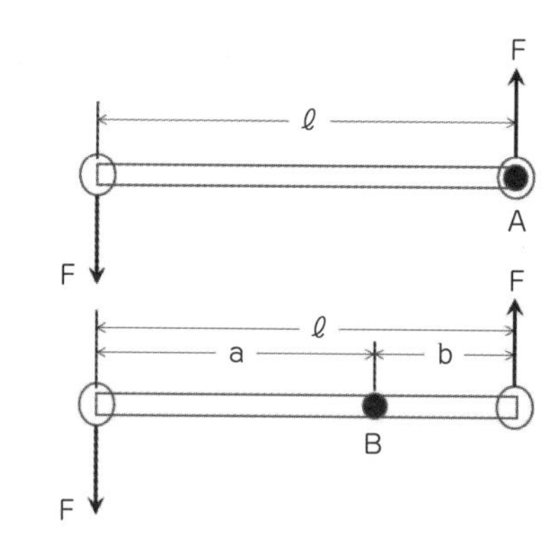

図 15 － 6 「偶力のモーメント」の特徴

以上をまとめれば、① 機体の重心周りの運動を考えるとき、揚力は空力中心に作用していると考えてよい。ただし、空力中心周りにある一定のモーメントが作用していることを加味した上での話である。② さらに、空力中心周りに作用する一定のモーメントは、そのままの大きさと向きで、重心周りに作用すると考えてよい、ということになります。

これらのことから、空力中心は、安定操縦性を議論する際には、非常に便利に使える道具だということがご理解いただけたかと思います。

注：空力中心はこのように、安定操縦性を考えるときに大変便利ですので、翼型の特性を表す場合は、迎え角〜揚力係数、迎え角〜抗力係数（または揚力係数〜抗力係数）、および、迎え角〜空力中心周りのモーメント係数、という 3 つの図を用いるのがふつうです。しかし、たとえば構造計算を行うときのように、揚力の作用点の位置（cp）そのものが重要になる場合があります。このような場合には、ある簡単な式を用いて、ac の位置を cp の位置に変換します。

注：空力中心周りのモーメント係数は、迎え角（ひいては揚力係数）とは無関係にほぼ一定値になりますが、迎え角が非常に大きくなった場合、つまり失速に近い迎え角では、その値が変化してきます。このため、上記のように、迎え角〜空力中心周りのモーメント係数といったデータが必要になるわけです。

●空力中心をベースにした縦の安定性

以上で、空力中心という道具を手に入れましたので、ここでは、空力中心を利用して、「縦の安定性」について考えてみましょう。

図 15 － 7 は、**図 15 － 2** とまったく同様にして、縦の安定性を定性的に検討するために描いた図です。ただし、**図 15 － 2** では風圧中心が主役だったのに対して、**図 15 － 7** では空力中心が主役になっています。

飛行機の縦安定を議論するときは、重心周りのモーメントの釣り合いを考えますが、図 15 － 6 のすぐ上にある説明文のとおり、空力中心に作用するモーメント M は、そのままの大きさと方向で、重心位置まで移動することができます。

主翼の揚力 L
L = W + Lt
重心
空力中心
モーメント M
尾翼の揚力 Lt
機体重量 W

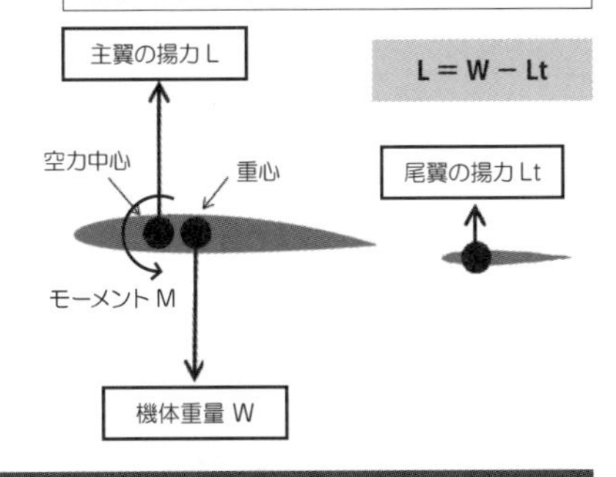

図 15 － 7　空力中心と縦安定

この状態で、パイロットが機首上げ操作を行ったとしますと、左図の状態では、主翼の揚力が増加することによって頭下げになり、水平尾翼の下向きの揚力が減少することによって、初期状態よりは頭下げになり、さらに、空力中心周りの頭下げモーメントがありますので、これらの 3 つの作用によって、絶対的に頭下げになります。つまり、縦安定性は必ず「正」になります。

一方の右図の状態では、水平尾翼の上向きの揚力が増加することによる頭下げ、および、空力中心周りの頭下げモーメント、の二つの頭下げモーメントが生じていますが、主翼の揚力が増加することによる頭上げモーメントもありますので、これらのバランス次第では、安定にも不安定にもなり得ます。

ということで、当然のことながら、風圧中心をベースにしたときとまったく同じ結果になります。ただし、風圧中心の位置が、迎え角（揚力係数）によって刻々と変化するのに対して、空力中心の位置は、いつも一定ですので、計算上の取扱いが易しくなるという長所があります。

ちなみに、747-400 型機では、重心位置の前方限界は、翼弦長の 8.5 % 程度のところにあり、後方限界は、翼弦長の 33 % 程度のところにあります。つまり、空力中心が 25 % にあるものとすれば、前方限界は、空力中心より 16.5 %（25 − 8.5）前方にあり、後方限界は、空力中心より 8 %（33 − 25）後方にあることになって、上記の定性的な議論を裏付けてくれます。

図 15 − 2 と**図 15 − 7** からは、もう一つ重要なことが分かります。それは、重心位置が前方にある場合には、主翼が発生しなければならない揚力は機体重量よりも大きくなり、重心位置が後方にある場合には、逆に、機体重量よりも小さくなるということです。

そのため、燃料節減のために、重心位置ができるだけ後方に行くような重心位置コントロールを行なうことがあります。そうしますと、主翼が発生しなければならない揚力は小さくて済み、ひいては、迎え角も小さくなり、抵抗も小さくなるために、結果的に、エンジンの燃料消費量を少なくすることができるからです。

注：燃料消費量の改善を図るため、燃料タンクを主翼と水平尾翼の両方に装備して、巡航中、主翼と水平尾翼間で燃料を相互に移送することによって、重心位置を後方に維持し続けるという機能を持たせた機種もあります。

同様の理由で、失速速度は、重心位置が前方限界にあることを前提にして決定されます。重心位置が前方限界にありますと、主翼が発生しなければならない揚力が機体重量よりもかなり大きくなり、その分、失速速度が増加して安全側の値を得られるからです。

●主翼を代表する翼弦と実際のチャート

これまで、なんとなく「空力中心は翼弦の 25 % 付近にある」という表現を使ってきましたが、テーパーや後退角を持つ現実の主翼では、この「翼弦」は、主翼のどこの部分の翼弦のことを言っているのか、ということを決めておく必要があります。

これを、MAC（平均空力翼弦、Mean Aerodynamic Chord）と呼びますが、MAC の場所は、**図 15 − 8** のような作図によって求めることができます。このMAC が翼を代表する翼弦になりますので、実際の運航では、重心位置が、MAC のナン%にあるのか、といった計算を行います。MAC を使用して**図 15 − 1** を書き換えたものが**図 15 − 9** で、実際のマニュアルには、このような形の重心位置限界が記載されています。

図 15 − 9 には、旅客機の代表的な重心位置限界が示されています。このうちの①と②については、すでに紹介を終えていますので、ここでは、そのほかの制限につい

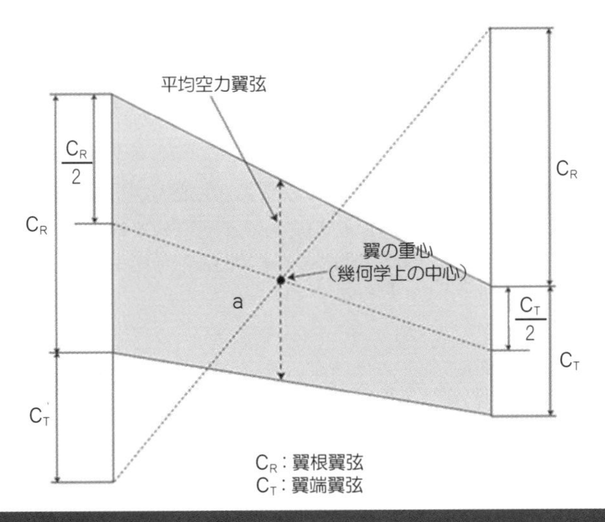

図 15 − 8　平均空力翼弦

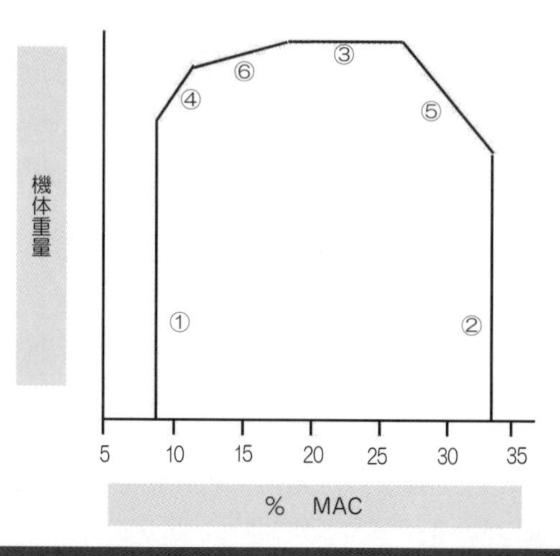

図 15 − 9　実際の重心位置限界

て、その意味を紹介させていただきたいと思います。

まず、③ですが、これは最大離陸重量を表しています。もちろん、ここで言う最大離陸重量とは、構造によって制限される最大離陸重量のことで、性能によって制限される最大離陸重量ではありません。

④は、機体重量が大きく、重心が前方にありますと、地上でノーズギアに掛かる荷重が大きくなりすぎるために制限を加えるものです。同様に、機体重量が大きく、重心が後方にありますと、地上でメインギアに掛かる荷重が大きくなりすぎるために、⑤の制限を加えています。

⑥は、主翼の構造によって制限される部分です。前述のように、重心位置が前に行くほど、主翼が発生しなければならない揚力が大きくなりますので、機体重量が大きく、重心位置が前方にありますと、主翼構造が強度的に厳しくなってきますので、この制限を加えています。

注：ふつう、横方向の重心位置については、それほど厳しくはありません。胴体の中での左右のアンバランスは基本的に大きくならないからです。ただし、翼内タンク内の燃料に左右のアンバランスが生じますと、モーメント・アームが長い分、横方向の安定操縦性に大きな影響を与えますので、そういったアンバランスが生じないよう、燃料使用手順（フュエルマネージメント）が厳密に定められています。

●重量重心位置管理の実際[2),3),4)]

ここでは、実運航で、機体重量と重心位置を求める手順を考えてみましょう。このような作業を、ウェイトアンドバランス（Weight and Balance、W&B）と呼んでいますが、W&B のためには、まず、機体そのものの重量と重心位置が分かっていなければいけません。そのために、機体自身の重量と重心位置が実測されています。

計算上は、その状態に乗員（手荷物を含む）と食事・飲料などの重量を加えた上で、お客さまと貨物、そして、燃料を搭載していくことになりますので、お客さま、貨物および燃料の重量と、それによる重心位置の変化を正確に見積もらなければいけないことになります。

ところで、重心位置の計算には、どの程度の重量が、機体のどの部分に搭載されるかということを知り、それを用いて、ある位置を基準としたモーメントを計算し、それらの総計を、重量の総計で割って重心位置を求める、という手法が用いられます。**図 15 − 10** は、これらのうち、お客さまと貨物による重心位置を計算する方法の概念を、模式的に表したものです。

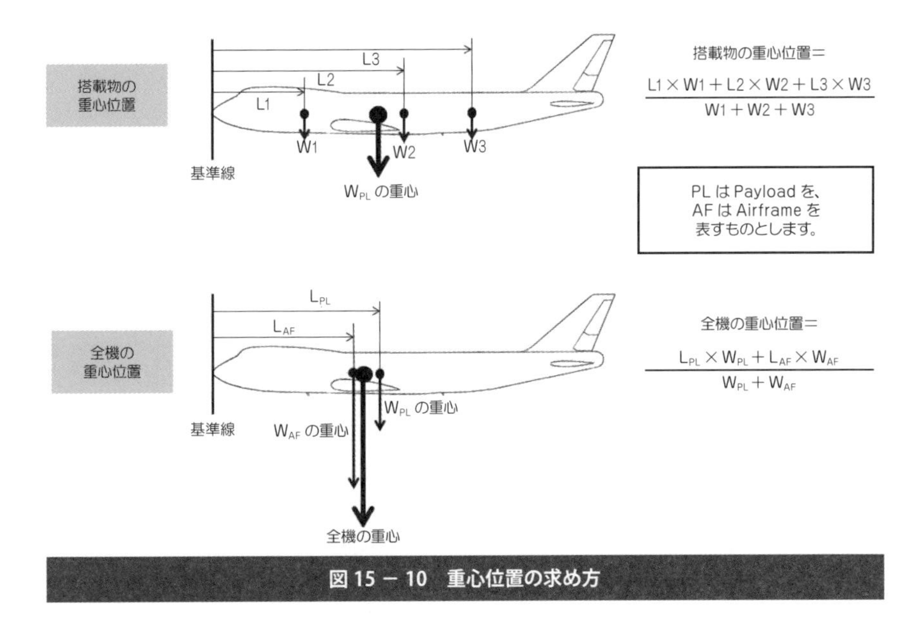

図 15 − 10　重心位置の求め方

ただし、図のように、基準線を機首に持ってきますと、モーメントが正の数字ばかりになるとともに、たとえば後方貨物室に搭載した貨物によるモーメントは著しく大きな値になって、計算時のエラーを招きやすくなります。そこで、正と負のモーメントの値が差し引きゼロに近くなるような形での計算にすべく、基準線は、空力中心付近（つまり、MAC 25 % 付近）に置くのがふつうです。

また、お客さまの着席位置によるモーメントを、客室全体を一つの区域として計算しようとしますと、計算誤差の原因になりますので、ふつうは、客室を（計算上）いくつかのコンパートメントに分割して、重量と重心位置を計算します。

ちなみに、お客さまの体重については、路線や季節ごとに、実績に基づいた統計値を使用しています。また、着席位置については、窓側から着席する、窓側が埋まると通路側に着席する、通路側も埋まると中央に着席する、といった仮定のもとに、重量と重心位置を計算します。

このように、お客さまの重量の見積もりや、それによるモーメントの見積もりについては、ある想定値が使用されるため、計算結果が、実際の重量と重心位置に一致しないことが考えられます。そこで、そのような誤差を吸収するため、飛行規程で定められた重心位置限界（**図 15 − 9** です）の内側（安全側）に、エアライン独自の限界を設けておくのがふつうです。

エアラインでは、飛行規程の制限よりも内側に設定したこの限界を、オペレーショナル・リミット（Operational Limit）と呼び、一方の、飛行規程に記載された、本来の限界を、サーティファイド・リミット（Certified Limit）と呼んでいます。

さらに、予約なしのお客さまが、出発間際に飛び込んでこられることがありますが、そのような場合に、W&B をやり直すことは不可能です。そのため、あらかじめ、ラストミニッツ・チェンジと称するバッファを設けておくのがふつうです。

そのようなわけで、実際にエアラインが使用する重心位置限界は、飛行規程で定められている限界よりもかなり狭くなっているのが実態です。

次に貨物ですが、貨物については、実際の重量が判明しているため、それを用いて重量と重心位置を計算しますが、その貨物を搭載する貨物室（前方貨物室か後方貨物室か）によって、モーメントが大きく変化しますので、まずは搭載位置を決定して、重心位置の計算を行います。

●**貨物室の床の強度**

ご存知のように、飛行機の構造は、操縦による機体の運動、および、突風を受けたときの機体の運動に耐えられるように設計されています。それぞれ、運動荷重と突風荷重と呼ばれていますが、運動荷重だけに限定すれば、旅客機は、＋2.5G、－1.0G の荷重に耐えられるようになっています。それでは、ここで、突風を受けたときの挙動を考えてみましょう。

いま、下方から突風を受けて主翼の揚力が増加した場合の、重心周りの釣合いの変化を、**図 15 － 7** をイメージしながら考えてみましょう。このときの機体の挙動は、「空力中心をベースにした縦の安定性」の項で紹介させていただいたこととまったく同じですので、「縦の安定性」が「正」である機体である限り、つまり、ふつうの機体である限り、下からの突風によって、機体は上に持ち上げられるとともに、自らの安定性によって機首を下げます。

このように、ピッチング運動を伴いますので、機体が上方に持ち上げられるために生じるプラスの G と、ピッチング運動のために生じる G が同時に作用します。ところで、このピッチング運動のために生じる G は、尾部ではプラス、機首ではマイナスです。したがって、下からの突風を受けた場合の G は、尾部では大きくなり、機首では小さくなります。この様子を示したものが、**図 A** です。

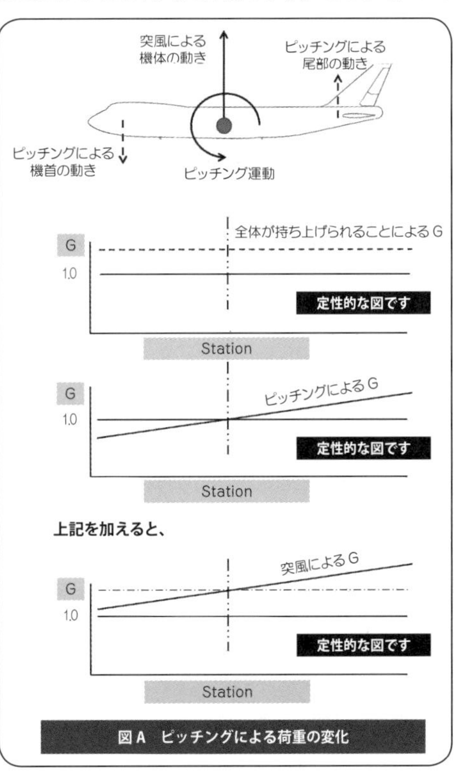

図 A　ピッチングによる荷重の変化

ただし、突風は大気の動きですから、下からの突風があったということは、引き続いて、上からの突風を受けるに違いありません。このときの G を上記と同じようにして求め、それらを重ねて描いたものが**図 B** です。

ところで、筆者がまだ若かったころ、機会があって、ある機種の構造設計のための荷重計算書を勉強させてもらったことがありますが、その計算書に記載されていた突風荷重は **図 C** のようになっていたことを、40 年ぐらい経った今でも鮮明に記憶しています。

当時は、本誌に記事を書かせてもらえるような立場になるとは思ってもみませんでしたので、あまり深く考えることもなく納得してしまったことを悔やんでおりますが、いま考えてみますと、**図 C の①**の部分は、**図 D の①（ピッチング運動の短周期モードの最初の山）**を反映したものであり、**図 C の②**の部分は、**図 D の②（短周期モードの次の山）**を反映したものであるような気がしています。

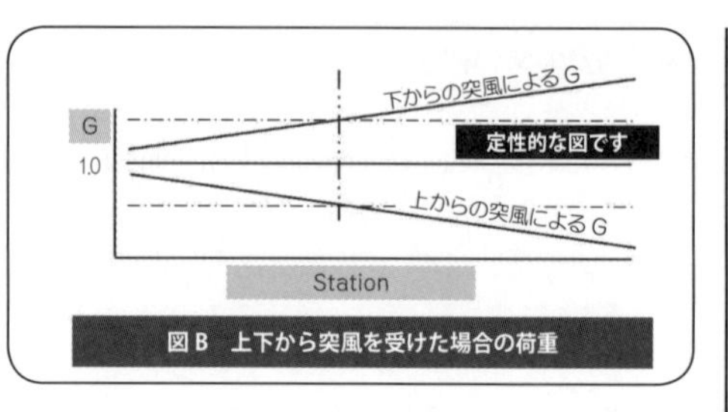

図 B　上下から突風を受けた場合の荷重

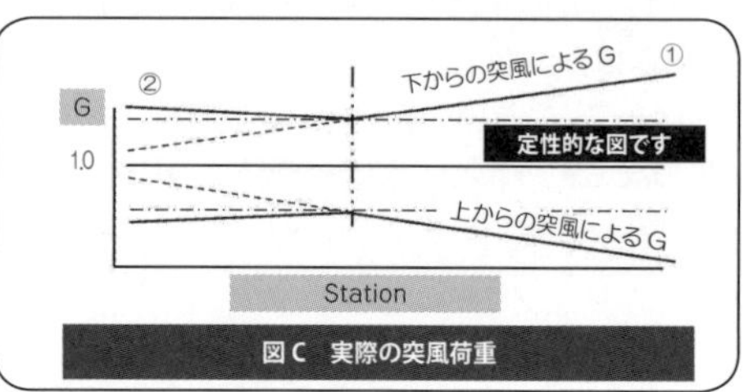

図 C　実際の突風荷重

いずれにしましても、**図 C** に示されていますように、同じ突風を受けても、前後部、特に尾部に大きな G が掛かります。乱気流に遭遇した場合、尾部に搭乗いただいているお客さまにケガが多い原因の一つではないかと思われますが、同じ理由によって、貨物室に搭載できる貨物の重量制限（前後方向の単位長さあたりの最大許容貨物重量）も、**図 E** のように、前後部にいくほど厳しくなっています。

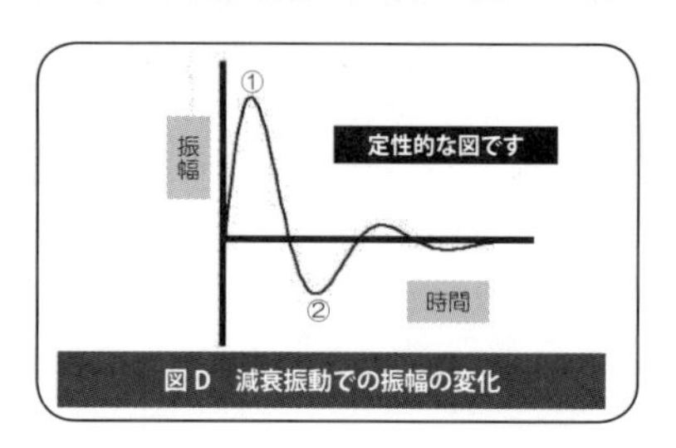

図 D　減衰振動での振幅の変化

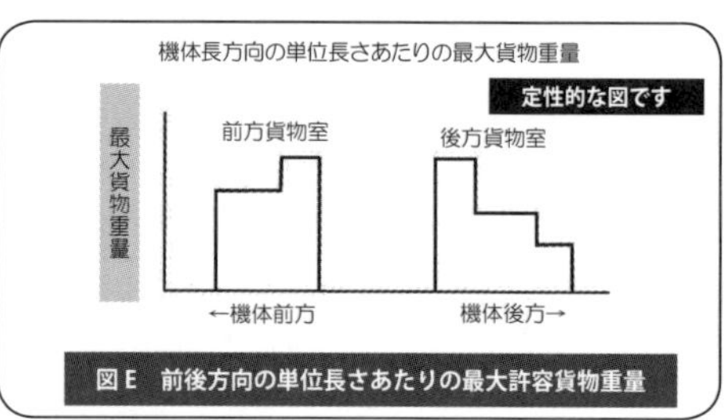

図 E　前後方向の単位長さあたりの最大許容貨物重量

なお、突風荷重の算出方法につきましては、機会を改めて、その概要を紹介させていただきたいと考えています。

最後は燃料ですが、燃料による重心位置の変化は少々複雑です。翼端側にあるタンクに燃料が入るときは、主翼の後退角の影響によって、重心位置が後方に移動しますし、主翼内側にあるタンクに燃料が入るときは、重心位置が前方に移動するからです。

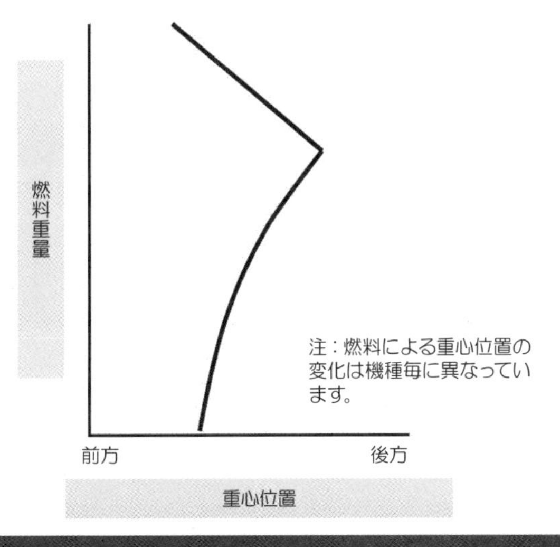

図 15 − 11　燃料の搭載と重心位置

第２回で最大無燃料重量について紹介させていただいた際、燃料の使用手順（フュエルマネージメント）が厳密に定められていることを説明させていただきましたが、このことは逆に、燃料を搭載する際にも、どのタンクにどのような順序で搭載していくかが決まっていることを意味します。

燃料を搭載するにつれて、重心位置がどのように変化するのかは、燃料タンクの構成と配置によりますので、機種ごとに異なっていますが、代表的には、**図 15 − 11** のような傾向で変化します。

● W&B マニフェスト

以上をまとめますと、ウェイトアンドバランスで行っている作業は、**図 15 − 12** のようになります。燃料が消費されるにつれて、機体重量が軽くなるとともに重心位置が移動しますが、その途中のいかなる時点でも、重心位置は、前方限界と後方限界の間になければならないことは言うまでもないことですが、**図 15 − 12** のような作業を通して、このことを確認できることになります。

ただし、重心位置を求めるために使用されるパラメータは、長さとか重量ではなく、モーメントですので、**図 15 − 12** のような、長さや重量といった単位を用いたスケールの上で、ウェイトアンドバランスの作業を実施することは困難です。

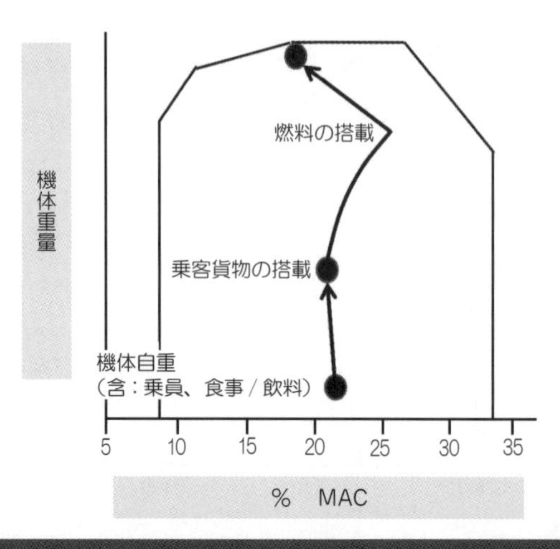

図 15 － 12　実際の W & B の作業

たとえば貨物を、機体の重心に近い貨物室に搭載する場合と、機体の重心から離れた貨物室に搭載する場合では、同じ重量の貨物であったとしても、それが作り出すモーメントはまったく違います。したがって、**図 15 － 12** のような、（横軸として現実の長さを使用している）チャートの上で作業をしようとしますと、そのモーメントの違いに応じて、重心位置の変化量を、**図 15 － 13** のように調整しなければならないことになります。

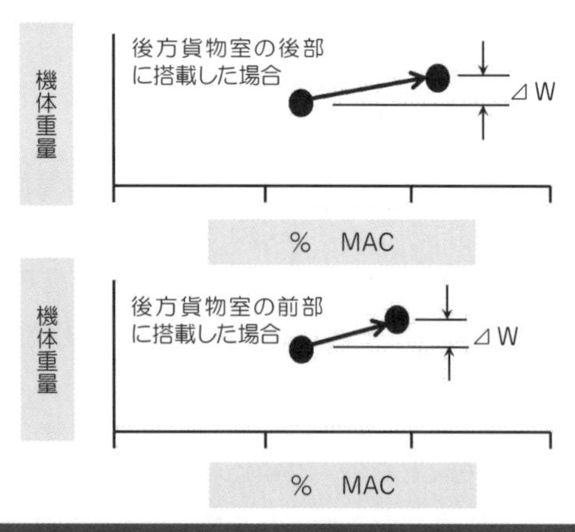

図 15 － 13　同じ重量を搭載した場合の重心位置の移動

つまり、お客さまや貨物の搭載位置が機体の重心から離れるにしたがって、作り出すモーメントが大きくなるために、重心位置の変化量の違いを、搭載位置ごとに算出しなければならないことになり、つまりは、チャートの上での足し算ができなくなることになります。

こういったことを防止するため、**図 15 − 12** の横軸の % MAC を、現実の長さではなく、モーメントに変えてしまえば、モーメント同士を単純に足し算できるような気がします。これを実現するのが、W&B マニフェスト（または W&B ダイアグラム）と呼ばれる特別な形をした作業用フォーマットで、**図 15 − 14** のような形をしています。

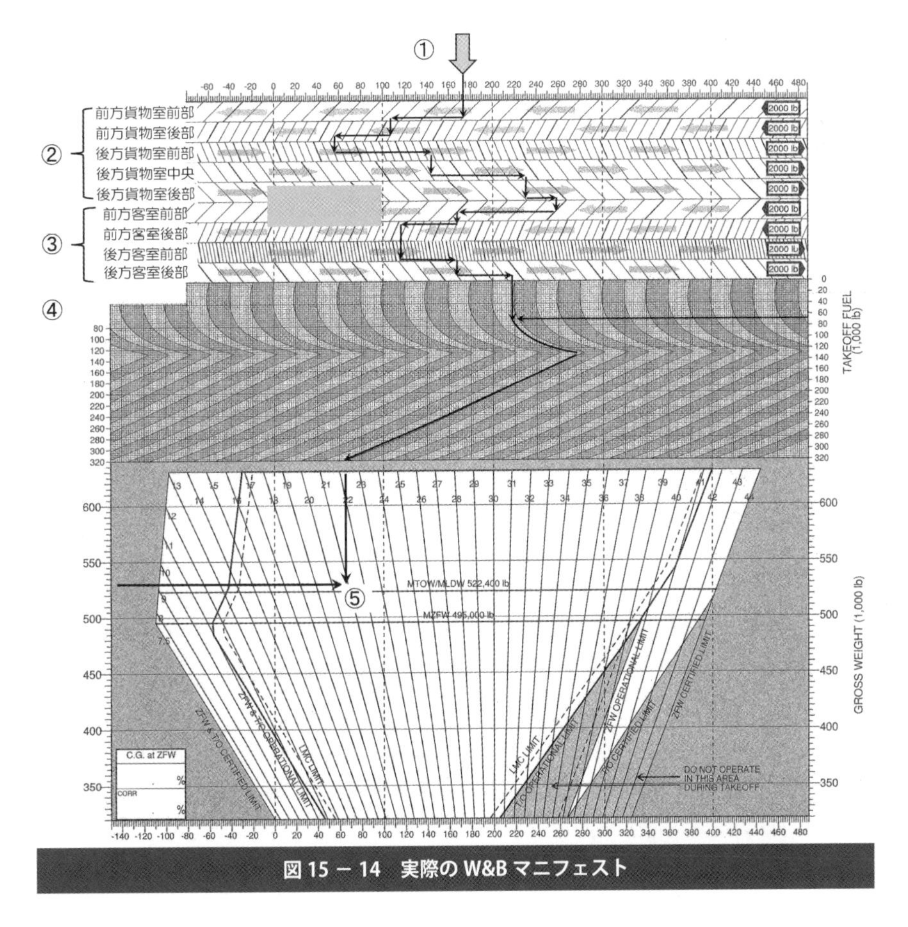

図 15 − 14　実際の W&B マニフェスト

図 15 − 14 の上端と下端には（横軸の）数字が示されていますが、この値は、モー

メントを「インデックス・ユニット」に変換したものです。たとえば、基準点から500インチ（約12.5メートル）離れた場所に6,000ポンド（約2.7トン）の貨物を搭載したとすれば、そのモーメントは3,000,000インチ・ポンド（＝500×6,000）になりますが、このような桁数の数字を使いますと、計算ミスの原因になりますので、すべてのモーメントを一律に、たとえば100,000で割って、この場合では「30」といった、扱いやすい数字に変換するわけです。

ところで、**図15－14**には、W&Bマニフェストの一部しか示されていません。実は、この左側に、貨物の重量と搭載位置を書き込み、それによる「インデックス・ユニット」の変化量も書き込む、という表があります。ちなみに、「インデックス・ユニット」の変化量を算出する際の誤差を最小限に留めるため、前方貨物室は計算上、前部と後部の2つのコンパートメントに分割されています。同時に後方貨物室は、3つのコンパートメントに分割されています。

同様に、お客さまの搭乗による「インデックス・ユニット」の変化量を算出する際の誤差を最小限に留めるため、前方客室は計算上、前部と後部の2つのコンパートメントに分割され、後方客室も前部と後部の2つのコンパートメントに分割されて、貨物の場合と同様な表が記載されています。

さらに、それらの表には、貨物の重量、お客さまの重量、燃料の重量を算出できるようにした欄や、それらを加えた機体の総重量を算出するための欄や、また、それぞれの重量が最大値を越えないことを確認するための欄などがあり、つまりは、**図15－14**に示された本体部分に入力するための下計算を行なうための数多くの表が用意されています。

その結果、現実のW&BマニフェストはA3サイズの大きなチャートになっていますが、それをそのまま引用しますと、分解能が悪くなって読めなくなりますので、**図15－14**は、実際のW&Bマニフェストの本体部分に限って引用してあります。

ちなみに、**図15－14**の中に、番号を入れて作業手順を書き加えてありますが、それぞれ、次のとおりです。

① 別の表から求めてあった、機体の自重、乗員、乗員の手荷物、食料品などを積算した重量での重心位置をプロットします。

② 貨物による重心位置の変化量をプロットします。具体的には、①から下に降りて、ガイドラインとの交点を作り、図中の矢印の方向に進んで重心位置の変化量をプロットします。この例では 2000 ポンドごとに、ガイドラインが記されていますので、貨物の重量が、たとえば 6000 ポンドであったとすれば、ガイドライン 3 本分だけ移動したところにプロットします。次に、そのまま下に降りて、次のコンパートメントでのガイドラインとの交点を作り、上記と同様にして、重心の変化量をプロットします。これを繰り返して、この例では、前方貨物室と後方貨物室の計5つのコンパートメントに対して、重心位置の変化量をプロットしていきます。

ガイドラインの間隔からお分かりのように、前方貨物室の前部分、および後方貨物室の後部分では、単位重量あたりの重心の変化量が大きくなっています。

③ まったく同じようにして、お客さまの重量による重心位置の変化量をプロットします。この例では、前方客室と後方客室の計 4 つのコンパートメントに対して、重心位置の変化量をプロットしています。ここでも、前方客室の前部分、および後方客室の後部分では、単位重量あたりの重心の変化量は大きくなっています。

④ 同様にして、燃料の重量による重心位置の変化量をプロットします。

⑤ 上から降りてきた重心位置と、すべての重量を積算した機体重量の交点を作ります。これが、出発時の機体重量と重心位置になります。

ちなみに、このような W&B の計算を迅速かつ正確に実施するために、現在では、この種の作業はコンピュータ化されているのがふつうです。

今回は、重心位置を中心にして重量重心位置管理（ウェイト・アンド・バランス）について紹介させていただきました。

次回は、これまでに何度か出てきた失速速度について、その概要を紹介させていただきたいと思っています。お楽しみに。

（つづく）

参考文献

1）Fluids – Lecture 3 Notes（http://web.mit.edu/16.unified/www/FALL/fluids/Lectures/f03.pdf）

2）FAA-H-8083-1A　Aircraft Weight and Balance Handbook（http://www.faa.gov/regulations_policies/handbooks_manuals/aircraft/media/faa-h-8083-1a.pdf）

3）AC25-27E Aircraft Weight and Balance Control（http://www.faa.gov/documentLibrary/media/Advisory_Circular/AC120-27E.pdf）

4）通達 国空航第 566 号「航空機の運航における乗客等の標準重量の設定について」（http://wwwkt.mlit.go.jp/notice/pdf/201107/00005468.pdf）

16. 失速速度（前編）

読者の皆さまは、失速と呼ばれる現象や失速速度という言葉はお馴染みでしょうし、本稿でも、これまで何度か、さりげなく失速速度という言葉を使ってきました。今回は、あらためて、失速速度にどのような意味があるのかを考えてみましょう

●失速速度の重要性

飛行機は翼（つばさ）に発生する揚力を利用して空を飛んでいますが、同じように揚力を利用するものに水中翼船があります。水中翼船の場合、高速航行時には水中翼に発生する揚力によって船体が支えられていますが、港への出入り時など、低速で航行しているときには（つまり動圧が小さいときには）、船体を支えられるほどの揚力は発生できませんので、浮力によって船体が支えられます。これに対して、飛行機の場合には、機体に作用する浮力は微々たるものですので、動圧を失うと、つまり前進速度を失うと堕ちてしまいます。

これが、失速のそもそもの原因ですが、そのような事態に陥らないよう、パイロットは、初期の訓練時から、失速の理論、失速の怖さ、失速の兆候の捉え方、失速に近づいた場合の回復操作などについて、徹底的に訓練されています。このため、実運航で失速に陥ることはあまりありません。つまり、そういった事態に陥るのは、エアデータ関係のシステムにトラブルが発生して速度計の指示が失われ、パイロットが機速を把握できなくなった場合や、諸々の操作ミスが重なってしまった場合などに限られています。

しかし、だからと言って、いまや失速速度の意義が希薄になったというわけではありません。なぜなら、本稿でこれまで述べてきましたように、実運航時に、容易には失速してしまうことがないよう、離陸時の V_2 の最小値は $1.13V_S$（V_S は失速速度）であるとか、着陸進入時の V_{REF} の最小値は 1.23Vs であるとか、日常的に使用する速度は、失速速度に対して、あるマージンを持たせた速度として決定されているからです。

こういった観点から、離着陸速度の基準となる失速速度の重要性には変わりはありません。

●失速時の挙動といくつかの言葉

ここでは、失速速度のテストのときの状況を、T- 類の飛行機を例にとって、簡単に見ていきましょう。

パイロットはまず、予想される失速速度（Vs）より少し速めの速度でトリムを取ります。「トリムを取る」というのは、手を離しても、その高度・速度・ヘディングを維持して飛行することができる状態を作ることです。パイロットは、それを実現するために、水平安定板（スタビライザー、スタブと略します）やエンジン推力などを微妙に調整します。

その状態から、エンジンをアイドルまで絞り、高度を維持するために、昇降舵だけを操舵して機首を徐々に上げていきます。この段階では、いままでゴーッと音を出していたエンジンが「ヒューン」と静かになって、コクピットでは風切り音だけが聞こえている状態になっています。

昇降舵を引いて機首が上がることによる抗力の増加とアイドルスラストのために、機速が徐々に減少していきますが、失速が近づいてくると、主翼から剥離して乱れた気流が機体の尾部を叩く（**図 16 − 1**）ことによって、機体全体が振動し始めます。これを「バフェット」と呼びますが、バフェットは、最初はズズズッといった感じの振動から始まります。

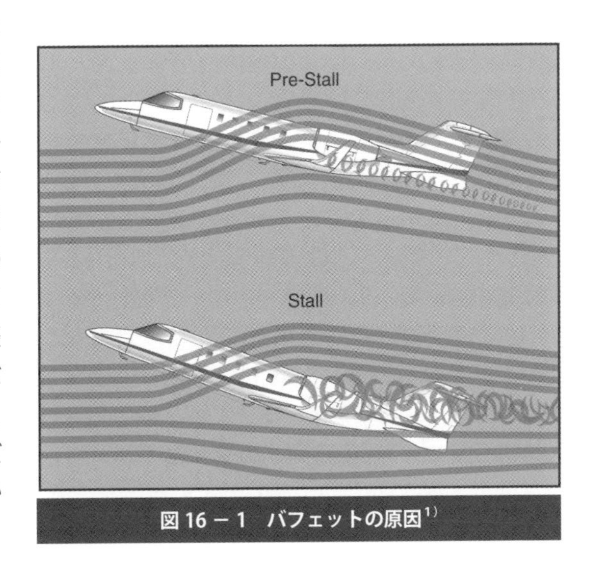

図 16 − 1　バフェットの原因 [1)]

コラム（操縦桿）をさらに引いて、減速を続けていきますと、バフェットがどんどん激しくなり、最終的には「ズンズン」といった感じの振動に変化してきて、よほど強い精神力を持たない限り、コラムを引き続けることができなくなります。この段階で、コラムを引き続ける力を少し緩めますと、機体は、自らの安定性によって、機首を下げ増速していって、失速から回復します。なかには、コラムをいっぱいに後方に引いても、減速することなく、そのまま機首を下げて増速していく機種もあります。

このように、失速が近づいていることを、空力的なバフェットによって知らせてくれる機体はよいのですが、目立ったバフェットも発生しないまま、失速に入ってしまうような機体があったとすれば危険ですので、そのような機種には、人工的な失速警報装置が取付けられます。このシステムは、失速が近づくと、コラムを振動させて、パイロットに警報を与えるもので、これを「スティック・シェーカー」と呼んでいます。法的要件としては、空力的なバフェットだけで十分な抑止力になる場合には、スティック・シェーカーの装備は不要ですが、現実には、どの機種も、スティック・シェーカーを装備しているようです。

一方で、失速時に水平尾翼が、主翼から剥離した（乱れた）空気の流れの中にスッポリと入ってしまい、そのために昇降舵の効きがほとんど失われてしまうことがあります。このような失速を「ディープ・ストール」と呼びますが、ディープ・ストールを起こしますと、昇降舵が効かないため、機首を下げることができず、そのままの姿勢で高度を失って地表に激突する、あるいは、スピン（きりもみ）に入るなどの可能性が高くなり、非常に危険です（**図 16 − 2**）。

ディープ・ストールは、BAC1-11（ワンイレブン〔**図 16 − 3**〕）、トライデント（**図 16 − 4**）、DC-9（**図 16 − 5**）、727（**図 16 − 6**）などの「T-Tail 機」に特徴的な特性ですが、この種の機体では、スティック・シェーカーによってパイロットに対する警報を与えるのでは遅すぎるかもしれません。そのため、失速に近づいたことを迎え角センサーが検知すると、コラムを強制的に前に押して、無理やり機首を下げるようなシステムを装備することがあります。このシステムが「スティック・プッシャー」と呼ばれているものです。

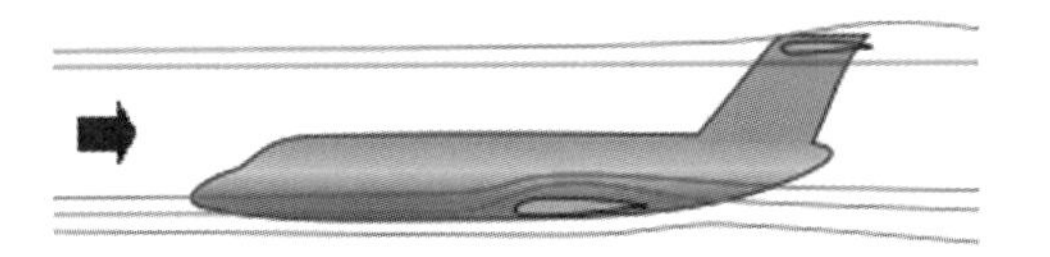

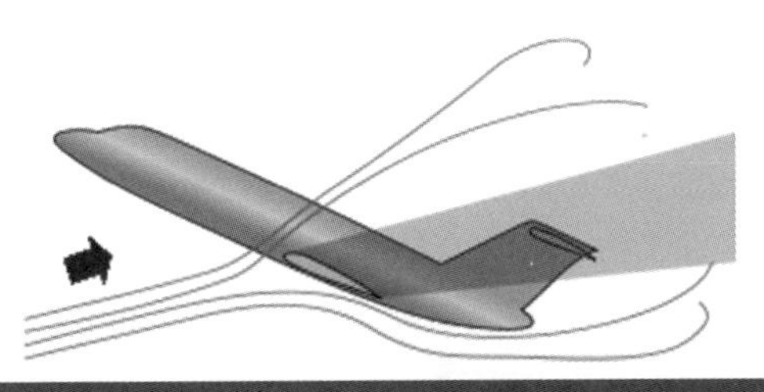

図 16 － 2　ディープ・ストール [2)]

図 16 － 3　BAC1-11

図 16 － 4　トライデント

図 16 － 5　DC-9

図 16 － 6　ボーイング 727

また、上記に加えて、失速初期から回復時にかけての間、操縦特性が良好なものであることを保証するための「失速特性」に関する法的要件も定められています。

注：前回紹介させていただきましたように、失速速度は、重心位置が前方限界にあることを前提にして決定されますが、失速特性は、重心位置が後方限界にあることを前提にして評価されます。重心位置が後方に行くほど、安定性が悪くなるからです。

●失速速度の種類

実は、わりに最近まで、失速速度（Stall Speed）には、1 G Stall Speed（Vs_{1g}）と FAR Stall Speed（Vs_{FAR}）と呼ばれる二種類の定義がありました。

失速テストは前項のように、高度を一定に保ったまま、減速を続けて失速に至るテストですが、ある速度まで減速したときには、揚力が不足して高度を保てない、そのような速度が存在するであろうことは容易に想像できることです。そのときは、揚力が機体を支えられなくなって沈下を始めますので、1G での飛行経路を維持できなくなることになります。そのときの速度が Vs_{1g} と呼ばれる失速速度です。

もちろん、この速度が私たちの直感と一致する失速速度ですし、欧州ではその速度が使用されていたのですが、米国では長年にわたって、Vs_{FAR} が使用されてきました。この Vs_{FAR} は、失速試験中に経験する最小の速度であり、つまりは、Vs_{1g} 後に、高度を下げつつ回復操作を行なっている最中に経験される最小の速度です。

図 16 − 7 は、失速試験で得られた、速度、高度と、高度方向の G を、時間に対してプロットしたものです。実際のデータは、バフェットなどの影響を受けて、このようなスムーズなカーブにはなりませんが、得られたデータをスムーズアウトした図であると考えてください。

この図には、高度方向の G が 1G から離れるときの速度が Vs_{1g} で、高度を下げながら失速からの回復操作を行なっているときに経験する最小速度が Vs_{FAR} であることが示されています。

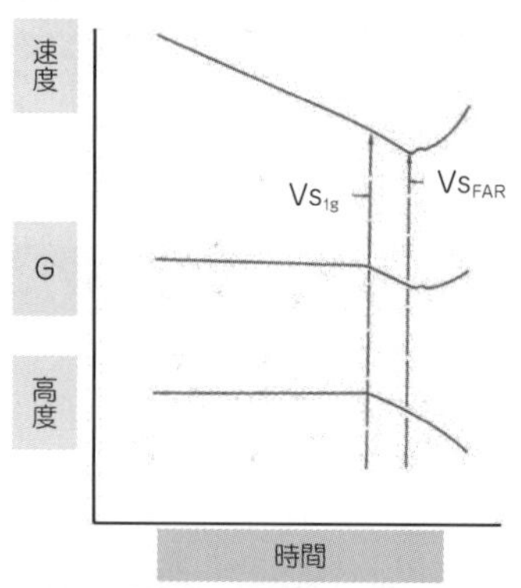

図 16 − 7　失速試験での時系列データ [3)]

Vs_{1g} を求めようとしますと、次項で紹介させていただきますように、G メーターの記録、ピッチ角の記録、および、高度・速度の記録を用いて、テスト結果を解析する必要がありますが、一方の Vs_{FAR} は比較的簡単に結果を求めることができます。つまり、Vs_{1g} を求める際には、少しばかり面倒な機器が必要になりますが、Vs_{FAR} ではそのような機器を必要としません。

小型機を主体とするジェネアビ機（エアライン機と軍用機を除いた航空機の総称）の飛行は欧州でも盛んですが、米国の場合には、ジェネアビが著しく発達しているため、非常に多くの小型機に相応の機器を搭載することが難しく、必然的に Vs_{FAR} を使用せざるを得なかったのではないかと推測されます。

このような、Vs_{FAR} には、テストが簡単にできるというメリットがある反面、失速からの回復操作時のパイロットの操舵次第で、失速速度が少し変動してしまうというデメリットも持っています。

一方で、それぞれの耐空性基準を持っていた欧州各国は、その基準を統一すべく、JAR（Joint Airworthiness Requirements）を経て、EASA ルールへと発展してきました。そして、そういった変革と同時期に、欧州のルールと米国のルールとの差異を解消しようという活動（ハーモナイゼーションと呼ばれています）が実施されていました。その活動の中で、失速速度は Vs_{1g} に統一されていきます[4)]。

注：欧米のルールや我が国の耐空性審査要領で定められている失速速度は、V_{SR}（Reference Stall Speed、参照失速速度）と呼ばれているものですが、その V_{SR} を決定するときのベースとして Vs_{1g} が使用されます。

● Vs_{1g} を求める際の苦労

Vs_{1g} を求めるために必要な「高度方向の G」を測定することは容易ではありません。G を測定するための「ジーメーター」は常識的に考えて、機軸に対して、平行方向および垂直方向に取付けられるでしょうから、高度方向（つまり、地球の中心方向）の G を測定するためには、**図 16 － 8** のようにして、機軸方向の G と機体の上下方向の G を合成する必要があります。また、そのためには、ピッチ角を精密に測るための機器も必要です。

このため、飛行試験中に、G メーターの記録、ピッチ角の記録、および、高度・

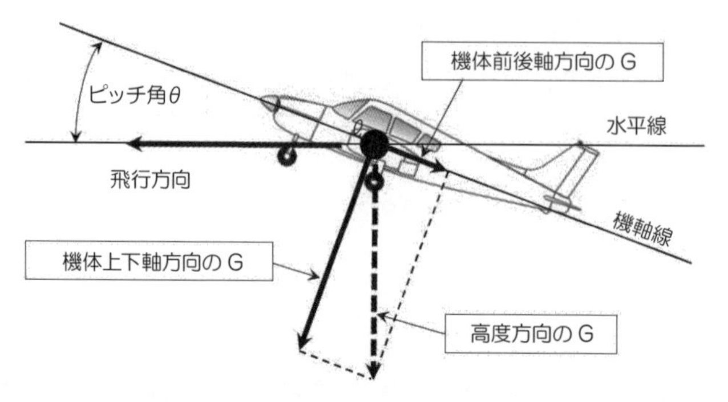

注：水平飛行ゆえ、迎え角αは、ピッチ角θと同じです。

図 16 － 8　高度方向の G の測定方法

速度の記録を用いて、電卓を叩きながら、**図 16 － 7** のようなプロットを作って、各テストポイントでのテスト結果を評価し、再試験が必要なテストポイントについては、あらためて試験を実施するなどといった手間が掛かります。

いまでこそ、パソコンを使用して、失速試験中に、「はい、この条件でのテストは完了しましたから、次の条件でのテストをやりましょう」とか、「いまの条件でのテストを再実施しましょう」といった決定を素早く下せますが、パソコンのなかった時代は大変だっただろうと思います。

さらに、近年は、INS（慣性航法装置）や IRS（慣性基準装置）が、飛行機の姿勢とは無関係に、「プラットフォーム」と呼ばれる人工的な水平面を、ハードウェア的かソフトウェア的かは別にして、それらの機器の内部に持っています。したがって、INS や IRS をテスト用に使用することができれば、「高度方向の G」はもとより、「ピッチ角」も容易かつ正確に求めることができます。このような技術の進歩によって、Vs_{1g} を簡潔に求めることができる環境が整ってきました。

しかも、最近、特に IRS は比較的安価で入手できるようになってきました。したがって、IRS を機体に実装するか、失速試験時だけ取付けるかは別にして、Vs_{1g} の試験の現実性が増したことになります。このような背景が、失速速度を Vs_{1g} に変更するという FAA（米国連邦航空局）の決断にかなりの影響を与えたものと思われます。

ところで、このようにして、高度方向の G を簡潔に得ることができるようになったとしても、失速前のバフェットによって機体が振動し、そのために、「高度方向の G」も振動している中で、どの時点で、1 G の飛行経路から外れ始めたのかを判定することは容易ではありません。そこで、FAA のアドバイザリーサーキュラー AC 25-7C では、**図 16 − 9** のような方法を提示しています。

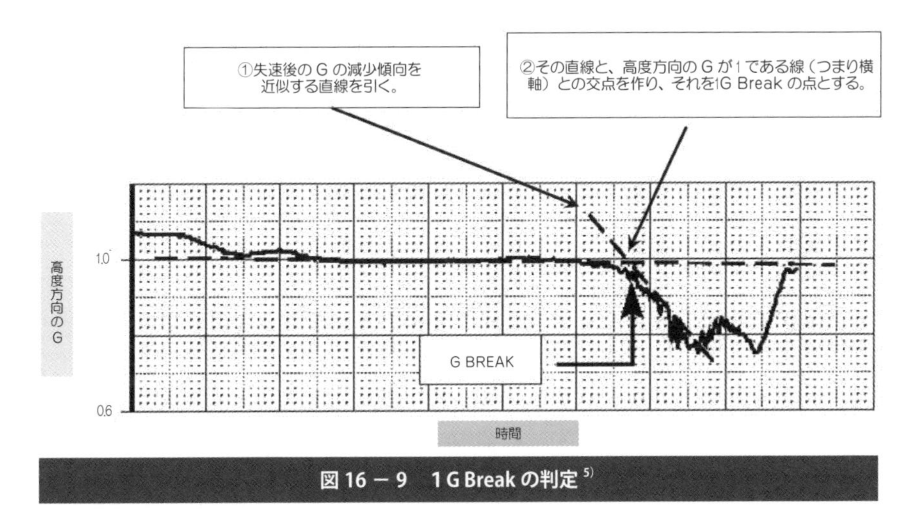

図 16 − 9　1 G Break の判定[5)]

●離着陸速度を求める際の係数

FAA が Vs_{FAR} から Vs_{1g} に移行するにあたって、Vs_{FAR} と Vs_{1g} との相関が綿密に検討されました。その調査によって、Vs_{FAR} は Vs_{1g} よりも 6％程度低いものと仮定すればよいことが判明するのですが、これは、V_2 や V_{REF} などの速度を求める際、$Vs_{FAR} \fallingdotseq 0.94 \times Vs_{1g}$ 、逆に、$Vs_{1g} \fallingdotseq 1.06 \times Vs_{FAR}$ であるという関係を前提にすればよいことを意味します。

これによる影響を、V_{REF} を例にとって考えてみましょう。それまでの FAA のルール（FAR）によれば、着陸進入時の V_{REF} の最小値は 1.3 Vs_{FAR} でした。それゆえ、ある重量での Vs_{FAR} が 100 ノットであったとしますと、その重量での V_{REF} の最小値は 130 ノットであったことになります。

一方で、上記の $Vs_{1g} \fallingdotseq 1.06 \times Vs_{FAR}$ から、この重量での Vs_{1g} は約 106 ノットです。したがって、上記の係数（1.3）をそのまま使用しますと、V_{REF} は 138 ノット（＝ 1.3 × 106）まで増加してしまいます。しかし、それにつれて、必要着陸滑走路長が延びることになりますので、エアラインが困ります。

そして、これが大変に重要なことなのですが、長年の運航経験から考えて、それまで使用していた V_{REF}（この例で言えば130ノット）で何の問題もありませんでした。そのため、V_{REF} そのものの値は、いままでどおりとするために、係数を1.3から1.23に変えることにしました。その結果、V_{REF} は、「1.23×106＝130」で、もとどおりの値になるというわけです[6),7)]。

同様にして、V_2 の最小値を求めるために使用する係数は、昔の1.2から1.13に改められました[8),9)]。

注：それぞれ、1.3 × 0.94 ≒ 1.222、1.2 × 0.94 ≒ 1.128 を切り上げた値になっていることに注目してください。

非常にまどろっこしい説明でしたが、FAR 改定の要点をまとめますと次のようになります。

• 失速速度の定義を、従来の Vs_{FAR} から、（より明確な）Vs_{1g} に変更する[4)]。
• しかし、従来から使用してきた V_2 や V_{REF} に不具合があったわけではない。
• したがって、V_2 や V_{REF} の値が変わらないように、係数を調整する[4)]。

まったく同様にして、失速警報装置が作動を開始しなければならない速度も改定されました。従来、失速警報装置は基本的に1.07Vsで作動しなければならなかったのですが、失速速度の定義の変更に伴って、この作動点が「1.03 Vs または3 kt の大きい方」と改められました。

上述の注で述べた計算に従えば、この作動点は、1.07×0.94で1.01になりますが、この余裕度ではあまりにも小さすぎて、パイロットへの警報としては役立たない恐れがあるとして、1.03までかさ上げされたもののようです[4),10),11)]。

第4回で「着陸復行時と進入復行時の上昇能力」を紹介させていただいた際、着陸形態（着陸フラップ、ギアダウン）から復行する場合の操作と、失速との関連について、次のような紹介をさせていただきました。

• 着陸形態から復行する場合、エンジンをゴーアラウンド推力まで進め、フラップを進入位置まで上げるとともに機首を引き起こすが、加速しないままでフラップをより浅い位置まで上げても失速しないのだろうか。

• 実は、その時点での速度（V_{REF}）で、フラップを上げても失速しないように配慮されている。つまり、進入フラップでの失速速度は、着陸フラップでの失速速度の 110% を超えないことと決められているため、その重量・着陸フラップでの失速速度が 100 ノットであったとすれば、進入フラップでの失速速度は、最大でも 110 ノットである。

• したがって、（着陸フラップでの）V_{REF} は 1.23Vs で 123 ノットであるが、一方で、進入フラップを使用して離陸するものとすれば、V_2 は 1.13 Vs で、最大でも 124 ノット（1.13 × 110）となるため、V_{REF} で進入してきた状態のままフラップを進入位置まで上げても失速することはなく、あたかも、進入フラップで離陸していったかのような状況になる。

この種の説明を行なう際、V_{REF} = 1.3Vs、V_2 = 1.2 Vs という昔の基準では、「着陸フラップでの失速速度が 100 ノットであったとすれば（ただし、これは Vs_{FAR} ですので、上述の Vs_{1g} 100 ノットのときとは機体重量が異なっています）、進入フラップでの失速速度の最大値は 110 ノットです。ゆえに、V_{REF} は 130 ノット（1.3 × 100）で、進入フラップでの V_2 は最大でも 132 ノット（1.2 × 110）ですから、着陸フラップでの V_{REF} のまま、進入フラップまで上げても、あたかも、進入フラップで離陸していったような状況になるだけです」とすべて暗算で済んだのですが、係数が 1.23 とか 1.13 に変わったのに伴って、暗算では済まなくなり、説明時の手順が少しやっかいになりました。

（つづく）

参考文献

1）FAA-H-8083-3A（AIRPLANE FLYING HANDBOOK）Figure 15-15.（FAA Airplane Flying Handbook で検索してください。直ちにヒットします）
2）https://en.wikipedia.org/wiki/Stall_（fluid_mechanics）から再検索
3）航空技術協会発行「航空力学Ⅱ」102 ページ、Fig.4.19
4）Federal Register/Vol.67, No.228/Tuesday, November 26, 2002/Rules and Regulations（www.federalregister.gov/.../ 1-g Stall Speed as the Basis for Compliance With Part 25 of the Federal Aviation Regulations）
5）FAA AC25-7C の 131 ページ（FAA AC25-7C で検索してください。直ちにヒットします）
6）FAR 25.125（b）（2）（i）（A）（FAA Home → FAA Regulations → Current Federal Aviation Regulations → Part25 でヒットします）
7）耐空性審査要領第Ⅲ部 2-3-13-2b（a）の 1）項
8）FAR 25.107（b）（FAA Home → FAA Regulations → Current Federal Aviation Regulations → Part25 でヒットします）
9）耐空性審査要領第Ⅲ部 2-3-4-2a 項
10）FAR 25.207（d）（FAA Home → FAA Regulations → Current Federal Aviation Regulations → Part25 でヒットします）
11）耐空性審査要領第Ⅲ部 2-7-7-4 項

17. 失速速度（後編）

前回は、失速と呼ばれる現象の概要と、失速速度の種類について紹介させていただきました。今回は、その失速速度が、どのようなパラメータによって変化するのか、といったことを紹介させていただきたいと思っています。

● G と失速速度

失速は、翼（つばさ）の揚力係数が最大（$C_{L\,MAX}$）になったときに発生する現象ですので、失速速度と機体の重量は、下式で表すことができます。

$$W = L = \frac{1}{2} \rho\, Vs^2 S\, C_{LMAX}$$

$$\downarrow$$

$$Vs^2 = \frac{2W}{\rho\, S\, C_{LMAX}}$$

$$\downarrow$$

$$Vs = \sqrt{\frac{2W}{\rho\, S\, C_{LMAX}}} \quad \cdots ①$$

ところで、ジェットコースターで下り坂から上り坂に移る際には、体が下方に押し付けられますが、これは下向きの G が掛かるために、あたかも、自分の体重が増えてしまったかのように感じるからです。

これと同様にして、パイロットがコラム（操縦桿）を引いて、機首を上げますと、飛行機は機体自重が重くなったように感じているハズです。したがって、この場合には、翼は（その）重くなった機体重量と釣り合うだけの揚力を発生させる必要があります。

つまり、そのときの荷重倍数（G）を n と表現しますと、翼は、機体重量の n 倍に相当する揚力 L を発生しなければならないことになります。つまり、L＝nW という関係になります。

注：上式 L＝nW の両辺を W で割りますと、n＝L/W ですから、何らかの理由によって、揚力 L が増加しますと、相応の G が掛かります。したがって、下からの突風を受けて、揚力が Δ L だけ増加したとしますと、Δ n＝Δ L/W に相当する G が掛かります。

ということは、① 式は一般的には、次のように書き換えなければならないことになります。

$$L = nW = \frac{1}{2}\rho\, Vs^2 S\, C_{LMAX}$$

↓

$$Vs^2 = \frac{2nW}{\rho\, S\, C_{LMAX}}$$

↓

$$Vs = \sqrt{\frac{2nW}{\rho\, S\, C_{LMAX}}} \cdots ②$$

この式が示すように、荷重倍数 n（G）が掛かると、失速速度は 1G で飛行しているときの失速速度（①式）の $\sqrt{n}$ 倍になります。たとえば、2G の運動をしますと、失速速度は、約 1.4 倍になります。

ところで、水平旋回中の力の釣り合いを考えますと、**図 17 − 1a** のようになります。この図で、上下方向の釣り合いは W＝L cos ϕですから、L/W＝1/cos ϕ となり、したがって、n＝1/cos ϕ になります。正三角形の左半分から分かりますように、cos 60° は 0.5 ですから、60° バンクでは 2G の荷重倍数になり、それゆえ、失速速度は、通常のウィングレベル（バンク角ゼロのこと）での飛行時の約 1.4 倍になります。参考までに、バンクを取ることによる荷重倍数 n の変化と失速速度の変化を**図 17 − 2** に示しておきます。

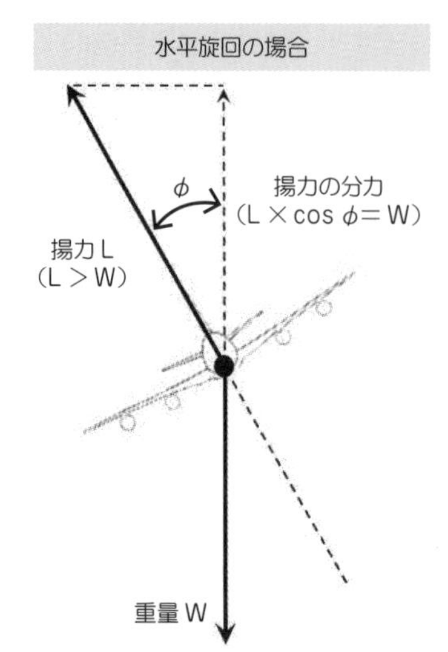

図 17 － 1a　水平旋回中の力の釣合い

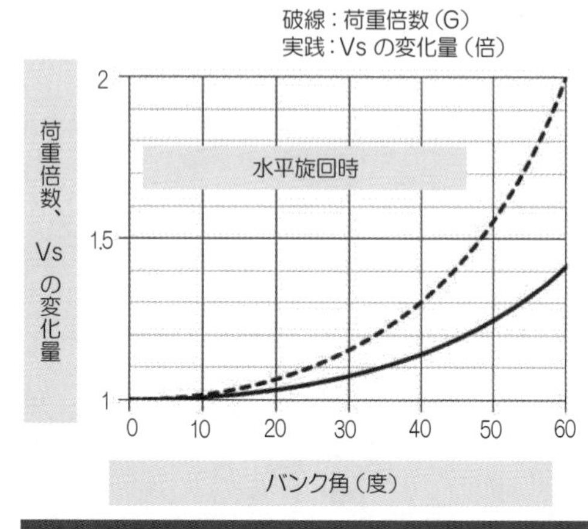

図 17 － 2　バンク角による荷重倍数と失速速度の変化

注：上記のように、水平旋回を行なおうとしますと G が掛かりますが、**図 17 － 1b** のように、バンクして揚力が傾いたぶん、機体が沈むことを許容したとすれば、G を掛けることなく機体を降下させることができます。上空で待機していた戦闘機が下方に発見した敵機に襲い掛かるために、急降下するような場合には、この方法を用いて降下率を稼ぎます。

ちなみに、滅多にあることではありませんが、何らかの理由で旅客機が急いで降下しなければならない場合、昔は機首をそのまま下げて降下したため、マイナスの G が掛かってお客さまに不愉快な思いをさせましたが、いまでは、バンクを取って G を掛けずに降下するのが主流になっています。昔は航法精度が十分ではなかったため、どの便も「自分こそルートの真ん中を飛行している」と思いつつ、みんながルートの中心を外しながら飛んでいたため、機首をさげてまっすぐに降りても、それほどの危険はなかったのに対し、航法精度が格段に向上した現在では、ほぼすべての飛行機がルートのド真ん中を飛行していますので、むしろ、バンクしてルートから外れた方が衝突の危険性が少ないためかと思われます。

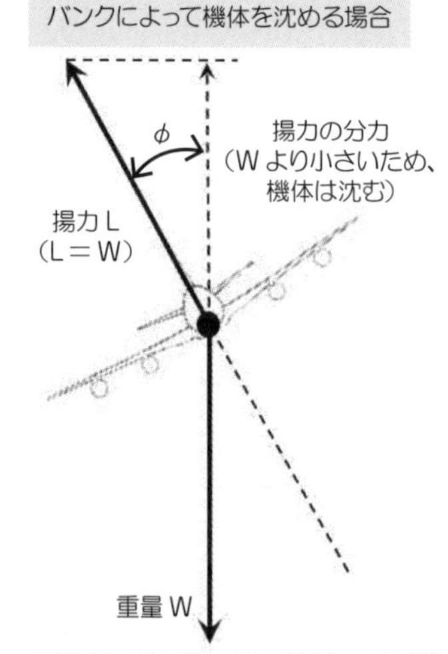

この図は、バンクによって機体を沈める際の、最初の時点での釣合いの様子を描いたものです。

この釣合いのままでは、機体は下向きの加速度を持ちますので、降下率を大きくしながら降下することになりますが、いったん降下率が確立されたあとは、前進方向あるいは横方向（スリップの方向）の速度が増加することによる抗力の増加によって、上下方向の力を釣合わせられますので、等速で降下ができるようになります。

もちろん、この辺の機体の挙動の詳細は、パイロットの操舵次第で、どのようにでもコントロールすることができます。

図 17 － 1b　バンクを利用した降下

●失速速度に至るまでの減速率

実は、失速速度、特に Vs_{FAR} は、失速に至るまでの減速率（これを「エントリーレート」と呼びます）によって変化します。この様子を示したものが**図 17 − 3a** です。図からお分かりのように、すばやく減速して失速させますと失速速度は小さくなります。感覚的な言い方になりますが、すばやく減速させますと、少しばかり急激な失速になりますので、その影響を受けて、1G の飛行経路から外れたあとの、失速から回復中の減速が大きくなり、結果的に、回復操作中に経験する最小速度（これが Vs_{FAR} です）は小さくなる、ということではないかと思われます。逆に、ゆっくりと失速に近づけていきますと失速速度は大きめになります。

Vs_{1g} の場合には、この種の効果がほとんどないため、減速度による影響は顕著ではないようですが、こういった影響を配慮したためか、法的要件では、失速速度は、「1kt/sec を超えない減速度で得られる」失速速度であるとしています。これは、減速度を小さくしてテストした方が失速速度が大きくなり、安全サイドになるからですが、減速度をあまりにも小さくしますと、失速に至らない（減速度ゼロだと失速までに無限の時間がかかる）こととの妥協の産物かと思われます。

このように、失速速度は、1kt/sec の減速度での失速速度として決定されますが、テストフライト時、ちょうど 1kt/sec の減速度で失速させることは至難です。そのため、実際のテストでは、いくつかの減速度で失速させて、これらによって得られた失速速度と減速度の関係をプロットすることによって、1kt/sec の減速度での失速速度を求めるという手法が使用されます。この様子を示したものが**図 17 − 3b** です。

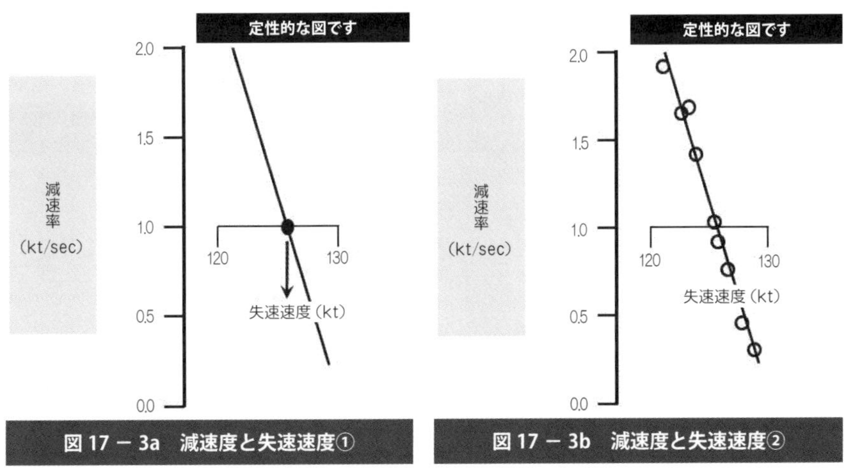

図 17 − 3a　減速度と失速速度①

図 17 − 3b　減速度と失速速度②

●失速と高揚力装置

離着陸時のように、低速で飛行したい場合は、動圧が不足する分だけ、揚力係数を大きくしてやらないと、機体重量を支えるために十分な揚力を発揮させることができません。この揚力係数を大きくするためには、キャンバーを大きくして、翼上面では気流の経路を長く、翼下面では経路を短くするという方法がありますが、この方法では必然的に翼厚が増加してしまいますので、抗力が大きくなり、高速で飛行する機体には向きません。

したがって、現代の旅客機では、抵抗の減少を図るべく、翼厚をできるだけ薄くし、低速時には、キャンバーの不足を補うため、フラップを使用して、揚力係数の増加を図っていますが、それと同時に、迎え角を増加させることによる揚力係数の増加も利用しています。しかし、言うまでもなく、翼の迎え角を大きくしていっても、失速迎え角に達しますと、それ以上の揚力係数を発揮させることはできません。

特に、迎え角が大きくなった場合に、翼の前縁部から失速が始まりますと、失速の影響が翼全体に及びますので、これは避けたいところです。この様子を描いたものが**図 17 − 4a**ですが、このように、前縁部の「よどみ点」で上下に分かれた気流のうち、翼の上面に向かう気流は、シャープな前縁部を回り込むのに疲れてしまい、エネルギーを失って前縁のすぐ後方で剥がれてしまいます。

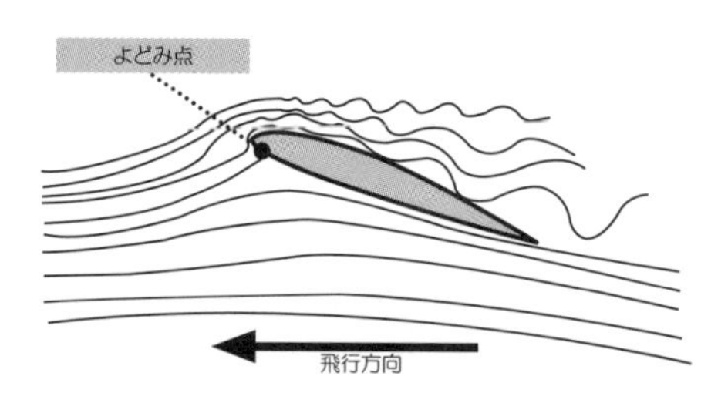

図 17 − 4a　高迎え角での前縁周りの流れ

そのような事態になっては大変ですから、それを避けるために、**図 17 − 4b** のように、前縁部に「スラット」を取付けて、エネルギーの高い空気

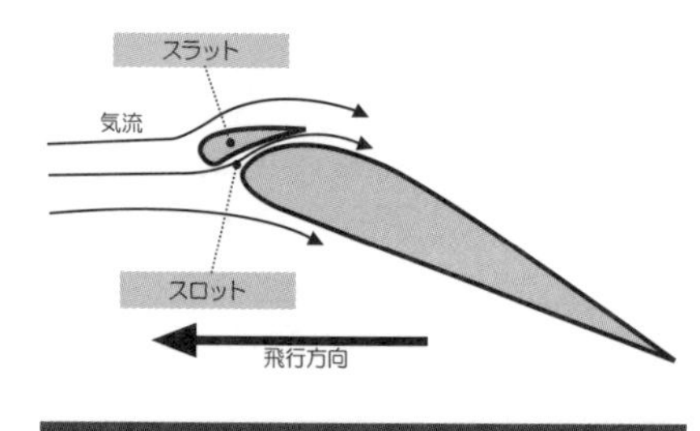

図 17 − 4b　スラットの働き

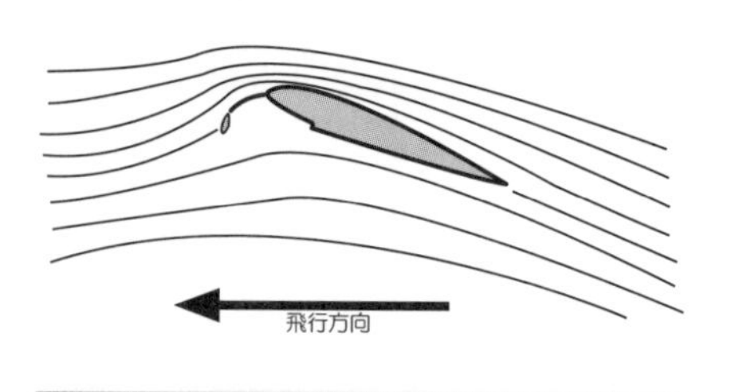

図 17 − 4c　前縁フラップの働き

を通すための「スロット」を作ってやれば、元気な空気が、前縁半径が大きくなった前縁部を楽々と通って、翼上面の空気の流れを活性化します。また、前縁の「よどみ点」を翼の前方に移動させる、**図 17 − 4c** のような「前縁フラップ」も同様の効果を発揮します。それらの結果、失速迎え角を非常に大きくすることができます。

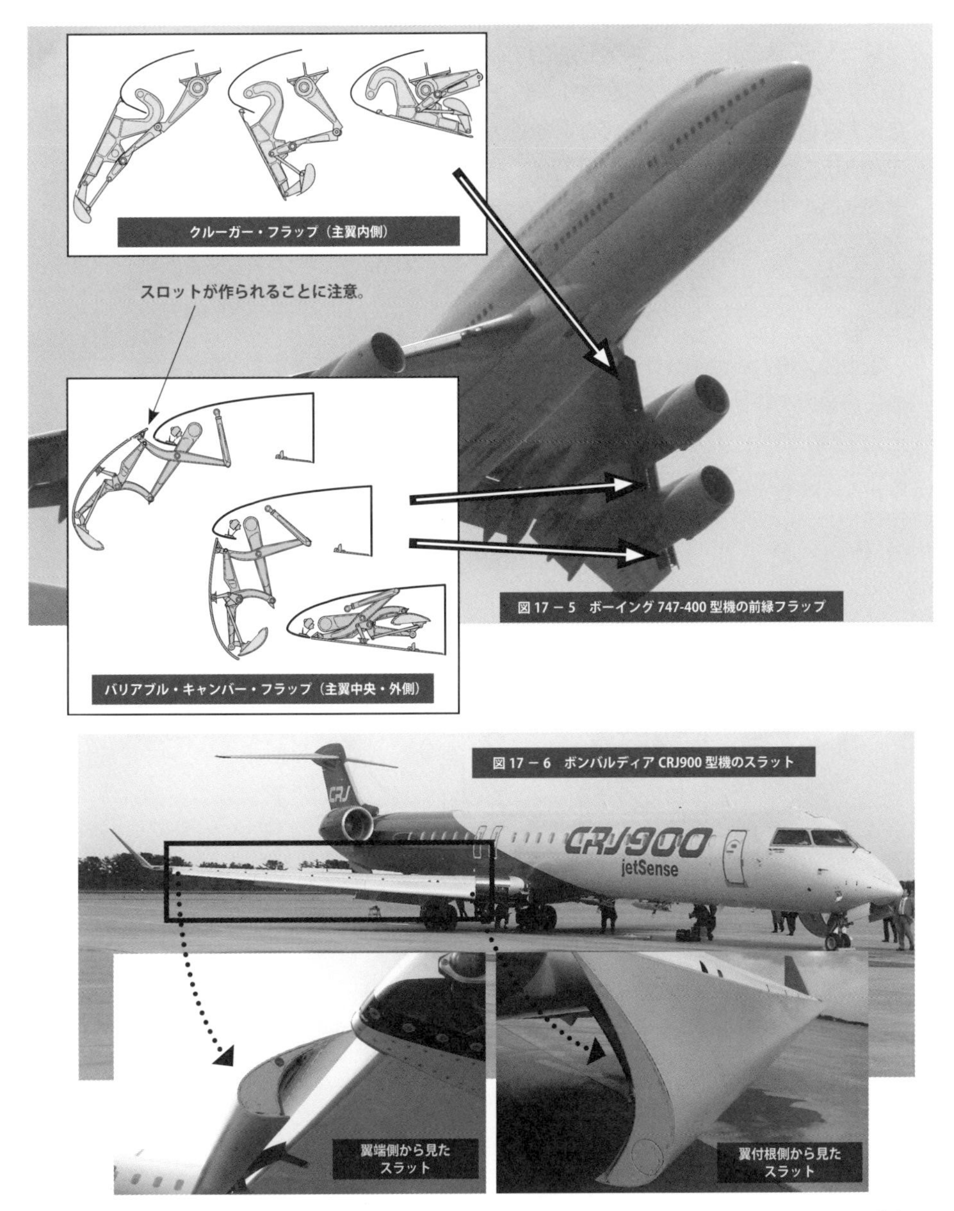

図 17 − 5　ボーイング 747-400 型機の前縁フラップ

図 17 − 6　ボンバルディア CRJ900 型機のスラット

この様子を、揚力係数の変化として描いたものが**図 17 – 7a** ですが、この図からお分かりのように、スラットをエクステンド（引き出す）しますと、揚力係数が非常に大きくなります。だとすれば、飛行機にはスラットだけを取付けておけば十分なのではないかと思われるかもしれませんが、そうではありません。

スラットによる揚力係数増を十分に発揮させるためには、図からお分かりのように、ものすごく大きな迎え角が必要です。ということは、パイロットの立場から言いますと、たとえば着陸進入時のピッチ角が非常に大きくなり、滑走路を視認するのが難しくなるということを意味します。したがって、機首を下げる方向の高揚力装置も併用する必要があります。揚力係数を増加させるとともに、この働きもするのが後縁フラップで、両者をバランスよくエクステンドしていくことによって、適切なピッチ角で、所望の揚力係数を得ることができるようになります。この様子を示したものが**図 17 – 7b** です。

以上は、揚力係数という観点から見た、スラットと後縁フラップの効果ですが、実際の失速速度の変化をご覧に入れないとピンとこられないかと思いますので、これらの高揚力装置の位置によって、失速速度がどのように変化するのかを示したものが**図 17 – 8** です。この図から、スラットの効果が絶大であることを実感していただけるかと思います。

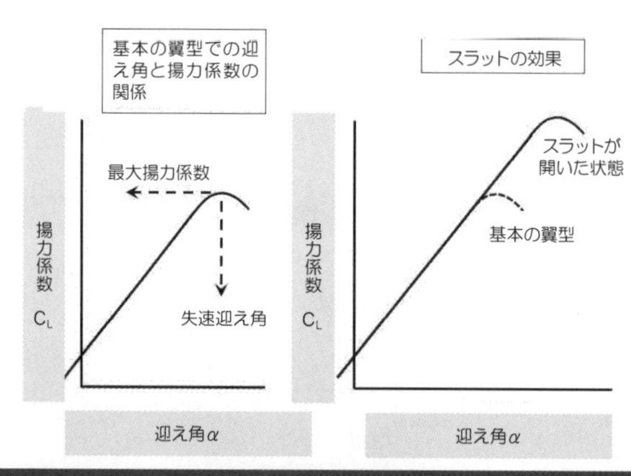

図 17 – 7a　基本の翼型とスラットの効果

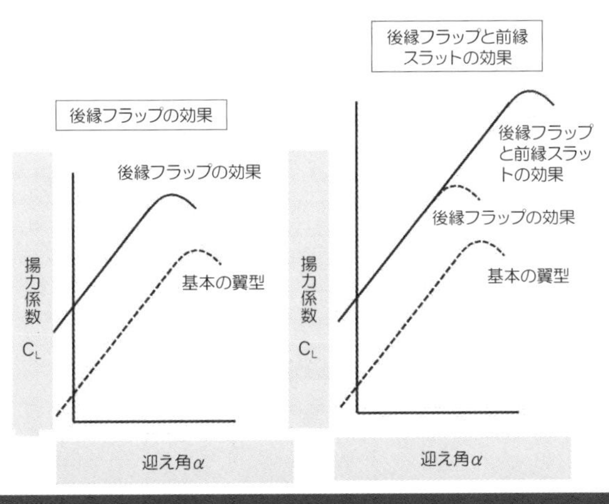

図 17 － 7b 後縁フラップとスラットの効果

第 4 回（上昇能力によって制限される最大着陸重量）の**図 4 － 3** で、747-400 型機のフラップレバーの断面を紹介させていただいた際、Flaps 1 のゲートのところに「不用意にアップ位置まで上げてしまわないようにするためのゲート」と説明を入れましたが、離陸時の加速の最後に Flaps Up まで上げるときには、スラットがリトラクト（引き込むこと）しますので、失速に対する余裕度が一気に減少することになります。そのため、わざわざゲートを設けて、フラップレバーを、簡単にはアップ位置まで動かせないようにしているわけです。

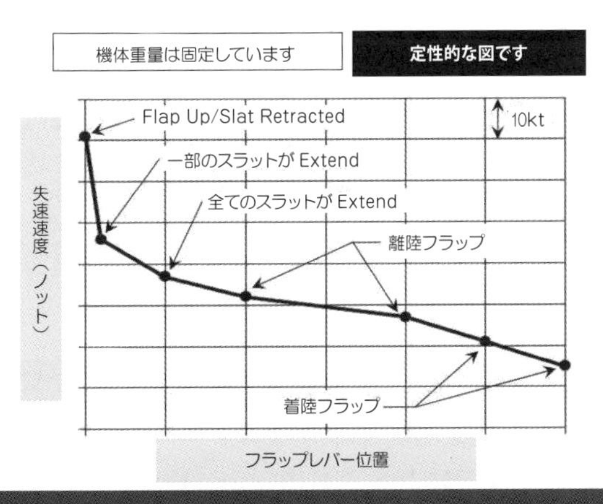

図 17 － 8　実際の失速速度

注：**図 17 − 8** には、「Slat Retracted」とか「Slat Extended」とかと記入してありますが、これらは、前縁側の高揚力装置を代表して「Slat」という表現を用いたものです。実際には、主翼の内側部分には、**図 17 − 4c** に示した「前縁フラップ」が、主翼の外側部分には、**図 17 − 4b** に示した「スラット」が取付けられているのがふつうです。

主翼の翼端から失速が始まる、いわゆる翼端失速を起こしますと、横安定・縦安定ともに著しく劣化し、致命的な事態になりますので、失速するときには、主翼の内側から失速が始まるよう、失速迎え角が比較的小さな「前縁フラップ」を主翼の内側に取付け、失速迎え角が非常に大きい「スラット」を主翼の外側に取付けて翼端失速の発生を防止する、という事情のためです。そして、このような理由によって、「前縁フラップ」と「スラット」をまとめて「リーディング・エッジ・ディバイス」と呼んでいます。

●マック（マッハ数）と失速速度

最大揚力係数は、**図 17 − 9** に示されたように、マックの増加とともに減少していきます。その理由は、マックの増加によって気流の剥離が早まることにあります[3]。

注：失速速度を計算するときには、「失速速度はこの辺の値（IAS で表示）だろう」という見当を付けて、その速度（IAS）をマックに変換して、**図 17 − 9** から最大揚力係数を求め、それらを用いた計算を行ないます。しかし、そのようにして求めた失速速度（IAS）は、最初に想定した値とは一致しません。なぜなら、失速速度（IAS）を求めようとしているのに、それに必要な揚力係数が速度（マック）の関数であるため、アタマがシッポを食べてしまうという関係になっているからで、正確な値を求めるためには、何度かの収束計算が必要です。でも、ご安心ください。始めからマックで計算すれば、このような収束計算は不要です。この辺の事情は、次回紹介させていただきたいと思っています。

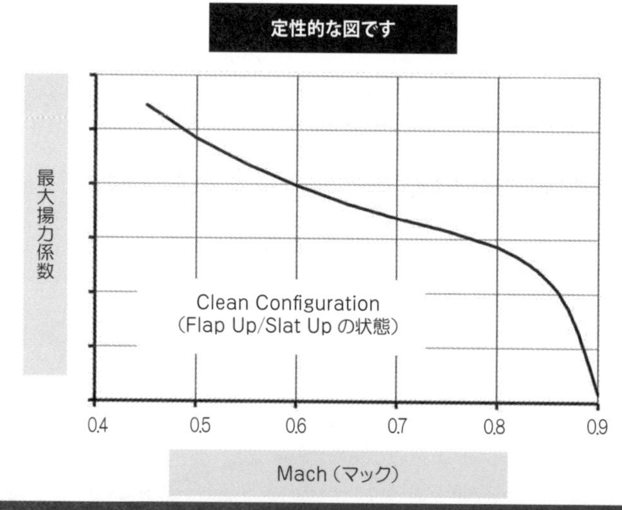

図 17 − 9　マックと最大揚力係数

ところで飛行機は、低空では IAS を維持しつつ飛行し、上空ではマックを維持しつつ飛行します。飛行機の挙動に影響を及ぼすパラメータは、低空では、IAS の元ネ

スラットは1918年に、一方のフラップは1930年代に実用化されたようです[1]。そのため、飛行機の黎明期における高速機は、ほぼ例外なく水上機が占めていました。限りない長さの水面を滑走路として利用できるからです。このような水上機のスピードレースとして、1913年から始まった「シュナイダー杯レース」が有名です。その後、陸上機にスラットやフラップが装備され、短い滑走路で離着陸できるようになり、空気抵抗の大きいフロートを要しないことによる高速性能を発揮し始めたのに伴い、このレースは1931年に終了します。挿絵は、ジョセフ·ミッチェルという技術者が設計し、シュナイダー杯レースの最終回で優勝した機体[2]ですが、彼がのちに手がける名戦闘機「スピットファイア」の面影を感じるのは筆者だけではないと思います。

このような時代背景に想いを馳せながら、宮崎 駿さんの「紅の豚」を観ていますと、感慨もひとしおといったところです。

タである「動圧」であり、高空では、空気の圧縮性の影響を代表する「マック」であるからです。したがって、たとえば上昇時を考えますと、低空では300 kt IASで、上空ではMach 0.80で上昇する、といったスケジュールを使用することになります（この組合せは一例であり、機種ごとに異なっています）。

ここで、IASというのは、動圧を速度に変換したものですので、IAS一定で上昇するとすれば、高空に行くほど、TAS（真対気速度）は大きくならなければいけません。なぜなら、$1/2 \times \rho V^2$（この式でのVはTASです）という動圧の式の中で、高空に行って空気密度ρが小さくなる分だけ、Vが大きくならなければならないからです。

また、マック一定で上昇する高度に達したあとは、その高度での音速をcとしますと、$V = M \times c$（マックの定義が$M = V/c$であるからです）ですから、TAS（真対気速度：V）は、音速 c だけに依存して変化することになります。一方で、音速 c は絶対温度の平方根に比例しますので、結局、マック一定の場合の TAS は外気温だけに依存して変化することになります。

注：上記のうち、IAS の説明は、厳密には正しくはないのですが、とりあえずの理解としては、これで良いかと思います。詳細については、別回で紹介させていただきたいと思っています。

これらを考慮して、300 kt IAS/Mach 0.80 で飛行する場合の TAS の変化を示したものが**図 17 － 10** です。

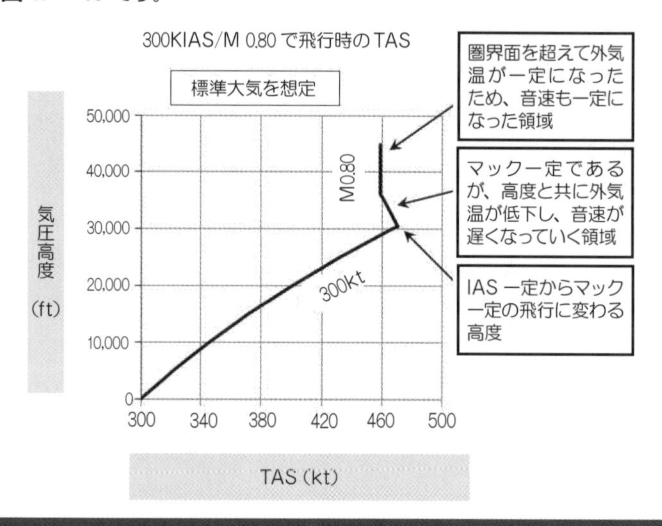

図 17 － 10　高度による TAS の変化

低空では IAS を維持し、高空ではマックを維持して飛行するジェット旅客機では、**図 17 － 10** に示されていますように、IAS からマックに切り替わる高度（クロスオーバー・アルチ、Crossover Altitude）で TAS が最大になります。

そのため、カーフュー（夜間の離発着制限）を課している空港に向かい、閉鎖時間が迫っている時間に着陸することが予想される便では、巡航速度を増加させるとともに、クロスオーバー・アルチ付近の高度を飛行することによって TAS を稼ぎ、飛行時間の短縮を図ります。ただし、追い風成分または向かい風成分が、高度によって大きく変化しているような場合には、その影響も考慮しなければならないことはもちろんです。

参考 URL：www.jal.co.jp/entertainment/cockpit/captain86.html（JAL －コックピット日記 － Captain 86）

このように、IAS が一定でも、高度とともに TAS は大きくなっていきますが、同時に、高度が上がるにつれて、外気温が低くなるぶん音速は減少していきます。ということは、IAS が一定の領域では、高度とともに TAS が大きくなる一方で音速が小さくなりますので、「TAS (V)÷音速 (c)」であるところのマックは、高度とともにどんどん上がっていくことが想像できます。この様子を示したものが**図 17 – 11** です。

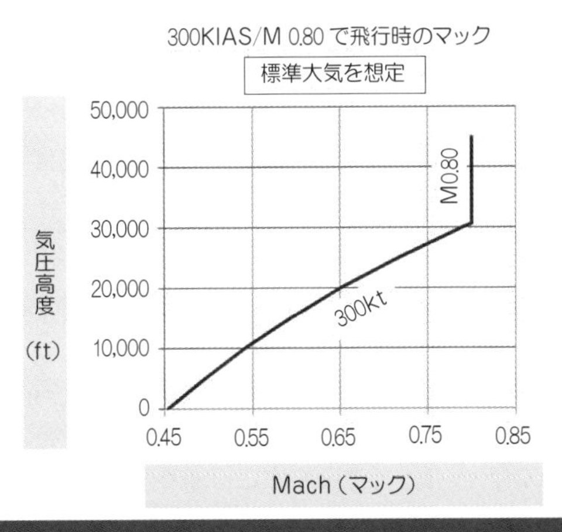

図 17 – 11　高度によるマックの変化

ところで、**図 17 – 9** に示されていますように、最大揚力係数はマックとともに低下していきます。したがって、高度が上がると、IAS で表示した失速速度は大きくなっていくであろうことが予想されます。その様子を定性的に描いたものが**図 17 – 12** です。

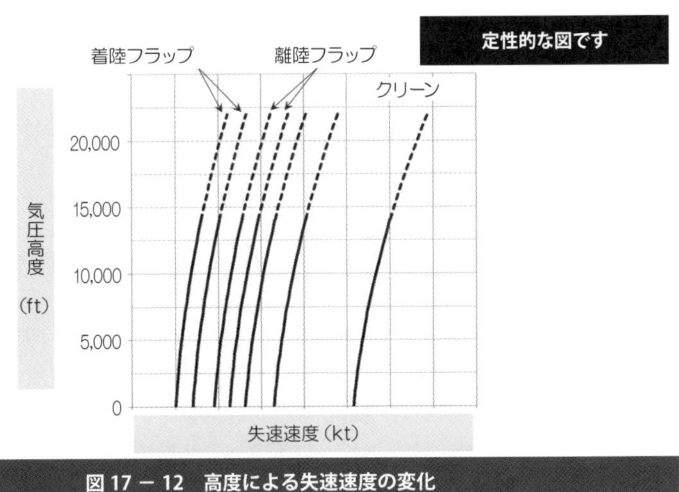

図 17 – 12　高度による失速速度の変化

●失速速度が提供される高度範囲

これまで何度か触れましたように、失速速度は、離着陸速度のベースとなるものです。したがって、マニュアルに失速速度を記載しておく必要のある高度範囲は、離着陸することが想定されている高度範囲だけでよいことになります。ところで、現代の飛行機で離着陸することが想定されている高度範囲は、標高が非常に高い空港に就航するために特別のオプションを購入しない限り、－2,000 ～ 10,000 フィート（気圧高度）になっています。

ということは、マニュアルには、**図 17 － 12** に示された失速速度のうち、離陸フラップと着陸フラップに関する速度、および、離陸後のフラップ・アップ時とか、着陸前のフラップ・エクステンド時の際に使用される「中間のフラップ（クリーンを含む）」に関する速度は、－2,000 ～ 10,000 フィートに限定して記載しておけばよいことになります。

ただし、離陸後のフラップ・アップや着陸時のゴーアラウンドは、飛行場よりも高い高度で実施されますので、こういった事情を考えますと、失速速度は、離着陸高度の最大限界である 10,000 フィートよりも高いところまで記載しておく必要があります。ふつう、高度 14,000 フィートぐらいまで、データが記載されていますが、これが、**図 17 － 12** の実線で示された高度範囲です。逆に言えば、それ以上の高度では、離着陸フラップおよび「中間のフラップ（クリーンを含む）」に対する失速速度は記載されていません。その部分が破線で示されています。

一方で、離着陸フェーズ以外の、いわゆる「エンルート」では、後縁側も前縁側もフラップは上がって「クリーン・コンフィギュレーション」になっていますので、この「クリーン・コンフィギュレーション」に対しては、すべての高度に対して、失速速度が必要であろうと思われるかもしれません。

しかし実は、「クリーン」になっている状態、すなわちエンルート時に、最も気遣わなければいけないことは、失速を起こすかどうかではなく、失速前の段階で生じる「バフェット」を起こすことがないかどうかなのです。バフェットを起こしますと、お客さまの快適性を損なうだけではなく、燃費性能も悪化させてしまうからです。

そこで、次回は、バフェットを起こす境界を示すチャートである「バフェット・オンセット・チャート」について紹介させていただきたいと思います。ご期待ください。

（つづく）

参考文献
1）https://en.wikipedia.org/wiki/High-lift_device
2）https://en.wikipedia.org/wiki/Supermarine_S.6B
3）航空技術協会発行「航空力学Ⅱ」103 ページ

18. バフェット

前回は、失速速度について紹介させていただきました。その中で、失速速度が重要なのは、離着陸時の速度を求めるための基準になることであり、そのため基本的には、離着陸を行なう高度範囲だけに限ってデータが提供されていること、一方で、エンルートの「クリーン・コンフィグレーション」時には、失速そのものではなく、失速前の段階で生じる「バフェット」を起こさないかどうかが重要な関心事になることを紹介させていただきました。

そこで、今回は、その「バフェット」を起こす速度を示すためのチャートは、どのような形をしているのか、また、どのようにして作成されるのかといったことを紹介させていただくとともに、その過程を通じて、揚力係数などの「係数」と呼ばれるものの効用についても紹介させていただきたいと考えています。

●バフェット・オンセット・チャート（Buffet Onset Chart）

バフェットが発生し始める速度を示したチャートを「バフェット・オンセット・チャート（Buffet Onset Chart）」と呼び、**図 18 − 1** のような形をしています。ちなみに、オンセット（Onset）というのは、「（望ましくないことが）起こる」という意味だそうです。

ここではまず、チャートに慣れていただくために、具体例を一つ読み取ってみましょう。**図 18 − 2** は、**図 18 − 1** の上半分を用いて、機体重量 700,000 ポンドで飛行しているときのバフェット・オンセット・スピードを求めるための手順を示したものです。まず、重量 700,000 ポンドのところから上方に線を引いて、高度 39,000 フィートにぶつけてみましょう。交点が二つできますが、一つはマック 0.78 で、もう一つがマック 0.89 です。

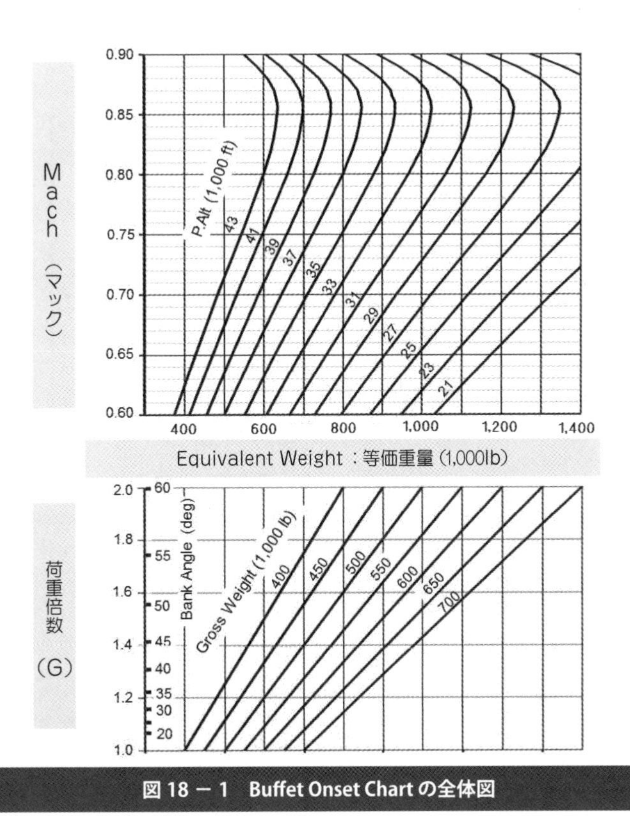

図 18 － 1　Buffet Onset Chart の全体図

求められた二つの値のうち、マック 0.78 は、低速すぎることによる失速、つまり、ふつうの失速に伴って生じるバフェットが発生する速度で、このバフェットを「低速バフェット（Low Speed Buffet)」と呼んでいます。一方のマック 0.89 は、衝撃波が発生することによって気流が剥離して失速する「衝撃失速（Shock Stall)」に伴って生じるバフェットが発生する速度で、このバフェットを「高速バフェット（High Speed Buffet)」と呼んでいます。

したがって、機体重量 700,000 ポンドで高度 39,000 フィートを飛行するときには、マック 0.78 からマック 0.89 の間でしか飛行できない、ということになります。

もうお分かりのように、何らかの理由によって、バフェットに遭遇してしまった場合の回復操作としては、それが低速バフェットであれば加速する必要がありますし、高速バフェットであれば減速する必要があります。

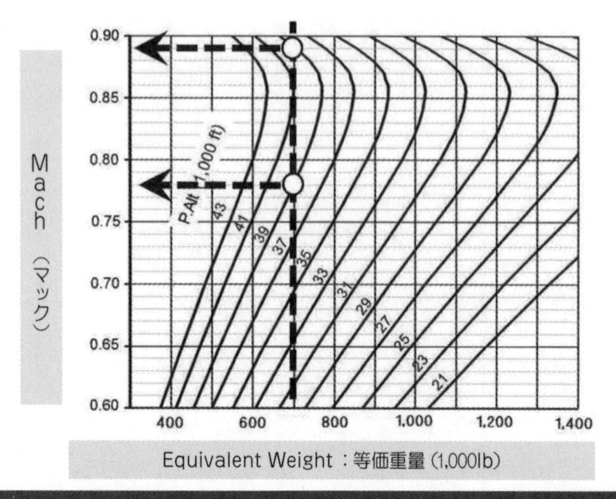

図 18 － 2　Weight 700,000 lb、高度 37,000 ft での Buffet Onset Mach

したがって、パイロットとしては、発生しているバフェットが低速バフェットなのか高速バフェットなのかが分からないかぎり、適切な回復操作を行なえないことになります。「バフェット・オンセット・チャート」はこのような目的のために必要となるものです。

ところで、もう一度、**図 18 － 2** をご覧いただいて、機体重量 700,000 ポンドのままで、高度を 35,000 フィートに下げた場合のバフェット・オンセット・スピードを読んでみてください。低速バフェットはマック 0.69 強で、高速バフェットはマック 0.90 以上で発生することが読み取れたかと思いますが、このように、高度を 4,000 フィート下げただけで、飛行できる速度範囲が大幅に拡大します。

注：このチャートには、マック 0.9 以上のデータは示されていませんが、それは、この機体の M_{MO}（最大運用限界速度：故意に超えてはならない速度）をマック 0.9 であると想定しているためです。

ということは、高度を上げると逆に、飛行可能な速度範囲が急激に狭くなっていくことが予想されます。**図 18 － 3** はこの様子を描いたもので、機体重量 700,000 ポンドで高度 41,000 フィートを飛行しようとしますと、マック 0.86 という、ただ一つの速度でしか飛行できないことになります。つまり、この飛行状態でバフェットに遭遇してしまった場合には、加速しても減速しても、バフェットから逃れられない、という惨めな結果になります。

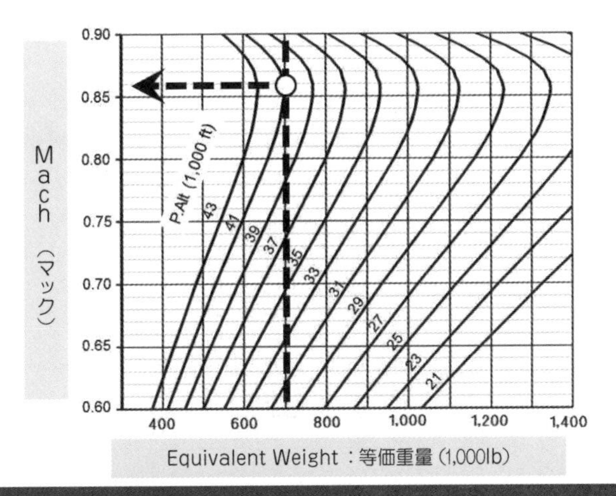

図 18 － 3　Coffin Corner

そのためこの状態を、英語で Coffin Corner（コッフィン・コーナー、Coffin は「ひつぎ」の意味です）と呼んだりしますが、このような窮地に陥った場合でも、高度を少しだけ下げれば、飛行可能な速度領域を確保できるわけです。

● G が掛かったときの挙動

失速は、翼の迎え角が大きくなりすぎて、その以上の揚力を発生できなくなったときに起きる現象であることを前回紹介させていただきました。バフェットは失速の前に起きる現象ですから、もちろんバフェットが発生する速度も、翼が発生できる揚力の大きさに依存して変化します。

一方で、前回紹介させていただきましたように、荷重倍数を n（単位は G）としますと、揚力と機体重量との関係は L＝nW ですから、**図 18 － 2** や**図 18 － 3** で、横軸として用いるべきパラメータは、機体重量ではなく、揚力（つまり n × W）であるべきです。

たとえば、重量が 500,000 ポンドである機体に 1.2 G が掛かっているとしますと、そのときの揚力は 600,000 ポンド（＝ 500,000 × 1.2）になっているはずです。**図 18 － 1** の下半分は、こうした計算をチャートの上で実施できるようにしたもので、その例を、**図 18 － 4** に示してあります。

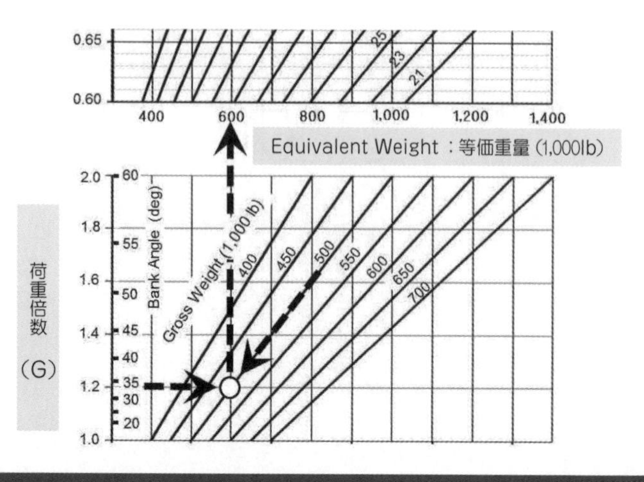

図 18 － 4　Equivalent Weight（等価重量）

この関係からお分かりいただけますように、**図 18 － 1～図 18 － 4** の横軸に示された、「Equivalent Weight（等価重量）」とは、「揚力」そのものであることになります。

なお、**図 18 － 4** の縦軸（Load Factor、荷重倍数）のすぐ右側に、Bank Angle（バンク角）が記載されていますが、これは、そのバンク角で水平旋回したとすれば、すぐ左に記載されている「荷重倍数」が掛かる、ということを意味しています。前回紹介させていただきましたように、バンク 60°での水平旋回では 2 G が掛かりますが、そういった関係を読み取ることができるわけです。

これまで述べてきましたように、バフェットに遭遇することを考慮しますと、巡航高度はそれほど高くしない方が良いのですが、一方で、ジェット旅客機の燃費は一般的に、高度を高くした方が有利になります。そのため、巡航高度を決定する際のクライテリアの一つに、「1.3 G の荷重倍数を加えてもバフェットを起こさないこと」を加えるのがふつうです。このことを業界用語で「1.3 G Buffet Margin を確保する」などと言い表しています。

この辺の様子を示したものが**図 18 － 5** です。たとえば、マック 0.84 で高度 37,000 フィートを飛行するとすれば、**図 18 － 5** のガイドライン①のように、マック 0.84 から右に進み、37,000 フィートのカーブにぶつけたあと下に進み、そのま

注：「ジェット旅客機の燃費は一般的に、高度を高くした方が有利になります」という表現は厳密には正しくありません。この辺は、「巡航性能」について紹介させていただく回で説明させていただきたいと考えています。

注：**図 18 − 5** からも分かりますように、1.3 G の運動は、約 40° バンクの水平旋回に相当する G ですが、40° バンクの旋回は、お客さまに恐怖感を与えるため、エアラインではふつう、25° 以上のバンクは取らないようにしています。したがって、水平旋回による G だけに限定して考えれば、その値は 1.1 G 程度にしかならないことになります。

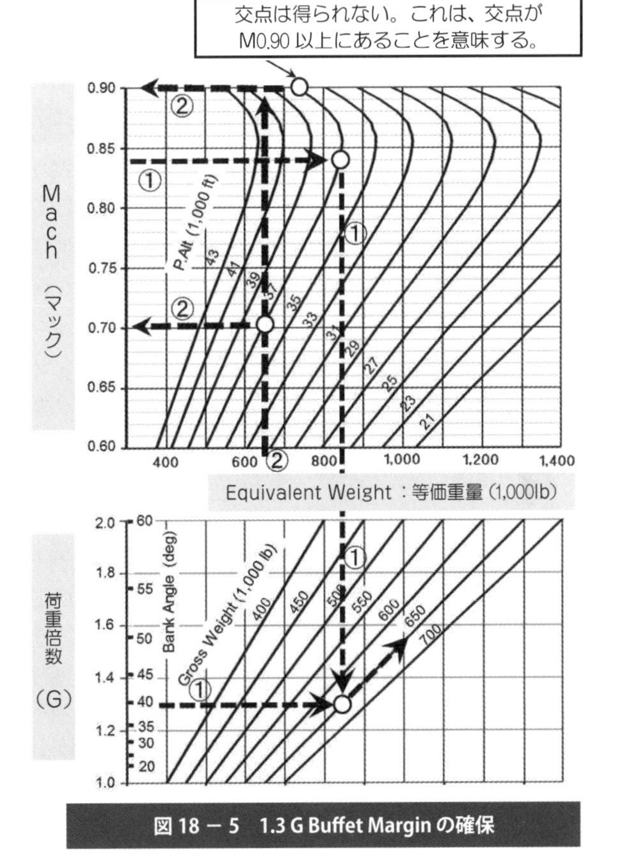

図 18 − 5　1.3 G Buffet Margin の確保

ま、下半分のチャートに進んで、その横軸の 1.3G のところから右に進んできた線との交点を作りますと、解答として 650,000 ポンドが得られます。

ちなみに、650,000 ポンドを 1.3 倍しますと 845,000 ポンドになりますので、上半分のチャートの横軸である「Equivalent Weight」の読みは 845,000 ポンドになっているハズです。興味のある方はご確認ください。

このように、マック 0.84、高度 37,000 フィートで飛行する場合に 1.3 G Buffet Margin を確保するためには、（そのときの）機体重量は 650,000 ポンドでなければならないのですが、しかし、ふつうの運航時には 1.3 G も掛けることはありません。

したがって 1 G での飛行だけを考えますと、**図 18 − 5** に示されたガイドライン②

のようにして、37,000 フィートでも、機体重量 650,000 ポンドでは、実際上は「マック 0.70 ～ 0.90 以上」の飛行可能な速度範囲を確保できることが分かります。

●マックを用いて動圧を求める方法

次のステップは、上記のようなバフェット・オンセット・チャートが、どのようにして作成されるのかについて説明させていただくことですが、実は、高高度を飛行する場合に用いる速度は、IAS（指示対気速度）ではなくマックですので、動圧の計算に $1/2\ \rho V^2$（この式での V は、真対気速度です）という式が使用できません。

そのため、ここでは、準備段階として、$1/2\ \rho V^2$ をマックで表現すればどのようになるのか、ということを説明させていただきたいと思います。

まず、気体の状態方程式（ボイルシャールの法則です）から $P = \rho g RT$ です。ここに、ρは空気密度、g は重力加速度、R はガス定数、T は外気温（ただし絶対温度）です。したがって、両辺を g RT で割れば$\rho = P/g RT$ になります。

また、音速を c とすれば、定義から、$M = V/c$ ですから $V = M \cdot c$ つまり $V^2 = M^2 \cdot c^2$ になります。ところで、先人の研究により、音速 c は$c = \sqrt{\gamma g RT}$ であることが分かっていますので、この両辺を 2 乗して、$c^2 = \gamma g RT$ が得られます。ここに、γは、「比熱比」と呼ばれる定数で、空気の場合には 1.4 です。

注：比熱比は、「定圧比熱」と「定容比熱」の比です。鍋でお湯を沸かすとき、フタを開けたままにしておきますと、なかなか沸騰しませんが、これは、水に与えられた熱エネルギーが鍋の外に逃げていくためです。このとき、鍋の中の圧力は一定ですので、この場合の比熱を「定圧比熱」と呼びます。一方、賢い人は必ずフタを閉めてお湯を沸かします。そのときには、水に与えられた熱エネルギーは鍋の外に逃げないため、お湯を早く沸かすことができます。このとき、鍋の中の圧力が上がりますが、容積は一定のままですので、この場合の比熱を「定容比熱」と呼びます。言うまでもなく、「定圧比熱」は「定容比熱」よりも大きくなります。上記の比喩は、水と空気が混じった状態での話ですので、空気だけの場合に対しては正確な議論ではありませんが、空気でも同様な現象になるであろうことはご想像いただけるかと思います。そして空気では、「定圧比熱」と「定容比熱」の比が 1.4 になるというわけです。

さて、上記の $\rho = P/g RT$と、$V^2 = M^2 \cdot c^2$ と、$c^2 = \gamma g RT$を、$1/2\ \rho V^2$ に代入すれば、

$$\frac{1}{2}\rho V^2 = \frac{1}{2} \cdot \frac{P}{gRT} \cdot \gamma g RT \cdot M^2 = \frac{1}{2}\gamma \cdot P \cdot M^2 \quad ①$$

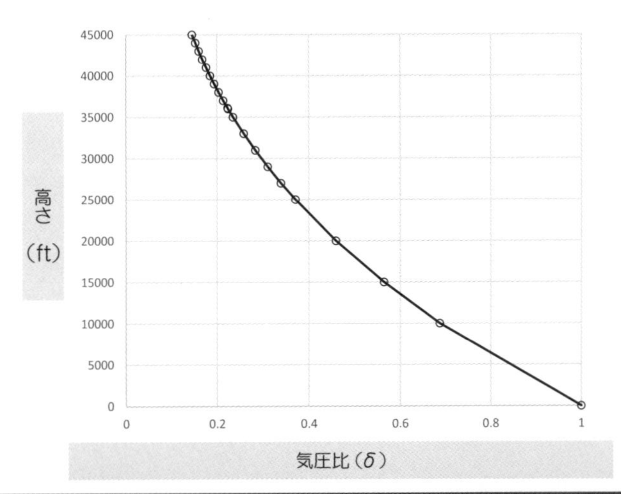

図 18 − 6　高さと気圧比δの関係
（第 5 回の図 5 − 3 を再掲したものです）

になります。ここで、第５回（エアデータ（前編））で紹介させていただきました「気圧比」を思い出していただきましょう。**図 18 − 6** は、第５回の**図 5 − 3** の一部を再掲したものですが、標準大気の下では、高さに対して気圧比（δ）が一義的に決まるため、それを利用して高度の尺度とし、それを「気圧高度」と呼ぶ、というものでした。

ところで、気圧比δは、その高度での外気圧 P を、標準大気での海面上の外気圧 P_0 で割って無次元化したものでした。したがって、$\delta = P/P_0$ ですし、この両辺に P_0 を掛ければ $P = \delta \times P_0$ です。この「$P = \delta \times P_0$」なる関係を①式に代入すれば、②式が得られます。

$$\frac{1}{2}\rho V^2 = \frac{1}{2}\cdot\gamma\cdot P\cdot M^2 = \frac{1}{2}\gamma\cdot P_0\cdot M^2\cdot\delta \quad ②$$

この式に、$\gamma = 1.4$、および $P_0 = 2116.22\ \mathrm{lb/ft^2}$ を代入すれば、

$$\frac{1}{2}\rho V^2 = 1481.4\cdot M^2\cdot\delta \quad ③$$

になりますので、揚力 L は、次の式によって計算することができます。

$$L = W = \frac{1}{2}\rho V^2 C_L S = 1481.4 \cdot M^2 \cdot C_L \cdot S \cdot \delta \quad ④$$

また、この式の両辺をδで割りますと、次の式が得られます。

$$\frac{L}{\delta} = \frac{W}{\delta} = 1481.4 \cdot M^2 \cdot C_L \cdot S \quad ④'$$

なお④式と④’式はフィートポンド単位でしか成立しませんが、この④’式が非常に大切な式です。その理由は後述することにして、まずは、実際の計算を行なってみましょう。

●具体的な計算

いま、バフェットを起こすときの C_L が、マックに対して**図 18 − 7** のように変化する仮想の主翼があったとしましょう。この仮想の翼の翼面積を 4800 ft^2 としてやりますと、④’式の右辺の中で、M、C_L、S が既知になりますので、この式を用いて、バフェットが起こるときの W/δを算出することができます。

注：皆さまにお馴染みの機種の翼面積は、747 型機で 5,500 ft^2、777 型機で 4,607 ft^2 といったところです。[1)]

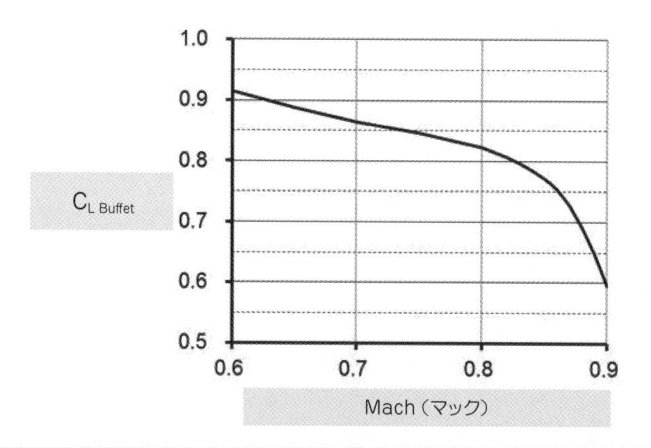

図 18 − 7　各マックでバフェットを起こすときの C_L（$C_{L\ Buffet}$）

図 18 − 8 が、その計算を行なった過程で、**図 18 − 9** が、その結果をプロットした

Mach 無次元	$C_{L\ Buffet}$ 無次元	W/δ_{Buffet} 1,000 lb
0.60	0.915	2,342
0.65	0.888	2,668
0.70	0.865	3,014
0.75	0.846	3,384
0.80	0.822	3,741
0.82	0.807	3,858
0.83	0.797	3,904
0.84	0.785	3,939
0.85	0.771	3,961
0.86	0.763	3,960
0.87	0.740	3,918
0.88	0.692	3,811
0.89	0.646	3,639
0.90	0.595	3,427

図 18 − 8　各マックでバフェットを起こす時の W/δ

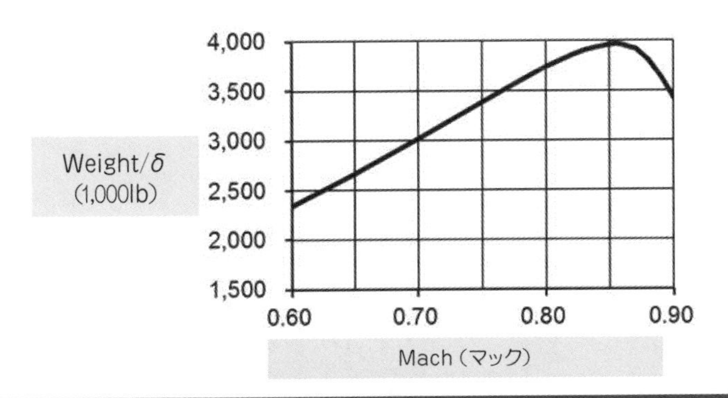

図 18 − 9　各マックでバフェットを起こすときの W/δ

ものです。しかし、**図 18 − 9** の縦軸は W/δであるため、パイロットが日常運航で使用することができません。そこで、算出された W/δに、各高度ごとのδを掛けて、Weight に戻す操作を行います。

図 18 − 10 が、この計算を行なった過程で、**図 18 − 11** が、その結果をプロットしたものです。ただし、**図 18 − 10** は、横幅が大きくなることを避けるため、高度の一部を省略してあります。

この**図 18 − 11** をパソコン上で右に 90° 回転して上下を反転させますと、**図 18 − 1** の上半分が完成です。

		P.Alt（1,000 ft）					
		21	25	29	33	37	41
Mach	δ / W/δ	0.4406	0.3711	0.3107	0.2586	0.2138	0.1764
0.60	2,342	1032.0	869.2	727.7	605.7	500.8	413.2
0.65	2,668	1175.4	990.0	828.9	689.9	570.4	470.6
0.70	3,014	1327.9	1118.5	936.4	779.4	644.4	531.6
0.75	3,384	1490.9	1255.7	1051.4	875.1	723.5	596.9
0.80	3,741	1648.2	1388.2	1162.3	967.4	799.8	659.9
0.82	3,858	1700.0	1431.9	1198.8	997.8	824.9	680.6
0.83	3,904	1720.2	1448.8	1213.0	1009.6	834.7	688.7
0.84	3,939	1735.3	1461.6	1223.7	1018.5	842.1	694.8
0.85	3,961	1745.2	1469.9	1230.7	1024.3	846.9	698.7
0.86	3,960	1744.8	1469.6	1230.4	1024.1	846.7	698.6
0.87	3,918	1726.3	1454.0	1217.4	1013.2	837.7	691.2
0.88	3,811	1678.9	1414.1	1183.9	985.4	814.7	672.2
0.89	3,639	1603.1	1350.3	1130.5	940.9	777.9	641.8
0.90	3,427	1509.9	1271.8	1064.8	886.2	732.7	604.5

（Weight は 1,000 lb 単位です）

図 18 － 10　W/δ から Weight への変換

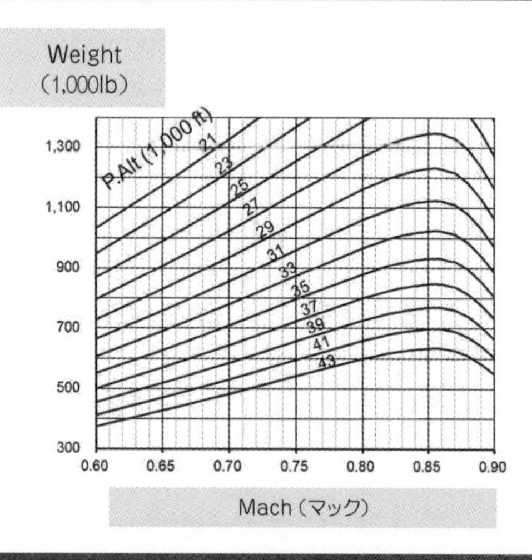

図 18 － 11　各マックと各高度でバフェットを起こすときの Weight

以上の計算は、エクセルに実施させましたが、計算は瞬時に終わります。ただし、これらの計算結果を、イラストレータなどのソフトを駆使して原稿用の絵柄に仕上げるための編集部の皆さまの作業はなかなか大変です。

● W/δの意味合い

前述の④’式を見てみますと、ある同じマックで飛行すると考えれば、右辺の中の変数は C_L だけですので、W/δと C_L が直接比例することになります。つまり、翼の空力的な負荷を表すパラメータである C_L は、機体重量ではなく、W/δ（ウェイト・バイ・デルタと読みます）に依存するということを表しますが、これは、翼を始めとする各構造部の構造上の負荷が W に依存するということと好対照になっています。

言い換えれば、低空でも高空でも同じマックで飛行できるものとすれば、高度とともにδが小さくなる分、同じ機体重量であってもW/δが大きくなり大きな C_L を発生しなければならないため、翼としては苦しくなっていく、ということになります。

ちなみに、高高度におけるδと1/δは、**図 18 − 12** のようになります。いま、機体重量がたとえば 500,000 ポンド（約 225 トン）であった場合を考えてみますと、S/L（海面上）ではW/δは言うまでもなく 500,000 ポンドです。しかし、38,000 ft を巡航するとすれば、(1/δが約 5 ですから)、Weight 500,000 ポンドでは、W/δは実に 2,500,000 ポンド（1,125 トン）にもなっていることになります。

P.Alt (ft)	δ（厳密値）	δ（近似値）	δ（近似値）	1/δ（近似値）
0 (S/L)	1.0000	---	---	1
34,000	0.2467	0.2500	1/4	4
38,000	0.2038	0.2000	1/5	5
42,000	0.1681	0.1667	1/6	6

図 18 − 12　高高度でのδとその逆数

もちろん、**図 18 − 13a** と**図 18 − 13b** に示されていますように、低空では IAS（指示対気速度）を使用して飛行するためマックは小さく、高空に達してからマックに切り替えますので、上記の「低空でも高空でも同じマックで飛行できるものとすれば」という仮定は誤っています。

しかし、もう一度、**図 18 − 12** をご覧になっていただき、34,000 ft 以上の高度だけに限って、すなわち、マックで飛行する高度領域に限って考えてみますと、1/δの値が、高度とともにかなり急激に大きくなっていくことがご理解いただけるかと思います。これが、先に述べた「(バフェットを考慮した場合) 高度を上げると、飛行可能な速度範囲が急激に狭くなっていきます」の理論的な裏付けであるわけです。

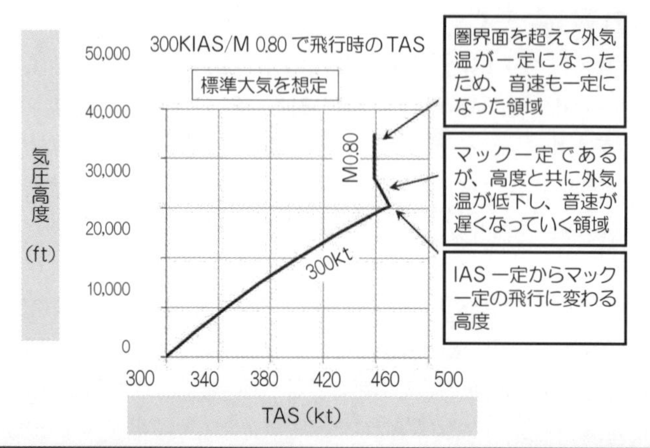

図 18 − 13a　高度による TAS の変化（第 17 回の図 17 − 10 を再掲したものです）

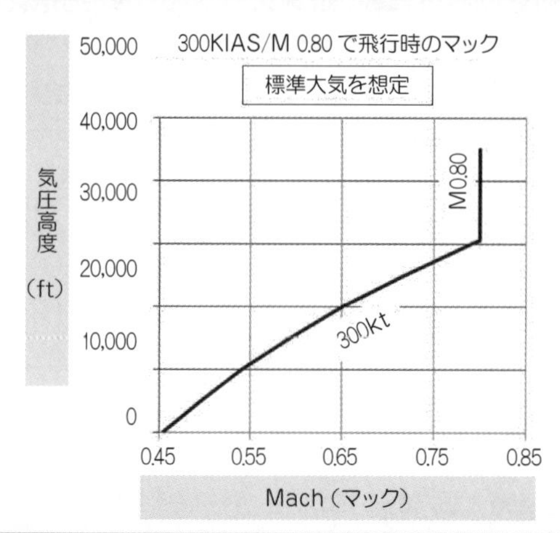

図 18 − 13b　高度によるマックの変化（第 17 回の図 17 − 11 を再掲したものです）

こういったことから、「その重量とその高度の組み合わせである W/δ」は、概念的には、「S/L 換算ではどのような重量になるのか」ということを示していることになります。このような意味合いから、業界では慣習的に、W/δを、「Weight を S/L での等価重量に換算したものである。つまり、S/L にノーマライズ（Normalize）したものである」という言い方をしています。

注：まったく同様にして、エンジンの推力（Fn と表記します）は、Fn/δによって、S/L にノーマライズすることができますが、エンジンの世界では、これを「コレクテッド・スラスト（Corrected Thrust）」と呼んでいます。

エンジンの推力を、コンプレッサーやタービンの回転翼による（前進方向に向いた）揚力によって生じるものであると、ものすごく大胆に考えたとすれば、このノーマライズも主翼の場合と同様になることがご想像いただけるかと思います。

●「係数」と呼ばれるものの効用

ここで、もう一度、「具体的な計算」の項に立ち返ってみましょう。最初に使用するデータは、**図 18 − 7** に示されたものでした。このデータは、風洞試験あるいは数値流体力学（CFD：Computational Fluid Dynamics）から得られた結果に、その航空機メーカーがそれまでに行なってきた設計・製造経験から得た知見を加味して、大変に高い精度で、あらかじめ予測されています。

そして、その予測値を裏付けるための試験飛行が行なわれるわけです。その試験時に要求される事項を、前述の④’式（以下に再掲しました）から想像してみましょう。まず、左辺の中のδを一定に保つために、試験は高度を一定にして実施する必要があります。これが、失速試験時などの記載で再三にわたって「高度を保ちつつ…」と書いてきた理由です。また、機体重量は正確に分かっています。

一方で、右辺の中で変化するパラメータはマックだけですが、マックも正確に測ることができます。

$$\frac{W}{\delta} = 1481.4 \cdot M^2 \cdot C_L \cdot S \quad ④'$$

このようにして、すべてのパラメータが測定されますと、④’式から、C_L が求められますので、**図 18 − 7** のデータを確定できるわけです。**図 18 − 14** には、このような

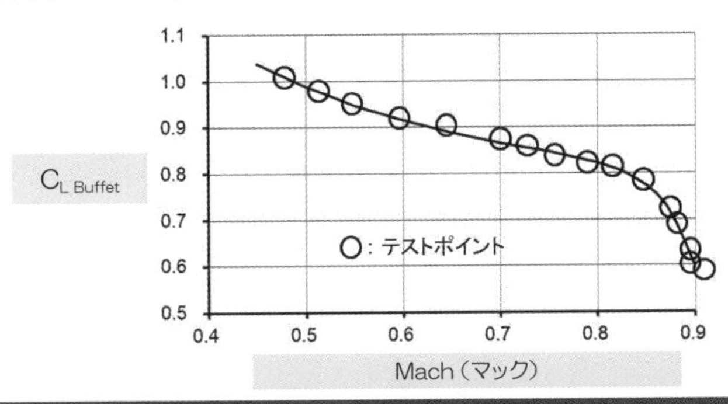

図 18 − 14　$C_{L\ Buffet}$ を求めるためのテストポイント

試験によって、**図18－7**のデータを確定するための試験から得られた「C_L 対マック」の関係を模式的に示してありますが、事前に十分な精度の予測値が準備されているため、テスト回数は思ったよりも少なくて済みます。

以上のように、性能チャートを作成する手順は、①事前に十分な精度を持った予測値を準備する、②その予測値が正しいことをテストで確認する、③そのテスト結果の解析時に、理論的に確率された方程式（いまの例ですと④’式です）を用いて「係数化」する。

そして、④いったん係数化されれば、③の段階で使用した方程式を用いて、実用チャートの形に展開する、というプロセスから成っています。

ちなみに、前述の「具体的な計算」の項では、ここでの④項に該当する作業を行ったわけです。

これらの作業の中で、しかるべき理論に基づいて、試験データを係数化するプロセスを「データ・リダクション（Data Reduction）」、係数化するとき用いたのと同じ理論に基づいて、係数化されたデータを実用チャートに展開していくプロセスを「データ・エクスパンション（Data Expansion）」と呼びますが、こういった手法を用いることによって、必要な試験期間を大幅に短縮することができます。

注：もし、すべてのチャートを、そのコンディションでの実測値をプロットすることによって作成しようとしますと、猛烈な回数のテストが必要になります。たとえば離陸性能を考えた場合、テストの内容を、**図18－15**のようにものすごく簡略化したとしても、テストが必要な回数は、100万回以上になります。しかも、この中には、P.AltやOATのように、人為的にはコントロールできないパラメータがありますので、P.Altがちょうど2,000 ftで、OATがちょうど30℃で、といった条件が整うまでテストを待たなければならず、型式証明（T/C：Type Certificate）取得までに大変な年数を要することが予想されます。しかし現実には、上記のData Reduction/ Data Expansionを用いることによって、T/C取得のための試験に要する期間は、たとえば「5機×1.5年」といったオーダーで済むようになっているわけです。

パラメータ	テスト条件
P.Alt	10種類
OAT	10種類
Weight	20種類
Flap	2種類
Engine Rating	3種類
Bleed Condition	4種類
Wind	5種類
Slope	5種類

10×10×20×2×3×4×5×5＝1,200,000

図18－15　離陸性能作成に必要なテスト条件

今回は、バフェットについて、少し詳細に紹介させていただきました。これで、いろいろな準備が終わりましたので、次回は巡航性能を紹介させていただきたいと思っています。ご期待ください。

● PFD（Primary Flight Display）での表示

PFD（Primary Flight Display）を持った最近の機体では、PFD の Speed Tape（昔の速度計に該当するもの）上に、最大速度と最小速度が示されるようになっています。

このうちの最大速度としては、フラップやギアを操作しても良い速度（いわゆるプラカード・スピード）、最大運用限界速度 V_{MO}/M_{MO}（故意に超えてはならない最大速度）、あるいは高速バフェットや衝撃失速速度などのうちの最も制限的な速度が示されるようになっています。また、最小速度としては、主に、低速バフェットと低速側

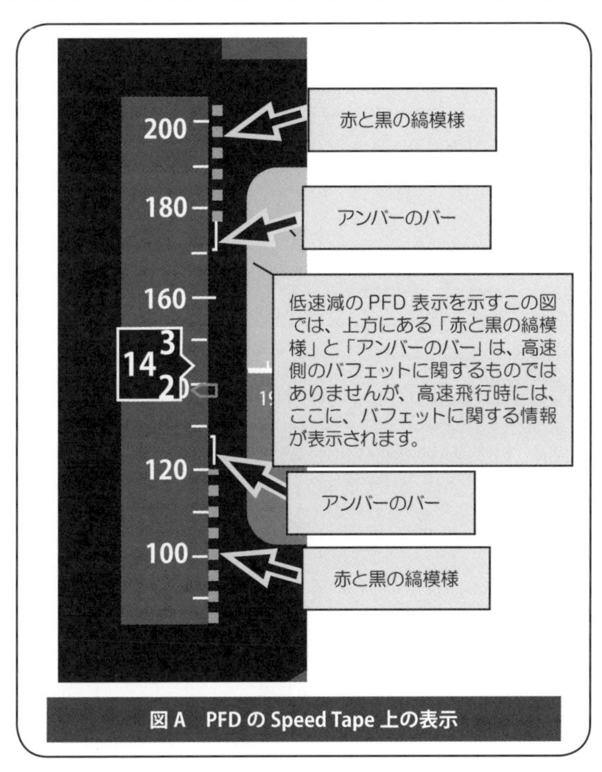

図 A　PFD の Speed Tape 上の表示

の失速速度が示されています。

これらのうち、バフェットや失速速度については、**図 A** のように、バフェットを起こす速度領域は、1.3 G バフェットから失速に至るまでの間、「アンバー」のバーで示され、失速する速度領域は「赤と黒の縞模様」で表示されるようになっているのがふつうです。こういった表示は、従来のアナログ式の速度計では絶対に実現できなかったもので、パイロットを大いに助けてくれるありがたい表示です。

ところで、これらの裏側で行なわれている計算は、まさに本稿の「具体的な計算」の項で述べた手順と同じです。したがって、コンピュータの演算機能の内部には、① **図 18 − 7** に示された「マック対 $C_{L\ Buffet}$ の関係」、② $W/\delta = 1481.4 \times M^2 \times C_L \times S$ なる式、③δ と P.Alt の関係を表した式、の 3 者があるだけです。

このうち、①はいくつかのデータを記憶させればよいことですし、② はもともと単純な式です。また、③も、下記のように簡単な式ですので、バフェットを起こす速度領域の計算のために要するメモリはごく僅かで済みます。もちろん、失速速度の計算についてもまったく同様です。

高度 36,089 ft（11,000 m）以下、つまり対流圏では、

$$\delta = \theta^{5.2563}\text{、ただし}\qquad \theta = 1 - 6.8753 \times 10^{-6} \times h$$

高度 36,089 ft（11,000 m）以上、つまり成層圏では、

$$\delta = 0.22335 \times e^{-\left(\frac{h - 36{,}089}{20{,}806}\right)}$$

いずれの場合も、h は高度、θ は温度比（T/T_0）、δ は気圧比（P/P_0）です。

（つづく）

1）日本航空（株）発行「航空実用事典」(http://www.jal.com/ja/jiten/dict/p030.html#03-02)

19. 巡航性能（1）

前回は、バフェットについて、少し詳細に紹介させていただきました。今回は、エアラインの収支に直結する巡航性能について、紹介させていただきたいと思います。

また、その途中で出てくる数式を眺めることによって、将来の機種に求められる要素もご理解いただけるかと思いますので、そのあたりについても、簡潔に紹介させていただければと考えています。

●旅客機の燃費性能

ここではまず、現代の旅客機で達成されている燃費性能のレベルを紹介させていただきたいと思います。

図 19 － 1 は、現在の国内線の主力機である 777-300 型機が、札幌から東京までの約 900 km を飛行する場合に要する燃料と、それに基づいて計算した燃費（km/ ℓ）を示したものです。この燃費（0.086 km/ ℓ）は、クルマに比べて圧倒的に悪い数字ですが、実は、470 人のお客さまに搭乗していただけますので、この人数を掛けて、燃料 1 ℓ あたりの輸送量を求めてみますと約 40 Km· 人となって、クルマに比べても遜色のない値となっていることがご理解いただけるかと思います。

ただし、この輸送量は、満席を前提として計算しているため、実態は、もう少し小さめの値になります。たとえば、平均搭乗率が 70%であったとしますと、燃料 1 ℓ あたりの輸送量は約 30 Km· 人（≒ 40 × 0.7）であるといった具合です。

ボーイング 777-300 型機（満席 470 名）札幌 - 東京（約 900 km）

消費燃料	約 10,500 ℓ
燃費	約 0.086 km/ℓ
最大旅客数	470 名
1 ℓ あたりの輸送量	約 40 km・人

図 19 － 1　ボーイング 777 型機の燃費性能

注：ご隠居になって以来数年が経つ現在、最新型であるボーイング 787 型機や A350 型機のデータにアクセスすることは不可能ですので、ここではボーイング 777 型機を例に挙げましたが、最新型機での燃費性能は、上記よりも格段に向上しているものと思われます。

●飛行機の燃費を支配するパラメータ

クルマの燃費が km/ℓ で表示されるのと同様にして、飛行機の燃費は nm/lb で表します。ここに、nm は海里（nautical mile）で、lb は消費燃料をポンドで表示したものです。この燃費のことを「比航続距離（Specific Range、S/R と表記）」と呼んでいます。したがって、S/R ＝ nm/lb です。

ここでは、飛行機の燃費性能に影響を与えるパラメータを明確にするため、この S/R ＝ nm/lb を徐々に変形してみましょう。まず、nm/lb の分母分子を時間 h で割れば、下式になります。

$$S/R = \frac{nm}{lb} = \frac{nm/h}{lb/h} = \frac{TAS}{Fuel\ Flow}$$

ここで、真対気速度 TAS（True Air Speed）を V、音速を c としてやりますと、定義から M ＝ V/c ですから、V ＝ M·c です。また、エンジンが 1 lb の推力を発揮するために必要な Fuel Flow を TSFC（Thrust Specific Fuel Consumption、単位推力あたりの燃料流量）としてやりますと、全機ぶんの推力 T を発揮するために必要な Fuel Flow は、TSFC × T になります。

注：TSFC が 0.6 lb/h/lb（前方の lb は燃料の lb、後方の lb は推力の lb です）であるようなエンジンがあったとしましょう。全機ぶんの推力が 1 lb であったとしますと、燃料流量（Fuel Flow）はもちろん 0.6 lb/h ですが、全機ぶんの推力が 10,000 lb であったとしますと、Fuel Flow は 6,000 lb/h となります。つまり、Fuel Flow は T × TSFC と変形できます。

上式にこれらを代入してやりますと、下式が得られます。

$$S/R = \frac{TAS}{\text{Fuel Flow}} = \frac{M \times c}{T \times TSFC}$$

この式の分母分子に機体重量 W を掛けてやって、その上で、W＝L、T＝D なる関係（**図 19 － 2 参照**）を代入しますと、下式が得られます。

$$S/R = \frac{M \times c}{T \times TSFC} = \frac{M \times c \times W}{T \times TSFC \times W} = \frac{M \times c \times L}{D \times TSFC \times W}$$

この式で得られた最後の項の順序を変えて整理しますと、最終的に下式のようになります。

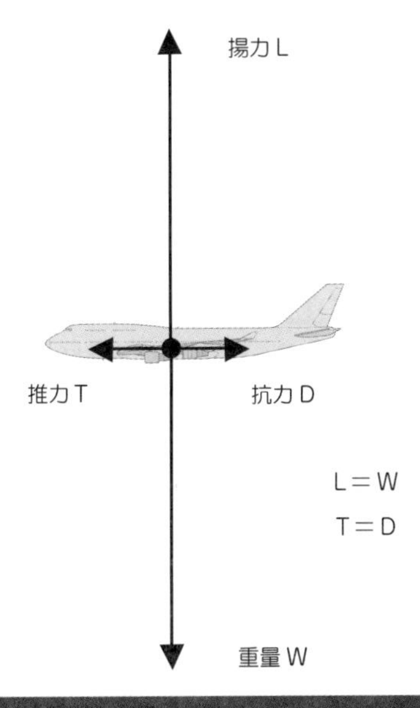

図 19 － 2　飛行中の力の釣合い

$$S/R = \frac{M \times c \times L}{D \times TSFC \times W} = c \times \left(M \cdot \frac{L}{D}\right)\left(\frac{1}{TSFC}\right)\left(\frac{1}{W}\right) \cdots ①$$

ご覧のように、定数項である音速 c を無視しますと、この式は 3 つの項の積になっています。

●各パラメータの意味合い

一つ目は M×L/D で、ご存知の揚抗比（揚力と抗力の比：L/D）にマックを掛けたものです。これは空力性能の良さを示すパラメータで、ふつう、この M×L/D を「マック・エル・バイ・ディ」と読みますが、この値が大きくなればなるほど、燃費性能が良くなることはもちろんです。

二つ目の TSFC は、エンジンの燃費の良さを示すパラメータです。この値が小さいほど、つまり、単位推力を発生するための燃料消費率が小さいほど、燃費性能が良くなることは当然です。また、最後の W は、機体の軽さを示すパラメータです。当然のことながら、機体を軽くすればするほど、燃費性能は向上します。

上記からお分かりのように、燃費の観点だけから見れば、良い飛行機を設計・製造するためには、M×L/D に係る「空力屋さん」、TSFC に係る「エンジン屋さん」、および、W に係る「構造屋さん」が良い仕事をすればよいわけです。

それでは次に、それぞれのパラメータについて、もう少し掘り下げて考えてみましょう。

●軽量化と TSFC の向上

① 式の第 3 項に示されているとおり、燃費性能に優れ、ひいては航続性能に優れた飛行機を設計し製作するためには、可能なかぎり、軽量化する必要があります。

このため、機体の材料として従来から、各種のアルミ合金、チタン合金あるいは超高張力鋼が開発されてきましたが、最近は、カーボン複合材が多く用いられるようになってきています。そして、我が国は、カーボン複合材の材料の非常に多くを供給するなど、機体軽量化の分野で世界の航空機産業に貢献しています。

また、このような努力はエアライン側でもなされており、それぞれのメーカーと協力しつつ、座席や食器などの軽量化が図られています。

一方で、エンジンの TSFC を向上させるためには、第 7 回で紹介させていただきましたように、① バイパス比を大きくすることによって推進効率の改善を図ること、および、② 圧力比と燃焼温度を上げることによって熱効率の改善を図ることが重要です。

この燃費改善を実現するためになされた諸々の努力につきましては第 7 回で紹介させていただきましたので、ここでは、その結果として達成された全機ぶんの燃費の変遷をご覧いただきましょう。

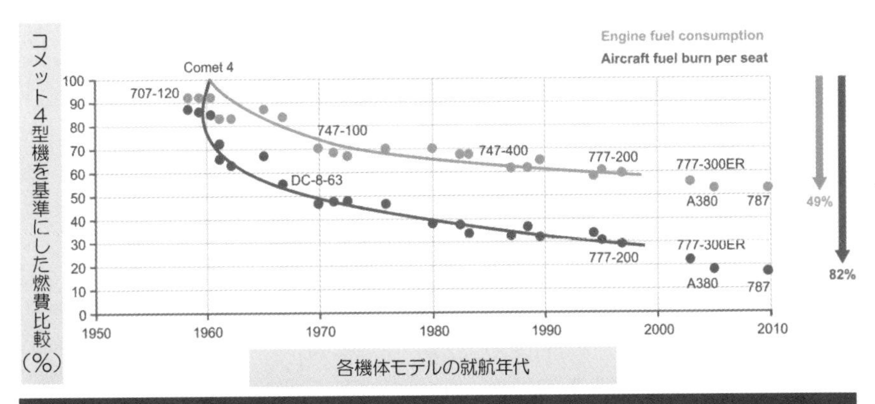

図 19 − 3　エンジンの燃費改善と一席あたりの燃料消費量の削減

図 19 − 3 は、IATA（国際航空運送協会）から発行された「IATA Technology Roadmap 2009」[1)] に掲載されている図を引用したものです。横軸には、その機種が就航した西暦年が、また縦軸には、コメット 4 型機を基準とした、エンジンの燃費の改善率と、座席 1 席あたりの燃料消費量の改善率が示されています。この図によりますと、1950 年代末以来の 50 年間で、エンジンの燃費の改善率は 49%にも及び、それと空力性能の改善や機体の大型化が相俟って、座席 1 席あたりの燃料消費量の改善量率は 82%にも及んでいます。この図から、飛行機の燃費改善は、機体設計が洗練されたこととともに、エンジンの TSFC の向上が大きく貢献してきたと言うことができるかと思います。

注：コメット 1 型機は、1952 年 5 月に就航しましたが、1954 年には、与圧による金属疲労に起因する空中分解によって 2 回の事故を起こし運航が停止されました。その後、設計を大幅に見直したコメット 4 型機が 1958 年 10 月に就航しますが、元々の設計が古かったため、ほぼ同時期に就航した最新型機である 707 型機や DC-8 型機相手では競争にならず敗れ去ります。ところで、**図 19 − 3** では、コメット 4 型

機の就航が 1960 年であるかのように見えますが、これは多分、IATA の事務局が、コメット 4 型機の本格的な就航時点は 1960 年であるとして調整したものではないかと思われます。また、そのため、図中のカーブの形状が一風変わったものになっています。

● M × L/D について

飛行機を、**図 19 － 4** の左図のように、エンジンの推力だけで支えようとしますと、たとえば、4 発で 320 トンの飛行機の場合には、一発あたりの必要推力は 80 トンになります。しかし、これはまったく実現不可能です。なぜなら、現時点で最も大きな推力を発揮できるエンジンの一つである GE90-115B（ボーイング 777 型機に搭載されています）ですら、その MCT（最大連続推力）は 55 トン程度 [2] しかないからです。

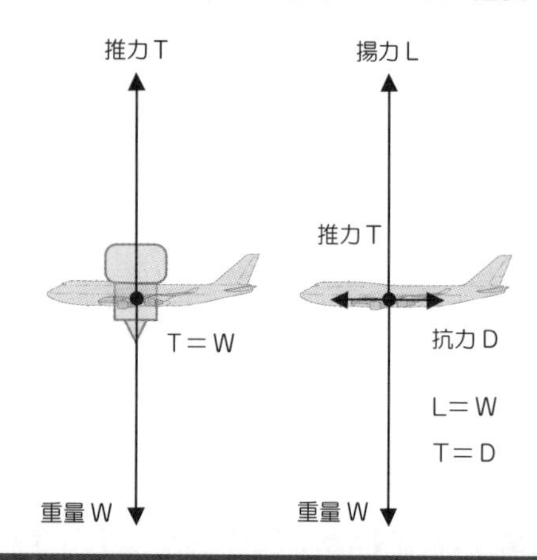

図 19 － 4　機体の支え方

それでは、**図 19 － 4** の右図のように、主翼によって飛行機を支えてやるとどうなるでしょうか。この場合には、機体全体の抗力をエンジンの推力で釣合わせてやればよいことになります。

現在の大型機は、15 ～ 20 程度といった揚抗比をもっていますが、計算を簡単にするために揚抗比が 20 であったものとすれば、抗力は揚力の 1/20 で済みますから、抗力は、320 トンの揚力の 1/20、つまり 16 トンになり、したがって、一発あたりの所要推力は 4 トンで済むことになります。

この 4 トンなる推力は、**図 19 － 4** の左図のようにして飛行する場合に要する推力である 80 トンの 1/20 ですから、揚抗比は、飛行機をエンジンで支える場合と主翼で支える場合の、所要推力の比を表していることになります。このように、主翼に発生する揚力によって機体を支える方法を見出したことが、飛行機を実現できた理由のもっとも大きなものではないかと思われます。

一方で、揚力 L＝ 重量 W、抗力 D＝ 推力 T、なる関係を揚抗比（L/D）に代入してやれば、L/D ＝ W/T となります。つまり、揚抗比の現実的な意味は、「ある推力でどれだけの重量のものが運べるか」ということを表す指標であると考えることもできます。

ところで、船や鉄道は、その重量を海水や地面が支えてくれるため、ちょっとしたエンジンやモーターで大重量のものを運べます。そのため、飛行機で言うところの「揚抗比」に換算した値は大変に大きくなることが想像できます。そういった観点からすれば、飛行機の約 20 などといった揚抗比は、かなり見劣りがする値であると言わざるを得ません。

注：豪華客船として有名な「クイーンメリー 2」は、総トン数 15 万トン弱、全長 345 m の大きさを誇り、乗員数約 1,250 名、乗客数約 2,600 名を載せて、26.5 ノット（約 49km/h）で航海できますが、この船の主機関は、2 基の LM2500 ガスタービンエンジンです。この LM2500 は、航空機用の CF6-6 を船舶用に再設計したもので、その元になった CF6-6 は、約 40,000 ポンドの推力を発生します。

これからも分かりますように、船の場合、上記で言う「揚抗比（への換算値）」は非常に大きくなることが想像されます。いろいろな文献[3)]を調べてみたところ、船の「揚抗比（換算値）」は、飛行機のそれに比べて、数百倍はありそうです。

ちなみに、この LM2500 ガスタービンエンジンは、我が国の「いずも型ヘリコプター護衛艦」を始めとして、多くの国の軍艦の主機関としても採用されています。また、CF6-6 は、DC-10-10 に搭載されたエンジンですが、その発展型である CF6-80C は、ボーイング 767 型や ボーイング 747-400 型を始めとする非常に多くの機種に搭載されている超傑作エンジンです。

一方で、各交通機関には固有の速度領域があるため、効率の比較を行うためには、その速度と L/D を掛け合わせたものを使う方がより公平であるという考え方もできます。つまり、「ある推力でどれだけの重量のもの」（ここまでは揚抗比のことです）を「どれだけの速さで（ひいては距離を）運べるか」という指標を使おうというわけです。

飛行機の場合、高空を飛行するときには速度の単位として M を使用しますので、これを用いて、上記を表現したものが、式①第 1 項の（M × L/D）であるわけです。

●最適飛行高度

図 19 − 5a と**図 19 − 5b** は、747-400 型機が出現した当時のジェット旅客機で実現されていたであろう、「揚抗比」と「M × L/D」を思い浮かべながら、仮想の翼の特性を表してみたものです。

図 19 − 5b から、この翼が最大の効率を発揮できるマック、すなわち「M × L/D」のピークが得られるマックは 0.85 であり、そのとき、C_L としては 0.48 程度を狙えば良いことが分かります。つまり、エンジンの TSFC が飛行速度によって変化しない [下記注 2] ものと仮定しますと、この機体はマック 0.85 かつ C_L = 0.48 で巡航すればよいことになります。

注 1：**図 19 − 5a** に示されていますように、揚抗比はマック 0.9 で急激に低下していますが、この速度域では衝撃波発生による影響によって抗力が急激に増加するためです。

注 2：エンジンはふつう、最大連続推力（MCT）や最大巡航推力（MCR）あたりの出力に対して、最適な燃費性能を発揮できるように設計されています。したがって、実際の最適巡航条件は、「マック 0.85 かつ C_L = 0.48」からは多少異なってきます。この辺の実態については、次回ご紹介できるかと思います。

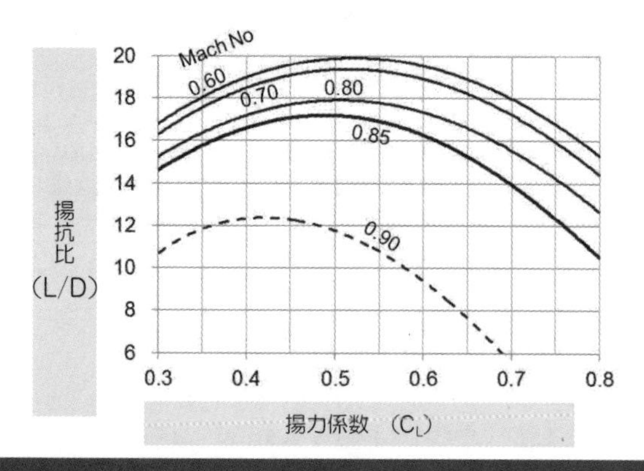

図 19 − 5a　C_L 対 L/D

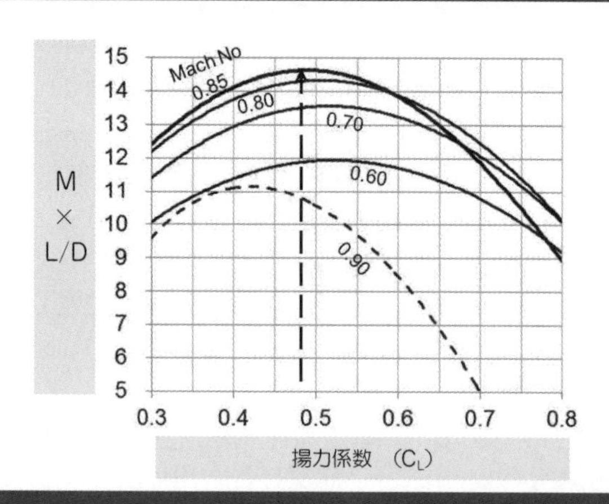

図 19 − 5b　C_L 対 M × L/D

それでは次に、「マック 0.85 かつ $C_L = 0.48$」で飛行するための、高度と機体重量の関係を求めてみましょう。前回のバフェットのご紹介のところで出てきた④' 式（下記に再掲）を思い出してください。

$$\frac{L}{\delta} = \frac{W}{\delta} = 1481.4 \cdot M^2 \cdot C_L \cdot S \quad ④'$$

この式の中で、いま、マックと C_L が固定（マック 0.85、$C_L = 0.48$）できましたので、翼の面積を与えてやれば、④' 式 からただちに、W/δを求めることができます。この仮想の翼の翼面積を、前回どおり 4,800 ft^2 としてやりますと、④' 式から、「マック 0.85 かつ $C_L = 0.48$」で飛行するための W/δは 2,466,000 ポンド（約 1,110 トン）になります。

次の手順は、この W/δに各高度でのδを掛けて、現実の機体重量に戻してやることです。**図 19 − 6** がその計算を行なったもので、**図 19 − 7** がその結果をプロットしたものです。

P.Alt (ft)	δ (無次元)	Weight (1,000 lb)
29,000	0.3107	766.2
31,000	0.2837	699.6
33,000	0.2586	637.7
35,000	0.2353	580.2
37,000	0.2138	527.2
39,000	0.1942	478.9
41,000	0.1764	435.0
43,000	0.1602	395.1
45,000	0.1455	358.8

図 19 − 6　W/δ＝2,466,000 lb での高度と機体重量の関係

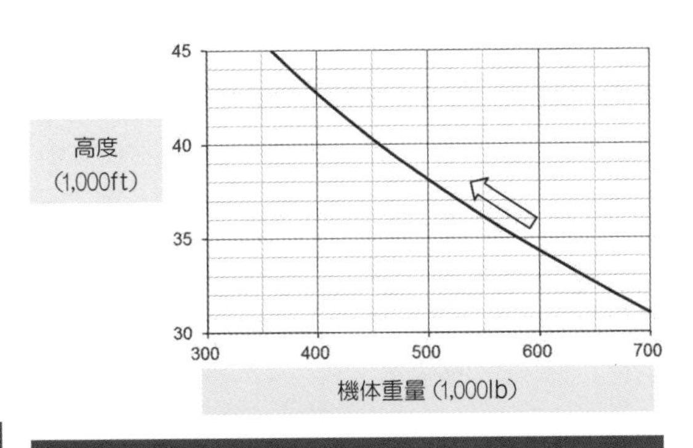

図 19 − 7　最適飛行高度

この**図 19 − 7** に示された「ある機体重量に対して一義的に決定される高度」は、マック 0.85 で飛行するとした場合の「最適高度（Optimum Altitude）」を与えることになります。

注：前回の「G が掛かったときの挙動」の項の注で、「" ジェット旅客機の燃費は一般的に、高度を高くした方が有利になります " という表現は厳密には正しくありません」と書きましたが、その理由が**図 19 − 7** から読み取っていただけるかと思います。

したがって、最適な W/δを維持しつつ飛行するためには、**図 19 − 7** の矢印で示されていますように、燃料消費に伴って機体重量が減少していくのにつれて、ジワジワと高度を上げていくのが理想的です。これを「クライミング・クルーズ（Climbing Cruise)」と呼んでいますが、ルートに余裕があったジェット旅客機の導入期はともかく、ルートが混雑している現在ではこういった巡航方式を採るわけにはいきません。

そこで、できる限り、この理想の高度に近づけるため、機体重量の減少とともに、段階的に高度を上げていきます。これが「ステップアップ・クルーズ（Step-up Cruise)」と呼ばれるもので、**図 19 − 8** のように、Optimum Altitude を挟み込む格好で高度を上げていきます。ちなみに、**図 19 − 8** では、一回のステップアップで 4,000 フィートずつ高度を上げていますが、そのほかのステップをリクエストすることも可能です。

注：第 1 回の**図 1 − 2**～**図 1 − 4** で、飛行高度が階段状に上がっていくことを不思議に思われた方がいらっしゃったかも知れませんが、それはステップアップすることを前提にして作図したためです。

このような、ある重量で離陸したのち、最初に採る巡航高度（**図 19 − 8** で Initial と記載されている高度です）とステップアップを開始するときの機体重量（**図 19 − 8** で①や②で示されている重量です）はマニュアルに決められていますが、これらの高度や重量を規定するときに考えなければならないことが、いくつかあります。

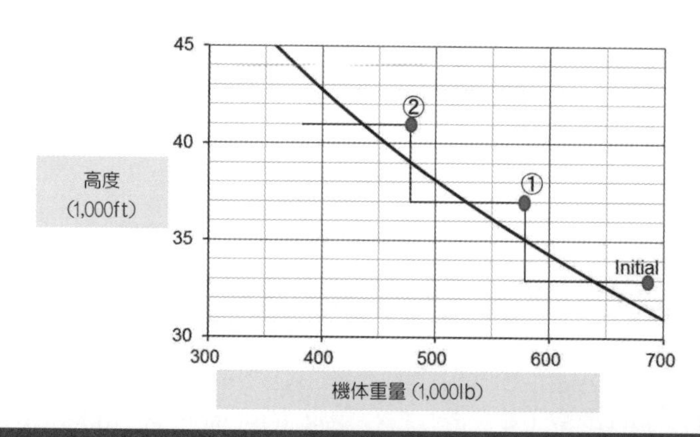

図 19 − 8　ステップアップ・クルーズ

一つめは、最初に採る巡航高度、あるいはステップアップ直後（**図 19 − 8** での①や②で示されている状態です）の高度で、所定のバフェット・マージンを確保できるかどうかです。なぜなら、機体重量が最適値よりも重いという、これらの条件の下では、C_L としては最も苦しい状態になっているからです。それを確認するために、前回紹介させていただきました 1.3 G Buffet Margin を確保できる「機体重量と飛行高度との関係」を**図 19 − 9** で算出し、その結果を、**図 19 − 8** に重ね合わせたものが**図 19 − 10** です。この結果、バフェットに関しては問題がないことが確認できました。

P.Alt (ft)	①	②
29,000	1230.7	946.7
31,000	1123.7	864.4
33,000	1024.3	787.9
35,000	932.0	716.9
37,000	846.9	651.4
39,000	769.2	591.7
41,000	698.7	537.5
43,000	634.6	488.1
45,000	576.3	443.3

①：M.85 で Buffet を起こす機体重量（1,000 lb）（前回の**図 18 − 10** と同様の計算です）

②：①の結果を 1.3 で割って、1.3G Buffet Margin を確保するための機体重量に変換した値。

図 19 − 9　M.85 での 1.3G Buffet Onset Wt

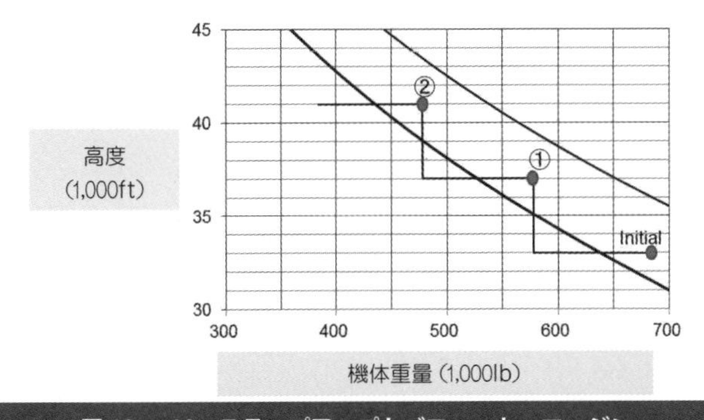

図 19 − 10　ステップアップとバフェット・マージン

二つめは、離陸後、最初に到達する巡航高度、あるいはステップアップ後の高度まで、しっかりと上昇できるのかという問題です。言い換えれば上昇限度を求めるということになりますが、この高度は、エンジンが最大上昇推力（MCL）を発揮している状態で算出されます。また、上昇限度を求める際のクライテリアとしては、上昇終了時（TOC：Top of Climb）での上昇率（R/C）が 300 ft/min を下回らないこと、とするのがふつうです。

ところで、現代のエンジンでは、最大上昇推力（MCL）はふつう、最大連続推力（MCT）と同じですので、上記のプロセスは、MCT での上昇限度を求めるということになります。そして、第８回でも紹介させていただきましたように、MCT は STD＋10℃までフラット・レイテドになっています。ということは、**図 19 － 10** に、MCT での上昇限度を表示するときは、STD＋10℃というカーブと、STD＋20℃というカーブを載せておけば十分であるものと想像できます。

外気温が STD＋10℃以下であれば、「STD＋10℃のカーブ」を読めばよいわけですし、外気温が STD＋10℃以上のときには、「STD＋10℃のカーブ」と「STD＋20℃のカーブ」を補間すればよいからです。こういったことを勘案して、MCT での上昇限度を重ねたものが**図 19 － 11** です。

注：経験から言いますと、上空の外気温が STD ＋ 10℃を超えることはあまりありません。MCT が STD ＋ 10℃までフラット・レイテドになっているのはこのためかと思われます。

三つめは、それぞれの高度に到達したのち、最大巡航推力（MCR）で巡航することが可能かどうかを確認するものです。したがって、この場合のクライテリアは、MCR で R/C＝0 fpm ということになります。MCR も STD＋10℃までフラット・レイテドになっていますので、図としては、**図 19 － 11** の R/C＝300 fpm のカーブと同様なものになりますが、図が複雑になりすぎることを避けるため、ここでは省略させていただきます。

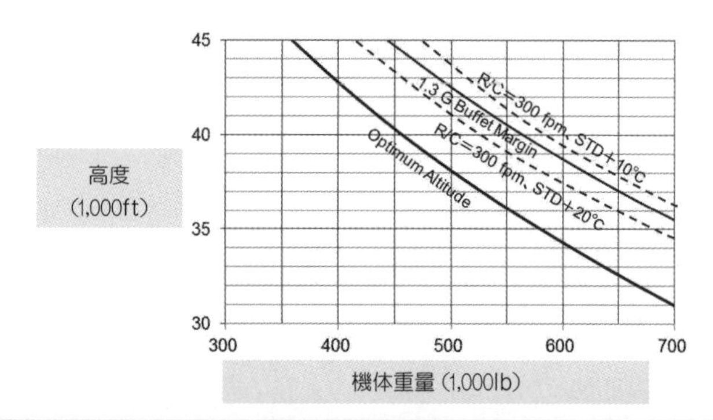

図 19 － 11　1.3 G Buffet Margin と R/C ＝ 300 fpm を追加したチャート

それでは次に、前述の①式を用いて、超音速機を実現するために必要な要素を考えてみましょう。

●超音速旅客機への期待

世界初の超音速旅客機として計画された英仏共同開発のコンコルドは、多くのフラッグ・エアラインの期待を集めました。しかし、当初の計画どおりの航続距離が達成できないことが判明したことに伴い、キャンセルが相次ぎ、量産機数は14機[4)]にとどまりました。

開発国のエアラインであるAir FranceおよびBOACとその後を継いだBritish Airwaysだけは運航を続けましたが、2000年7月25日に、パリのシャルル・ド・ゴール空港を離陸したAir Franceの機体が離陸直後に墜落した事故を契機に、運航は終了しました。

技術の粋を結集して設計・製造されたコンコルドの退役後、超音速旅客機に対するエアラインの熱意は、コンコルドの開発当時ほどでなくなった感がありますが、次世代の超音速旅客機が出現するのは時間の問題ではないかと筆者は考えています。

超音速旅客機を実現するためには、狙う速度が超高速である場合には、離着陸時のような低速時にはターボファン・モードで作動し、巡航時にはターボジェット・モードあるいはラムジェット・モードで作動するような、いわゆるコンバインド・サイクル・エンジンが必要になるものと思われます。また、マック2～3程度の比較的低速を狙うにしても、さまざまな工夫が必要になるかと予想されます。このため、必然的にエンジン重量が大きくなって、機体重量は増加する方向になります。

また、狙う速度によっても異なりますが、空力加熱（第6回で紹介させていただいた $TAT = OAT\ (1 + 0.2M^2)$ による温度上昇です）に耐えるためには、機体の一部にチタン合金などの耐熱材料を使用する必要が生じるため、これによっても機体重量は増加する方向になります。

M	OAT		TAT		温度上昇（参考）
（無次元）	（℃）	（K）	（K）	（℃）	（℃）
0.5	-56.5	216.7	227.5	-45.7	10.8
1.0	-56.5	216.7	260.0	-13.2	43.3
1.5	-56.5	216.7	314.1	41.0	97.5
2.0	-56.5	216.7	390.0	116.8	173.3
2.5	-56.5	216.7	487.5	214.3	270.8
3.0	-56.5	216.7	606.6	333.5	390.0
3.5	-56.5	216.7	747.4	474.3	530.8
4.0	-56.5	216.7	909.9	636.8	693.3

図19－12　空力加熱の計算

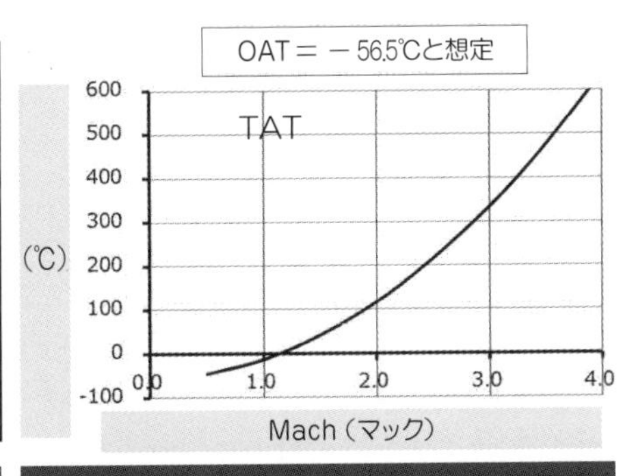

図19－13　空力加熱

注：この空力加熱の様子を計算したものが、**図 19 － 12** で、その結果をプロットしたものが**図 19 － 13** です。（－ 56.5℃は、高度 36,089 ～ 65,617 ft（11,000 ～ 20,000 m）での標準温度です）

したがって、①式における（1/W）の項は不利な方向ばっかりに変化することになりますが、近年の CFD（数値流体力学）の長足の進歩を見ていますと、マック 2 で L/D ≒ 10 程度を期待できるなど、超音速飛行時でもかなりの揚抗比を稼ぐことができそうです[5)]。だとすれば、①式における（M × L/D）の項を相当大きくできることが期待でき、これによって、（1/W）の項での上記のペナルティをリカバーできそうな気がしてきます。

●超音速機の環境問題

コンコルドの就航時にも問題視され、同時に、米国の超音速旅客機の開発中止の理由になった「環境問題」、すなわち、空港騒音、ソニックブーム、および、成層圏オゾンの破壊、についても、以下のように、課題を解決するための研究が着実に進んでいます。

まず、「空港騒音」については、それを軽減するための研究が現在、世界各国で活発に行なわれています。我が国では、経済産業省の民間航空機基盤技術プログラムの一環として、平成 11 年から 5 ヶ年計画として実施された「環境適合型次世代超音速推進システムの研究開発（ESPR プロジェクト）」[6)] が大きな成果を挙げ、それを起爆剤として、その後も JAXA を中心とした研究が持続的に行なわれています [7)]。これらを概観すると、空港騒音の問題はどうやら解決できそうな気がします。

第二番目の課題は「ソニックブーム」です。ソニックブームは、機体が発生する衝撃波が地面まで届いて、ド・ドーンと、ものすごい衝撃音になるものです。このため、コンコルドは陸上での超音速飛行を禁止されましたが、この問題が解決できない限り、超音速旅客機のメリットは洋上飛行時にしか発揮できないため、大変に重要な課題です。

このソニックブームは、機体の各部から発生した衝撃波が、地上に達するまでに、徐々に統合されていって、最終的に機体先端の衝撃波と後端の衝撃波の 2 つの強い衝撃波に統合した結果として N 字型の圧力波形として観測されます（**図 19 － 14 参照**）。その統合過程については、参考文献 [8)] をご覧になってください。この統合の原因は、圧力の変動が空気中を伝わる速さが、圧力の変動が大きくなるにつれて増加する「圧力波の非線形性」によるものであると説明されています。

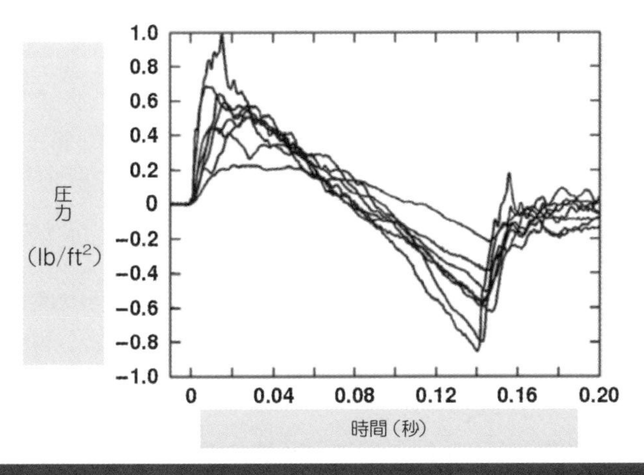

図 19 − 14　N 字形の圧力波（US Wiki）

つまり、機首から発生した衝撃波は、いわゆるマッハコーンに沿って伝播していくわけですが、後方にある主翼や胴体、エンジンナセルなどから発生した、圧力変動がより大きな衝撃波の伝播速度の方が速いため、時間とともに先端マッハコーンに追い付き、1つの強い衝撃波に統合されていく結果 N 字型の圧力波形となる、といった経過を辿るようです。この衝撃波を可視的に捉えた大変に珍しい写真を見つけましたので、**図 19 − 15** に引用しておきます[9]。

図 19 − 15　戦闘機に生じている衝撃波を特殊な撮影方法で捉えた驚くべき画像

だとすれば、たとえば（揚抗比的には不利ですが）機首の形状を故意に「鈍」なものにする、あるいは胴体の断面積の変化を上手に調整するなど、機体形状を工夫することによって、機体の各部から発生する衝撃波が統合されないようにしてやることによって、ソニックブームを弱められそうです。こういった研究は、海外でも盛んに実施されていますが、我が国は、JAXA の低ソニックブーム設計概念実証プロジェクト（D-SEND）が大成功を収める[10]など、世界の先頭グループを走っています。

ソニックブームの強さは機体サイズに依存しますので、超音速機の実現は、当面はビジネス機になるかと思われますが、それほど遠くはない時期に、次世代超音速旅客機が出現するような気配を感じさせてくれます。

図 19 － 16　超音速旅客機コンコルド

最後の「成層圏オゾンの破壊」問題とは、今は、成層圏オゾンが太陽光線に含まれる有害紫外線を吸収してくれるため、地上の生物には危害が及ばないで済んでいる、という状況が、成層圏のド真ん中を飛行する超音速旅客機のエンジンから排出されるノックス（NOx）によって、成層圏オゾンが破壊され、太陽からの有害紫外線が地表に届いてしまうのではないかと危惧された問題です。

1971 年 3 月に米国上院が、米国の超音速旅客機（USSST）の開発費のための助成金交付を否決した際、この問題を明確にすべく、「USSST の開発は中断するが、国際的・学際的な研究組織を立ち上げて、成層圏オゾンの挙動を解明せよ」という勧告が出され、これを受けて、CIAP（Climate Impact Assessment Program）なる研究プログラムが発足し、これが、その後大きく開花する「大気化学」のスタートラインになりました。

我が国からも多くの研究者が参加したこの研究によって、成層圏オゾンを破壊する主役は、いわゆる「フロン」から解離した塩素原子（Cl）とその酸化物である一酸化塩素（ClO）による触媒作用によるものであることが判明し、ウィーン条約とその議定書である「モントリオール議定書」によって、いわゆる「フロン」の規制が始まります。

そして、現時点での知見では、NOx による成層圏オゾンの破壊はそれほど大きなものではなく、現下の情勢ではむしろ「善玉」として作用している、というのがほぼ定説になっています。

これを日常会話風に表現しますと、いわゆる「フロン」から解離された Cl が残存している現在の状況では、NOx は、一酸化塩素（ClO）と結びついて $ClONO_2$（クロラインナイトレート）という安定した物質を作るため、ある時間を掛けて Cl ひいては ClO を大気から除去する効果を持っているというもので、いわば、「小悪人」である NOx が、「極悪人」である ClO を拘束して、世の中を浄化しているという構図になっている、ということになります。

今回は、最初に「飛行機の燃費を支配するパラメータ」を紹介させていただき、その後、M×L/D を最大限に生かすための巡航速度と、それにまつわる、Buffet Margin との関係などについても紹介させていただきました。また、超音速旅客機に対する夢も語らせていただきました。次回は、巡航速度を変えたときの巡航性能の変化について紹介させていただきたいと思っています。ご期待ください。

（つづく）

参考文献

1）2009 IATA Technology Roadmap の 11 ページ
http://www.iata.org/whatwedo/environment/Documents/technology-roadmap-2009.pdf
2）GE90 TC Data Sheet E00049EN：http://rgl.faa.gov/Regulatory_and_Guidance_Library/rgMakeModel.nsf/0/491573D6CDF5EE3986257C89006E56D4?OpenDocument
3）たとえば、東昭著「航空を科学する上巻 36 ページ」酣燈社発行
4）https://en.wikipedia.org/wiki/Concorde#Sales_efforts
5）科学技術・学術審議会 研究計画・評価分科会 航空科学技術委員会 第 3 回 静粛超音速機技術の研究開発 推進作業部会（平成 1 9 年 2 月 19 日）の資料 2「静粛超音速機技術研究開発 技術目標について」の 25 ページ
http://www.mext.go.jp/b_menu/shingi/gijyutu/gijyutu2/020/shiryo/1264660.htm
6）「環境適合型次世代超音速推進システムの研究開発」（事後評価）分科会（第 1 回）資料 5-2
www.nedo.go.jp/content/100091197.pdf

7）航空科学技術に関する研究開発の推進のためのロードマップ（2013）の参考資料「航空科学技術ロードマップの概要」
http://www.mext.go.jp/b_menu/shingi/gijyutu/gijyutu2/004/houkoku/1338016.htm
8）「静粛超音速機技術の研究開発の推進について」の資料 4
http://www.mext.go.jp/b_menu/shingi/gijyutu/gijyutu2/toushin/07071110.htm
9）NASA Armstrong Fact Sheet: Commercial Supersonic Technology Project
http://www.nasa.gov/centers/armstrong/news/FactSheets/FS-107-AFRC.html
10）JAXA プレスリリース「超音速機から発生するソニックブームの低減技術を実証」
http://www.jaxa.jp/press/2015/10/20151027_dsend2_j.html

20. 巡航性能（2）

前回は、「飛行機の燃費を支配するパラメータ」を紹介させていただくとともに、超音速旅客機に対する夢も語らせていただきました。今回は、実運航時に使用される巡航速度にはどのような種類のものがあるのかについて、紹介させていただきたいと思います。

●巡航速度とS/Rの関係

図20－1は、ある高度を飛行するとき、巡航速度を変化させた場合に、S/R（Specific Range、比航続距離）がどのように変化するのかを描いたものです。この図には、機体重量が大きい場合には、S/Rは小さいということが示されていますが、これは感覚的にも納得できますし、前回紹介させていただいた下記①式からも明らかです。

$$S/R = c \times \left(M \cdot \frac{L}{D}\right)\left(\frac{1}{TSFC}\right)\left(\frac{1}{W}\right) \cdot\cdot ①$$

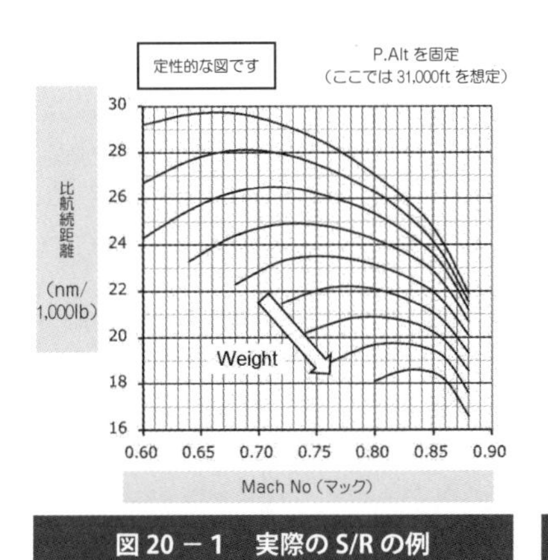

図20－1　実際のS/Rの例

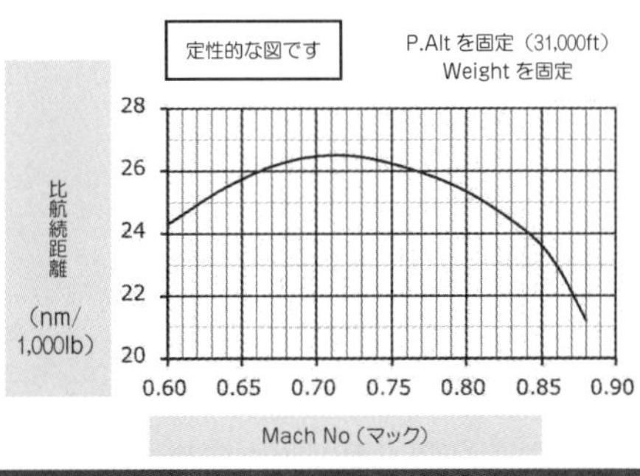

図20－2　ある機体重量だけに着目した場合のS/R

ところで、この**図 20 − 1**のカーブの中から、ある機体重量に対応するカーブを抜き出したものが**図 20 − 2** ですが、この曲線が、なぜ、こういった形状になるのかを説明させていただくことは、なかなか難しいことです。かりに、S/R が、①式の中の（M·L/D）だけに依存するのであれば、S/R のカーブは、前回の**図 19 − 5b** のように変化することになって、ハナシは簡単なのですが、この式の中の TSFC がちょっと複雑に変化するためです。

その様子を示したものが**図 20 − 3a**ですが、エンジン推力に対して、TSFC がかなり大きく変化します。つまり、巡航速度を変えることによって機体の抗力が変化し、必要推力も変化するのに伴って、TSFC そのものも変化してしまうというわけです。しかも、TSFC は、マックによっても**図 20 − 3b** のように変化してしまいます。

注：**図 20 − 3a** や**図 20 − 3b** をご覧になって、「推力が小さいときには、かえって多くの燃料を消費するのか?」と思われる方がいらっしゃるかもしれませんが、そうではありません。これを示すために、**図 20 − 4** に、燃料流量（Fuel Flow、F/F）そのものを示しておきました。**図 20 − 4** から、推力を絞ったときには、燃料流量はもちろん小さくはなりますが、それを推力で割った値である TSFC、つまり（F/F）/Fn は、かえって大きくなる、という事情をご理解いただけるかと思います。

注：一般的に、エンジンは、MCR（最大巡航推力）や MCT（最大連続推力）あたりの高推力発揮時に最適な性能が得られるように設計されています。したがって、推力を絞って行くにしたがって、効率は悪化していきます。

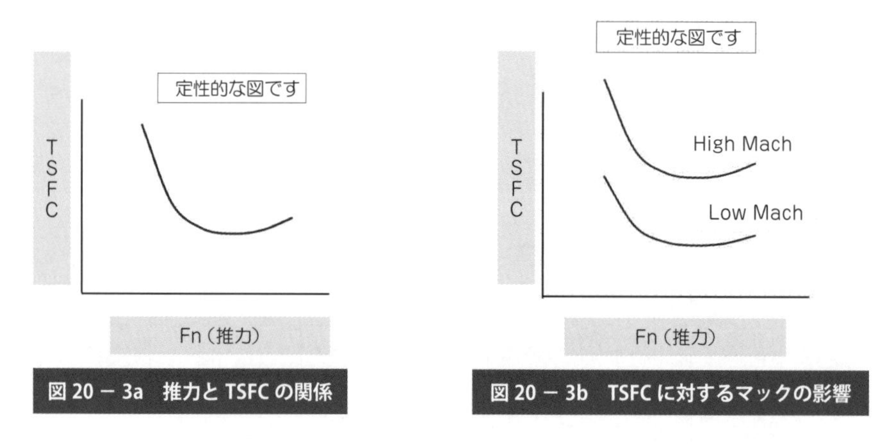

図 20 − 3a　推力と TSFC の関係

図 20 − 3b　TSFC に対するマックの影響

注：全機分の推力は T で表わしますが、エンジン毎の推力は Fn で表わすのが業界の習わしです。

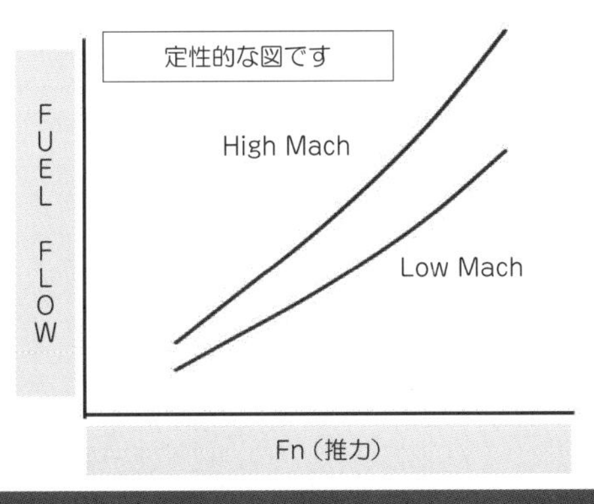

図 20 － 4　推力と Fuel Flow の関係

このように、TSFC が多様に変化するため、S/R を示すカーブが**図 20 － 2** のような傾向で変化する理由を、式を用いて説明することは不可能で、あくまでも、各種のデータを用いて計算すれば「結果としてこうなる」と理解するしかありません。そこで、以下では、S/R が、**図 20 － 1** や**図 20 － 2** のように変化する、ということを前提に説明を進めさせていただきます。

●航続距離を最大にするための巡航速度からマック一定の巡航へ

図 20 － 5 は、**図 20 － 2** を利用して、航続距離を最大にするための巡航速度を求める手順を描いたものです。航続距離を最大にするためには、S/R が最大になるような速度で飛行すれば良いわけですから、その速度は、**図 20 － 5** の破線のようにして求められます。**図 20 － 5 の**①に対応する速度を MRC Speed（最大航続巡航方式）と呼んでいます。ちなみに、MRC は「Max Range Cruise」の略です。

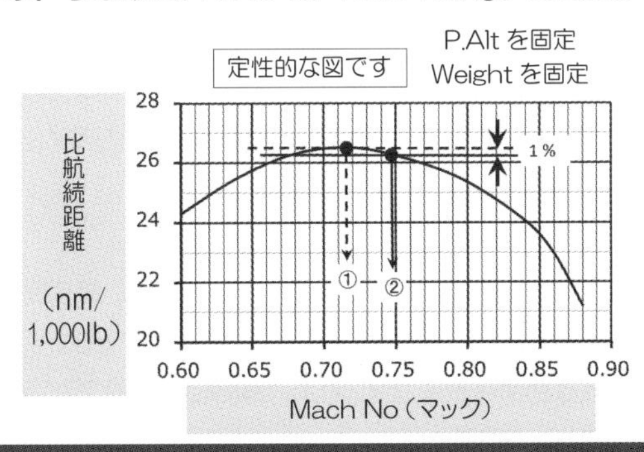

図 20 － 5　航続距離を最大化するための巡航速度

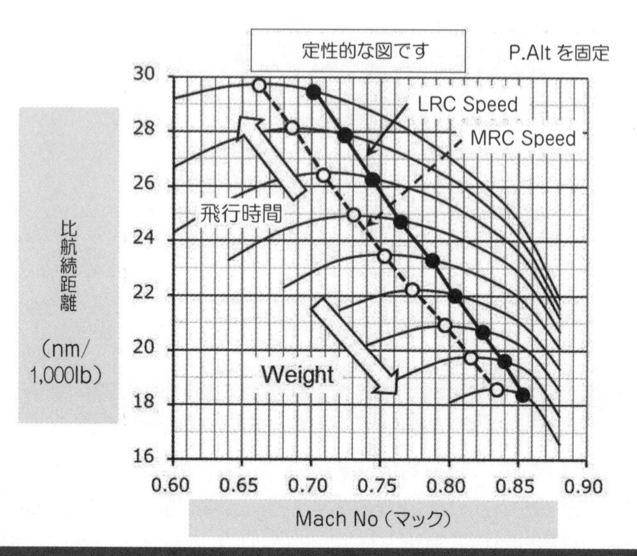

図 20 － 6　各重量における MRC Speed と LRC Speed

しかし、この MRC Speed では、あまりにも遅すぎるため、S/R を 1% 犠牲にして、その分、巡航速度を上げようという巡航速度が考えられました。この速度は、**図 20 － 5** の実線のようにして求められます。**図 20 － 5 の**②に対応する速度を、LRC Speed（長距離巡航方式）と呼んでいますが、LRC は「Long Range Cruise」の略です。

これらの速度を、**図 20 － 1** に重ね合わせたものが**図 20 － 6** です。ジェット旅客機が導入された初期のころは、エンジンの燃費性能がまだ十分なものではなかったため、長距離路線を飛行する場合には、もっぱら LRC Speed が使用されました。しかし、**図 20 － 6** からもお分かりのように、LRC Speed は、機体重量ごとに変化しますので、燃料消費によって機体が軽くなるに従って、巡航速度を変えていかなければならない、という不便さを持っていました。

一方で、エンジンの燃費性能が向上するにつれて、航続距離に余裕が出てきたのに伴って、それまでの「不便な」LRC Speed ではなく、マック一定で巡航しようという考え方が主流になってきました。たとえば、747-400 型機では M0.85、777 型機では M0.84 などといった具合です。

注：上記の「航続距離に余裕が出てきたのに伴って」という表現は、正確には、「そのルート長に対して、その機種が持っている航続距離が長い場合には」という意味です。たとえば、無風で 7000 nm の航続距離を持った機体にとっては、5000 nm のルートを飛行することは容易ですが、その機体が 6900 nm のルートを飛行しようとしますと、やはり、LRC Speed（実用上は、後述の ECON Speed）を使用して、少しでも燃料に余裕を持ちたいというのがパイロットとしての心理です。

● ECON Cruise（経済巡航方式）

FMS（Flight Management System、飛行管理装置）を装備した最近の機種には、ECON Cruise と呼ばれる巡航速度を計算し、A/P（Autopilot、自動操縦装置）に、その速度を維持させるといった機能が装備されています。

このECON Cruise（経済巡航方式）は、飛行時間にリンクして増加するコストと、燃料コストの二つを合わせた総コストを最小にして運航しようという発想の下に生まれたものです。ここで、飛行時間にリンクして増加するコストとは、整備費、人件費などのことで、各エアラインが実情を反映して独自に算出します。

ECON Cruise Speed を決めるときには、下式から計算される「コスト・インデックス、CI」と呼ばれる指数が用いられますが、CI＝0 を入力しますと、FMS は MRC（Max Range Cruise）Speed をコマンドし、その機種に対して入力が許される最大値を入力しますと、V_{MO}/M_{MO}（最大運用限界速度）をコマンドするようになります。

$$CI = \frac{\text{Time Cost（ドル/hr）}}{\text{Fuel Flow（セント/hr）}}$$

つまり、ECON Speed を利用すれば、Cost Index を介して、MRC と V_{MO}/M_{MO} の間で無数の巡航速度を選べるようになったことになります。言わば、LRC（Long Range Cruise）の考え方が、より緻密になって蘇（よみがえ）ったようなものだと考えていただいてもよいかと思われます。

ただし、この Cost Index によって得られる「理想的な巡航速度（ECON Speed）」は、一般的には、これまで常用していたマック一定での速度よりも遅くなりますので、お客さまにとっては、あまり歓迎できないことです。

そのような事情があって、エアラインとしては競争力を維持するために、これまで常用していたマック一定での速度が得られるような Cost Index を決めて、それを

FMS に入力するようにしているのが実情のようです。

●風がある場合の巡航速度

これまで紹介させていただいた S/R は暗黙のうちに 静止大気を想定して議論してきた値でした。したがって、追い風または向い風のある実運航では、S/R を適宜調整する必要があります。追い風の中を巡航する場合には、G/S（Ground Speed、対地速度）が増加するため、目的地までの所要時間も消費燃料も節約することができます。それに対して、向い風の中を巡航する場合には、所要時間も消費燃料も増加してしまいます。

現代の旅客機は、おおよそ500 kt TAS（真対気速度）で飛行していますが、たとえば、冬季や春季などには、日本上空から北米に向かうジェット気流の速さが 100 kt（約 50 m/sec）を越えることがあります。したがって、日本から北米に向かう便の G/S は 600 kt 程度になり、北米から日本に向かう便の G/S は 400 kt 程度になります。

その結果、北米から日本に向かう便は、なかなか辿り着けないため、ジェット気流が吹いている空域を迂回し、遠回りして飛行するといった方法が採られますが、それでもある程度の強さの偏西風は吹いています。このため、なんとかして向い風による影響を最小限に止めたいところです。

そのために使用される方法が、向い風では巡航速度を増加させることです。**図 20－2** は、実際の機体の性能を表しているものではありませんが、もし、このとおりの性能を持つ機体があったとして、増速の効果を考えてみましょう。

いま、高度が 31,000 ft で、巡航速度がマック 0.80 であったとしましょう。高度 31,000 ft での音速は 587 kt ですので、TAS（真対気速度）は 470 kt（＝587×0.80）です。また、**図20－2**から S/R は 25.3（nm/1,000 lb Fuel）です。この状態から、マック 0.85 まで増速したとしますと、TAS は 499 kt（＝ 587 × 0.85）まで増加し、S/R は 23.7（nm/1,000 lb Fuel）まで減少します。

この状態を基に、100 kt の向い風が吹いているときの効果を加えてみましょう。対静止大気で考えた S/R は、0.937 倍（＝ 23.7/25.3）倍 になりますから、6%強のロスになりますが、一方で、G/S は、370 kt（＝ 470 － 100）から 399 kt（＝ 499 － 100）まで増加しますので、1.078 倍になって、8%弱のゲインを生むことになり、つまりは、進出距離が 1.078 倍になりますので、対地で考えた S/R は、1.01 倍（0.937 ×

1.078）と改善され、増速の効果が あったことになります。

以上の計算は、飛行の全域を通して行なったものではない上に、実際の機体の性能を反映したものではないデータを使用しているため、あくまでも試算ですが、このような計算を、いろいろな「高度、機体重量、無風時の巡航速度」の組合せに対して実施して、それぞれの条件で使用すべき速度をマニュアルに記載しておけばよいことになります。

●最大無燃料重量（MZFW、Max Zero Fuel Weight）について

突然、話が変わりますが、ここでは、懸案であった「性能によって決定される最大無燃料重量」について紹介させていただきたいと思います。

実は、法的要件によって、4 発機、3 発機および双発機のすべてについて、巡航中に 1 エンジンが Fail することを考慮しなければならなくなっています。さらに、4 発機および 3 発機については、巡航中に 2 エンジンが同時に Fail することも考慮しなければならないことになっています[1)、2)]。

ここでは、4 発機を例にとって、最大無燃料重量が、機体構造のみならず、性能によっても制限を受けることがある、という事情を紹介させていただきたいと思います。

いま、4 発機が巡航中に、2 エンジンが同時に Fail してしまったと仮定しますと、国内線のように、機体重量が軽い場合には、高度を維持しつつ飛行を続けることができるでしょうが、国際線のように、機体重量が重い場合には、徐々に高度を失っていきます。

このときパイロットは、残りのエンジンに MCT（最大連続推力）をセットしますが、高度を維持しているうちに、速度が徐々に低下していきます。そのまま待って、定められた速度まで減速した時点から、その速度を維持しつつ緩やかな降下を開始します。こういった操作を Drift Down（ドリフト・ダウン）と呼んでいます。

注：Drift という言葉には、船が「漂流する」とか「吹き流される」という意味合いがあります。飛行中の機体の航跡は、風によって、**図 20 − 7** のように機首方位からズレてきますが、このズレをドリフト角という風に表現します。これと同様に、巡航中に 2 エンジンが同時に Fail してしまった場合には、高度を

失い、下方にドリフトするというニュアンスを込めて「ドリフト・ダウン」と呼ぶのだと思われます。

このドリフト・ダウン操作を続けつつ燃料を消費していくにつれて、機体重量が軽くなっていきますので、そのうちにレベルオフできるようになります。ふつう、その高度で少し加速して 2 エンジン不作動での LRC が得られた時点から巡航上昇（Climbing Cruise）を行いながら、代替空港に向かいます。

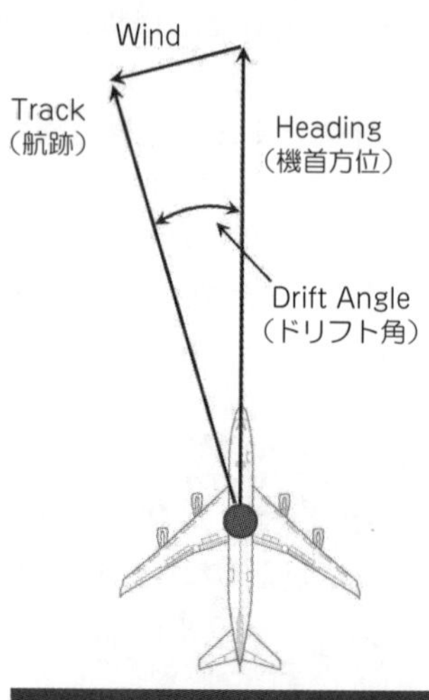

図 20 － 7　ドリフト角

さて、そのドリフト・ダウンの垂直方向の経路の中に山があった場合は、どうなるでしょうか。山に激突することを避けなければならないことはもちろんですので、計算上、最も厳しい地点で、2 エンジンが同時に Fail したことを前提に、実際に得られるであろう飛行経路（グロス・フライト・パス）から所定の勾配を差し引いて得られる「仮想の飛行経路」である「ネット・フライト・パス」で、すべての地形を、垂直方向に 2,000 ft の余裕を持ってクリアできなければならないことになっています[1)]。

注：この考え方は、第 9 回で紹介させていただきました、離陸時の障害物越えと同じです。ただし、ドリフト・ダウンでは、グロス・パスからネット・パスを求める際に差し引く勾配は、0.3 %（3 発機）、0.5 %（4 発機）となっています[3)、4)]。
また、ここで考えなければならない地形とは、計画した水平方向の経路の両側の、5 法定マイル（8 ㎞）の幅の中に存在する地形です[1)]。

注：代替空港としての要件を満足する空港から 90 分以上は離れていないようなルートを選定できる場合には、上記の要件を満足する必要はありません[1)]。

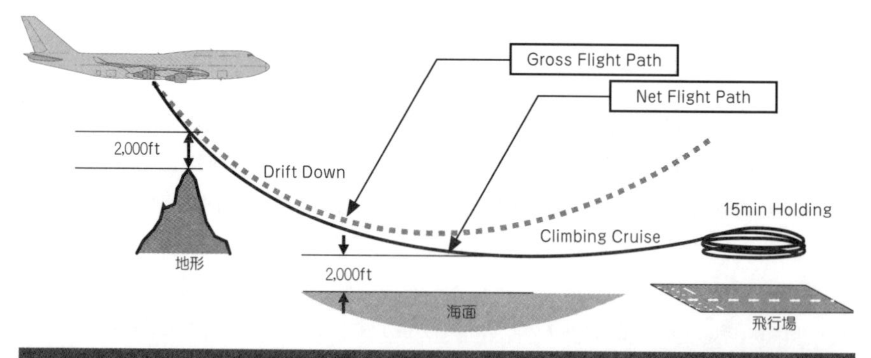

図 20 － 8　ドリフト・ダウンと巡航上昇の経路

さらに、その代替空港の1,500 ft 上空で、ネット・フライト・パスの勾配が正になること、および、15分間の Holding を行なえるだけの燃料が残っていることも求められています[1)]。

そうしますと、ドリフト・ダウン中の機体重量が重すぎた場合には、地形をクリアできないことになりますから、ドリフト・ダウン開始時の機体重量には、ある最大値（W_1）が存在します。また、ドリフト・ダウンとその後の巡航上昇と代替空港上空での Holding に要する燃料の量（W_2）も確保しておく必要があります。

したがって、これらの重量の差、すなわち、「$W_1 - W_2$」が、性能上の最大無燃料重量を与えることになります。言い換えれば、性能上の最大無燃料重量を越えた無燃料重量に燃料を加えた状態で離陸し、巡航中に2エンジンが同時に Fail した場合には、ドリフト・ダウン中に燃料を放出しない限り、山岳などの地形をクリアすることができず、かといって、燃料を放出してしまうと、代替空港まで辿り着けない状況になる、ということを意味しています。

このようにして最大無燃料重量を制限しなければならないケースは、ヒマラヤ山脈やアンデス山脈などを越えなければならないようなルートを飛行するときに限られていますが、こういった計算を行なうには、なかなかやっかいな計算が必要になります。

今回は、日常的に使用される巡航速度を紹介させていただき、また、懸案であった「性能によって制限される最大無燃料重量」についても紹介させていただくことができました。次回は、これまで何度となく出てきました「飛行機の速度」について、少し詳しく解説させていただきたいと思っています。ご期待ください。

（つづく）

1) FAR 121.193 (c) Airplanes: Turbine engine powered: En route limitations: Two engines inoperative.
2) FAR 121.191 Airplanes: Turbine engine powered: En route limitations: One engine inoperative.
3) FAR Part 25.123 (c) En route flight paths.
4) 耐空性審査要領第Ⅲ部 2-3-12-3 項

21. 速度

これまで何度か、「飛行機の速度については、回をあらためて紹介させていただきます」と述べてきましたが、今回はいよいよ、飛行機の速度の単位として使用される各種の速度について、少し詳しく紹介させていただきたいと思っています。多少堅苦しい内容になるかもしれませんが、しばらく我慢していただければ幸いです。

●速度測定の原理

読者の皆さまは、「ベルヌーイの定理」についてはお馴染みかと思いますし、その定理を利用して飛行機の速度が検知されることもご存知かと思います。ここでは、飛行機の黎明期(れいめい)に遡(さかのぼ)って、速度計がどのようにして作られたかを想像してみたいと思います。

全圧を P_T、静圧を P_S、動圧を q（$= 1/2 \cdot \rho V^2$）と表すと、$P_T = P_S + q$（$\therefore q = P_T - P_S$）である、というのがベルヌーイの定理です。ここに、ρは空気密度、V は TAS（True Air Speed、真対気速度）です。

全圧 P_T は、ピトー管の先端の「よどみ点」に作用する圧力であり、静圧 P_S は、ピトー管の側面（機種によっては胴体の側面）にある静圧孔に作用している圧力ですので、**図 21 − 1a** のような U 字管を用いて、P_T と P_S の差を測ってやれば、動圧 q が求められ、ひいては、下記のようにして、飛行速度 V を求めることができます。

$$q = \frac{1}{2}\rho V^2 \Rightarrow V^2 = \frac{2q}{\rho} \Rightarrow V = \sqrt{\frac{2q}{\rho}} \quad \cdot\cdot\cdot ①$$

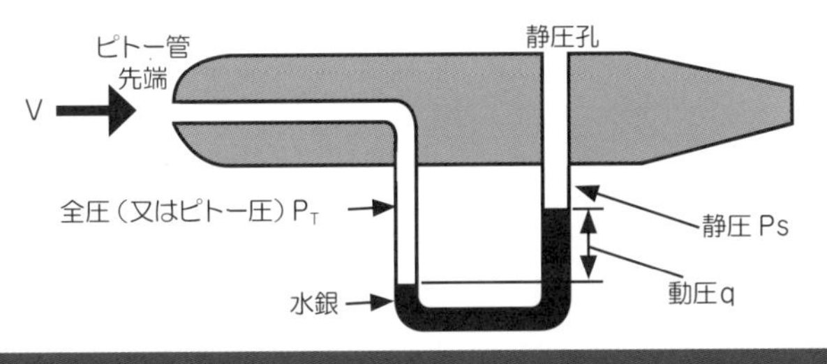

図 21 － 1a　動圧の検知

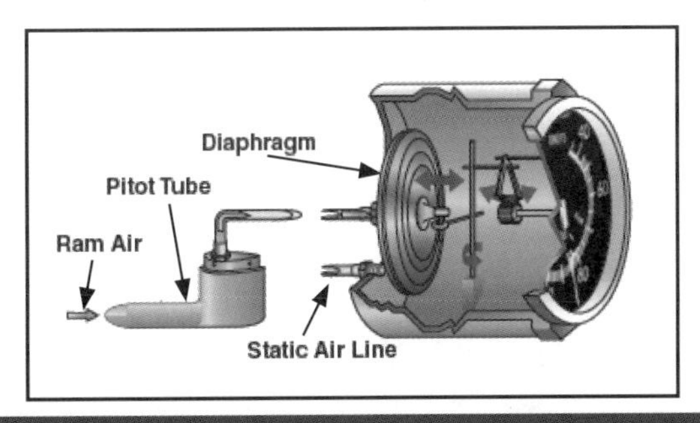

図 21 － 1b　動圧の検知

ただし、三次元の運動を行なう飛行機に、液体を満たした計器を取付けるのは困難ですので、**図 21 － 1a** に示した U 字管の代わりに**図 21 － 1b** に示されるようなダイヤフラム（空盒（くうごう））が用いられました。

● EAS（等価対気速度）の概念

ところが、飛行機が高高度まで上昇できるようになってきたのに伴って、速度計に指示される速度と真対気速度（TAS）にズレが生じるようになってきました。ここでは、その原因を考えてみましょう。

速度計は、①式に示されていますように、動圧 q と空気密度 ρ だけを用いて速度を示すようになっていますが、計器内のメカニズムは、空気密度 ρ が常に、海面上（S/L）の空気密度（これを ρ_0 と表します）であるものとして速度を表示するように作られました。つまり、速度計に示される速度の基になる式は、現実には、①式ではなく、下記の②式です。

$$V = \sqrt{\frac{2q}{\rho_0}} \quad \cdots ②$$

この式からお分かりのように、速度計に指示される速度は、ピトー管によって測定された動圧を、「S/L での相当速度」に変換したものである、ということになります。

このことを簡単な例で考えてみましょう。たとえば、飛行機が S/L を 200 ノット（TAS）で飛行しているとすれば、空気密度が高く、「空気が濃い」ために、大きな動圧を生じますが、高度が高くなって、空気密度が半分になったとすれば、「空気が薄い」ために、同じ動圧を得るためには、283 ノット（TAS）で飛行しなければならなくなります。

この様子を、計算で確認してみます。単位を無視して、S/L での空気密度を「1」であったとしますと、空気密度が S/L のときの半分になるような高高度を 283 ノットで飛行している場合の動圧（$1/2 \cdot \rho V^2$）は「1/2 ×密度 0.5 × 283 × 283 ＝ 20,000」ですが、速度計は、空気密度を常に「1」であると想定して作られていますから、速度計は、「1/2 ×密度 1 × 200 × 200 ≒ 20,000」で、200 ノットで飛行しているものと勘違いするわけです。

注：逆に、同じ TAS で飛行していたとすれば、高度の増加による空気密度の低下に伴って、速度計の指示は減少していきます。

このような誤差の発生を防止すべく、速度計に常に、①式で与えられる速度（TAS）を表示させせようとしますと、速度計の内部に、その高度での空気密度ρを用いて速度を刻む機構を組込む必要があります。

しかし、機械式の計器の中に空気密度を組込むことは至難です。理論上は、空気密度ρは、空気の状態方程式である $P = \rho g R T$（ボイルシャールの法則です）から求められますが、それには、外気圧 P、絶対温度 T の値と、それらを用いた計算が必要ですので、これらを機械式の速度計に組込むことは、まず不可能です。

また、もし、そのような速度計が実現できたとしても、そういった機構を組込んでいない速度計を持った飛行機とのコンパティビリティ（Compatibility、両立性）が失われてしまいますので、同じ空域の中を飛行するわけにはいかなくなってしまいます。

ということで、速度計は今でも、上記の②式に基づいて算出した速度を示すようになっています。したがって、速度計に示される速度は、「S/L では TAS」ですが、高度があるときには、TAS よりも小さな値になってしまいます。この速度を EAS（Equivalent Air Speed、等価対気速度）と「定義」します。したがって、EAS（以下では Ve と表示します）は、②式そのものです。

$$Ve=\sqrt{\frac{2q}{\rho_0}}\quad\cdot\cdot\cdot②'$$

● EAS と TAS との関係

それでは、TAS（V）と EAS（Ve）との関係を明らかにするために、①式と②′式を少し変形してみましょう。

$$V=\sqrt{\frac{2q}{\rho}}\Rightarrow V=\sqrt{\frac{2q}{\rho_0}}\times\sqrt{\frac{\rho_0}{\rho}}\Rightarrow V=Ve\sqrt{\frac{\rho_0}{\rho}}\Rightarrow$$

$$V=\frac{Ve}{\sqrt{\rho/\rho_0}}\Rightarrow\quad V=Ve/\sqrt{\sigma}\quad \text{または} Ve=V\sqrt{\sigma}\quad\cdot\cdot\cdot③$$

したがって、動圧は、下記のいずれかの式によって求められることになります。

$$q=\frac{1}{2}\rho V^2 \text{または} q=\frac{1}{2}\rho_0 Ve^2\cdot\cdot\cdot③'$$

注：上記の「σ」は、その高度での空気密度 ρ を、S/L、STD での空気密度 ρ_0 で割って無次元化したもので、つまり、$\sigma=\rho/\rho_0$ です。詳細については、第 5 回（エアデータ前編）をご参照ください。

では、上記の③式を用いて、TAS と EAS の関係を算出してみましょう。その計算過程を**図 21 − 2** に、その結果のプロットを**図 21 − 3** に示しました。EAS は、前述のとおり速度計の「読み」ですが、それが 200 ノットであったとしても、高度 25,000 フィートでは、TAS は 300 ノットにもなっていることがお分かりいただけるかと思います。

P.Alt (1,000 ft)	EAS (kt)	σ (無次元)	$\sqrt{\sigma}$ (無次元)	TAS (kt)
想定	想定	注		EAS $/\sqrt{\sigma}$
0	100	1.0000	1.0000	100.0
5	100	0.8616	0.9282	107.7
10	100	0.7385	0.8594	116.4
15	100	0.6292	0.7932	126.1
20	100	0.5328	0.7299	137.0
25	100	0.4481	0.6694	149.4
30	100	0.3741	0.6116	163.5
0	200	1.0000	1.0000	200.0
5	200	0.8616	0.9282	215.5
10	200	0.7385	0.8594	232.7
15	200	0.6292	0.7932	252.1
20	200	0.5328	0.7299	274.0
25	200	0.4481	0.6694	298.8
30	200	0.3741	0.6116	327.0

注：標準大気表から読み取った値です。

図 21 － 2　EAS から TAS への変換

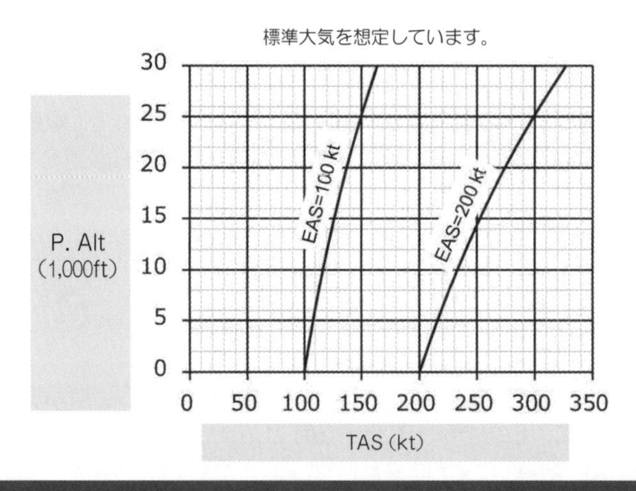

図 21 － 3　EAS と TAS との関係

●高速になると動圧そのものが変化する

EAS は、飛行機の進歩に伴って、高高度まで上昇できるようになってきたために速度計の読みと TAS とが違ってきたという背景を持っていたわけですが、飛行機がさらに進歩して、高速で飛行できるようになって、もう一つ新たな問題が発生しました。

動圧（$1/2 \cdot \rho V^2$）を求める際、TAS をベースにしますと、TAS のほかに、その高度・温度における空気密度ρを求めなければならないため、大変に不便です。

しかし、EAS を用いれば、動圧は $1/2 \cdot \rho_0 Ve^2$ となりますので、ρ_0 という一定値を使用でき、計算を非常に簡略化することができます。そのため、しばしば動圧を求めなければならない構造計算などでは、EAS が重宝されます。

ところで、そのρ_0 は、メートル法で表現しますと、1.225 kg/m^3 です。この値は、限りなく 1.25 kg/m^3 ですから、10 ÷ 8 であると考えても大した誤差は生じません。また、電卓もパソコンもなかった昔は、宮崎駿さんの「風立ちぬ」にも出てきましたように、技術者は計算尺を使って諸々の計算をこなしていましたが、このρ_0 が「10 ÷ 8」である事実には大いに助けられたのではないかと思います。

突然、話は変わりますが、この空気密度（≒ 1.25 kg/m^3）の値は、水の密度（1 トン/m^3）の約 1/1000 です。これが、水中翼船では小さな翼で済むのに対して、飛行機では非常に大きな翼を必要とする理由になっています。

また、100℃の水や 0℃の水に曝されると、とんでもないことになりますが、100℃もあるサウナの熱気や、エアコンパックから出てくる 0℃程度のコンディションド・エアを心地よく感じるのも、空気密度が非常に小さいためではないかと思われます。

これを、ひとことで言いますと、空気の圧縮性の影響を受けて、「$P_T - P_S$」が、予期した動圧よりも大きくなってしまうということに原因があります。この項では、その辺の事情を簡単に紹介させていただきたいと思います。

第 6 回（エアデータ後編）で紹介させていただきましたように、飛行速度が大きくなってくるにつれて、外気温を温度センサーによって測定することができなくなってきます。少しだけ復習しますと、空気の流れが物体に衝突して、運動エネルギーが熱エネルギーに変換されるため、温度センサーが感知する温度は外気温 OAT（＝ SAT〔静温〕）ではなく TAT（全温）になってしまい、そのため、

$TAT = SAT \times (1 + 0.2 M^2)$ ・・・④

なる関係式によって、測定値である TAT を SAT に変換して、初めて OAT が得られ

る、というものでした。

実は、この TAT と SAT の関係と同様にして、P_T と P_S の関係は、$P_T = P_S \times (1 + 0.2 M^2)^{3.5}$ といった具合に変化します。この式を用いて $P_T - P_S$ がどのようになるのかを見てみましょう。$P_T = P_S \times (1 + 0.2 M^2)^{3.5}$ ですから、$P_T - P_S$ は、

$$P_T - P_S = P_S \times (1 + 0.2 M^2)^{3.5} - P_S = P_S\{(1 + 0.2 M^2)^{3.5} - 1\} \quad \cdots ⑤$$

となります。

注：上記の $P_T = P_S \times (1 + 0.2 M^2)^{3.5}$ なる式の両辺を P_S で割りますと、
$P_T/P_S = (1 + 0.2 M^2)^{3.5}$ ・・・⑥
が得られますが、エアデータ・コンピュータは、この式を用いて、P_T と P_S からマックを求めています。
この $P_T/P_S = (1 + 0.2 M^2)^{3.5}$ をプロットしたものを、参考として**図 21 － 4** に示しておきます。

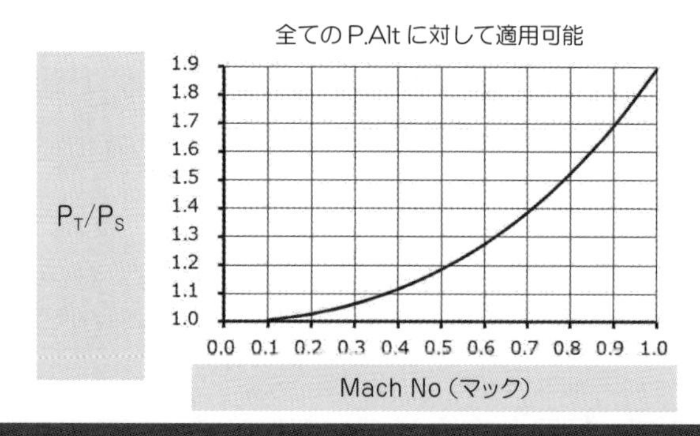

図 21 － 4 P_T ／ P_S と Mach No

以上のように書きますと、$P_T - P_S = q$（動圧）であると教わってきたのは間違っていたのか?、それとも、そもそも $P_T - P_S = P_S\{(1 + 0.2 M^2)^{3.5} - 1\}$ なる式は間違っているのではないのか?と思われるかもしれません。結論から言いますと、実は、この複雑な式が一般解で、その低速時における近似解が、おなじみの $P_T - P_S = q$（ベルヌーイの定理）なのです。

それでは、少し寄り道をして、このやっかいな $(1 + 0.2 M^2)^{3.5}$ の項の低速飛行時での近似値を求めてみましょう。

電卓に「1.01 × 1.01」を計算させますと、律儀に「1.0201」という答を出してきますが、こういった計算にはあまり意味がありません。なぜなら、1.01 という数字には暗に「有効数字は 3 桁ですよ」という意味合いが込められているからです。つまり、算

数としては 1.0201 が正解ですが、数学としては 1.02 が正解です。

このように、1 に、非常に小さな数字を加えた値の二乗を求める場合に、よく用いられる手法は $(1+a)^2 \fallingdotseq (1+2a)$ という近似式で、上記の例ですと、$(1.01)^2$ は $(1+0.01\times 2)$ で、2 乗値を暗算で求めることができます。この手法を一般化しますと、$(1+a)^n \fallingdotseq (1+na)$ です。

注：この近似式を、ふつうのマック計がその指示を始めるときのマックである M 0.4 を例にとって見てみましょう。$(1+0.2M^2)^{3.5}$ のカッコの中身は（1+0.032）になりますので、「1」に非常に小さな数字を加えた値の 3.5 乗を求めようとしていることが分かります。また、離着陸フェーズのほぼ全速度域をカバーできるマックである M 0.3（S/L では 199 kt TAS です）で同じことを行いますと、カッコの中身は（1+0.018）になりますので、近似計算での計算精度がさらに上がるであろうことが期待できることになります。

ここで、$(1+0.2M^2)^{3.5}$ に立ち返りますと、$0.2M^2$ が 1 に比べて非常に小さい（つまり、低速飛行している）場合には、$(1+0.2M^2)^{3.5} \fallingdotseq (1+3.5\times 0.2M^2) = 1+0.7M^2$ となります。この近似値を、⑤式の $P_T - P_S = P_S\{(1+0.2M^2)^{3.5}-1\}$ に代入しますと、$P_T - P_S = P_S\{1+0.7M^2-1\} = P_S\times 0.7M^2$ が得られます。

この $P_T - P_S = P_S\times 0.7M^2$ なる式に、$M = V/c$（V は TAS、c は音速）を代入しますと、$P_T - P_S = P_S\times 0.7(V/c)^2 = P_S\times 0.7\times V^2 \div c^2$ になりますが、音速 c は、先人の努力によって（γgRT）の平方根であることが判明していますので、これを代入すれば、$P_T - P_S = P_S\times 0.7\times V^2 \div \gamma gRT$ です。さらに、空気の状態方程式から $P_S = \rho gRT$ ですので、これを代入すれば、$P_T - P_S = \rho gRT\times 0.7\times V^2 \div \gamma gRT$ となりますが、gRT が消去されますので結局、$P_T - P_S = \rho\times 0.7\times V^2 \div \gamma$ となります。そして、γ（比熱比）は 1.4 ですので、これを用いれば、最終的に、$P_T - P_S = 1/2\cdot \rho V^2$ というベルヌーイの定理に至ります。

注：上記のうち、比熱比 γ の詳細については、第 18 回（バフェット）をご参照ください。

注：⑤式に出てきた「3.5」は、$\gamma/(\gamma-1)$ で、つまりは、1.4/0.4 から導かれたものです。

以上をまとめれば、$P_T - P_S$ は、下記のようになります。

• 低速の場合：$P_T - P_S = q = 1/2\cdot \rho V^2 = 1481.4\times M^2\times\delta$ ・・・⑦

注：動圧が、$1481.4\times M^2\times\delta$ で与えられる理由については、第18回（バフェット）をご参照ください。

・高速の場合：

$$P_T - P_S = P_S\{(1 + 0.2\,M^2)^{3.5} - 1\} = P_0 \times \delta\{(1 + 0.2\,M^2)^{3.5} - 1\} \quad \cdots ⑧$$

注：ただし、P_0 はS/Lでの気圧です。

注：δは、その高度での外気圧Pを、S/L STDでの外気圧 P_0 で割って無次元化したもので、つまりδ＝P/P_0 です。詳細については、第5回（エアデータ前編）をご参照ください。

この、高速飛行時の「$P_T - P_S$」には、低速時の「動圧（q）」に代えてインパクト・プレッシャ（Impact Pressure）なる名称が付けられています。また、記号として「qc」が用いられます。

注：昇降舵のLoad Feel System（操舵感覚システム）や、方向舵のRudder Ratio Changer（方向舵の最大可動範囲を機速によって変化させるシステム）などの制御のために、qcを使用している機種がありますので、一部の方には、この名称はお馴染みではないかと思います。

これで、動圧とインパクト・プレッシャの違いが分かったものの、実際にqとqcにはどの程度の差があるのか、気になるところです。そこで、大雑把にこの比率を捉えるための計算を行なってみました。計算の過程を**図21－5**に、その結果のプロットを**図21－6**に示しますが、これらの図から、インパクト・プレッシャは動圧に比べてかなり大きくなることがお分かりいただけるかと思います。

なお、**図21－6**のようにして、マックをパラメータにしてqc/qを求めれば、高度に関係なく、同じ比率が保たれていることも分かりますが、これは、前述の⑧式を⑦式で割りますと、δが消去されて、定数項とマックだけの関数になってしまうからです。

Mach（無次元）	P.Alt = 0 ft（δ = 1.0000）			P.Alt = 30,000 ft（δ = 0.2970）		
	q（lb/ft^2）	qc（lb/ft^2）	qc/q（無次元）	q（lb/ft^2）	qc（lb/ft^2）	qc/q（無次元）
0.1	14.81	14.85	1.002	4.40	4.41	1.002
0.2	59.26	59.85	1.010	17.60	17.78	1.010
0.3	133.3	136.3	1.023	39.60	40.50	1.023
0.4	237.0	246.6	1.041	70.40	73.25	1.041
0.5	370.4	394.1	1.064	110.0	117.0	1.064
0.6	533.3	583.0	1.093	158.4	173.2	1.093
0.7	725.9	819.2	1.129	215.6	243.3	1.129
0.8	948.1	1110	1.170	281.6	329.6	1.170
0.9	1200	1463	1.219	356.4	434.5	1.219

$q = 1481.4 \times M^2 \times \delta$（第18回（バフェット）を参照）

$qc = P_S\{(1 + 0.2\,M^2)^{3.5} - 1\} = P_0\,\delta\,\{(1 + 0.2\,M^2)^{3.5} - 1\}$

(P_0 = 2,116.22 lb/ft^2)

図21－5　qとqcとの関係（マックをパラメータにした場合）

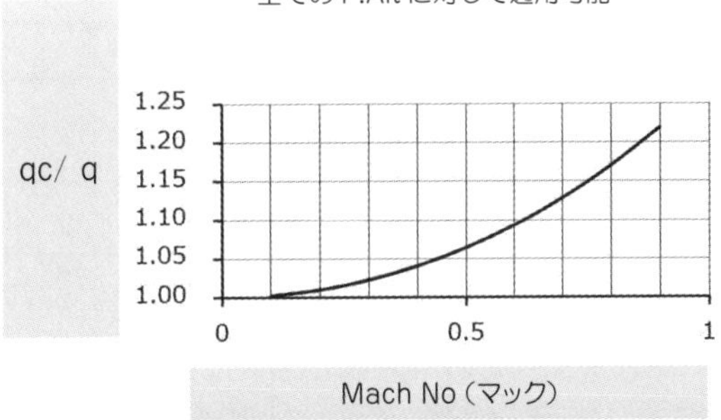

図 21 －6　q と qc との比（マックをパラメータにした場合）

● CAS（較正対気速度）の概念

さて、それでは、qc と q の差が、どのようになるのかを見てみましょう。**図 21 －7a** は、**図 21 －5** ですでに算出されている結果を用いて、qc 対 q の関係を描いたものです。また、**図 21 －7b** は、その一部を拡大したものです。

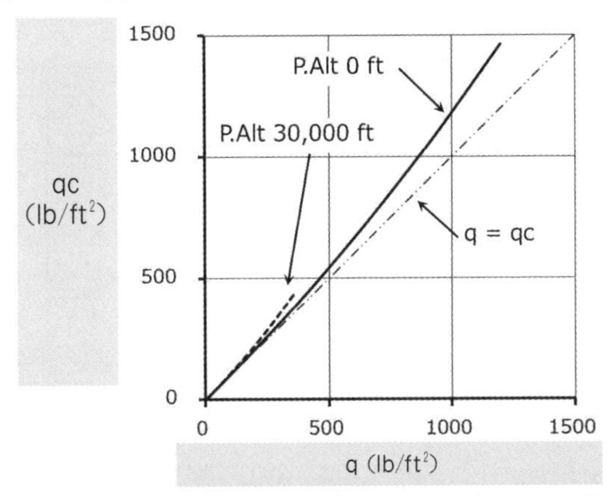

図 21 － 7a　q と qc との関係（高度の影響）

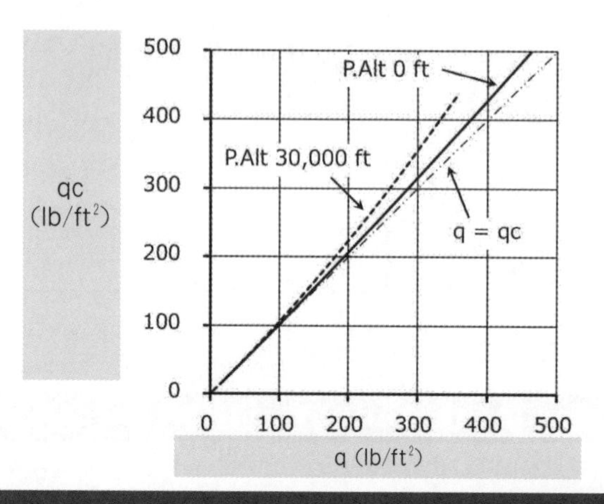

図 21 － 7b　q と qc との関係（拡大図）

この**図 21 － 7b** は、②′ 式に示されるように、q とρ_0だけを用いて、速度計の目盛りを刻んだ EAS には、空気の圧縮性に起因する誤差が生じるであろうことを示唆しています。この状況を明確にするために描いたものが**図 21 － 8** です。

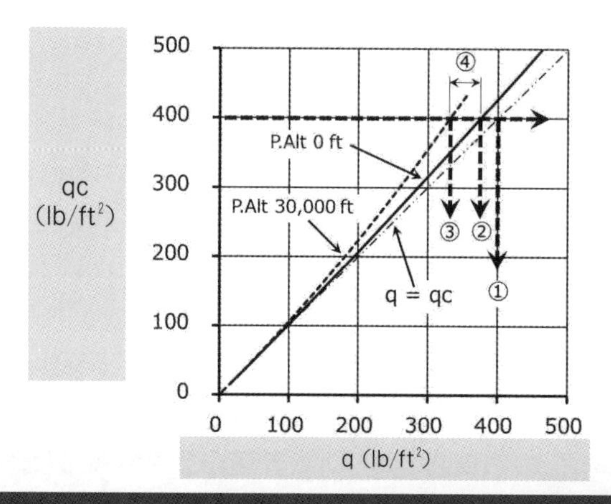

図 21 － 8　EAS に誤差が生じる原因

図 21 － 8 には、qc が 400 lb/ft^2 になるところに太い横線が引いてあります。速度計はもともと、Pitot Static 系統から得られた「$P_T - P_S$」を速度に変換しているだけですから、その「$P_T - P_S$」が q から qc に変身してしまったことを知る由もありません。したがって、速度計は無条件に、この 400 lb/ft^2 に対応する速度を表示し

てしまいます。つまり、②とか③といった速度を表示することになります。

ところで、**図 21 － 8** の①は、圧縮性の影響がないと仮定したときに指示されるであろう速度のベースとなる q を示しています。一方で、**図 21 － 8** での②や③は、横軸からお分かりのように、qc が 400 lb/ft^2 になるときの q ですから、もし EAS 計というものがあったとして（実際にはありませんが…）、圧縮性の影響を受けるという前提で、その EAS 計が指示するであろう EAS を示しています。つまり、②や③に示されていますように、速度計の読みは小さくなってしまいますので、その分だけ、速度計の目盛りの刻み幅を調整してやらなければならないことになります。

しかし困ったことに、このために必要な「目盛り刻み幅の調整」は、**図 21 － 8** からも明らかなように、高度ごとに違っています。一方で、そのような調整を速度計の内部のメカニズムによって実現することは、機械式の速度計では不可能ですので、空気の圧縮性の影響を、S/L だけで補正し、②を表示することにしました。

この「目盛り幅の調整」によって得られる速度を CAS（Calibrated Air Speed、較正対気速度）と呼びます。その結果、S/L、STD では、CAS ＝ EAS ＝ TAS になりますが、高度がある場合には、空気の圧縮性に対する補正量の残差（図の④に相当）の補正が必要になります。

この補正は、**図 21 － 9** のように、「EAS ＝ CAS － Δ V」といった形で与えられます。以下では、EAS と CAS との差をより明確に理解していただけるよう、**図 21 － 9** に示された補正量（Δ V）が算出された過程を追ってみたいと思います。

この稿では、式の導出過程をご紹介できるほどの紙面がありませんので、詳細は省略させていただきますが、実は、CAS の算出式は⑨式のようになっています。以下では、この式を用いて CAS を算出し、別に求めてあった EAS との比較を試みたいと思います。

$$CAS = C_0 \sqrt{5 \left\{ \left(\frac{qc}{P_0} + 1 \right)^{\frac{2}{7}} - 1 \right\}} \cdots ⑨$$

注：この式に出てくる「2/7」は、$(\gamma - 1)/\gamma$ です。つまり、0.4/1.4 を約分したものです。また、C_0 は、S/L、STD での音速です。

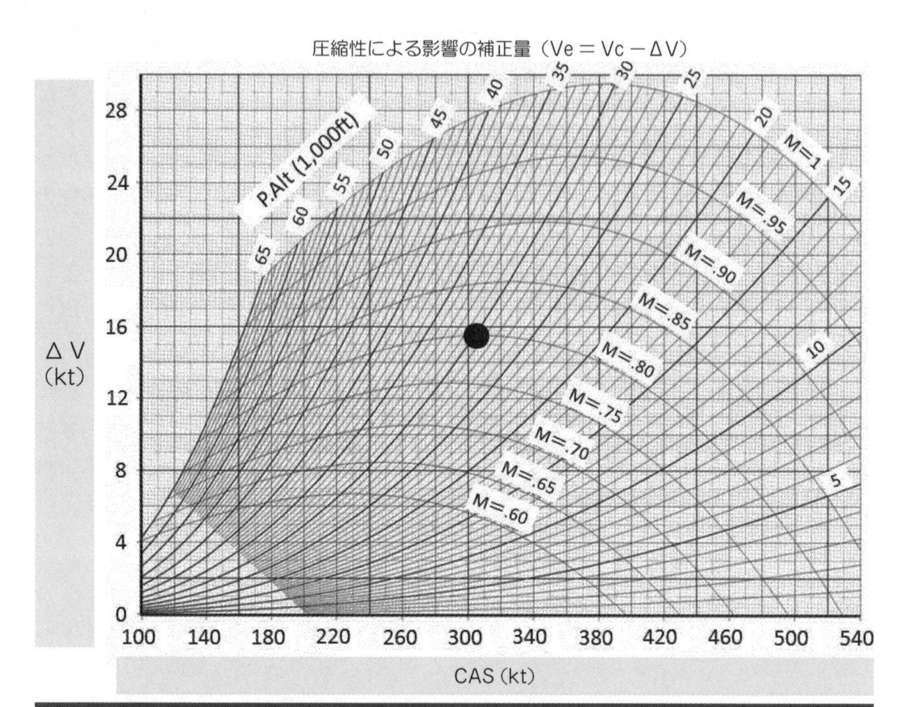

図 21 － 9　CAS から EAS を求めるためのチャート

具体的な計算過程を**図 21 － 10** に示しますが、**図 21 － 10** のうちの P.Alt ＝ 30,000 ft、Mach 0.8 の欄に注目していただきますと、EAS（288.3 kt）と CAS（303.9 kt）には 15.6 kt（これをΔ V とします）の差があり、EAS ＝ CAS －Δ V という関係になっています。これを、前述の**図 21 － 9** にプロットしてみますと、303.9 kt CAS で Δ V が 15.6 kt と、**図 21 － 9** にぴったり一致することが分かります。逆に言えば、**図 21 － 9** は、このような方法によって作成してあることになります。なお、**図 21 － 10** での計算ポイントのうち、Mach 0.6、M 0.7 および M 0.9 での計算結果の正否については、それらを**図 21－9** にプロットすることによって、読者の皆さまに直接ご確認いただければと思います。

ということで、TAS、EAS、CAS の説明を終えることができました。ところで、パイロットは操縦操作のために、各速度の意味合いを熟知している必要があることはもちろんですが、航法を行うために、G/S（Ground Speed、対地速度）を知る、そのために TAS を知ることが非常に重要です。

そこで、以下では、今回の復習を兼ねて、ASIR（Air Speed Indicator Reading、速度計の読み）から始めて、G/S を求めるための手順を、簡単に紹介させていただきたいと思います。

Mach	P.Alt = 0 ft (c = 661.5 kt、σ = 1.0000)			P.Alt = 30,000 (c = 589.3 kt、σ = 0.3741)		
	TAS	EAS	CAS	TAS	EAS	CAS
想定	M × c	TAS × $\sqrt{\sigma}$	⑨式	M × c	TAS × $\sqrt{\sigma}$	⑨式
0.1	66.15	66.15	66.15	58.93	36.04	36.08
0.2	132.3	132.3	132.3	117.9	72.09	72.35
0.3	198.5	198.5	198.5	176.8	108.1	109.0
0.4	264.6	264.6	264.6	235.7	144.2	146.2
0.5	330.8	330.8	330.8	294.7	180.2	184.1
0.6	396.9	396.9	396.9	353.6	216.3	223.0
0.7	463.1	463.1	463.1	412.5	252.3	262.9
0.8	529.2	529.2	529.2	471.4	288.3	303.9
0.9	595.4	595.4	595.4	530.4	324.4	346.3

図 21 − 10　CAS と EAS との比較

● ASIR から G/S まで

ASIR は、文字どおり速度計から得られる値ですが、各速度計には固有の誤差（器差）があります。その器差を修正して IAS（Indicated Airspeed、指示対気速度）が得られます。ただし、現在の旅客機ではすべて、速度計は ADC（エアデータ・コンピュータ）からの出力によって駆動される電気式計器になっていますので、器差という概念はなく、ASIR ＝ IAS となっています。

この IAS には、位置誤差（Position Error）を含んでいますので、飛行規程に記載された補正を加えて CAS を求めます。位置誤差は、静圧孔で検知する静圧に誤差が生じるために、正確な「$P_T - P_S$」が得られないことに起因するものです。ただし、現在の旅客機ではすべて、ADC の内部にある SSEC（Static Source Error Correction）と呼ばれる補正項によって、位置誤差をキャンセルアウトしますので、基本的には、ASIR ＝ CAS となっています。

ここで、「基本的には」と書いた理由は、SSEC が P_S の測定値に補正を加えるのは、ふつう、マック 0.4 程度以上の速度範囲（マック計が指示を始める速度）に限られており、離着陸時のようにフラップを使用するような速度域では、SSEC による補正は効いていないため、飛行規程に記載された補正が必要になるからです。また、スタンバイの速度計では、ADC を経由させない場合もありますので、そのような場合には必ず、飛行規程に記載された補正が必要になります。

注：SSEC が、あるマック以上の速度でしか補正を加えない理由は、機速がある程度以上に大きくなりますと、迎え角が変化する範囲が狭くなって、機体周りの気流の様子もそれほどは変化しないと考えてもよい領域に入ってくるのに対し、離着陸時のように、機速が非常に小さい場合には、迎え角が大きく変化し、気流の様子の変動が大きくなるため、SSEC による補正を加えることが難しくなってくるためではないかと思われます。

以上のようにして得られた CAS は、前述のとおり、圧縮性の影響による補正がすでに加えられていますが、その補正は「S/L、STD」に対する補正ですので、高度がある場合には、**図 21 − 9** に示された「残差分の補正量」を加えて EAS を求めます。

注：したがって、「S/L、STD」では、無条件に CAS ＝ EAS です。

Mach/IAS Indicator のことを「マック/イアス」と呼ぶ人がときどきいらっしゃいますが、これは「マック / アイエーエス」と呼ばなければいけません。「イアス」と呼びますと、EAS なのか IAS なのかが明瞭でなくなるからです。

求めた EAS をσ（ρ/ρ_0）の平方根で割って TAS が得られます。この計算には、気圧高度と外気温の両者によるσの変化量をプログラムした円盤型計算尺が用いられます。

注：したがって、「S/L、STD」では、EAS ＝ TAS であり、上記の注と合わせて、CAS ＝ EAS ＝ TAS です。

注：ADC を装備している機種では、理論に基づいて、qc、音速、外気圧などから直接、CAS と TAS が求められます。そのため、ADC 内では EAS の計算は行なっていないものと思われます。

この TAS に Wind Factor（風速風向）を加えれば、G/S（対地速度）が得られます。これを航法用に使用しますが、Wind Factor としては、気象予報・実況や、それまでの航跡と経過時間から推定した値を用いるしかないため、必然的に、ある程度の誤差を伴います。これに対して、INS/IRS では原理上、いきなり G/S を検出できるため、これらの機器によって、航法精度が大幅に向上しました。これらのことをまとめて描いたものが**図 21 − 11** です。

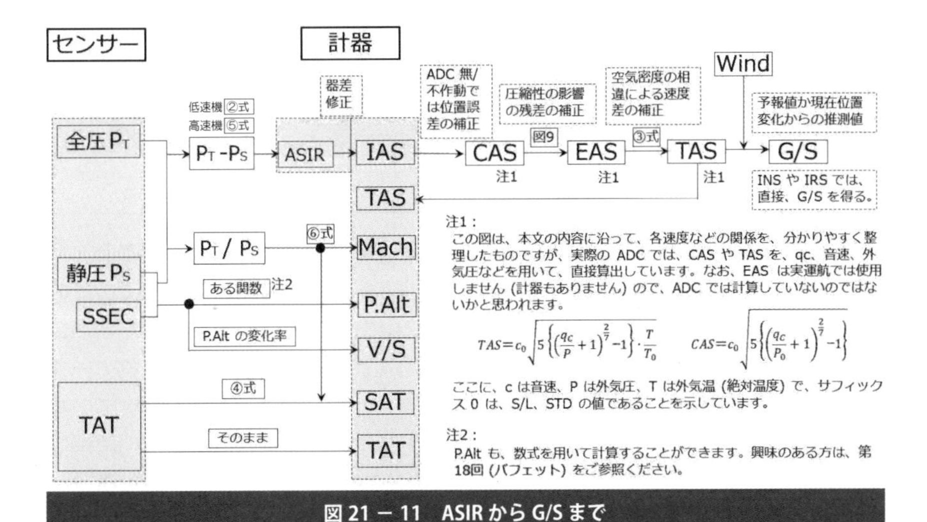

図 21 － 11　ASIR から G/S まで

注 1：INS/IRS では原理上、G/S しか出力されません。したがって、INS/IRS では、G/S と（ADC から得られる）TAS から Wind Factor と求めることになります。最近の機種で、ADIRS（ADS と IRS を一体化したもの）を搭載することが多くなっている背景には、そういった事情もあるのではないかと思われます。
注 2：昇降計は、高度の時間あたりの変化（変化率）を表示するものですが、変化率の特性として、その値が過敏に変化してピョコピョコと不安定な動きをする傾向を持ちます。そのため、機械式の昇降計の内部には、高度の変化率が極端には変動しないようにするためのダンパーの役割を持った機構が組込まれていますが、反面、ダンパーが効きすぎますと、本来の変化率を表示できないことになり、その辺の兼ね合いが難しいところです。一方で、最新の機体では、正確かつ敏感にセンスできるゆえに、その値が安定しない IRS の Vertical Speed に、ADC からの高度や真速度をダンピング用にブレンドした上で、IRS から昇降計に向けて昇降率が伝えられます。そういった観点からも、ADC と INS/IRS との馴染みは良いと言うことができるかと思います。

今回は、これまで懸案であった、各種の「飛行機の速度」について、ようやく紹介させていただくことができました。いかがだったでしょうか、IAS、CAS、EAS、そして TAS などといったさまざまな速度に親近感を持っていただけたでしょうか。次回は、飛行機の構造設計の基になる荷重を求める際の一つの要素である「突風荷重」について、簡単に紹介させていただきたいと思います。ご期待ください。

（つづく）

22. 突風荷重

今回は、飛行機の構造設計の基になる荷重を求める際の一つの要素である「突風荷重」について、簡単に紹介させていただきたいと思います。ところで、この「突風荷重に関する要件」は、タービュレンス中の飛行時に発生したいくつかの事故やインシデントから得られた教訓を反映して、最近広範囲に改訂されています。しかし、その最新版を基にして「突風荷重に関する要件」を紹介させていただこうとしますと、それがあまりにも複雑なために、本質を理解できない議論になってしまう可能性があります。そのため、ここでは、従来の孤立突風荷重に対する要件を中心に、概念的な説明をさせていただくことによって、突風の本質に迫りたいと考えています。

なお、最新の突風荷重に対する要件についても、その概念だけを簡単に紹介させていただきたいと考えています。

●運動荷重と突風荷重

ご存知のように、飛行機の構造設計を行なうときには、パイロットの操舵によって生じる「運動荷重」と、突風を受けた結果生じる「突風荷重」の両者のうちの大きい方の荷重を考慮して設計しなければならないことになっています。具体的には、これら両者の大きい方の荷重を「制限荷重」として、飛行機が運用中に受けるであろう最大の荷重であるものとします。

そして、制限荷重（Limit Load）を与えたのち荷重を零に戻しても、機体構造に「永久変形」が残らないこと、および、制限荷重を1.5倍した荷重、すなわち「終極荷重（Ultimate Load)」を与えても3秒間は破壊しないこと、を試験で証明しなければならないことが求められているわけです。

注：パイロットの操舵によって生じる飛行機の運動をマヌーバ（Maneuver）と呼びますが、これに対応する適切な日本語がありません。「機動」という訳もありますが、それほど大げさな言葉でもないような気もします。かと言って、「運動」と訳すのもピンとこないのですが、Maneuver Load は運動荷重と訳されています。同様に、Gust も「突風」ではピンとこないと思うのですが、Gust Load は突風荷重と訳されています。
ここら辺は、航空用語を和訳する際に先人が苦労された様子が偲ばれるところです。

飛行機T類の場合、運動荷重はプラス方向には＋2.5 Gで、マイナス方向には－1.0 Gといった具合に、一律の値で定められていますが、突風荷重は飛行速度の関数になりますので、それほど簡単には決められません。それが、今回のテーマであるわけです。

また、突風荷重は、水平方向の突風も垂直方向の突風も考慮しなければならないのですが、ふつうは、垂直方向の突風の方が厳しい荷重条件を与えるようですので、ここでは、垂直方向（下方または上方から）の突風についてだけ考えてみることにします。

●突風によって生じる荷重倍数

第17回で紹介させていただきましたように、ジェットコースターで下り坂から上り坂に移る際には、体が下方に押し付けられますが、これは下向きのG（プラスのG）が掛かるために、あたかも、自分の体重が増えてしまったかのように感じるからです。

これと同様にして、パイロットがコラム（操縦桿）を引いて、機首を上げる運動を行ないますと、飛行機は機体自重が重くなったように感じているハズです。したがって、この場合には、翼は（その）重くなった機体重量と釣り合うだけの揚力を発生させる必要があります。つまり、そのときの荷重倍数（G）をnと表現しますと、翼は、機体重量のn倍に相当する揚力Lを発生しなければならないことになります。つまり、L＝nWという関係になっています。

ここで、上式L＝nWの両辺をWで割ってやりますと、n＝L/Wですから、下からの突風によって、揚力Lが増加しますと、それに相当するGが掛かります。つまり、下からの突風を受けて、揚力がΔLだけ増加したとしますと、下式で示されるGが掛かります。

$$\Delta n = \frac{\Delta L}{W} \quad \cdots\cdots\cdots \quad ①式$$

●突風によって生じる荷重倍数の算出式

速度 Ve（EAS 単位）で飛行中の飛行機が、下から、速度 Ude（EAS 単位）の突風を受けた場合、**図 22 － 1** のようにして、迎え角が$\Delta\alpha$だけ増加します。

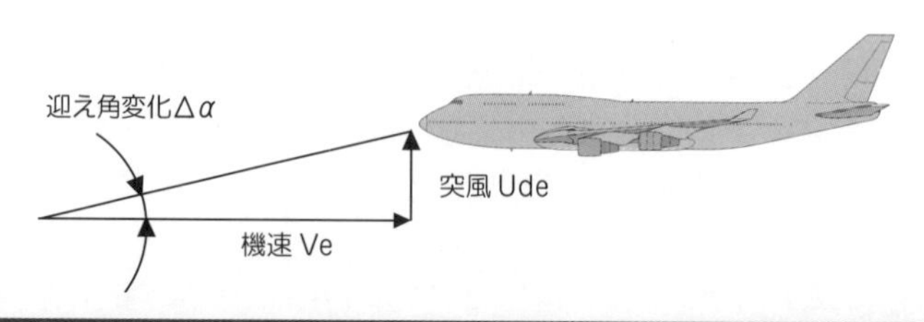

図 22 － 1　下からの突風による迎え角の変化

その結果、**図 22 － 2** のようにして、揚力係数がΔC_L だけ増加します。ここに、揚力 L は $\mathbf{L = 1/2 \cdot \rho_0 \cdot Ve^2 \cdot C_L \cdot S}$ ですから、上記のΔC_L による揚力増加は、下式のようになります。

$\Delta L = 1/2 \cdot \rho_0 \cdot Ve^2 \cdot \Delta C_L \cdot S$ ……… ②式

この式を計算するためには、$\Delta\alpha$とΔC_L を明確にしておく必要があります。まず、$\Delta\alpha$ですが、**図 22 － 1** から $\tan\Delta\alpha = Ude/Ve$ です。しかし、角度の単位をラジアンにしますと、角度が小さい場合には、**図 22 － 3** に示されていますように、$\tan\Delta\alpha \fallingdotseq \Delta\alpha$ですので、$\Delta\alpha = Ude/Ve$ と簡潔に表現することができます。

注：角度をラジアンで表示した場合、角度が小さいときには、$\sin\Delta\alpha \fallingdotseq \Delta\alpha$ となることは、第 4 回で紹介させていただきましたが、$\tan\Delta\alpha$についても同様で、$\tan\Delta\alpha \fallingdotseq \Delta\alpha$と表現することができます。

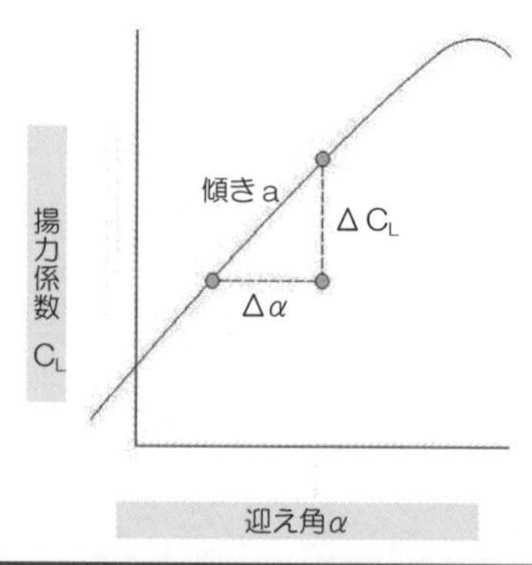

図 22 － 2　迎え角の変化と揚力係数の変化

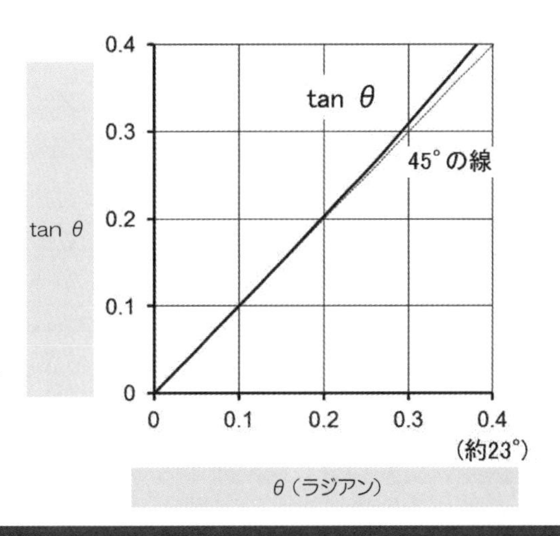

図 22 − 3　ラジアン表示での、θ と tan θ の関係

また、**図 22 − 2** に示されたカーブの傾き、すなわち、$\Delta C_L/\Delta \alpha$ を a としますと、ΔC_L は、a × $\Delta \alpha$ ですから、上記と合わせて、ΔC_L ＝ a × (Ude/Ve) が得られます。この ΔC_L を、②式に代入すれば、下式のようになります。

$\Delta L = 1/2 \cdot \rho_0 \cdot Ve^2 \cdot a\,(Ude/Ve) \cdot S$ ……… ③式

この③式を、①式に代入して整理すれば、

$$\Delta n = \frac{\Delta L}{W} = \frac{1/2 \cdot \rho_0 \cdot Ve^2 \cdot a \cdot (Ude/Ve) \cdot S}{W}$$

$$= \frac{\rho_0 \cdot a \cdot Ve \cdot Ude}{2\,(W/S)} \quad \cdots\text{④式}$$

となって、これが、突風を受けたときの荷重倍数の増加量を示しています。

ところが、④ 式で求めた荷重倍数は、暗黙のうちに、**図 22 − 4** のような形状の突風を想定して求めたものです。しかし、自然現象の一つである突風が、このような不連続な形状をしているハズがありません。

そこで、法的要件では、**図 22 − 5** のような「スムーズに変化する」形状を持った突

風を想定するように定めています。

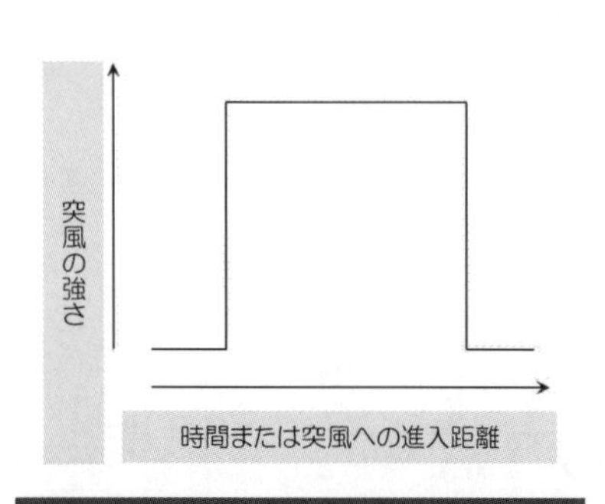

図 22 − 4　④式の基になった突風の形状

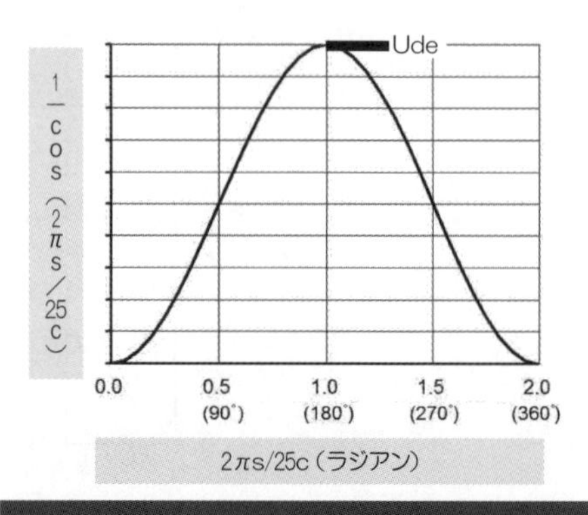

図 22 − 5　法的要件に定められている突風の形状

実は、このカーブは、1からコサインを引き算した形になっていますので、ふつう「(1-cos) 型」と呼ばれていますが、その様子を示したものが**図 22 − 6**です。

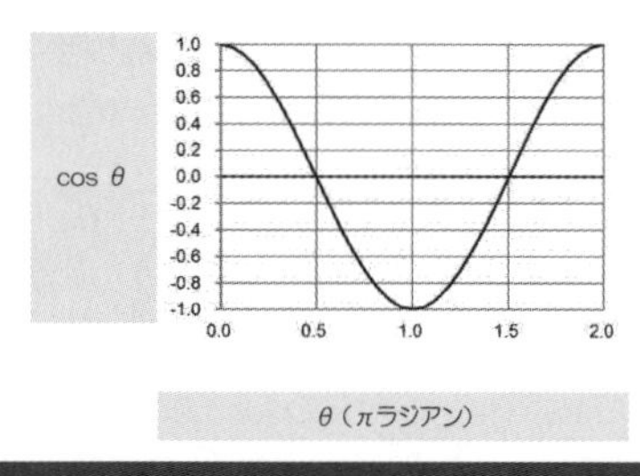

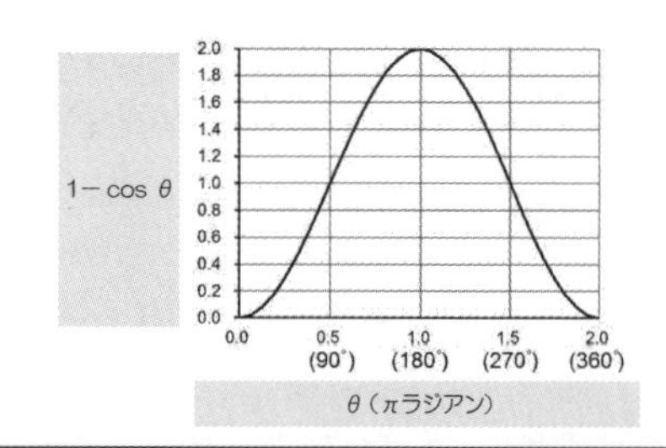

図 22 − 6　(1-cos) の形状

注：ところで、**図 22 − 5** の横軸には、「2 π s/25c」という、あまり嬉しくない値が記載されています。ここで、s は突風に進入した距離で、c は翼弦長です。したがって、「2 π s/25c」なるパラメータは、進入距離 s が 25c になったときに 2 πラジアン（度で言えば 360°）となって、つまりは、元に戻るということを表しています。言い換えれば、進入距離が翼弦長の 25 倍になったときに突風速度が零に戻る、したがって、進入距離が翼弦長の 12.5 倍になったときに、最大の突風速度になることを想定した突風である、ということになります。

注：第 15 回で紹介させていただきましたように、乱気流の中を飛行する場合、機体が上下に揺られるとともに、ピッチ方向の運動も伴いますので、突風によって生じる荷重は、機体の応答に大きく依存することになります。そのため、突風荷重は必ずしも、**図 22 − 5** に示された突風速度が最大値になる時点で最大値になるわけではなく、突風速度が零に戻ったあとに、突風荷重が最大値に達することもあるようです（FAA AC 25.341-1 [1] の 6.2.2.2 項参照）。

それはともかく、突風の形状は、**図 22 − 4** のような不連続なものではなく、**図 22 − 5** のように、スムーズに変化する形状で考えればよいということから、突風によって生じる荷重は、④式で求められた値よりは小さくなります。これを勘定に入れるための係数が、突風軽減係数（Gust Alleviation Factor）と呼ばれるもので、kg と表示します。

したがって、突風による荷重倍数は、最終的に下記のようになります。

$$\Delta n = kg \cdot \frac{\rho_0 \cdot a \cdot Ve \cdot Ude}{2W/S} \cdots\cdots ⑤式$$

ちなみに、一般に、kg は0.8 程度の値になるようです。

●突風によって生じる荷重倍数の特徴

この ⑤ 式から、定性的に次のことが言えます。

⑴ 右辺の分子のうち、ρ_0 と Ude は定数ですので、残りの「a・Ve」の積が同じ値であったとしますと、分母から、翼面積あたりの機体重量（W/S）、すなわち翼面荷重が小さいほど、突風に対して敏感になることが分かります。

これは、翼面荷重の小さいチョウチョは風に煽られて四苦八苦しているのに対して、翼面荷重の大きいハチの仲間 [2)] は風の中をわりに平気で飛行していることに譬（たと）えてもよいかと思います。

また、次項で紹介させていただく「大型機と小型機の揺れ方の相違」には、この翼面荷重の差異もかなり寄与しているものと思われます。

注：ちなみに、低空で侵入するミッションが多い攻撃機では、地上付近の悪気流の中でも照準が狂わないようにするため、突風に鈍感でなければならず、したがって、大きめの翼面荷重（翼面積は小）が採用されますが、一方、戦闘機では格闘戦の能力を高めるために小さめの翼面荷重（翼面積は大）が必要です。そのため、戦闘機と攻撃機を兼ねる F/A-18 のような機体では、相反する要求を満足させるための主翼面積を決定するのが大変だったかと思われます。

⑵ 右辺の分子の第 2 項から、揚力係数の勾配 a（つまり、**図 22 − 2** の$\Delta C_L/\Delta \alpha$）が大きいほど、突風に対して敏感になることが分かります。気流が乱れているときは、後退翼を持つ大型旅客機に比べて、（主に）直線翼を持つ小型機の方が、揺れを強く感じますが、これは、後退角が大きいほど a が小さくなり、直線翼では大きくなるためです。

⑶ 右辺の分子の第 3 項から、突風によって生じる荷重倍数の大きさは、機速 Ve に比例することが分かります。ご存知のように空気力は速度の 2 乗に比例しますが、③式からもお分かりのように、突風を受けたときの迎え角の変化は速度に反比例

する（つまり、マイナス1乗に比例する）ため、速度の2乗の項のうちの1乗分がキャンセル・アウトされてしまうために、このような形になるものです。

そのため、水平定常飛行（1 G での飛行）中に、下方または上方からの突風を受けた場合の荷重倍数は**図 22 − 7** のように変化します。

注：突風による荷重倍数が速度とともに増加していく傾向をスキーに譬えれば、コブの上を滑るとき、速度を落とせば足腰の負担は小さくて済むのに比べて、高速で滑ろうとすれば、大きく煽られて足腰の負担も大きくなることに相当すると考えても良いかと思います。

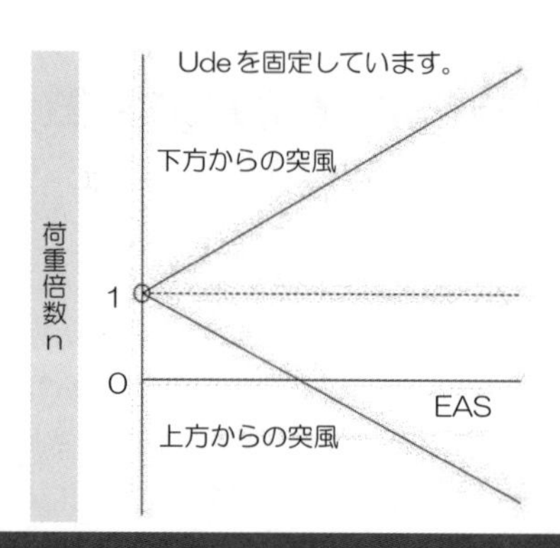

図 22 − 7　飛行速度と突風荷重の関係

(4) 右辺の分子の第4項から、突風によって生じる荷重倍数の大きさは Ude に比例することが分かります。これは「強い突風では大きく揺れる」という当然のことを数式で明確にしたにすぎませんが、このことと、(3) 項で紹介させていただいたことが相まって、V_B、V_C、V_D といった各設計速度に対して要求される Ude（**図 22 − 5** でのピーク値に対応する値です）には差がつけられています。

●法的要件によって定められた突風速度（Ude）

以上からもお分かりのように、突風による荷重倍数を計算するためには、突風速度である Ude を決めておく必要があります。そこで、法的要件では、V_B（最大突風に対する設計速度）、V_C（設計巡航速度）および V_D（設計急降下速度）の各設計速度に対する突風速度を**図 22 − 8** のように規定していますが、その結果、突風包囲線図は、**図 22 − 9** のようになります。

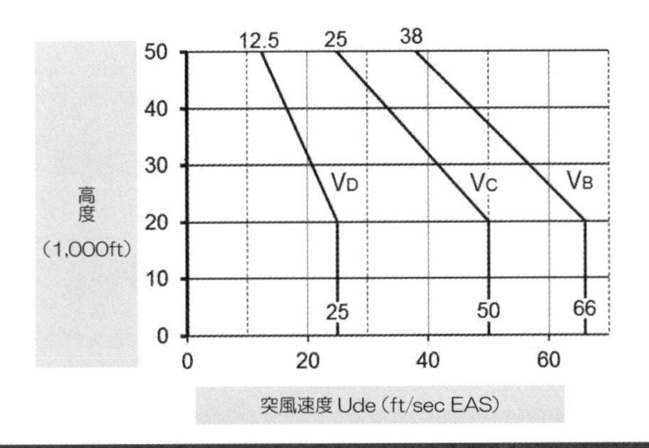

図 22 － 8　飛行速度と突風速度の関係

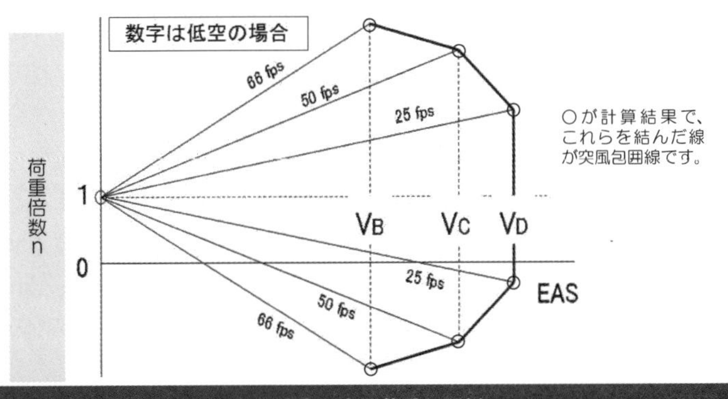

図 22 － 9　飛行速度と突風荷重の関係

また、この突風包囲線図と運動包囲線図を一体化した「V-n 線図（突風・運動包囲線図）」は、**図 22 － 10a** および**図 22 － 10b** のようになります。この図は、ある機種のデータを示したものですが、**図 22 － 10a** に示されていますように、機体重量が小さい場合には、3 G 程度の荷重倍数に耐えるように設計されていることが分かります。

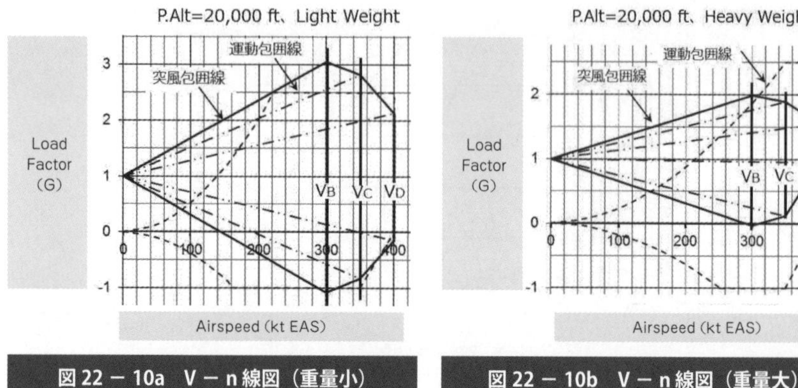

図 22 － 10a V － n 線図（重量小）

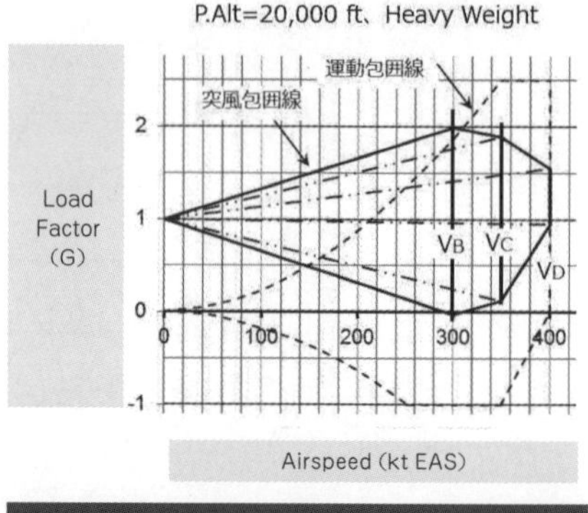

図 22 － 10b V － n 線図（重量大）

これは、法的要件では、**図 22 － 8** に示されていますように、高度と速度に対して一義的に決定される、ある一定の突風速度を使用するように定めている、つまりは、同じエネルギーの突風を想定しているため、機体重量が軽いほど、煽られる程度が大きくなって、結果的に突風荷重倍数が大きくなるためです。

しかし、運航マニュアルの中に、このような線図を何枚も記載して、「これこれ、こういった条件の下では x.x G まで耐える」といったことをパイロットが分かるようにしたとしても、実用的な意味はあまりないため、運航マニュアルでも（その大もとの飛行規程でも）プラス方向には 2.5 G、マイナス方向には 1.0 G が限界である、という表現を用いています。

●荷重倍数 n と実際に受ける荷重の大きさ

いま、客室に体重 200 kg のお相撲さんが乗っていたとしましょう。1 G で飛行している場合、その座席は 200 kg の荷重に耐えればよいのですが、Maneuver か Gust によって、1.5 G の荷重倍数がかかったとすれば、その座席は 300 kg の荷重に耐えなければなりません。

一方で、体重 50 kg のお客さまが乗っていたとすれば、座席に 300 kg の荷重がかるためには、6 G の荷重倍数を掛けなければいけないことになります。このように、荷重倍数と荷重そのものは根本的に異なった概念です。

この状況は、機体の構造についても同様で、たとえば、200 トンの機体に 3 G が掛かっても、翼に作用する揚力はたかだか 600 トンですが、400 トンの機体に 2.5 G

が掛かったとすれば、翼に作用する揚力は 1,000 トンにも達します。そして、この揚力は、いうまでもなく、翼根部の曲げモーメントに直接影響を及ぼすため、ひとことで言えば「軽いときの G は怖くはないが、重いときの G は重大である」ということになります。

逆に言えば、機体が重いときに、大きな G を発生せしめるためには、猛烈な大きさの外力が必要です。そのため、1966 年 3 月に富士山上空で空中分解した BOAC（英国海外航空、現在のブリティッシュ・エアウェイズの前身）の 707 型機は、独立峰ゆえの強烈な山岳突風に遭遇したものと考えられています。

このように、荷重倍数 n と本当の荷重とは、実感としては直接的には結びつかないのですが、同じ突風を受けても、機体が軽い場合には大きな G が生じるという事実には、注意しておく必要があります。なぜなら、機体が軽いほど、貨物室に搭載されている貨物には大きな G が作用することになりますから、同じ重量の貨物でも、「実際に掛かる力」も大きくなります。このことは、貨物をタイダウン（固縛）するための道具立ての強度や床下のフロアビームの強度は、機体が軽いほど、むしろ厳しくなるということを意味しているからです。

● V_B と V_{RA}

これまで見てきましたように、機体構造を設計する場合、飛行速度を小さくした方が、突風による荷重を小さくできます。そのため、法的要件では、各設計速度の中で最も小さな速度である V_B に対する Ude が、最も厳しい値になっています

一方で、V_B を小さくしすぎますと、失速に対する余裕が減少するため、突風の影響によって速度を失った場合には危険な状態になりかねません。そのため、法的要件では、V_B の最小値（$V_{B\ Min}$）を定め、あまりにも小さな V_B は採用できないようにしています。

ところで、この $V_{B\ Min}$ は、レシプロ機が使用されている頃に設定されていた頃の概念を踏襲したものですので、かなり小さな V_B を許容するものでした。なぜなら、レシプロ機の場合には、① エンジンの吹き上がりが猛烈に早いため、パワーレバーを進めると同時に機体が加速を始めること、および、② 仮に機速の増加が遅れたとしても、エンジンさえ吹き上がってくれれば、プロペラ後流が翼面上の空気を加速してくれるため失速することはない、といった特性によって、V_B を小さくしても問題を生

じることはなかったからです。

V_B に対するこの考えは、ジェット旅客機が導入されたあとも踏襲され、初期のジェット旅客機の飛行規程には、乱気流（Rough Air）に突入するまでに減速しなければならないターゲットとしての V_B の表が記載されていました。ところが、Rough Air に突入するに際して、あらかじめ減速させた結果、突風によって失速しそうになったという事例が発生したようで、ジェット旅客機では、失速に対してより大きなマージンを持った速度で飛行するように改められました。

この速度を V_{RA}（Rough Air Speed）と呼んでいます。たとえば、747-400 型機の V_{RA} は、290 ～ 310 kt IAS/M0.82 ～ 0.85 ですが、他機種でも、おおむねこのような値になっています。そして、この V_{RA} をその他の速度と比較すれば、**図 22 － 11** のようになっています。

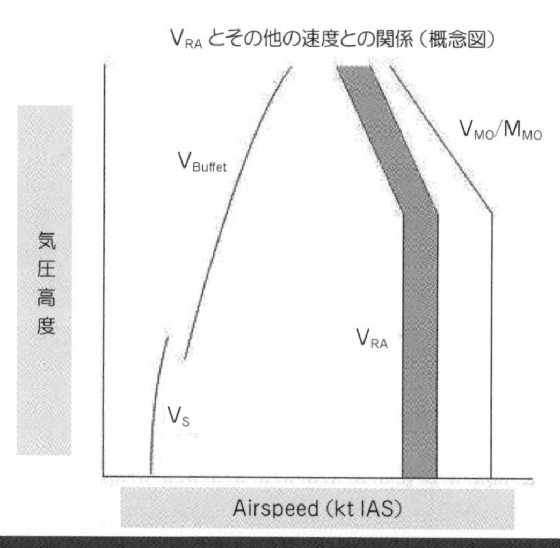

図 22 － 11　V_{RA} とその他の速度

このように、V_{RA} は、高速側にも低速側にもマージンを持った値に決められていますが、低空では、失速に対するマージンが非常に大きくなるため、V_{RA} として 250 kt を使用することが認められています。このことは、速度を遅くして乗り心地を改善する上からも、航空管制上の速度制限を順守する上からも、非常に重要なことです。

注：飛行場付近の高度 10,000 フィート以下の空域では、250 ノット以下の速度で飛行しなければならないことになっています。

ここで、あらためて、**図 22 − 10a** の V-n 線図を見てみましょう。V_B は 300 kt EAS 程度になっていますが、この値を、20,000 ft での IAS に変換すれば、約 310 kt です。これは、上記の V_{RA} = 290 〜 310 kt の上端の速度ですから、つまりは、設計速度 V_B は、パイロットの立場から見た場合の V_{RA} であることになり、したがって、V_{RA} で 66 ft/sec の突風に遭遇しても、機体構造は耐えられることを意味しています。

同様に、V_C は 350 kt EAS 程度ですが、この値を、20,000 ft での IAS に変換すれば、約 365 kt です。この値は、この機種での V_{MO}（故意に超過してはならない最大速度）に対応しています。したがって、V_{MO} で 50 ft/sec の突風に遭遇しても、機体構造は耐えられることを意味しています。

●最新の基準

冒頭でお断りいたしましたように、以上で紹介させていただきました突風荷重に関する要件は最近、広範囲に改訂されています。ここでは、その概要を簡単に紹介させていただきたいと思います。

「孤立した突風」に対して考慮しなければならない突風速度の基準値が変更され、「参考突風速度」と名前を変えました。この速度と従来の速度とを比較したものが**図 22 − 12** です。また、突風の形状も変更され、従来、突風が零から最大値に達するまでの距離は、前述のように一律 12.5 c（c は翼弦長）でしたが、新基準では、30 ft〜

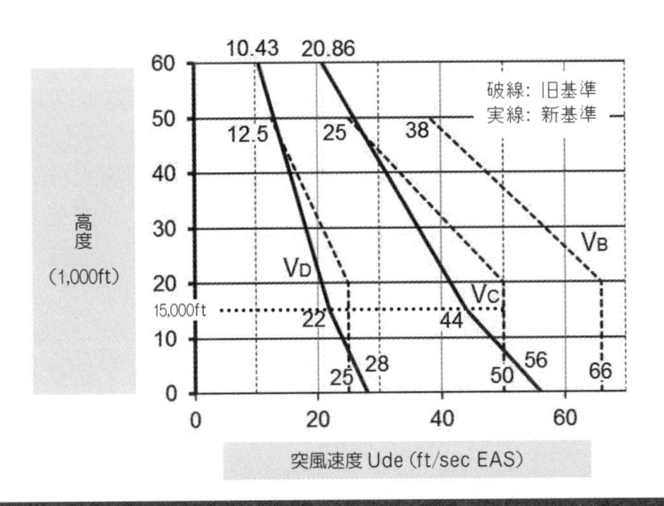

図 22 − 12　突風速度の新旧比較

350 ft の範囲にある、すべての距離を想定して検討しなければならないことになっています。

さらに、**図 22 − 12** のように決められている「参考突風速度」を、設計時に使用すべき「突風速度」に変換する際には、突風が零から最大値に達するまでの距離、つまり 30 ft～350 ft、に応じて、その最大値（**図 22 − 5** に示されたようなピーク値です）を調整します。具体的には、30 ft の突風では、かなり小さくなり、350 ft の突風では、**図 22 − 12** に示されたのと同じ値になります。これは、横から眺めた突風のサイズが小さいほど、最大突風は小さくなるであろうことを勘案したもので、感覚的にも納得できる考え方です。

注：**図 22 − 12** の新基準での突風速度には、V_C、V_D に対する突風速度は設定されていますが、従来の基準にあった V_B に対する突風速度は設定されていません。したがって、新基準では V_C、V_D で突風荷重倍数を計算して突風包囲線図を書くことになると考えられます。

なお、新基準設定の背景については、09/08/94 付け NPRM No 94-29 [下記注 2)] に記載されていますので、興味のある方はご一読ください。また、この NPRM では同時に、以前から使用されていた V_{RA} を、法的要件の中に正式に記載することも提案されています。

その上で、「飛行形態軽減係数」と名前を変えた、従来の「突風軽減係数」に相当する軽減係数を加味して、設計時に使用すべき「突風速度」を求めるのですが、この「飛行形態軽減係数」なる値は、機体重量と飛行高度の関数として決められますので、話はなかなか複雑になります。この辺の詳細については、下記の注 2 に紹介させていただいた方法で探すことができる FAA の資料をご覧ください。

●連続突風解析

この解析は、縦方向・横方向のそれぞれに存在する連続乱流に対する飛行機の動的応答によって生じる荷重を求めるもので、「運航状態解析」および「設計包囲線解析」と呼ばれる解析を行って、求められた荷重のいずれか大きい方の値を設計に使用するものです。

しかし、「連続突風」に対する要件は、その考え方を理解すること自体が非常に難しいため、残念ながら、この紙面の中でその概要を紹介させていただくことは不可能です。興味のある方は、FAR 25.341 項と FAA AC25.341-1 [1)] をご覧になってください。

注 1：「連続した突風」による飛行機の動きを、スキーに譬えますと、曇天のためにコブの位置と大きさが分からないまま滑っているときに、一個目のコブで体勢を少し崩され、二個目のコブで体勢が大きく崩され、といったことが起りますが、これと同様に、連続突風のどこかで、最も厳しい突風荷重になるのではないかと想像しています。

注 2：時代の変化や技術の進歩に遅れをとらないよう、米国では、議会を通すことなく速やかにルールを改

●アティチュード・フライング

飛行機には、ピッチ角とエンジン出力を決めてやると、機速が勝手に「目標速度に近づいてくる」という性質があります。したがって、パイロットは飛行訓練開始当初から、適正なピッチ角を維持せよということを執拗に教え込まれます。「正しい姿勢を維持しつつ飛ぶ」というニュアンスを込めて、これを「Attitude Flying」と呼びますが、特に乱気流の中を飛行するときは、この Attitude Flying が非常に重要になります。

なぜなら、気流の乱れによって、エア・データ系統に大きな誤差が生じるからです。これは、ピトーが検知する全圧にも、静圧孔が検知する静圧にも、気流の乱れによる脈動が影響を及ぼすためであると考えられますが、速度計も昇降計も、大きく変動する無茶苦茶な指示値を示してしまいます。このため、たとえば機速が増加したという指示を真に受けて、エンジン出力やピッチ角を変えますと、次に来るであろう、それとは逆の突風を受けたときに致命的な「お釣り」に見舞われることになります。

乱気流に遭遇して、この種の操舵が原因となって危険な目に合う事例が多く発生したことを受けて、各エアラインとも Attitude Flying の重要性を再徹底した結果、最近では、その種の事例はほとんど発生しなくなりましたが、この操縦テクニックを、まとめると、次のようになります。

- 気流の乱れが小さいと思われる高度まで上昇するか降下する。
- 運航マニュアルに記載された V_{RA} を遵守する。
- 高度や速度を Chase せず（追いかけず）、姿勢を維持する。

定できるようになっています。たとえば、航空に関するルールである FAR については、その改定は FAA に委ねられています。ただし、無条件に FAA に全権を委託するわけではなく、ルールの改定が必要になったときには、その改定案を、改定の背景 / 理由とともに NPRM（Notice of Proposed Rule Making）と呼ばれる書式に記載して、FR（Federal Register、連邦官報）で公開します。それに対して、世界中の誰からでもコメントを提出でき、提出されたすべてのコメントを分析して、最終的に FAA がファイナル・ルールを決定します。その Final Rule も、FR によって公開されますが、これらはすべて、ネット経由で入手することができます。

今回の突風荷重は、FAR 25.341 に規定されていますが、検索エンジンに FAA Home と入力して FAA のトップページにアクセスし、その中の FAR をクリックし、次の画面にある Historical Federal Aviation Regulations をクリックして、FAR 25.341 を選択すれば、FAR 25.341 の改定のヒストリーも、それに伴う FR（NPRM と Final Rule）も、そのすべてを見ることができます。

なお、FAR 25.341 に対応する日本の基準は耐空性審査要領第 III 部の 3-3-1 項に定められています。

今回は、突風荷重の概念を紹介させていただくために、従来の孤立突風に対する法的要件を主体に、概念的なことに絞って、突風というものを紹介させていただきました。

次回は、これまでは、話の文脈を乱す可能性があるとして紹介できなかった、こまごまとした事項ながら「読者の一部の方にとっては目からウロコかもしれない」内容を紹介させていただきたいと思います。ご期待ください。

謝辞：今回の原稿作成にあたり、航空機の荷重解析／構造解析の専門家であり、川崎重工（株）から中日本航空専門学校に出向して教授を勤められている指熊裕史氏に多くの助言と校閲を賜りました。紙面を借りて感謝申し上げます。

（つづく）

参考文献

1) FAA AC 25.341-1「Dynamic Gust Loads」、https://www.faa.gov/regulations_policies/advisory_circulars/index.cfm/go/document.information/documentID/1024906

2) 昆虫の翼面荷重および翼面出力に関する研究
https://repository.exst.jaxa.jp/dspace/handle/a-is/41489?locale=ja

23. 細々(こまごま)とした事項

今回は、これまでの記事の中では、全体の文脈の流れを乱す可能性があるという危惧から、紹介させていただくことが躊躇(ためら)われた、しかし、一部の方にとっては「目からウロコ」になるかもしれない、細々(こまごま)としたことを順次紹介させていただきたいと思います。

● IAS 一定での上昇は加速上昇？

上昇勾配を求めるための式については、第 4 回や第 9 回で紹介させていただきました。復習のために、第 9 回で紹介させていただいた式を再掲したものが①～③式で、その背景になった「飛行機に作用している「力」のバランス」を再掲したものが**図 23 － 1** と**図 23 － 2** です。

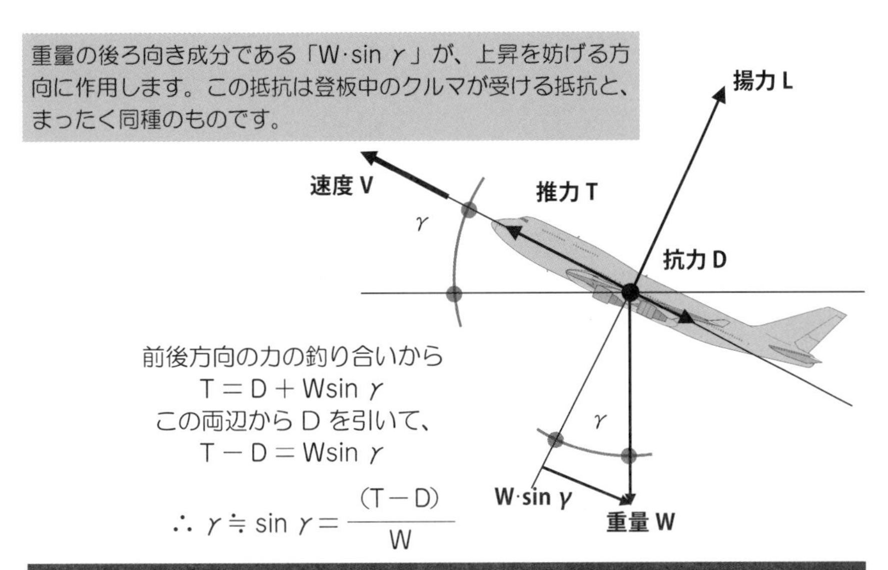

図 23 － 1　上昇勾配を求めるための力の釣合い（第 4 回の図 4 － 5 に若干の説明を加えたもの）

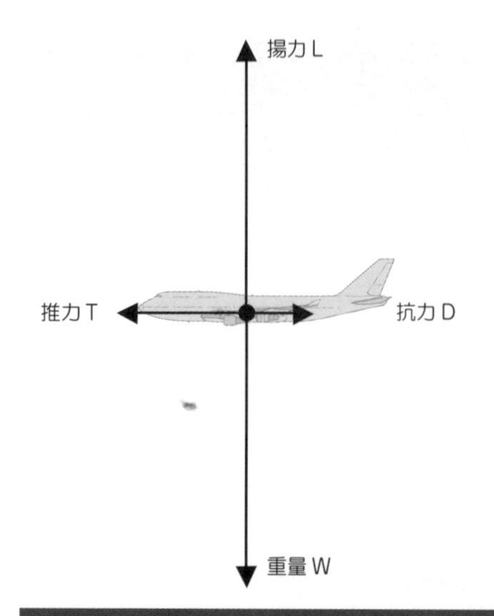

上下方向には、揚力 L と重量 W が釣り合っている。

前後方向には、余剰推力（T － D）があり、
これが加速のために原動力になる。

この余剰推力（T － D）を、ニュートンの第二法則
（F ＝m α）に代入すると、

T－D＝m α ゆえ、T－D＝（W/g）×α
この両辺を W で割って、（T－D)/W ＝α /g

図 23 － 2　余剰推力によって生じる加速度（第 9 回の図 9 － 2 を再掲したもの）

つまり、機体が（重量あたりの）余剰推力（T － D)/W を持っている場合の上昇勾配は、**図 23 － 1** を利用して、①式のようになります。同様に、同じ余剰推力（T-D)/W を持っている状態で、上昇せずに水平飛行を維持して加速に専念したとした場合の加速度は、**図 23 － 2** から、下式 ② のようになります。また、③ 式は、これらを合体させて一般化したものです。

$$\gamma=\frac{T-D}{W}\cdots\cdots ①$$

$$\frac{T-D}{W}=\frac{\alpha}{g}\cdots\cdots ②$$

$$\frac{T-D}{W}=\gamma+\frac{\alpha}{g}\cdots\cdots ③$$

ところで、第 17 回で紹介させていただきましたように、飛行機が上昇するときには、低空では IAS（指示対気速度）を維持し、クロスオーバー・アルチに達したあとはマックを維持します。そして、**図 23 － 3** に示されていますように、そのときの TAS（真対気速度）は、IAS 上昇の時の間は増加し、マック上昇の間は、減少するか一定値になります。

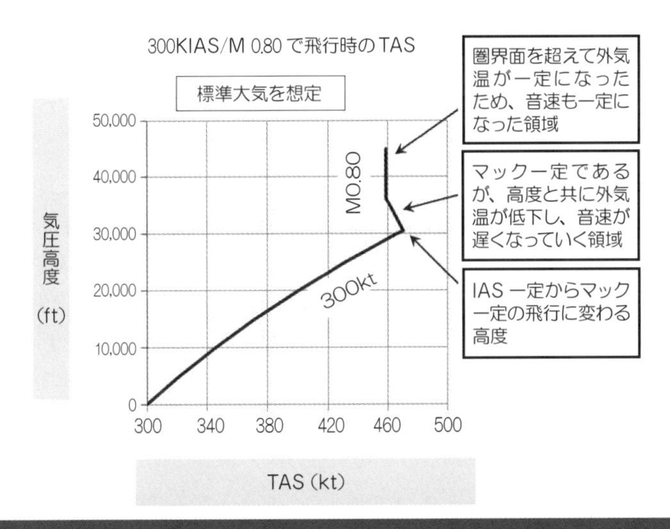

図 23 − 3　高度による TAS の変化（第 17 回の図 17 − 10 を再掲したもの）

つまり、IAS 維持の間は加速上昇であり、マック維持の間は減速上昇か定速上昇になっていることを示しています。したがって、現実に、上昇勾配や上昇率を求める際には必ず、③式を使用しなければならないことになります。

しかしながら、上昇勾配や上昇率を求めるときに、③式そのものを用いるのは面倒です。そこで、上昇勾配や上昇率を①式をベースにして求めておいて、①式から③式への変換には、別の式から求めておいた補正値を掛け算するという手法が先人によって考案されました。この別の式から求める値を、文字どおり「コレクション・ファクター、Correction Factor、CF」と呼んでいます。また、その逆数（1/CF）を、「アクセラレーション・ファクター、Acceleration Factor、AF」と呼びます。**図 23 − 4** に、コレクション・ファクターの計算結果を示しておきました。

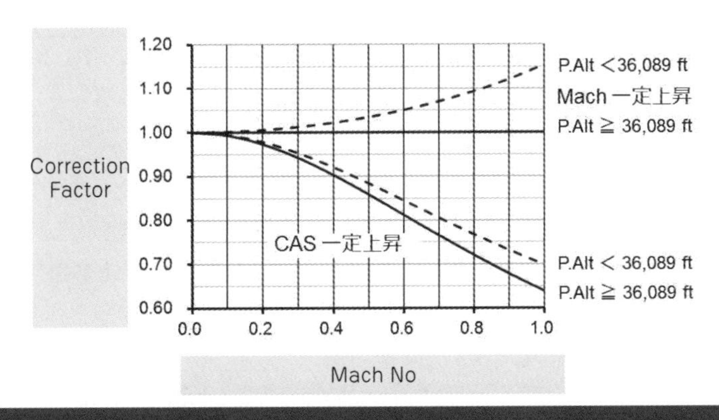

図 23 − 4　Correction Factor

図 23 − 3 からも分かりますように、300 KIAS/M0.80 という上昇スケジュールで上昇する機体では、クロスオーバー・アルチは約 30,000 ft で、切り替わり時の速度は、もちろんマック 0.80 です。この IAS 一定上昇から Mach 一定上昇に切り替わる瞬間に、**図 23 − 4** から分かりますように、コレクション・ファクターは、0.77 程度から 1.1 程度に急増します。したがって、①式をベースにして求めてあった上昇率が、かりに 1000 ft/min であったものとしますと、クロスオーバー・アルチ直前での上昇率は 770 ft/min であり、直後では 1,100 ft/min に跳ね上がることになります。パイロットは、日々このような指示値の変化を目にするわけです。

ただし、実際の飛行では、機体の高度が、計算上の上昇率のこのような急激な変化に直ちに追従するわけではありません。これは、機体の慣性のためですが、そのために、実際にはもっと穏やかに追従しますのでご安心ください。

注 1：第 21 回でも紹介させていただきましたように、現代のジェット旅客機では、IAS ＝ CAS となっています。したがって、IAS 一定上昇は CAS 一定での上昇ですので、**図 23 − 4** からコレクション・ファクターを求める際には、CAS 一定のカーブを読み取ればよいわけです。

注 2：最大着陸重量や最大離陸重量を決定づける上昇能力の計算時にも、①式で計算された上昇能力に、上記のコレクション・ファクターが掛けられて、現実に得られるであろう上昇能力に変換されていることはもちろんです。

なお、アクセラレーション・ファクター（コレクション・ファクターの逆数）の計算式を、参考までに下記に示しておきます。

	P.Alt ＜ 36,089 ft（対流圏）	P.Alt ≧ 36,089 ft（成層圏）
CAS 一定上昇	$AF=1-0.133M^2+\{(1+0.2M^2)-(1+0.2M^2)^{-2.5}\}$	$AF=1+\{(1+0.2M^2)-(1+0.2M^2)^{-2.5}\}$
Mach 一定上昇	$AF=1-0.133M^2$	$AF=1.000$（定速上昇）

36,089 ft（11,000 m）は、対流圏と成層圏の境界である圏界面の高さです。

それでは、以上で紹介させていただきましたような、コレクション・ファクターの影響によって、上昇率が実際にはどのように変化するのかを見てみましょう。**図 23 − 5** は、その具体例として、ある機種がある速度で上昇しているときの上昇率を示したものです。

このうち、**図 23 − 5a** は、定速で上昇しているものとして計算した結果です。つまり、上述の①式を用いて計算した結果です。この機種の上昇速度は、350 kt/M0.85ですので、クロスオーバー・アルチは 26,468 ft になっています。

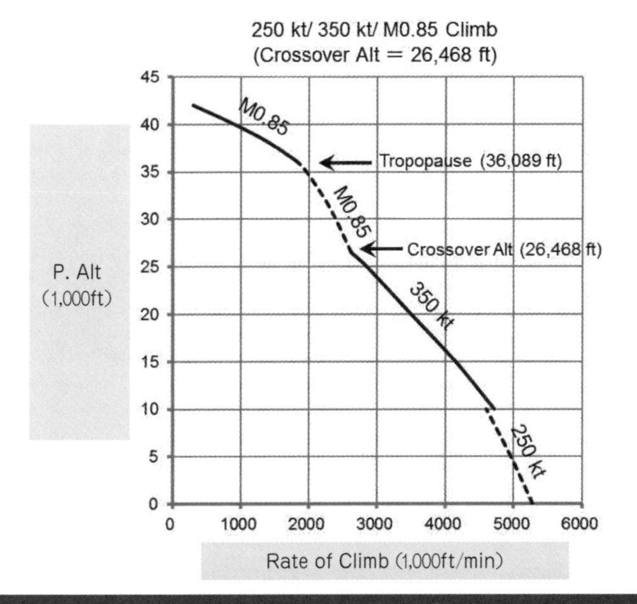

図 23 － 5a　定速上昇として計算した上昇率

ちなみに、高度 10,000 ft のところで、上昇率の変化が不連続になっているのは、高度 10,000 ft 以下では、250 kt の速度制限があるために、高度 10,000 ft 以下では 250 kt を、それ以上では 350 kt を使用するため、この速度差によって上昇能力に差が生じるためです。

しかし、この**図 23 － 5a** は、①式によって計算された、つまり、TAS（真対気速度）が一定であるという前提に立って計算されたものですので、実際の上昇率を示したものではありません。そこで、コレクション・ファクターを掛けて、実際に得られる上昇率に変換したものが**図 23 － 5b** です。

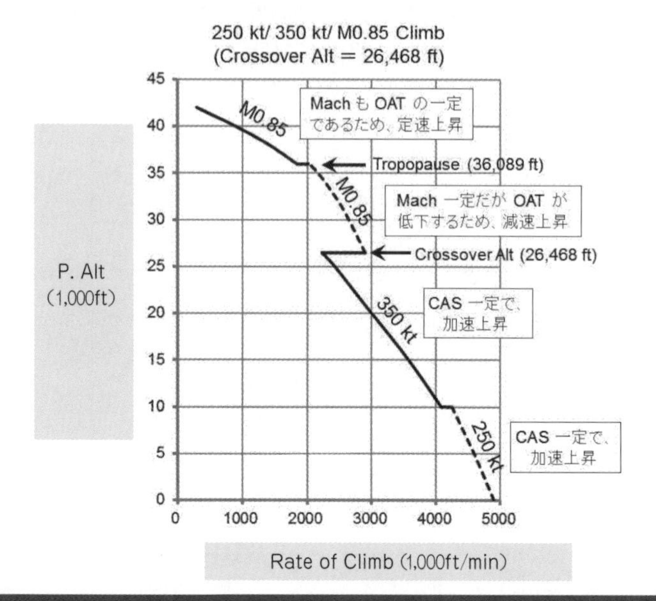

図 23 － 5b　加速減速を考慮に入れて計算した上昇率

この**図 23 － 5b** には、3 ヶ所の不連続点があります。下から順に、上昇速度が 250 kt から 350 kt に切り替わる高度である 10,000ft、クロスオーバー・アルチである 26,468ft、および Tropopause（対流圏と成層圏の圏界面高度）である 36,089ft（11,000 m）ですが、その理由については、もう説明は不要かと思います。

注：高度 10,000ft で 250 kt から 350 kt に加速しますので、その間は上昇能力の一部が加速度に変換されて、飛行経路は浅くなりますが、**図 23 － 5b** では、その種のことは考えずに、与えられた速度における上昇率だけがプロットされています。したがって、この図から直ちに、上昇経路の変化を読み取ることはできません。また、実際の運航では、上昇時にかなりの燃料を消費しますので、上空に達するにつれて機体重量が軽くなり、上昇率が改善されていきますが、**図 23 － 5b** では、計算を簡単にするために、機体重量は一定値のままという想定にしてあります。

●承認を要する性能と、それ以外の性能

これまで何回かにわたって、離陸性能や着陸性能について紹介させていただきましたが、そこで出てきた滑走路長による制限や上昇勾配による制限は、耐空性に直接の影響を及ぼす事項ですので、型式証明を取得する際に当局による承認が必要です。また、第 20 回で紹介させていただきました「巡航中のエンジン Fail に起因するドリフト・ダウン」についても同様です。

注：したがって、これらの性能チャートは、本来的には、飛行規程の「限界事項」に記載されるべきものですが、現実には、別の章である「航空機の性能」に一括して収められています。これは、性能チャートの枚数があまりにも多いため、それらの性能チャートを「限界事項」の中に収めてしまいますと、その枚数の多さゆえに、機体構造やシステムに関する限界事項の記載が「埋もれて目立たなく」なってしまう、といったことを防止するために採られた方法ではないかと想像しています。

こういった「当局の承認を要する性能」を、「サーティファイド・パフォーマンス、Certified Performance」と呼ぶことがあります。これに対して、離陸終了後の上昇性能、巡航性能あるいは降下性能は、エアラインの収支には関係するものの、耐空性には直接の影響が及ばないため、当局の承認は不要です。この種の性能を、「ノン・サーティファイド・パフォーマンス、Non-Certified Performance」と呼ぶことがあります。

ところで、「当局の承認を要する性能」は通常、**図 23 － 6** のようなエンジン推力に基づいて算出されています。

性能の区分		エンジン推力	参照回
離陸滑走路長		最大離陸推力（TO）	第 11 ～ 14 回
離陸時の上昇勾配	First Segment	最大離陸推力（TO）	第 9 ～ 10 回
	Second Segment	最大離陸推力（TO）	第 9 ～ 10 回
	Third Segment	最大離陸推力（TO）	第 9 ～ 10 回
	Final Segment	最大連続推力（MCT）	第 9 ～ 10 回
巡航時のドリフト・ダウン		最大連続推力（MCT）	第 20 回
着陸時の上昇勾配	Landing Climb	インフライトでの最大離陸推力（GA）注）	第 4 回
	Approach Climb	インフライトでの最大離陸推力（GA）	第 4 回

注）スラストレバーを進めてから、8 秒後に得られる推力によって制限される場合があります。

図 23 － 6　承認を要する性能と、そのベースとなっているエンジン推力

ということは、これらのエンジン推力も承認を得ておかなければならないことになります。すなわち、TO（GA を含む）と MCT は承認を要するレーティングですが、MCL（最大上昇推力）や MCR（最大巡航推力）は承認不要なレーティングです。この様子を、飛行機の性能に倣って、それぞれ「サーティファイド・レーティング」、「ノン・サーティファイド・レーティング」と呼ぶことがあります。

注）このように、MCL や MCR は承認不要ですので、航空機メーカーとエアラインが必要と認めた場合には、MCT を越えることのない範囲内で、MCL や MCR の推力を増強することができます。ただし、これらのレーティングを大きくしますと、エンジンの寿命に影響を及ぼしますのでエンジン価格が高くなってしまいます。なぜなら、エンジン・メーカーが約束するギャランティ（Guarantee、保証）やワランティ（Warranty、補償）に関する前提条件を厳しい方向に変更してしまうことになるからです。

●離陸性能の算出時に使用する推力の大きさ

エンジンでは製造後あるいは整備後に、本来の性能を発揮できることを確認するためのテスト運転が行なわれます。この中で、飛行機の性能に直接関係するものは、言うまでもなく、所定の「推力」が得られているかどうかです。一方で、個々のエンジンには、個体差があることはもちろんです。

つまり、EPR とか N_1 といったパラメータに対して、実際に発揮している推力には、ある幅が定められていることになります。業界では、この許容値の幅の中で最大の推力を発揮するエンジンを「マキシマム・エンジン、Max Engine」、最小の推力しか発揮できないエンジンを「ミニマム・エンジン、Min Engine」、そして、その中間の平均的なエンジンを「アベレージ・エンジン、Average Engine」と呼んでいます。

前述の巡航性能などの「ノン・サーティファイド・パフォーマンス」のベースになるのは「アベレージ・エンジン」の推力レベルですが、離着陸性能などの「サーティファイド・パフォーマンス」のベースとしては、安全サイドの結果を得るべく「ミニマム・エンジン」の推力レベルが使用されます。ただし、「サーティファイド・パフォーマンス」の中でも V_{MCG} や V_{MCA}（第 13 回と第 14 回を参照ください）については、大きな推力を想定した方が安全サイドの結果が得られますので、これらの算出には「マキシマム・エンジン」の推力レベルが使用されるのがふつうです。

● V_{MCG} の算出手順

その V_{MCG} ですが、V_{MCG} は、第13回の囲み記事で紹介させていただいた V_{MCA} の地上版ですので、その値は、ラダーの効き方に依存して変化します。つまりは、エンジン故障によって生じるヨーイング・モーメントを、ラダーが発揮できるヨーイング・モーメントで打ち消すことができるかどうか、に掛かっているわけです。

つまり、フル・ラダーを踏み込んだ場合にラダーが発揮できるヨーイング・モーメントを示すチャートがあったとすれば、そのチャートに、「マキシマム・エンジン」の推力によって生じるヨーイング・モーメントをプロットしていけば、その交点から V_{MCG} が求められることになります。

この「ラダーが発揮できるヨーイング・モーメント」の様子を示したものが**図 23 − 6a** です。

しかし、実際には、V_{MCG} の値は設計の段階でほぼ予測できていますので、**図 23**

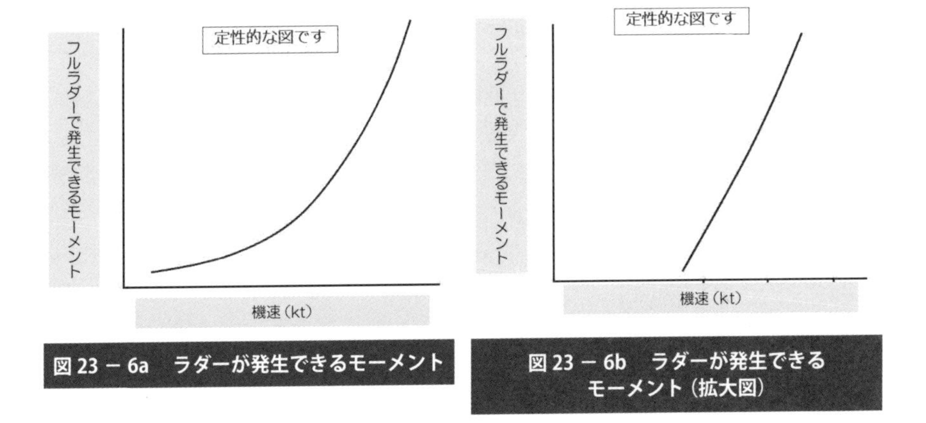

図 23 − 6a　ラダーが発生できるモーメント

図 23 − 6b　ラダーが発生できるモーメント（拡大図）

− 6a のような広範囲をカバーするような図である必要はなく、予想される V_{MCG} の範囲付近だけを拡大表示しておけば十分です。したがって、実際に使用されるチャートは、**図 23 − 6b** のように、右肩上がりのほぼ直線状のカーブになっています。

ところで、ここまでは、「モーメント」というややこしい表現を使ってきましたが、設計が完了した段階では、機体のサイズは決まっており、ひいては機体中心線から外側エンジンまでの距離も決まっていますから、外側エンジンの故障によって生じる「ヨーイング・モーメント」などと難しい表現を使わず、外側エンジンの「推力」と表示することができます。そして、そのようにしておいた方が、あとあとの作業が楽になります。

同様に、ラダーから重心位置までの距離も決まっていますから、「ラダーが発揮できるヨーイング・モーメント」という表現ではなく、ラダーによって対抗できる「外側エンジンの推力」と表示することができます。そういった観点から**図 23 − 6b** を書き換えたものが**図 23 − 7a** です。

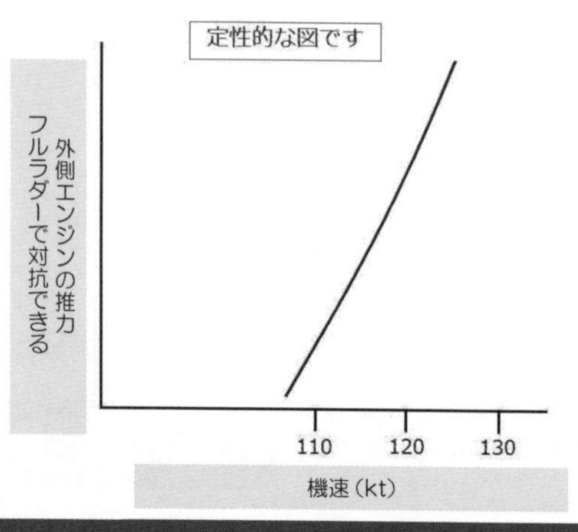

図 23 － 7a　ラダーが対抗できるエンジン推力

次のステップは、**図 23 － 7a** の中に、実際の推力を重ね合わせることです。ジェットエンジンの実際の推力は、第 8 回で紹介させていただきましたように、「スラストラップス」による効果を含んだものですので、それも考慮に入れて、実際の推力を重ね合わせて、V_{MCG} を求める手順を示したものが**図 23 － 7b** です。

また、ジェットエンジンの推力は、第 8 回で紹介させていただきましたように、気圧高度と外気温によって大きく変化しますが、これを勘案して、各条件での V_{MCG} を求めるための手順を示したものが**図 23 － 7c** です。

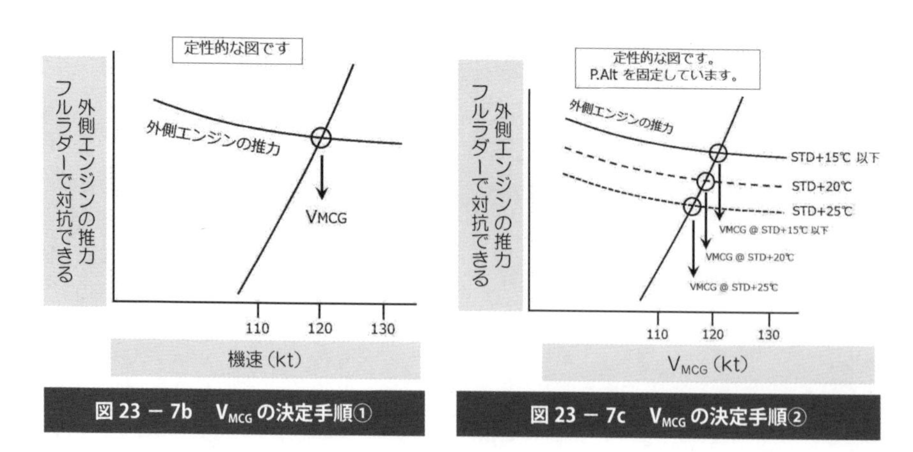

図 23 － 7b　V_{MCG} の決定手順①

図 23 － 7c　V_{MCG} の決定手順②

このような手順を踏んで、最終的には、**図 23 － 8** のような V_{MCG} チャートが完成することになりますが、この形が、第 8 回で紹介させていただきましたような「推力の変化傾向」と同じようなものになることは言うまでもありません。

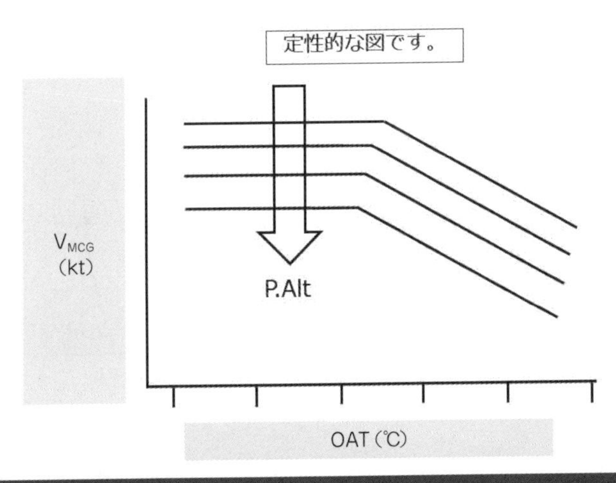

図 23 － 8　V_{MCG} チャート

● SSEC による補正について

第 21 回で、現代の飛行機では IAS ＝ CAS になっているが、それは、IAS（指示対気速度）の基になる Pa（外気圧）の測定値に対して、ADC（エアデータコンピュータ）内の SSEC（Static Source Error Correction）が補正を加えるためである、ということを紹介させていただきました。ここでは、この辺の事情をもう少し詳しく紹介させていただきたいと思います。

速度計の指示値である IAS の元ネタは、もちろん動圧ですし、その動圧 q は、$q = P_T - P_S = P_T - Pa$（P_T は全圧、P_S は静圧）で与えられますから、Pa の測定に誤差がありますと、動圧が正確に測れなくなり、ひいては、IAS の指示値に誤差を生じます。また、高度計の指示値には、P_S すなわち Pa そのものが用いられますので、高度計の指示値にも誤差を生じます。さらに、マック計も $P_T/P_S = (1 + 0.2M^2)^{3.5}$ なる式（第 21 回の⑥式）を介して Pa の測定誤差による影響を受けます。これらが、いわゆる「位置誤差」と呼ばれている誤差です。

そのため、T/C（型式証明）取得のための飛行試験が始まったあとの非常に早い時期に、Pa の測定誤差が計測されます。その様子は第5回で紹介させていただいたとおりですが、これによって得られた静圧の測定誤差をΔ Pa としましょう。ただし、Δ Pa＝Pam－Pa（Pam はPaの測定値、Pa はPa の真値）としておきます。飛行試験から得られた結果を用いて、Δ Pa と Pa との比をプロットしますと、データがきれいに整理されて**図 23 － 9** のようになります。

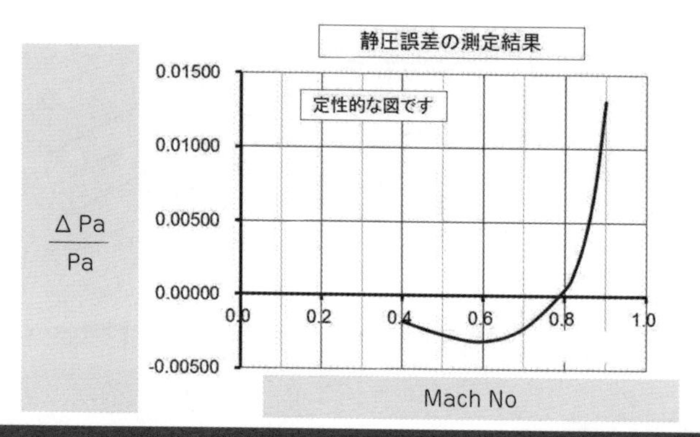

図 23 － 9　静圧誤差の測定結果

したがって、実際の機体で測定された Pam（誤差を持っている値です）から、**図 23 － 9** に示された値を差し引く操作によって補正を加えますと、ADC 内の演算回路は、あたかも真の Pa を使用して計算したかのような結果を算出することができます。これが SSEC の働きで、その概念を**図 23 － 10** に示しておきました。

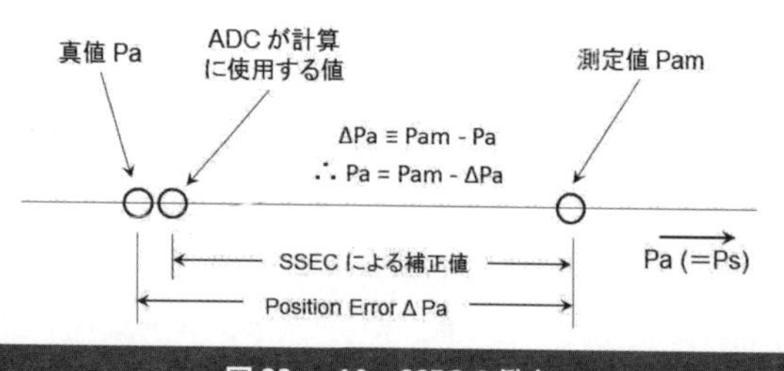

図 23 － 10　SSEC の働き

すなわち、現代の大型機で表示される IAS は実質的には、「位置誤差」の補正が行なわれたあとの速度である CAS を表示していることになります。ただし、この議論は、SSEC が効いている速度範囲にしか通用しないハナシです。**図 23 － 9** からもお分かりのように、SSEC が補正を加える速度範囲はふつう、マック 0.4 程度以上の速度からになっています。マック計が表示を開始するのはふつう、マック 0.4 を越えてからですが、その理由は、SSEC によるマックの位置誤差補正が行なわれる速度範囲がマック 0.4 以上だけに限られているためかと思われます。

ということは、マック 0.4 程度以下の速度域では、速度計にも高度計にも位置誤差の補正がなされていないことになります。マック0.4は海面高度で言えば約265 kt（＝音速 661.5 kt × 0.4）ですから、離陸時や着陸時（進入時を含む）で使用される速度がこの範囲の速度域に該当します。したがって、このような速度域で飛行するときの位置誤差を求めるためのチャートが別途、飛行規程に記載されています。

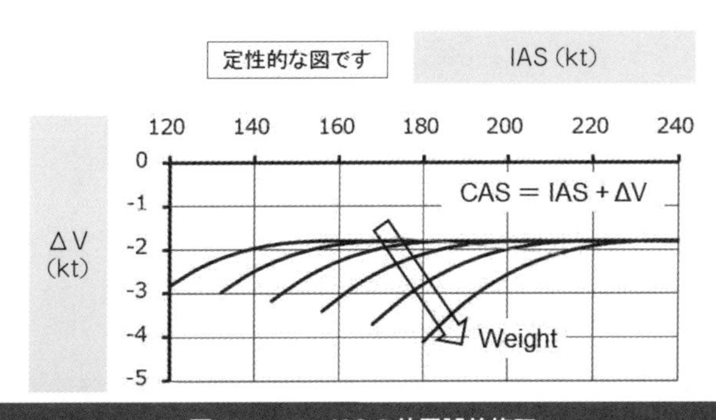

図 23 − 11　IAS の位置誤差修正

図 23 − 11 はそのうちの、速度に関する位置誤差を求めるためのチャートを定性的に描いたものですが、たとえば V_{REF}（＝ 1.23 V_S）を求める際には、このチャートを用いて、V_S（IAS）を V_S（CAS）に変換した上で、1.23 V_S（CAS）を算出し、その値を 1.23 V_S（IAS）に変換する、という手順を踏む必要があります。ただし、飛行規程に記載されている V_{REF} や V_2 などは、こういった手順を踏んだ上で求められている値ですから、パイロットとしては、それらの値を素直に使用すればよいことになります。

注）SSEC が効いていない速度域で、飛行規程には記載されていない特殊な速度（たとえば 1.4 V_S や 1.5 V_S など）を自分の手で求めようとしますと、上記のような面倒な手順を踏む必要があります。

注）スタンバイの速度計や高度計には、SSEC による補正が行われない機種がありますが、そのような機体でスタンバイ計器を読み取る際には、マックの大小に係らず、**図 23 − 11** のような図を用いた誤差補正を行う必要があります。

● CDL (Configuration Deviation List)

第9回の囲み記事の中で、747 型機の前縁フラップのアクチュエータをキャリーオーバー（修理を持ち越すことです）する際の手順を例にとって、キャリーオーバー時の注意点について紹介させていただきました。

このように、ある機能を持った部品や系統の修理をキャリーオーバーする場合の基準を定めたマニュアルを MEL（Minimum Equipment List）と呼んでいます。MEL には、ナン系統装備されているもののうち、ナン系統はキャリーオーバーできる、といったことが、その前提条件とともに記載されています。たとえば、国際線に使用される機体にはふつう、A/P（自動操縦装置）は 3 系統装備されていますが、これが国内線のような短距離路線に就航する場合で、好天の場合には、1 系統は不作動でも良い、といった具合に決められています。

この MEL は、航空行政当局、航空機メーカーおよびエアラインのそれぞれを代表するメンバーから構成される会議体の場で検討され決定されます。

一方で、整備点検用のアクセス・パネルや小さなフェアリングなどが脱落しているような場合にも、整備基地まで、その修理をキャリーオーバーするということが認められています。こういった場合の基準を定めたマニュアルを CDL（Configuration Deviation List）と呼んでいます。この場合には、機体の抗力が増加しますので、いわゆる「サーティファイド・パフォーマンス」の変更が必要になり、つまりは T/C（型式証明）そのものに影響が及ぶことになりますので、CDL は追加飛行規程として設定されています。

また、機体の抗力が増加することから、巡航時の燃料消費量など、いわゆる「ノン・サーティファイド・パフォーマンス」にも影響を及ぼします。しかし、こういった影響は、飛行規程マターではありませんので、エアラインは、航空機メーカーから提供されるデータに基づいて、燃料消費量などの補正を行います。

●ディスパッチ・リクワイアメント

これまでの連載の中で、たとえば、ゴーアラウンド時の上昇勾配（第 4 回）や必要着陸滑走路長（第 3 回）などといった、性能による制限によっても最大着陸重量が制限される、といった様子を見てきました。

ところが実は、そのような着陸重量の最大値は、「離陸重量」を制限するためのものです。つまり、法的要件では、「ある離陸重量」で離陸したのち、ふつうの燃料消費とオイル消費を差し引いて求めた「到着時に予想される着陸重量」が、着陸復行/進入復行形態での上昇勾配や必要着陸滑走路長を満足できないような「離陸重量」で離陸してはならない、と決められているわけです。

言い換えれば、最大着陸重量は、進入・着陸フェーズ時の最大重量を決めるためのものではなく、離陸重量の最大値を決定するために使用されるものです。そういった観点から、その種の制限のことを、「ディスパッチ・リクワイアメント」と呼んでいます。

この種の性能的な要件によって制限される最大重量は、FAR では、運航を司る Part に記載されていますが、たとえば大型機を使用した航空運送事業での運航を司る Part である「Part 121」では、§ 121.195 [1] と§ 121.197 [2] に、次のように規定されています（和訳しますと読みにくくなりますので、要旨だけを抜粋しています）。

① 何人（なんぴと）も、飛行中に消費する通常の燃料消費量を差し引いて求めた到着時の重量が、到着空港の気圧高度および予想外気温に対して、飛行規程に定められている最大着陸重量を超える、そのような「離陸重量」で離陸してはならない（これが上昇勾配による制限の出処です）。

② 何人（なんぴと）も、飛行中に消費する通常の燃料消費量を差し引いて求めた到着時の重量で、到着空港の気圧高度および予想風の条件に対して、飛行規程に定められている50ft 越えの着陸距離が、到着空港の有効滑走路長の60%内 に収まるような着陸重量を超える、そのような「離陸重量」で離陸してはならない（これが、ドライ・ランウェイでの必要着陸滑走路長の出処です）。

ただし、実用上の便宜を考えて、飛行規程には、着陸距離を0.6 で割った（1.67 倍した）長さを必要着陸滑走路長として記載するのがふつうです（第3回を参照）。

③ 目的空港の滑走路面がウエットまたはスリッパリー（滑りやすい状態）であることが予想される場合には、②で述べた着陸滑走路長を、さらに 1.15 倍しなければならない（これが、ウエット・ランウェイでの必要着陸滑走路長の出処です）。

このように、最大着陸重量は、離陸重量の最大値を決定するために使用されるものですので、いったん離陸したあと、ゴーアラウンド時の上昇勾配や着陸距離に影響を及ぼすような故障が発生した場合、どのように対応するかの判断はすべて、機長に委ねられます。

そして、第4回で紹介させていただきましたように、そのような機長判断（Captain Discretion（ディスクレッション））をサポートするために、必要なデータが運航マニュアルに記載されていますし、また、フライトを常時ウォッチしているディスパッチャが無線を通じて機長を支援します。

ところで、第20回で紹介させていただきましたように、巡航時の1エンジン Fail あるいは2エンジン Fail を考慮した場合には、山岳などの障害物を越えなければならないために、巡航時の機体重量が制限を受けます。この場合にも、上記の着陸重量と同様にして、それまでの消費燃料を差し引いた機体重量で、巡航時に進退窮（きわ）まるような状態になる、そのような「離陸重量」で離陸してはならない、という決め方がされています。そして、この要件は、1エンジン Fail および2エンジン Failに対して、それぞれ、§121.191 [3] と§121.193 [4] に規定されています。

ちなみに、離陸時の諸要件によって制限される離陸重量については、§121.189 [5] で、上昇勾配によって制限される重量（第9回）と、滑走路長によって制限される重量（第11回）と、障害物越えによって制限される重量（第9回）のすべてを満足できない限り離陸してはならない、と規定されています。

上記で述べたことをまとめますと、離陸重量は、下記によって決定される重量を超えてはならないことになります。つまり、これらの最小値が許容最大離陸重量になるわけです。

a. 離陸フェーズでの最大重量
 a-1　構造によって制限される最大重量
 a-2　上昇勾配によって制限される最大重量
 a-3　滑走路長によって制限される最大重量
 a-4　障害物越えによって制限される最大重量

b. 着陸フェーズでの最大重量（下記）に、着陸までに消費する燃料とオイルの重量を加えた重量
 b-1　構造によって制限される最大重量
 b-2　上昇勾配によって制限される最大重量
 c-3　滑走路長によって制限される最大重量

c. 巡航時の最も不利な地点で、1エンジンまたは2エンジンが Fail した場合でも、す

べての障害物を所定の高度差でクリアし代替飛行場に着陸することができる最大重量に、その地点までに消費する燃料とオイルの重量を加えた重量

このように、飛行機の耐空性を確保するための手段として、許容最大離陸重量なる制限値が設けられています。

これまで何度か紹介してきましたように、飛行機の上昇能力や加速能力を決定付けるものは「重量あたりの余剰推力」ですから、重量を小さくすれば、上昇能力や加速能力で代表される機体の性能を向上させることができ、ひいては安全余裕のレベルを上げることができることになります。そういったことが、離陸重量に上記のような最大値を設けていることの背景になっているのではないかと思われます。

この本を読んでくださった方々は、「着陸距離は 50 フィートを通過してからの距離であるのに、離陸距離の終点の高度は 35 フィートだが何故だろう」とか、「必要着陸滑走路を求める際のファクターは 1/0.6(≒ 1.67)であるのに、離陸の場合には、全エンジン作動時でも 1.15 のファクターしか掛かっておらず、しかも、それよりも苦しい状況になるはずの加速継続距離や加速停止距離にはファクターが掛かっていないのは何故だろう」とかさまざまな疑問を持たれたかと思います。しかし、これらはすべて、現実の運航の実態を最大限に配慮しつつ、改定を重ねながら長い年月をかけて築かれてきた、「耐空性を確保するために必要な離陸重量の制限値を求めるための算出基準」であると考えていただければ、疑問を感じることなく素直に受け入れていただけるのではないと思われます。

こういった観点から、耐空性の向上のため長年にわたって ICAO(国際民間航空機関、国連の下部組織)の場で、粘り強く検討と調整を続けて、ルールを練り上げてこられた各国の航空行政当局の方々の努力に対して、最大限の敬意を払わなければならないのだと思います。

●耐空性という概念

上記のように、性能要件によって決定される最大重量は、FAR Part 121 のような「運航要件」によって規定されており、それらの重量を求めるための詳細なクライテリアは、Part 25(我が国の耐空性審査要領第Ⅲ部)に定められている、という図式になっています。

こういったことから、FAA は、FAA Aviation Maintenance Technician Handbook - General(FAA-H-8083-30)の 12-4 ページで、Part 21、Part 43、Part 91 の 3 つを、耐空性を確保するための「Big Three」だと表現しています。

ここに、Part 21 を始めとする「Part 21 ～ 39」は、設計・製造に関する要件を、Part 43 は整備・改造に関する要件を、また、Part 91 を始めとする「Part 91、119、

121、125、129、135、137 あたり」は、運航に関する要件を定めた Part になっています。

これらから、耐空性は広義には、設計・製造 / 整備・改造 / 搭載・運航の各分野に携わる人が連携しつつ、それぞれの業務を着実に実行することによって達成できるものである、と考えても良いのではないかと思われます。

もちろん、飛行機の安全は、機体の耐空性以外にも、乗員など航空従事者の訓練や資格要件、あるいは管理の体制など、非常に多くの要素によって影響されますので、それらの各要素に対応するさまざまなルールが必要です。FAR では、こういった各要素ごとに、Part が準備されているわけです。そのような観点から、FAR の Part というのは、花の種類ごとに植木鉢を用意してあるようなものだと譬えた知人がいますが、的を射た比喩かと思います。

今回は、いままで触れることができなかった「細々（こまごま）とした事項」について紹介させていただきました。いかがだったでしょうか。少しはお役に立てることもあったでしょうか。

次回は、いま流行のフライバイワイヤについて、その歴史を辿ってみたいと思っています。ご期待ください。

米国法令体系では、行政規則に属する各種の規則が CFR（Code of Federal Regulations：連邦規則集）と呼ばれる規則集に収められています。計 50 分野に分割されているこの CFR は、下表のような構成になっています。

FAR（米国連邦航空規則、Federal Aviation Regulations）は、Title 14 の「Aeronautics and Space」の中に収められていますが、この Title 14 のことを 14 CFR と表記し、同様に、Title 49「Transportation」を 49 CFR と表記します。

Title	表題（原文）	表題（和訳）
1	General Provisions	一般条項
2	Grants and Agreements	権限と協定
3	The President	大統領
4	Accounts	会計
	（この間、省略）	
14	Aeronautics and Space	航空と宇宙
	（この間、省略）	
40	Protection of Environment	環境保護
	（この間、省略）	
49	Transportation	運輸
50	Wildlife and Fisheries	野生生物と水産業

その 14 CFR は次のような構成になっていますが、この「Chapter Ⅰ」が、いわゆる FAR です。

Vol	Chap	Part（後述）	担当部局
1	Ⅰ	1 ～ 59	Federal Aviation Administration（FAA）, Department of Transportation（DOT）
2		60 ～ 109	
3		110 ～ 199	
4	Ⅱ	200 ～ 399	Office of Secretary, DOT
	Ⅲ	400 ～ 1199	Commercial Space Transportation, DOT
5	Ⅳ	1200 ～ 1299	National Aeronautics and Space Administration（NASA）

この Chapter Ⅰ（FAR の部分）が、さらに「Subchapter」に分割されています。

Subchapter A	Definitions and General Requirements
Subchapter B	Procedural Rules
Subchapter C	Aircraft
Subchapter D	Airmen
Subchapter E	Airspace
Subchapter F	Air Traffic and General Operating Rules
Subchapter G（以下省略）	Air Carriers and Operators for Compensation or Hire：Certification and Operations（以下省略）

この各 Subchapter の中に「Part」があります。その一例が次の表です。

SUBCHAPTER C—AIRCRAFT	
21	Certification Procedures for Products and Parts
23	Airworthiness Standards：Normal, Utility, Acrobatic, and Commuter Category Airplanes
25	Airworthiness Standards：Transport Category Airplanes（耐空性審査要領第Ⅲ部と同じ）
26	Continued Airworthiness and Safety Improvements for Transport Category Airplanes
27	Airworthiness Standards：Normal Category Rotorcraft
29	Airworthiness Standards：Transport Category Rotorcraft
31	Airworthiness Standards：Manned Free Balloons
33	Airworthiness Standards：Aircraft Engines
34	Fuel Venting and Exhaust Emission Requirements for Turbine Engine Powered Airplanes
35	Airworthiness Standards：Propellers
36	Noise Standards：Aircraft Type and Airworthiness Certification
39	Airworthiness Directives
43	Maintenance, Preventive Maintenance, Rebuilding, and Alteration
45	Identification and Registration Marking
47	Aircraft Registration
49	Recording of Aircraft Titles and Security Documents

この各 Part の中に「Subpart」があって、その下に Section があります。Part 25（耐空性審査要領第Ⅲ部と同じ）の Subpart A と Subpart B の下にある Section の一例を示したものが次の表です。

Subpart A—General	
§ 25.1	Applicability.
§ 25.2	Special retroactive requirements.
§ 25.3	Special provisions for ETOPS type design approvals.
§ 25.5	Incorporations by reference.
Subpart B—Flight	
§ 25.21	Proof of compliance.
§ 25.23	Load distribution limits.
§ 25.25	Weight limits.
§ 25.27	Center of gravity limits.
§ 25.29	Empty weight and corresponding center of gravity.
§ 25.31	Removable ballast.
§ 25.33	Propeller speed and pitch limits.
§ 25.101	General.
§ 25.103	Stall speed.
§ 25.105	Takeoff.
§ 25.107	Takeoff speeds.（以下省略）

一方で、Part 121 には、次のような Section があります（本文に出てきた Section がある場所です）。

（これ以前は省略）	
Subpart I—AIRPLANE PERFORMANCE OPERATING LIMITATIONS	
§ 121.171	Applicability.
§ 121.173	General.
（この間省略）	
§ 121.189	Airplanes : Turbine engine powered : Takeoff limitations.
§ 121.191	Airplanes : Turbine engine powered : En route limitations : One engine inoperative.
§ 121.193	Airplanes : Turbine engine powered : En route limitations : Two engines inoperative.
§ 121.195	Airplanes : Turbine engine powered : Landing limitations : Destination airports.
§ 121.197	Airplanes : Turbine engine powered : Landing limitations : Alternate airports.
（以下省略）	

以上のように、Part にも Section にも、基本的には奇数番号だけが用いられています。これは、技術や社会の変化に伴って、Part や Section を追加しなければならないときに備えるためで、必要が生じたときには、偶数番号が使用されます。そういった拡張性を常に考えておくのが西洋風です。

また、ある Part に記載されているルールが、ほかの Part に記載されたルールを参照しなければならない場合はもちろん、FAA 担当の「FAR」以外の、他省庁が担当するルールを参照しなければならない場合にも、必ず参照先が明示されています。つまり、入り口は一つで済むわけです。

このように、FAR から学ぶべきことは非常に多く、読者の皆さまも日頃から FAR に親しんでおかれることをお勧めしたいと思います。まずは、検索エンジンに「FAA Home」と入力することから視界が一気に広がること、請け合いです。

（つづく）

参考文献
1) 121.195 Airplanes: Turbine engine powered: Landing limitations: Destination airports.
2) 121.197 Airplanes: Turbine engine powered: Landing limitations: Alternate airports.
3) 121.191 Airplanes: Turbine engine powered: En route limitations: One engine inoperative.
4) 121.193 Airplanes: Turbine engine powered: En route limitations: Two engines inoperative.
5) 121.189 Airplanes: Turbine engine powered: Takeoff limitations.

24. フライバイワイヤ

旅客機で最初にフライバイワイヤが使用されたのは、1969年3月2日に初飛行した英仏共同開発の超音速機コンコルドですが、それ以降、エアバス社のA320～A380型機や、ボーイング社の777型機以降の機体ではフライバイワイヤが多用されています。今回は、フライバイワイヤが多用されるようになってきた背景を探ってみたいと思います。

●フライバイワイヤの特徴

ケーブル（操縦索）を用いた従来の操縦系統では、その機体が空気力学的に備えている固有の「安定性」や「操縦性」を変更することは簡単ではなかったのですが、フライバイワイヤを用いれば、その機体固有の安定性/操縦性を、かなり自由に改変することができます。これが、フライバイワイヤの根本的な特徴です。[1)]

これに伴って、コラム（操縦桿）を引いても、失速しない/過大なピッチ角にはならない/制限値を越える荷重倍数（G）にはならないなど、パイロットの操作に関わらず、機体の反応を制限するといった、いわゆる「保護機能（プロテクション）」を与えることも可能になりますが、これが第二の特徴です。

さらに、フライバイワイヤによって、操縦に関するパイロットのワークロードを下げられますが、これが第三、かつ最大の特徴であると言えるかと思います。

●従来機での操縦の復習

これから先の話の前提として、ここでは、フライバイワイヤではない従来の機体の操縦方法を考えてみましょう。

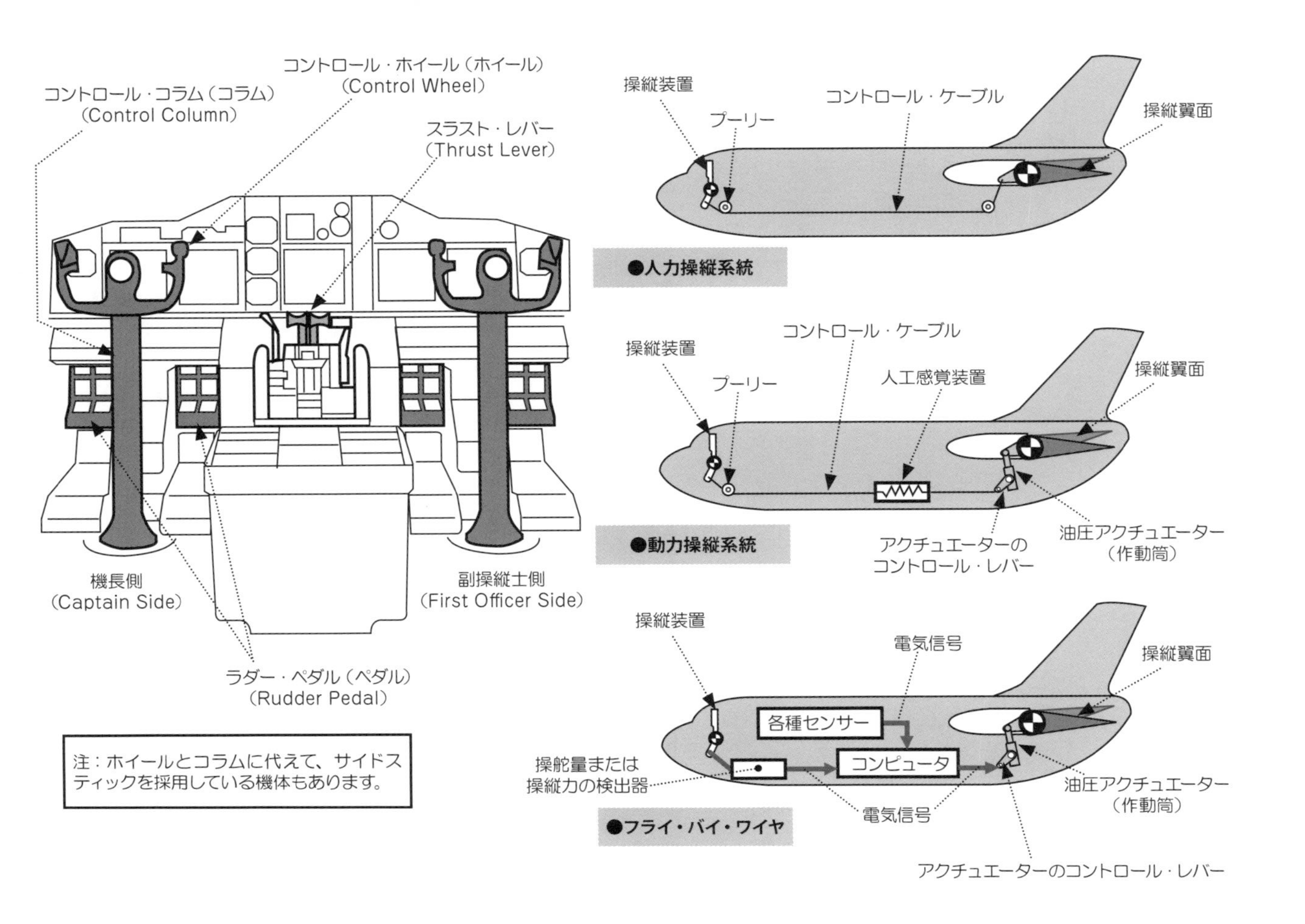

コントロール・コラム（コラム）
（Control Column）
コントロール・ホイール（ホイール）
（Control Wheel）
スラスト・レバー
（Thrust Lever）
機長側
（Captain Side）
副操縦士側
（First Officer Side）
ラダー・ペダル（ペダル）
（Rudder Pedal）
注：ホイールとコラムに代えて、サイドスティックを採用している機体もあります。
操縦装置
プーリー
コントロール・ケーブル
操縦翼面
●人力操縦系統
操縦装置
プーリー
コントロール・ケーブル
人工感覚装置
操縦翼面
アクチュエーターの
コントロール・レバー
油圧アクチュエーター
（作動筒）
●動力操縦系統
操縦装置
電気信号
操縦翼面
各種センサー
コンピュータ
操舵量または
操縦力の検出器
電気信号
油圧アクチュエーター
（作動筒）
アクチュエーターのコントロール・レバー
●フライ・バイ・ワイヤ

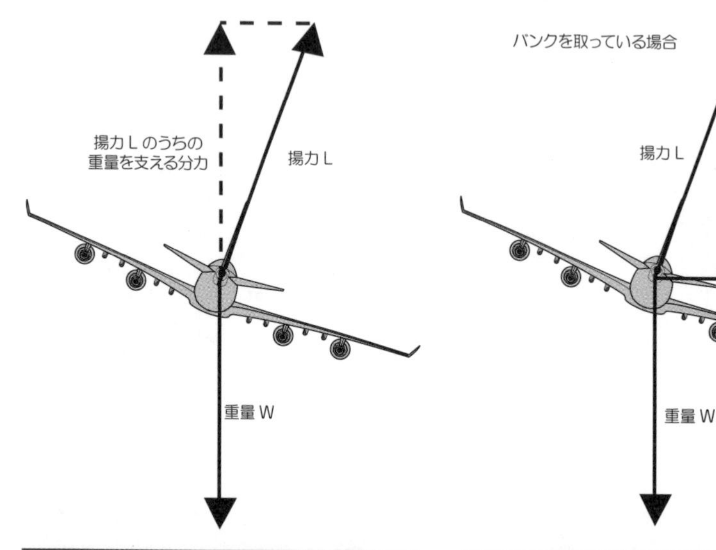

図 24 − 1a　右バンクをとったときの揚力と重量のバランス

図 24 − 1b　右バンクをとったときの揚力による機体の滑り

たとえば、右旋回する場合を想定して、とりあえず、エルロン（補助翼）とラダー（方向舵）を別々に操舵して旋回を試みるケースを考えてみましょう。まず、ホイール（操縦輪）を右に傾けますと、機体は右にバンクしますが、そのときの揚力と機体重量の関係を描いたものが**図 24 − 1a** です。この結果、**図 24 − 1b** のように、揚力の水平方向の分力によって、機体は右方向に滑ります。

そうすると、垂直尾翼には右斜め前から風が当たりますので、垂直尾翼には左向きの揚力が生じて、機首が徐々に右方向に向いていきます。つまり、右旋回できたことになります。しかし、この状態は、滑りながらの旋回ですので、お客さまにとっては、非常に気持ちの悪い旋回になります。

それでは、次に、右ラダーペダルを軽く踏み込んだ場合を考えましょう。このときは、**図 24 − 2** のようにして、機首が右を向きますが、そのまま滑っていきますので、左の翼に当たる気流の方が強くなって、左の翼の揚力が大きくなり、右にバンクしていきます。その結果、右旋回できたことになりますが、このときも、滑りながらの旋回ですので、上記と同様、気持ちの悪い旋回になります。

このようにロール軸周りの運動と、ヨー軸周りの運動はカップル（Couple、連成）していて、それぞれを別個のものとして扱うことができません。したがって、実際の操縦では、ホイールを右に傾けるとともに右ラダーを軽く踏み込むことによって、右にバンクさせると同時に、機首を右に向けて、バランスの取れた、いわゆる「釣合い旋回（Coordinated Turn、コーディネイテド・ターン）」を行ないます。

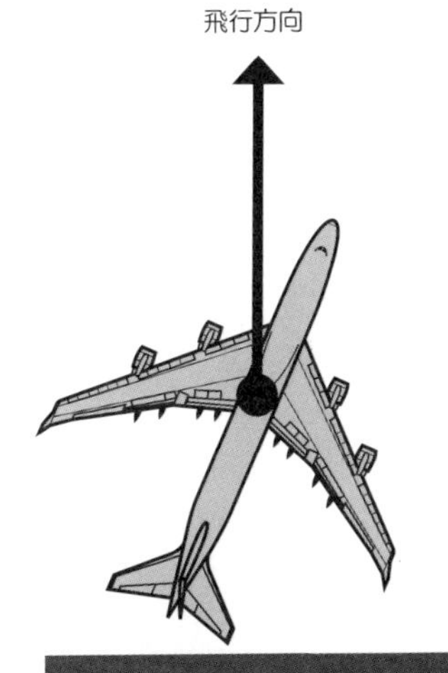

図 24 − 2　右ラダーによる機体の滑り

注：実際には、右にバンクさせることによって、**図 24 − 1a** のようにして揚力が傾き、そのままでは、機体重量を支えるための揚力の上方向成分が不足しますので、高度を維持することができません。したがって、ホイールを右に傾けると同時に、コラムを引いて機首を上げます。その結果、迎え角の増加に伴って揚力が増加して高度を維持することはできますが、同時に抗力も増加しますので、機速が減っていきます。これを防止するため、エンジン推力を大きくする必要があります。つまり、旋回時には、ホイール、ラダーペダル、コラム、スラストレバーの 4 つをバランスよく操作する必要があります。

ただし、大型旅客機ではふつう、ホイールを傾けますと、自動的にラダーが操舵されて釣合い旋回を行なうようになっていますので、この場合には、ホイール、コラム、スラストレバーの 3 つをバランスよく操作すればよいわけです。

●操縦系統は何をするものなのか

以上からもお分かりのように、ふつうの飛行機の操縦系統は、機体の「姿勢」を変えるためのものです。つまり、姿勢が変われば、結果として「飛行経路」が変わるという仕組みです。

ここで、大昔の戦闘機同士の空戦を想像してみましょう。自機の速度が敵機の速度よりも圧倒的に速い場合は別にして、敵機に後ろを取られますと絶体絶命の危機に陥ります。このような場合には、マヌーバを重ねて、なんとか逃げ切らなければならないのですが、たとえば右旋回しようとして右バンクをかけるなどといった、ふつうの操舵をしますと、たちまち不利な状況になります。

これは、いわば、走力に差がない子供同士の鬼ごっこと同じで、前を走る子が進路を変える様子を見せますと、それを見た後ろの子は、前の子が数秒後に到達するであろう場所までショートカットできますので、前の子が逃げようとして進路を変えるたびに、差が縮まっていきます。そういったことを避けるため、第一次世界大戦以来、さ

図 24 － 3　T-2 CCV

まざまな戦技が工夫されましたが、新しい機種の能力に応じた操縦技能の習得には多大な訓練期間を要しました。

一方で、フライバイワイヤを使用することによって、従来機では実現できなかった、姿勢を変えずにマヌーバを簡単に行なうことができる操縦系統を開発するための研究が、1970 年代半ばから始まりました。こういった「姿勢」と「飛行経路」の関係を断ち切って飛行できる機体のことを一般的には「CCV、Control Configured Vehicle、運動能力向上機」と呼びますが、我が国では、練習機である T-2 を改造した T-2 CCV（**図 24 － 3**）が、1983 年 8 月に初飛行しました。この技術によって可能になった飛行の例を**図 24 － 4** に示しておきます。

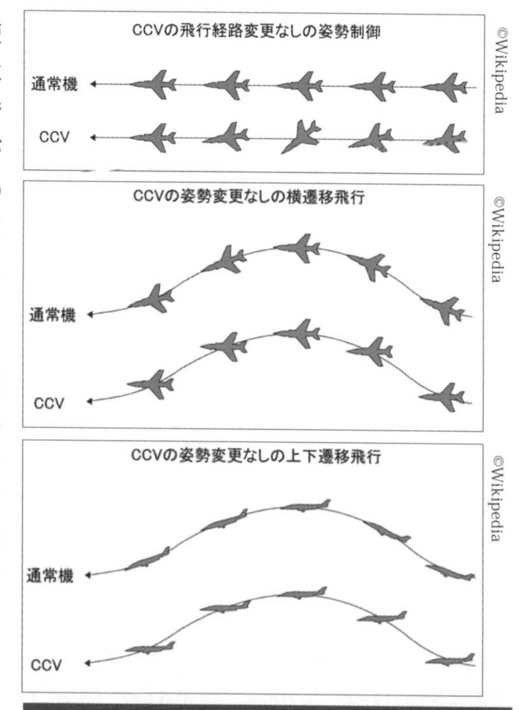

図 24 － 4　CCV によって可能になった飛行

ちなみに、我が国で最初にフラ

イバイワイヤを採用した機体は、海上自衛隊の対潜哨戒機として活躍した P2V-7（ネプチューン）をベースに、「可変特性」の研究用に改造し1977 年 12 月に初飛行した P2V-7 VSA（Variable Stability Aircraft）（**図 24 − 5**）で、直接揚力制御や直接横力制御の研究に用いられました。これが我が国における CCV の先駆者であったと言えます。

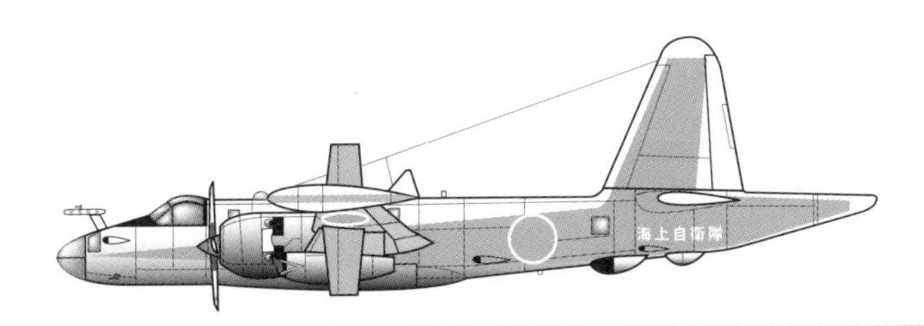

図 24 − 5　P2V-7 VSA

> CCV と直接の関係はないのですが、安定性と操縦性は相反する特性ですので、最近の戦闘機では、格闘戦に勝つための操縦性を得るため設計時に、固有の安定性を、許容される最低限まで低下させておくという手法が用いられます。この技術を「静安定緩和（RSS：Relaxed Static Stability）」と呼んでいます。ただし、そのままでは、安定した飛行を維持することにパイロットが疲れてしまいますから、フライバイワイヤによって、適切な安定性を与えておくという手法が採られています。

●パイロットが操縦に苦労する飛行領域 — バックサイド

実は、STOL 機（短距離離着陸機、Short Takeoff and Landing）、すなわち、極めて短い滑走路から離着陸できる飛行機では、着陸進入が大変に難しくなります。そのため、フライバイワイヤを活用することによって、安定性 / 操縦性を改変しないかぎり、その実用化はなかなか困難です。

結論から言いますと、この根本原因は、バックサイドでの飛行になることにあるのですが、ふつうの飛行機がバックサイドの領域で飛行することは、まずありませんので、読者の皆さまには、「バックサイド」という言葉に馴染みがないでしょうから、ここでは、バックサイドとは何か、というところから説明させていただきたいと思います。

ご存知のように、飛行機に働く抗力は、大きく分けて「有害抗力」と「誘導抗力」の 2 つからなっています。この様子を示したものが**図 24 − 6** です。

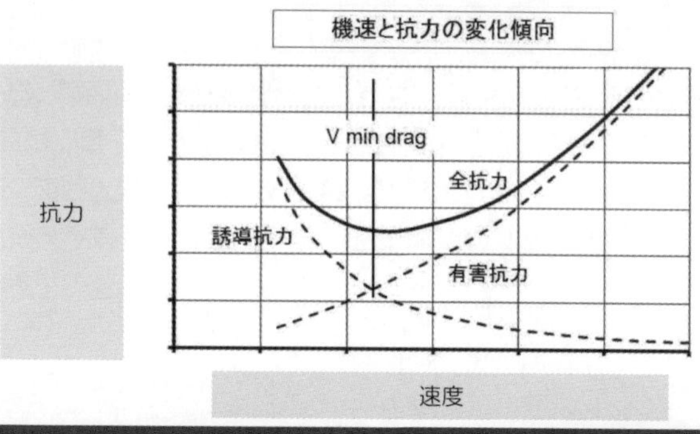

図 24 － 6　機速と抗力の変化傾向

抗力がこのような傾向で変化する理由を少しだけ復習しておきますと、図の右側部分で速度の増加とともに抗力が大きくなっている部分は、有害抗力の増加に起因するもので、左側部分で速度の減少とともに抗力が大きくなっている部分は、誘導抗力の増加に起因するものでした。つまり、右側部分で増加する有害抗力は、走っている車から手を出すと、速度とともに、手のひらが受ける抵抗が増えることからも想像できるように、速度とともに抗力が増加するという、常識どおりに振る舞う抗力です。

それに対して、左側部分での誘導抗力は、揚力係数を大きくしようとすると、その 2 乗に比例して抗力が増加してしまうというもので、飛行速度を下げるべく、迎え角を、ひいては、揚力を大きくしようとすると、抗力が急激に増加してしまいます。その結果、飛行速度を下げよう（つまり、揚力係数を稼ごう）とすると、抗力が急激に増えてしまいます。

注：この辺の理論的な背景は、たとえば、航空技術協会発行「航空工学講座 1 航空力学」で解説されています。

ここではまず、最小抗力速度（V min drag）よりも大きな速度で飛行している場合を考えてみましょう。**図 24 － 7** のように、A 点で釣合って飛行していたとして、何らかの擾乱（じょうらん）によって機速が増加して、図の ① の方向に向かったとしますと、推力が不足するため機速は減少して、元の A 点に戻ります。逆に、何らかの擾乱によって

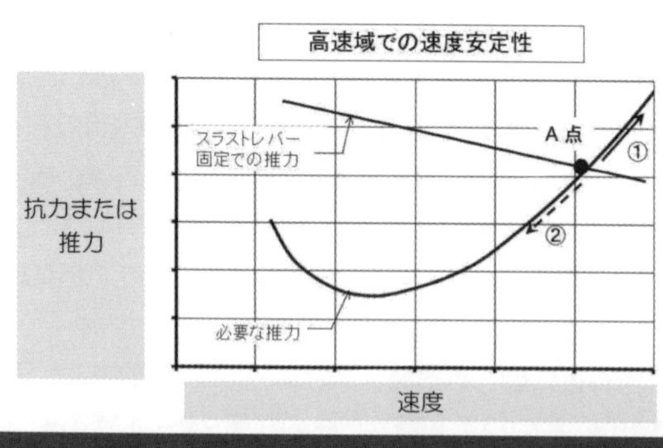

図 24 － 7　高速域での速度安定性

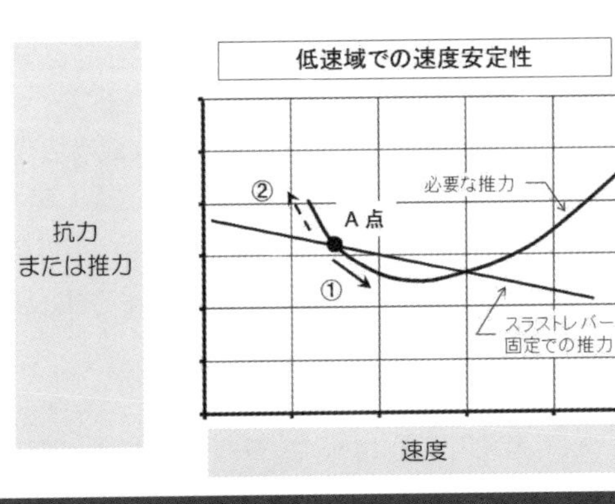

図 24 － 8　低速域での速度安定性

機速が減少して、図の ② の方向に向かったとしますと、推力に余剰が生じますので機速は増加して、元の A 点に戻ります。このように、最小抗力速度よりも大きな速度で飛行している場合には、速度安定性は「正」になります。

次に、最小抗力速度よりも小さな速度で飛行していた場合を考えてみましょう。**図 24 － 8** のように、A 点で釣合って飛行していたとして、何らかの擾乱によって機速が増加して、図の ① の方向に向かったとしますと、推力に余剰が生じますので機速は増加して、ますます増速します。逆に、何らかの擾乱によって機速が減少して、図の ② の方向に向かったとしますと、推力が不足しますので機速は減少して、ますます減速します。このように、最小抗力速度よりも小さな速度で飛行している場合には、速度安定性は「負」になります。

このように、機速が最小抗力速度よりも大きいのか小さいのかによって、飛行特性が大きく変化しますので、**図 24 － 8** のような速度範囲を「バックサイド」、**図 24 － 7** のような速度範囲を「フロントサイド」と呼びます。これを示したものが**図 24 － 9** です。

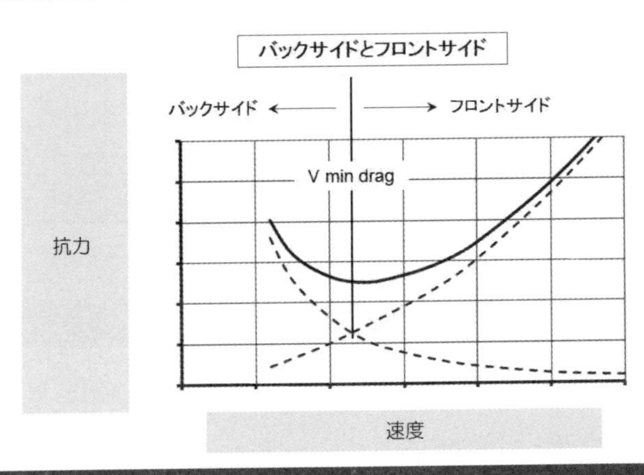

図 24 － 9　バックサイドとフロントサイド

●バックサイド・オペレーション

それでは、フロントサイドとバックサイドでの実際の操縦方法を考えてみましょう。実際の操縦と断った理由は、パイロットは、各種の擾乱に対して、コラムとスラストレバーを操作して、擾乱の影響を最小限に留めつつ、速度や飛行経路を維持しますので、前項で紹介したことのほかに、そういった操舵の影響も考えなければならないからです。

まず、フロントサイドで考えて、**図 24 − 10** の A 点で釣合っていた状態から、高度を維持しつつ B 点まで加速しようとする場合を考えてみましょう。最初にスラストレバーを進めますが、これによって推力が増加し余剰推力が生じますから、機体は加速するか上昇するという傾向を持ちます。そのため、機首下げ操舵を行って高度を維持しますと、結果として B 点まで加速します。逆に減速する場合は、スラストレバーを絞りますが、これによって推力が減少し余剰推力が不足しますから、機体は減速するか降下する傾向を持ちます。そのため、機首上げ操舵を行って高度を維持しますと、所望の速度まで減速します。

つまり、フロントサイドでは、推力によって速度を制御し、昇降舵によって飛行経路を制御することになります。いわゆる「Speed on Throttle、Path on Elevator」のコントロールです。

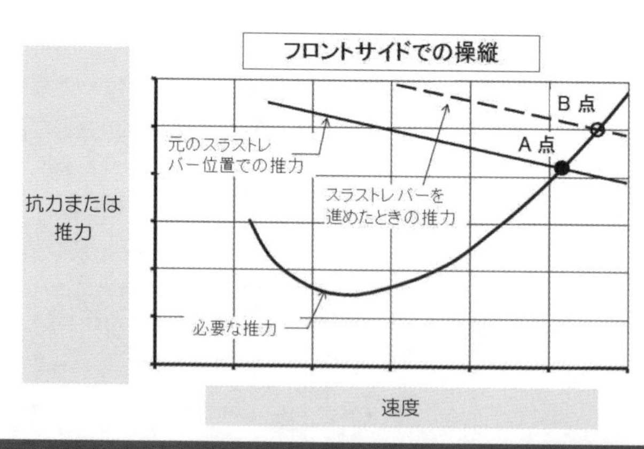

図 24 − 10　フロントサイドでの操縦

それでは次に、バックサイドでの操縦を考えてみましょう。**図 24 − 11** の A 点で釣合っていた状態から、高度を維持しつつ B 点まで加速する場合を考えてみましょう。機首を下げて加速しようとしますと、過渡的には高度が少し下がり機速は少し増加するでしょうが、この増速によって、推力に余剰が生じますので、機体はますます加速するか上昇する傾向を持ちます。したがって、このような傾向を止めるには推力を絞るしかなく、推力を絞れば B 点で釣合わせることができます。逆に、減速しようとして機首を上げますと、機速の減少に伴って推力が不足しますので、機体はますます減速するか降下します。

つまり、バックサイドでは、昇降舵によって速度を制御し、推力によって飛行経路を制御することになります。いわゆる「Speed on Elevator、Path on Throttle」のコントロールです。

言い換えれば、バックサイドでは、コラムを押しても機速が増加するだけで、推力を絞らない限り飛行経路は高くなってしまう、コラムを引いても機速が減少するだけで、推力を増加させない限り飛行経路は低くなってしまう、ということになります。

その結果、バックサイドでの着陸進入中にグライドスロープの下にもぐってしまった場合は、パイロットとしては本能的に、コラムを引いて高度を上げようとするでしょうが、この操作は、ますます減速するとともに高度をも失う、という結果しかもたらしません。したがって、このような事態から脱出するためには、推力をかなり大胆に増

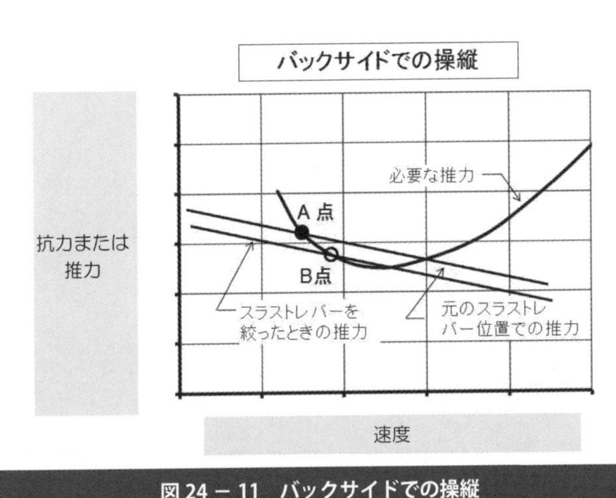

図 24 − 11　バックサイドでの操縦

加させるしかないことになります。

このように、バックサイドでは、フロントサイドとはまったく異なる飛行特性になりますので、着陸進入中にバックサイド・オペレーションとなるような機体が、ふつうの機体に慣れたパイロットに受け入れられるようにするためには、コラムの操舵によってオートスロットルも駆動されるなど、非常に特殊なプログラムを操縦系統に組込んでおく必要があります。

その例が、旧 NAL（旧航空宇宙技術研究所、現 JAXA）が開発し 1985 年 10 月に初飛行した、STOL 実験機「飛鳥」（**図 24 － 12**）ですし、新明和工業（株）が開発した救難飛行艇である US-2（**図 24 － 13**）ですが、極めて低速で飛行することができる、これらの機体の操縦系統には、非常に特殊なプログラムが組込まれているものと思われます。

注：「飛鳥」は STOL の実験機として、旧 NAL が中心となって、川崎重工業（株）を始めとする各メーカーの協力の下に開発されました。飛行回数は約 100 回ですが、設計・製造・試験を通じて非常に困難な課題を解決しつつ多くの経験を重ね、この機体の開発に成功したことが、我が国の航空機設計・製造技術に格段の進歩をもたらす役割を果たしました。また、現在我が国は、エンジンの設計・製造技術でも世界水準に躍り出ていますが、その基盤を作ったのは、飛鳥に搭載された純国産エンジン「FJR710」であったと言っても過言ではないと思います。

US-2 は、海上での救難作業のために、超低速で着水することによって、波高 3 メートルもの荒海に着水することができます。また、荒海での救難を行なうためには、可能な限り、遭難者のすぐそばに着水する、つまりはピンポイントの着水を実現する必要があり、そのためにも超低速での進入着水を要しますので、進入時には「深い」バックサイドでのオペレーションが必須になります。

図 24 － 12　STOL 実験機「飛鳥」（1985 年 10 月 28 日の初飛行）

図 24 － 13　救難飛行艇 US-2

●制御則（Control Law）

上記で、「これらの機体の操縦系統には、非常に特殊なプログラムが組込まれているものと思われます」と述べましたが、こういったプログラムのことを「制御則（Control Law）」と呼んでいます。

フライバイワイヤは、各舵面を駆動する油圧のコントロールバルブの位置を、パイロットの操舵によって動かす、という従来の操縦系とは違って、パイロットの操舵量（または操舵力）をセンスし、それを入力にしてコンピュータが、各舵面に必要とされる舵角を計算し、その結果を各舵面にコマンドするという仕組みですので、その機体の操縦特性は、全面的に「制御則」に依存することになります。

言い換えれば、フライバイワイヤのミソは、この制御則にあることになります。なお、この制御則は、コンピュータ内部にあるプログラムですから、試験飛行中にテスト・パイロットからのコメントを得ながら、操縦性を自由にチューンすることができます。

注：したがって、フライバイワイヤの本質は「フライバイ・コンピュータ」であり、ワイヤ（電線）は信号を送受するための単なる「手段」であることになります。近年の軍用機では、強烈な電波を浴びせられて電線に誘導電流が流れ、操縦系統が誤操作してしまうことを避けるべく、信号の送受には光ケーブルを用いる「フライバイライト」の技術を使用する機体が出現していますが、これも本質的には「フライバイ・コンピュータ」であるわけです。

このように、フライバイワイヤ機の飛行特性は、全面的に「制御則」に依存するため、フライバイワイヤ機の興隆期を控えて、制御則がもたらす効果を、実機を用いて評価しようという「インフライト・シミュレータ」の開発も盛んに行なわれました。我が国では、旧 NAL が、ビーチクラフト 65 型機を改造して 1979 年から運用を開始した「可変安定応答実験機 VSRA」というインフライト・シミュレータ、および、その後の、ドルニエ Do228-202 型機を改造して 2000 年 4 月から運用を開始した多目的実証実験機である MuPAL- α（**図 24 − 14**）がこの分野でも活躍しています。

●機種間の操縦特性の共通化を目指して

エアバス社は A320 型機以降の機種で、「操縦性を自由にチューンすることができる」というフライバイワイヤの特長を存分に活かして、A320/A330/A340/A380/A350 といった各種各様の機体での「操縦特性の共通化」を目指しました。

エアバス社の戦略は、エンジンスタート前や飛行中に行なうシステムの操作（プロシージャ、Procedure）の統一を図るため、その背後にある各システムの設計思想を統一し、かつ、操縦特性も統一することによって、（エアバス機同士の）移行訓練期間を大幅に短縮し、もって、エアラインのコストの軽減を図る、というものであったかと思われますが、昨今のエアバス機の売れ行きを見ていますと、その狙いは達成されているような気がします。

図 24 − 14 MuPAL - α

A320 以降のエアバスの各機種に採用されている制御則は、基本的には、「レート・コントロール/アティチュード・ホールド、Rate Control/Attitude Hold」と呼ばれるもので、操舵を行なうと、操舵量に対応した「レート（その軸周りの角速度）」が生じ、手を離すと「アティチュード（姿勢）」が保持されるというものです。

簡単に言えば、サイドスティックを右に傾けた場合、その操舵量に応じたロール方向の角速度が生じ、手を離せば、手を離した時点でのバンク角が保持されます。言い換えれば、サイドスティックを、たとえば5°右に操舵したとすれば、（舵の効きが良い）高速時には補助翼はほんの僅かしか動かず、（舵の効きが悪い）低速時には補助翼はものすごく大きい動きをして、同じロールレートを得ていることになります。また、たとえば25°バンクを作りたいとき、従来機のように、バンク25°の少し前に、慣性による機体の動き（行き足）を止めるための、逆方向（左方向）への「当て舵」を取る必要はなく、バンク25°直前で手を離せば、補助翼が逆方向に動いて行き足を止めるとともに、以降は、その姿勢を保持してくれることになります。

したがって、機体をいったん所望の経路に乗せれば、基本的にはその後の操舵は不要です。A320以降のエアバスの各機種には、従来のホイール/コラムに代えてサイドスティックが採用されていますが、その背景には、このような事情もあるのではないかと思われます。

ただし、ピッチ方向の制御則でのレート・コントロールには、「レート」そのものではなく、C*（シースターと読みます）と呼ばれる制御用パラメータが使用されています。このC*はもともと、操縦性の評価のための新しいクライテリアとして、1965年に、ボーイング社の研究グループによって提唱されたもので、それまでの「操舵の結果生じるG」だけで操縦性を判定するのではなく「ピッチレート（ピッチ方向の角速度）」もブレンドすべきである、というものです。

結果的にC*を使用した制御則は、高速域ではGにウェイトが置かれ、低速域ではピッチレートにウェイトが置かれるという、パイロットが日常感じている感覚をうまく表現した制御則になっています。

●フライバイワイヤの信頼性

以上で紹介させていただきましたように、フライバイワイヤには非常に多くのメリットがありますが、本来の目的以外にも、付随していくつかのメリットがあります。たとえば、従来機で使用されていた、ケーブル（操縦索）/プーリー/ロッドからなるシステムでは、伝達機構の精度を維持するための作業であるリギング（Rigging）を定期的に実施する必要がありましたが、これが不要になり、また、一般的に大型機では軽量化を達成できる、などです。
　これらのことから、フライバイワイヤ化の流れは今後も止むことはないかと思われますが、フライバイワイヤは、その機体の操縦性に直結するものですから、極めて高い信頼性が要求されます。そのために、何重もの多重化（冗長化）が必要です。そして、その場合、特に重要なのは「異種冗長性」を確保することです。

　たとえば、油圧系統でよく使われる方法ですが、ある油圧系統には、エンジン駆動のポンプ（Engine Driven Pump）とエア駆動のポンプ（Air Driven Pump）という異種のポンプによって油圧を供給する、また、ほかの油圧系統には、エンジン駆動のポンプと交流駆動のポンプ（AC Motor Driven Pump）という異種のポンプによって油圧を供給する、そして、機体全体として4系統の油圧系統を備える、といった手法が採られますが、フライバイワイヤの中枢となるコンピュータについても、同様の異種冗長性が採用されています。

　具体的には、同じ目的を達成できる、A というコンピュータを3重装備し、B というコンピュータを2重系統にして、同じ原因で故障することを防止する、また、それぞれのコンピュータの中には、製造メーカーが異なる CPU を2重装備する、さらに、各 CPU に載っているソフトウェアは、別のプログラマーが作成するといった具合に、異種冗長性による安全性が徹底的に追い求められています。

　また、機械モノとは違って、コンピュータは、お互いにクロストークすることによって、自分と相手の健全性を常時チェックすることができますので、すべてのコンピュータが突然機能を失うという事態が起きる可能性は低くなっています。
　さらに、A という種類のコンピュータが使用するデータを供給するためのセンサーが故障したときや、A というコンピュータの何個かが故障したときでも、制御則の作動モードを「ノーマル」→「オルタネート」といった具合に、段階的にダウングレードしていくという対応ができますので、機械モノのように一気に完全に機能を喪失するということもありません。

　これらの点は、コンピュータ技術の特徴かと思いますが、センサーあるいはコンピュータ自身が故障した場合でも、「徐々に、緩やかに」機能が低下していくように設計できることは、大きなメリットかと思います。

●コンコルドが超音速で飛行する時のピッチ方向のトリム

揚力が作用する点、すなわち風圧中心は、第 15 回「重量重心位置管理」でも紹介させていただきましたように、迎え角ひいては揚力係数によって、その位置が変動しますが、迎え角が常用の範囲内にある場合にはふつう、風圧中心は翼弦長の 50%より前方にあります。このときの翼周りの圧力分布は**図 A** のようになっています。[2)]

ところが、超音速になりますと、風圧中心は翼弦の 50%付近に移動します。このときの圧力分布を、平板状の翼に対して描いたものが**図 B** ですが、実際に超音速機用の翼型が超音速で飛行する場合にも、おおよそこのような圧力分布になっています。したがって、超音速機が亜音速から超音速に加速するときには、風圧中心が後方に移動しますので、その間に機首下げになってしまいます。[3)]

注：コンコルドでは、風圧中心の移動は 2 メートルにも及ぶようです。[4)]

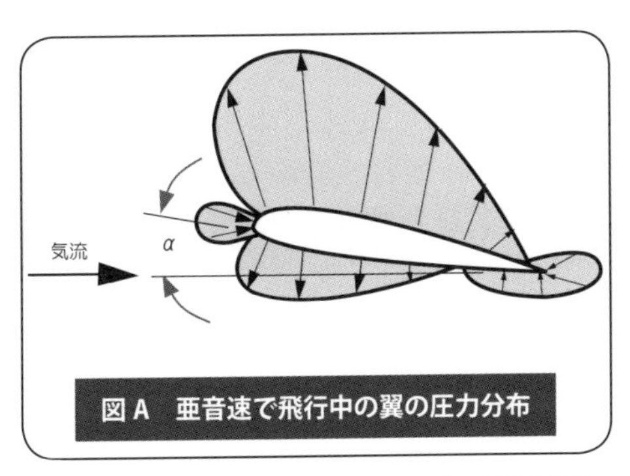

図 A　亜音速で飛行中の翼の圧力分布

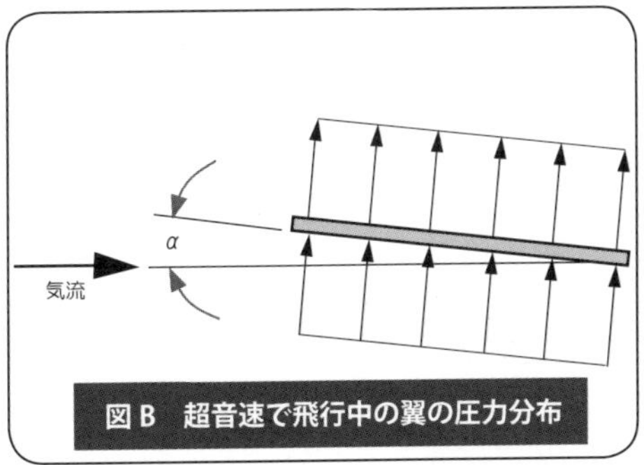

図 B　超音速で飛行中の翼の圧力分布

筆者は、これによるピッチ方向の急激なトリム変化に対応することが、コンコルドにフライバイワイヤが装備された理由ではないかと思い込んでいたのですが、いろいろと調べてみますと、コンコルドの場合はどうも、ピッチ・ロール・ヨーの各軸周りの安定性増強のためであったという感じです。

ところで、そういった風圧中心が移動した状態でピッチ方向のトリムを取り続けようとしますと、コラムを引いて昇降舵（コンコルドでは、昇降舵と補助翼の働きを兼ねた「エレヴォン（**図 C**）」です）を上方（頭上げ）に操舵する必要がありますが、そのために抗力（トリムドラッグ）が非常に大きくなってしまいます。その結果、必要な推力が増加し、燃料消費量が増加して、航続距離を縮めてしまいます。

これを防止するために、コンコルドでは超音速飛行中は、前方のタンクから後方のタンクに燃料を移送して重心位置を後方に移し（**図 D**）、トリムドラッグの増加を抑えるようにしています。[5)]

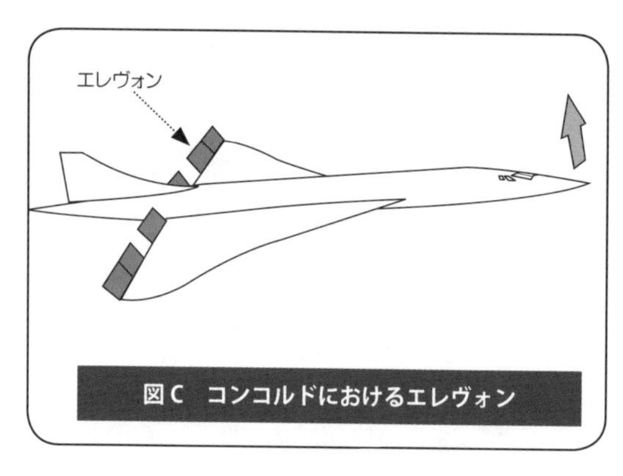

図 C　コンコルドにおけるエレヴォン

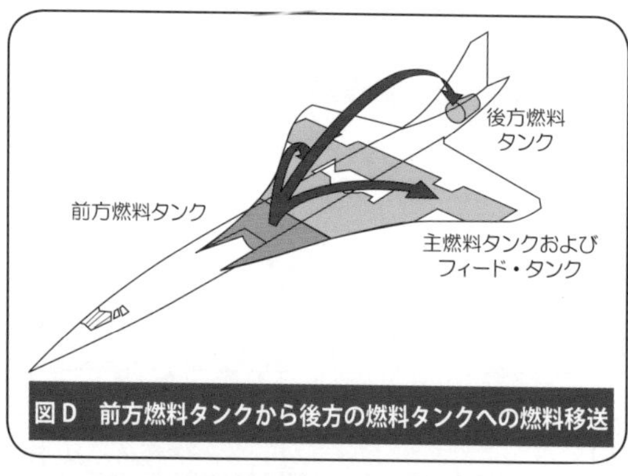

図 D　前方燃料タンクから後方の燃料タンクへの燃料移送

実は、こういったフライバイワイヤの技術は、エンジンの制御にも適用されて、制御の高精度化、高信頼性の実現とともに、パイロットのワークロード軽減にも貢献しています。

●エンジン・コントロールにおけるフライバイワイヤ技術の応用

以下は、この本をまとめるにあたり、連載記事では取扱えなかった「エンジン・コントロールにおけるフライバイワイヤ技術の応用」について付記したものです。

以上で紹介させていただきましたフライバイワイヤの技術は、エンジン・コントロールにも応用されています。その様子を見るためにまず、昔の機体での燃料コントロール方法について紹介させていただき、続いて、最新型機での燃料コントロール方法について紹介させていただきたいと思います。

●燃料流量の制御

第7回～第8回で、エンジンの仕組みと推力について紹介させていただきましたが、パイロットがエンジンの推力をコントロールできるということは、とりもなおさず、エンジン内で燃焼させる燃料の量（Fuel Flow）をコントロールできているということです。

このために、パイロットが直接コントロールできるものは、スラストレバー（Thrust Lever）だけですが、第7回～第8回で何度も触れてきましたように、

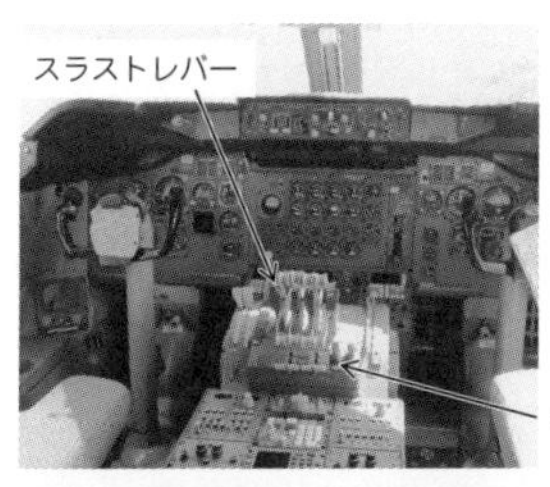

図24－15a　747型機でのエンジンの制御装置

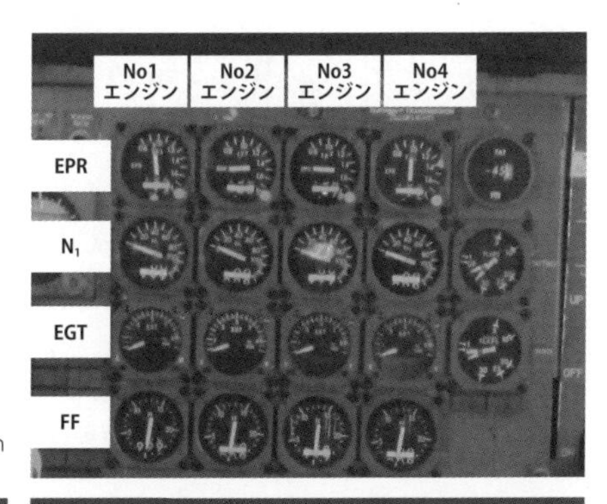

図24－15b　747型機のエンジン計器

エンジンの推力は、外気温（OAT）や気圧高度（P.Alt）などによって大きく変化しますので、エンジンに送るべき燃料の量は、スラストレバー・アングル（スラストレバーの位置）だけではなく、OAT、P.Alt などの各種のパラメータに応じて調整してやる必要があります。なお、スラストレバーの位置については**図 24 − 15a** を、エンジン計器については**図 24 − 15b** を参照してください。

この種の調整は、昔のエンジンでは、フューエル・コントロール・ユニット（FCU：Fuel Control Unit、略してエフコン）と呼ばれる機器によって実施されていました。この FCU は、内部に極めて複雑な機械的・油圧的な機構を備えたもので、大変に重く、また高価なシロモノでした。そして、その内部には、複雑なリンクとカム機構を使い、各種のパラメータによって変化させなければならない Fuel Flow を計算する機能と、その計算結果に沿って、Fuel をメタリング（Metering、計量）する機能の二つの機能が備えられていました。

しかし、各種のパラメータによって多様に変化させなければならない Fuel Flow を、機械的・油圧的な機構だけで求めることには無理があり、以下で紹介させていただきますように、実際には、パイロットが、計算機能の一部を補完する形になっていました。

ところが、最近のエンジンには、フライバイワイヤの技術を応用した FADEC（Full Authority Digital Engine Control、フェーデック）が備えられるようになって、多様に変化させなければならない Fuel Flow の計算を完璧に実施できるようになりました。なお、この FADEC は、FCU で言うところの「計算機能」を受け持つもので、Metering については、FMU（Fuel Metering Unit）が受け持っています。この様子が**図 24 − 16** に示されています。また、この FADEC では、機体側のフライバイワイヤと同様、十分な多重化が図られていることはもちろんです。

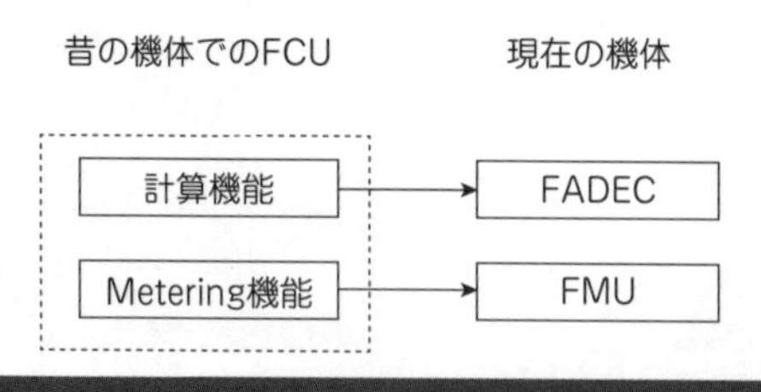

図 24 − 16　FCU と FADEC

それでは、FADEC によって実現されたことがらの一例を、順を追って紹介させていただきましょう。

●スラストレバー・アングルと推力との関係

FADEC のありがたいことは、スラストレバー・アングルと推力が直線的な関係を持つようになったことです。と書きますと、読者の方は「ン？」と思われるかもしれません。

しかし実は、FCU がコントロールしていたときは、同じスラストレバー・アングルでも、OAT が高いときには EPR や N_1 は小さく、OAT が低いときには EPR や N_1 が大きくなる、という特性を持っていました。ということは、たとえば、離陸推力をセットする場合、OAT が高いときには、スラストレバーを相当進めないといけない一方で、OAT が低いときには、スラストレバーをそれほど大きくは進めなくてもよいことになります。

言い換えますと、離陸推力のための EPR や N_1 をセットするためのスラスト・レバー・アングルをあらかじめ知ることはできず、所望の EPR や N_1 が得られるようなスラスト・レバー・アングルを探りながら、レバーを進めていかなければならないことになります。このため、パイロットは、エンジンをオーバーブーストさせないよう、かつアンダーブーストにもならないよう、かなり気を遣わないといけなかったことになります。

これに加えて、昔は、エンジンの個体差によって、スラストレバー・アングルと推力との関係がバラついていたのですが、FADEC によって調整され「一つの関係」になりました。それがどうしたんだ、と思われるかもしれませんが、実は、これも大変なことなのです。

たとえば離陸推力をセットする場合、全エンジンの EPR なり N_1 なりが揃うようにスラストレバーを進めていきますが、エンジンごとにスラストレバー・アングルと推力との関係が違っていたとすれば、スラストレバー・アングルを各エンジンごとにジグザグ状に調整しなければならないことになるからです。ちなみに、この状態をスラストレバーがスタガー（Stagger）していると呼んでいます。

双発機の場合ですと、スラストレバーは 2 本しかありませんから、比較的容易に調整できますが、4 発機になりますと大変です。4 本の鉛筆などを手の指に挟んで、それらの相対位置を微妙に変えながら、全体として前方に動かす、という思考実験をしていただければ、この難しさがご理解いただけるかと思います。ただし、現実には、スラストレバーは手の指全体と手のひらを使って握るもので、手の指に挟むものではありません。

このように、たとえば離陸推力をセットする場合、「そもそも、離陸推力を得るために必要なスラストレバー・アングルが分からない」上に「スラストレバーがスタガー」している、かつ、後続機が離陸か着陸を待っている、という状況の中で、スラストレバーを慎重に進めていって、EPR なり N_1 なりの表示を確認しながら、離陸推力をセットしなければならないことは、かなりのワークロードになります。

こういったワークロードを劇的に減少させてくれたのが FADEC で、スラストレバーを最前方（メカニカルストップ）まで進めれば、そのフライトフェーズに応じた最大推力（たとえば、離陸時には離陸推力）を発揮できるようにコントロールされ、かつ、スラストレバー・アングルと推力との関係が FADEC によって調整され「一つの関係」になりましたので、パイロットのワークロードが著しく軽減されました。

注：このフライトフェーズに応じた最大推力（離陸推力や最大連続推力などです）は、FMS によって自動的に選択されます。ただし、それらの選択を手動でオーバーライドできることはもちろんです。その変更は、CDU（コントロール・ディスプレイ・ユニット）上でのごく簡単な操作によって実施することができます。

注：筆者が若かった頃、在来の 747 型機（747-400 の前のジャンボ）で、OAT がマイナス・ウン十度以下である場合には、減格離陸推力を使用してはならない、との制限が飛行規程に記載されてきたことがあります。前縁と後縁のフラップが離陸位置にない場合や、スタビライザーがグリーンバンドを外れてセットされている場合（第 13 回参照）に、スラストレバーを進めますと、離陸を阻止すべく、テイクオフ・ウォーニングが作動しますが、そのための「マイクロスイッチ」が、スラストレバーの下方に取付けられています。しかし、OAT が低すぎますと、減格離陸推力を得るためのスラストレバー・アングルが小さすぎて、「マイクロスイッチ」を作動させる位置まで到達することができず、必要なときにテイクオフ・ウォーニングを作動させられない、というのがその理由でした。

●スラストレバーを動かしたときに達成できる推力の予想

前項で、「そもそも、離陸推力を得るために必要なスラストレバー・アングルが分からない」ことが、離陸推力をセットする際にパイロットは、慎重にスラストレバーを進め、所定の推力に到達させなければならない、といった趣旨のことを紹介させていただきました。

しかし、これはパイロットがスラストレバーを操作したときに初めて、そのスラストレバー・アングルに対応する燃料流量を計算し始められるという FCU(エフコン) にとっては仕方のないことでした。一方、FADEC の場合には、変更されたスラストレバー・アングルによって達成される推力レベル(EPR か N_1 です) を直ちに計算することができます。なぜなら、そのスラストレバー・アングルに対応する推力レベルを算出し、それに必要な燃料流量を求めることが FADEC の仕事の一つであるからです。

したがって、パイロットがスラストレバーを操作した場合 FADEC は、数秒後に到達するであろう推力レベルを直ちに、EICAS（アイキャス：Engine Indication and Crew Alerting System）上のエンジン計器に表示させることができます。この様子を**図 24 − 17a** と**図 24 − 17b** に模式図で示してあります。なお、EICAS Display の全体図につきましては、日本航空技術協会発行の「空を飛ぶはなし」などの参考書をご覧ください。

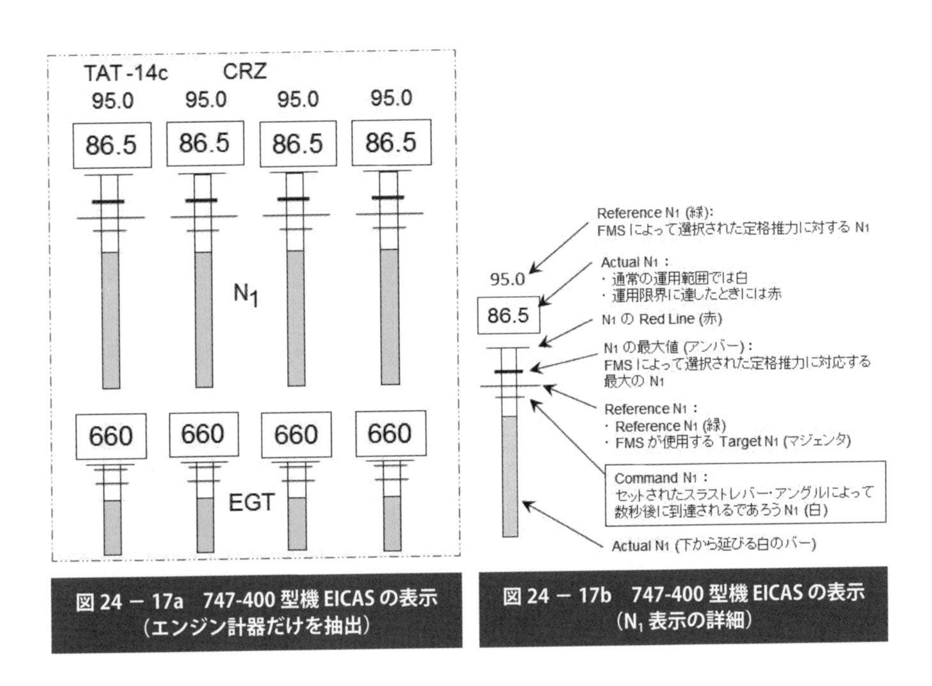

図 24 − 17a　747-400 型機 EICAS の表示（エンジン計器だけを抽出）

図 24 − 17b　747-400 型機 EICAS の表示（N_1 表示の詳細）

第21回で、パイロットは離陸推力をセットする前に、エンジンをいったんEPR 1.1とか70% N_1とかで安定させ、その後、一気に離陸推力まで加速させる、と紹介させていただきましたが、このような「いったん、EPR 1.1とか70% N_1まで加速させる」といった操作も、FADECのこの機能のおかげで、ずいぶんと楽になりました。

●プロテクション機能などの充実

これまで紹介させていただいたことに加えて、FADECは、各種のプロテクション（保護）機能と、それに付随する機能を持っています。

まず、エンジンが過回転しますと危険ですので、FADECは、N_1/N_2のRed Line Limit（限界値）を超えないようにコントロールします。また、コンプレッサの失速を防止するためのSurge BleedをDを自動でModulate（調整）できるようになったため、エンジンの安定性が向上しました。

なお、FADECが必要とする電力は、機体側の電気システムとは別に、独自に持っていますし、エンジン・コントロールに必要なAir Data用にも、独自のセンサーを持っています。

さらに、エンジン各部のデータを収集するためのセンサーが増え、詳細なエンジン・モニタリングができるようになったため、たとえば、コンプレッサやタービンの性能の劣化傾向などもモニタできるようになりました。

最後に紹介させていただくのは、パイロットにとって最もありがたい恩恵の一つである、エンジン始動時のアシストのためのProtectionです。

注：以下の文章内に出てくるN_1やN_2の値は筆者の記憶に頼って記載しているものです。したがって、誤っている可能性もありますので、数値には拘らず、エンジン・スタート時の操作の流れを概念的に理解するためのものであるとご理解ください。

在来747型機でのエンジン始動手順（Engine Start Procedure）は、要点だけを紹介しますと、次のようなものでした。

- 機長（Capt）および副操縦士（F/O）は、パーキング・ブレーキのブレーキ圧が十分であることを確認します。エンジンが始動しても、機体が動かないことを積極的に確認するためです。
- Captの指示によりF/Oは、ATCから「エンジン・スタート」の許可を取得します。

- Capt は、インターフォンによって、地上係員に「エンジンスタート」しても問題ないかを確認します。エンジンが始動すると、エンジンの前方にあるものはエンジンに吸い込まれ、後方にあるものは吹き飛ばされるからです。
- Capt の指示により、航空機関士（F/E）は、「No 3 Engine Start」と呼称しつつ、「No 3 Engine Starter Switch」を「GROUND START」位置に動かし保持します。これによって、(主に)地上設備側から供給される高圧空気によって作動するスターターが回転を始め、ひいてはエンジンが回転し始めるとともに、イグナイタが点火を始めます。
- N_2 の回転計が上昇し始めたとき、F/E は「N_2 Rotate」と呼称します。N_2 計は、推力のコントロールには使用されないため、F/E パネルにあるためです。また、スターターは質量の小さい N_2 軸を回転させるようになっていますので、N_2 から回り始めます。
- N_2 が加速するに伴って F/E は、「Ten」、「Fifteen」、「Twenty」などと N_2 の値を呼称していきます。これによって、両パイロットはエンジンが順調に加速していることを確認することができます。

  この手順の中で、何らかの理由でエンジンの回転が上がらない場合は始動を中止します。この状態を「No Rotation」と呼び、整備員に連絡しつつ、しかるべき冷却時間を経たのち、2 回目の始動を試みます。それでもだめな場合には、始動を中断し整備員による点検を受けますが、その結果次第では、再始動を試みるか、不具合の状況によっては始動をあきらめてスタンバイ機に交代させます。
- ふつう、N_2 が 15 % 程度になったとき、N_1 が回転し始めます。
- Capt および F/O は、N_1 の回転計が上昇し始めたとき、「N_1 Rotate」と呼称します。
- N_1 が 5 % 程度に達するか、F/E から「Maximum」という呼称があったとき、Capt は、「Fuel In」と呼称しながら「Fuel Control Switch」を「RUN」位置に動かします。（「Maximum」とは、「Starter では、これ以上加速できませんから Fuel を入れましょう」という意味です）
- ほどなく「EGT」が上昇し始めますので、Capt および F/O は、「Light Up」と呼称します。

  「EGT：エンジン排気温度、Exhaust Gas Temperature」は、エンジン本体の後方での温度を示すものです。本来であれば TIT（タービン入口温度）を監視したいのですが、あまりにも高温高圧であるためセンサーを設置するのが難しく、EGT を介して TIT を間接的に監視してやろうというわけです。

この手順の中で、「EGT」が上昇しない場合は始動を中止します。この状態を「No Light-Up」と呼びます。一方、EGT の上昇が早すぎて、いずれ EGT の制限を超えてしまうであろうことが予想される場合も始動を中止します。この状態を「Hot Start」と呼びます。また、Light Up はしたものの、その後の加速がダラダラしすぎている場合も始動を中止します。この状態を「Hung Start」と呼びます。これらが発生したときの対応は、上記の「No Rotation」のときと同じです。

- Engine が自力で加速し始めたのち、しばらくは、スターターで Assist し続けます。
- N_2 が 50 % に達したとき、F/E は「Starter Cut-Out」と呼称しつつ、「No 3 Engine Starter Sw」を「OFF」位置に動かします。これで始動は完了し、スターターとイグナイタは作動を終了します。
- 引き続き、No 4 Engine、No 2 Engine、No 1 Engine と始動させていきます。4 発機には、4 基のエンジンが装備されていますが、左から、No 1、No 2、No 3、No 4 と呼びます。お客さまが乗降されるドアは左側（第 2 回で紹介させていただいたポートサイド）ですので、念には念を入れて、お客さまが乗降されるドアと反対側にある No 3 Engine から始動していくわけです。

以上が、昔の機体での、エンジン始動時の手順ですが、FADEC が装備された機体では、上記の「No Rotation」も「No Light-Up」も「Hot Start」も「Hung Start」も FADEC が監視してくれて、そのような事態が発生した場合には、エンジン始動を自動的に中断し、しかるべき冷却時間を経たのち状況に応じて自動的に、2 回目のスタートを実施してくれます。

ここまで、FADEC の機能を長々と紹介させていただきましたが、昔の飛行機に比べて、現代の飛行機がいかに洗練されているか、実感していただけましたでしょうか。

（おわり）

参考文献

1）航空機国際共同開発促進基金「フライ・バイ・ワイヤの技術動向」
www.iadf.or.jp/document/pdf/21-1.pdf
2）航空実用事典 図 1-2-1、

（http://www.jal.com/ja/jiten/dict/g_page/g051.html
3)「航空を科学する上巻」図 3.6-10、東昭著、酣燈社
4) Flying Concorde page 39、Brian Calvert 著、Airlife England
（新橋航空会館 6F の図書館にあります）
5) Flying Concorde page 40 ～ 41、Brian Calvert 著、Airlife England

おわりに

本文中でも紹介させていただきましたが、最近の旅客機では、FMS（Flight Management System）、FCC（Flight Control Computer）あるいはFADEC（Full Authority Digital Engine Control）を始めとする「アビオニクス」の役割がますます大きくなっています。言い換えますと、従来のハードウエア主体の世界からソフトウエア主体の世界へと大きく舵が切られ、制御屋さんの活躍する領域が飛躍的に増加してします。

我が国の航空工業界も、このような「制御」の領域に焦点を当てて、さまざまな研究開発を行なっていくことが重要かと感じますが、制御の世界で活躍するためには、その大前提として、パイロットが何を考え、その結果、どのように操縦しているのか、といったことを知っておく必要があります。
この本は、そういったことがらの「匂い」だけも感じていただけるように努力して書いたつもりです。

一方で、読んでいただいてお感じになったかと思いますが、パイロットのそういった判断の基盤となる、飛行機のシステムにしても、そのベースになっている性能にしても、いろいろな事項が複雑に絡み合っています。
したがって、ある事項を説明するためには、その前提となる、3つぐらいの事項を説明しなければならず、そのうちの1つを説明するためにもまた、その前提となる4つぐらいの事項を説明しなければならないといったことが起ります。

つまり、黒板を使って口頭で説明するのは簡単なことでも、冷たい紙の上で説明しようとしますと、回りくどい説明とならざるを得ず、読者の方は、少なからずフラストレーションを感じられたことと思います。
最後まで読み切っていただいたことに感謝いたしますとともに、この本をきっかけにして、航空機製造業界あるいは航空輸送業界を目指す方が増えてくれることを願ってやみません。

索　引

1．語句から

【語句】	【英語の綴り】	【参照ページ】
最大無燃料重量（MZFW）	Max. Zero Fuel Weight	2-(1)、15-(15)、20-(7)
最大離陸重量	Max. Takeoff Weight	1-(1)、2-(2)、3-(2)、9-(1)、10-(5)、11-(2)、15-(1)、23-(4)、23-(16)
最大連続推力（MCT）	Max.Continuous Thrust	8-(2)、9-(6)、19-(6)、20-(7)、23-(7)、24-(21)
最良上昇率速度	Speed for Best Rate of Climb	13-(12)
最大運用限界速度（V_{MO}/M_{MO}）	Max. Operating Limt Speed	18-(3)、18-(16)、20-(5)
シースター（C*）	C-star Control Law	24-(14)
指示対気速度（IAS）	Indicated Airspeed	13-(2)、17-(9)、18-(7)、21-(14)、23-(1)
失速	Stall	3-(3)、4-(4)、7-(4)、9-(3)、13-(9)、15-(7)、16-(1)、17-(1)、18-(1)、22-(10)、24-(1)
重量あたりの余剰推力	Specific Excess Thrust	4-(8)、9-(3)、10-(1)、23-(2)
重量重心位置管理（W&B）	Weigt and Balance	1-(2)、15-(11)、24-(16)
障害物越え	Obstacle Clearance	8-(2)、9-(12)、10-(17)、20-(8)、23-(16)
上昇勾配（γ）	Climb Gradient	4-(7)、4-(9)、8-(9)、9-(3)、23-(16)
消費燃料	Trip Fuel	1-(2)、19-(2)、20-(6)、23-(16)
真対気速度（TAS）	True Airspeed	17-(10)、18-(7)、19-(2)、20-(6)、21-(1)、23-(2)
推進効率	Propulsive Efficiency	7-(8)、19-(5)
スタンダート・テンプ	Standard Temperature	6-(3)、19-(14)
ステップアップ・クルーズ	Step-up Cruise	19-(10)
スラストラップス	Thust Lapse	8-(8)、23-(10)
スラット	Slat	17-(5)
スロット	Slot	17-(5)
静温（SAT）	Static Air Temperature	6-(1)、21-(6)
制御則	Control Law	10-(8)、24-(12)
成層圏	Stratosphere	5-(5)、18-(17)、19-(14)、23-(4)
セカンドセグメント	Second Segment	9-(5)、10-(3)
全エンジン作動離陸距離	All Engine Takeoff Distance	12-(4)
前縁フラップ	Leading Edge Flap	9-(10)、17-(5)、23-(14)
全温（TAT）	Total Air Temperature	6-(1)、8-(3)、8-(6)、10-(10)、21-(6)
タービン入り口温度（TIT）	Turbine Inlet Temperature	7-(10)、8-(3)、10-(6)、24-(24)
タービンエンジン	Turbine Engine	4-(3)、5-(4)、7-(10)
対地速度（GS、G/S）	Ground Speed	3-(7)、20-(6)、21-(13)
対流圏	Troposphere	5-(5)、18-(17)、23-(4)
高さ	Height	5-(1)、6-(4)、18-(8)
縦の安定性	Longitudinal Stability	15-(1)
短距離離着陸機（STOL 機）	Short TakeOff and Landing	24-(6)

【語句】	【英語の綴り】	【参照ページ】
着陸滑走路長（L/D F/L）	Landing Field Length	3-(3)、23-(14)、23-(16)
着陸距離	Landing Distance	3-(3)、23-(16)
超音速旅客機	Supersonic Transport	19-(12)
長距離巡航方式（LRC）	Long Range Cruise	20-(4)
ディスパッチ・リクワイアメント	Dispatch Requirement	4-(14)、23-(14)、23-(16)
ディレイテド・スラスト	Derated Thrust	10-(12)、11-(12)、14-(14)
テンプ・デビエーション	Temperature Deviation	6-(3)、8-(6)
動圧（q）	Dynamic Pressure	3-(5)、6-(2)、11-(3)、16-(1)、17-(5)、18-(7)、21-(1)、21-(4)、23-(11)
等価対気速度（EAS）	Equivalent Airspeed	21-(2)、22-(3)
突風・運動包囲線図（V-n 線図）	V-n Diagram	22-(8)
熱効率	Thermal Efficiency	7-(9)、19-(5)
ネット・パス	Net Flight Path	9-(13)、13-(12)、20-(8)
バイパス比（BPR）	Bypass Ratio	7-(9)、19-(5)
バフェット	Buffet	16-(2)、17-(13)、18-(1)、19-(9)
飛行計画	Flight Plan	1-(1)、3-(3)、4-(14)、6-(2)、15-(1)
比航続距離（S/R）	Specific Range	19-(2)、20-(1)
ピッチ角（θ）	Pitch Angle	4-(7)、12-(3)、13-(3)、13-(4)、16-(6)、22-(14)、24-(1)
比熱比（γ）	Ratio of Specific Heat	18-(7)、21-(8)
ファーストセグメント	First Segment	9-(5)
ファイナルセグメント	Final Segment	9-(5)、10-(17)
風圧中心（cp）	Center of Pressure	15-(2)、24-(16)
フュエル・マネージメント	Fue Management	2-(4)、15-(15)
フライバイワイヤ（FBW）	Fly by Wire	24-(1)
フラットレイテド	Flat Rated	8-(4)、10-(11)、11-(3)、13-(3)、19-(12)
フル・レイテド	Full Rated	8-(4)、10-(6)、11-(3)、13-(3)
平均空力翼弦（MAC）	Mean Aerodynamic Chord	15-(9)
ペイロード	Payload	1-(3)、2-(1)、7-(11)
マッハ数（マック）	Mach Number	6-(1)、8-(7)、17-(9)、18-(1)、19-(4)、20-(2)、21-(7)、23-(2)
密度比（σ）	Density Ratio	5-(2)、21-(4)
迎え角（α）	Angle of Attack	3-(5)、4-(7)、12-(3)、13-(3)、14-(3)、15-(2)、16-(3)、17-(5)、18-(4)、22-(3)、24-(4)、
揚力係数（C_L）	Lift Coefficient	3-(5)、10-(3)、15-(7)、17-(1)、18-(9)、22-(3)、24-(7)
予備燃料	Reserve Fuel	1-(2)、2-(7)
リデュースト・スラスト	Reduced Thrust	10-(10)、11-(12)、14-(14)
リフトオフ速度（V_{LOF}）	Lift-off Speed	13-(5)

【語句】	【英語の綴り】	【参照ページ】
離陸滑走路長（T/O F/L）	Takeoff Field Length	9-(14)、10-(3)、11-(1)、12-(1)、13-(5)、14-(1)、23-(7)
離陸経路	Takeoff Path	9-(5)
離陸決定速度（V_1）	Takeoff Decision Speed	12-(1)、13-(1)、14-(1)
離陸重量	Takeoff Weight	1-(1)、9-(1)、10-(1)、11-(1)、12-(5)、14-(1)、23-(15)、23-(16)、
離陸推力	Takeoff Thrust	4-(1)、8-(2)、9-(6)、10-(2)、11-(3)、13-(7)、14-(9)、23-(7)、24-(20)
離陸速度	Takeoff Speeds	10-(3)、12-(1)、13-(1)、14-(5)
離陸の終了地点	End of Takeoff	9-(5)、9-(11)
離陸飛行経路	Takeoff Flight Path	9-(12)
ローテーション速度（V_R）	Rotation Speed	12-(3)、13-(4)

2．略語から

【略語】	【英語の綴り】	【参照ページ】
ac	Aerodynamic Center	→空力中心
ADC	Air Data Computer	5-(6)、21-(14)、21-(16)、23-(11)
ATIS	Automatic Terminal Information Service	5-(11)
CAS	Calibrated Airspeed	→較正対気速度
CDL	Configuration Deviation List	23-(14)
CDU	Control Display Unit	10-(15)、13-(2)、24-(21)
CL	Lift Coefficient	→揚力係数
cp	Center of Pressure	→風圧中心
EAS	Equivalent Airspeed	→等価対気速度
EGT	Exhaust Gas Temperature	8-(11)、24-(24)
EICAS	Engine Indication and Crew Alerting System	10-(15)、24-(22)
EPR	Engine Pressure Ratio	→イーパー
FBW	Fly by Wire	→フライバイワイヤ
FCC	Flight Control Computer	13-(13)
FCU	Fuel Control Unit	24-(19)
FMS	Flight Management System	8-(12)、10-(15)、13-(2)、20-(5)、24-(21)
FMU	Fuel Metering Unit	24-(19)
GS、G/S	Ground Speed	→対地速度
IAS	Indicated Airspeed	→指示対気速度
ICAO	International Civil Aviation Organization	23-(17)
ISA	International Standard Atmosphere	→国際標準大気
Kg	Gust Alleviation Factor	22-(6)

【語句】	【英語の綴り】	【参照ページ】
kt	knot	2-(5)
L/D F/L	Landing Field Length	→着陸滑走路長
LRC	Long Range Cruise	→長距離巡航方式
M	Mach Number	→マッハ数
MAC	Mean Aerodynamic Chord	→平均空力翼弦
MCL	Max. Climb Thrust	→最大上昇推力
MCR	Max. Cruise Thrust	→最大巡航推力
MCT	Max. Continuous Thrust	→最大連続推力
MEL	Minimum Equipment List	23-(14)
MRC	Max. Range Cruise	→最大航続巡航方式
MZFW	Max. Zero Fuel Weight	→最大無燃料重量
n	Load Factor	→荷重倍数
N_1	Rotation of Low Pressure Compressor/Turbine	7-(7)、8-(2)、8-(7)、10-(15)、12-(2)、23-(8)、24-(20)、
N_2	Rotation of High Pressure Compressor/Turbine	7-(7)、24-(23)
nm	Nautical Mile	2-(5)
OAT	Outside Air Temperature	→外気温
P.Alt	Pressure Altitude	→気圧高度
q	Dynamic Pressure	→動圧
qc	Impact Pressure	→インパクト・プレッシャ
QNE		5-(9)
QFE		5-(9)
QNH		5-(9)、6-(4)
SAT	Static Air Temperature	→静温
S/R	Specific Range	→比航続距離
SSEC	Static Source Error Correction	5-(7)、21-(14)、23-(11)、
STOL	Short TakeOff and Landing	→短距離離着陸機
T/O F/L	Takeoff Field Length	→離陸滑走路長
TAS	True Airspeed	→真対気速度
TAT	Total Air Temperature	→全温
TIT	Turbine Inlet Temperature	→タービン入り口温度
TSFC	Thrust Specific Fuel Consumption	19-(2)、20-(1)
Ude	Design Gust Speed	22-(3)
V_1	Takeoff Decision Speed	→離陸決定速度
V_2	Takeoff Safety Speed	→安全離陸速度
V_B	Design Speed for Max.Gust Intensity	→最大突風に対する設計速度
V_C	Design Cruising Speed	22-(7)
V_D	Design Diving Speed	22-(7)
V_{LOF}	Lift-off Speed	→リフトオフ速度
V_{MBE}	Maximum Brake Energy Speed	14-(5)
V_{MCA}	Minimum Control Speed in the Air	13-(8)

3．記号から

筆者略歴
末永民樹（すえなが・たみき）
1946 年、奈良県生まれ。大阪府立大学工学部航空工学科卒業。日本航空で、運航技術、運航乗員訓練などの業務に従事した後、日航財団で、大気観測事業の計画推進に従事。この間、母校の非常勤講師、航空保安大学校の非常勤講師、JAXA 招聘研究員、気象庁 / 日航財団「地球環境観測検討委員会」事務局などを歴任。

表紙の図の説明：

「JAXA デジタルアーカイブス」から、JAXA の許諾を頂いて表紙に使用させて頂きました。

JAXA は、超音速飛行時に発生するソニックブームを軽減するための設計手法を確立すべく独自の研究を進めてきました。

この図は、その成果である「低ソニックブーム設計概念」の効果を実証するために実施された D-SEND プロジェクトで使用された機体の、機体周りの気流の様子を CFD（数値流体力学）によって解析したもので、マッハ数 1.6、迎え角 15 度で飛行しているときの気流の様子を示しています。

2015 年 7 月にスウェーデンのエスレンジ実験場で、D-SEND 2 号機（全長：約 8 m、重さ：約 1 トン）を使用して行なわれた飛行試験で、JAXA が開発した設計手法によって、設計目標どおりソニックブームが軽減されたことを実証しました。世界初の快挙です。

本書の記載内容についての御質問やお問合せは、公益社団法人日本航空技術協会　教育出版部まで、文書、電話、e メールなどにてご連絡ください。

2018年 7 月25日 第1版 第 1 刷 発行
2022年 6 月17日 第2版 第 1 刷 発行

ご隠居のヒコーキ小噺

2022© 編　者　公益社団法人　日本航空技術協会
発行所　公益社団法人　日本航空技術協会
〒144-0041　東京都大田区羽田空港1-6-6
電話　東京　(03) 3747-7602
FAX　東京　(03) 3747-7570
URL　https://www.jaea.or.jp
E-mail　books@jaea.or.jp
印刷所　株式会社　丸井工文社

Printed in Japan

ISBN978-4-909612-24-3